Papier im mittelalterlichen Europa

Materiale Textkulturen

Schriftenreihe des Sonderforschungsbereichs 933

Herausgegeben von
Ludger Lieb

Band 7

Papier im mittelalterlichen Europa

Herstellung und Gebrauch

Herausgegeben von
Carla Meyer, Sandra Schultz und Bernd Schneidmüller

DE GRUYTER

ISBN 978-3-11-037136-9
e-ISBN (PDF) 978-3-11-037141-3
e-ISBN (EPUB) 978-3-11-041298-7
ISSN 2198-6932

Library of Congress Cataloging-in-Publication Data
A CIP catalog record for this book has been applied for at the Library of Congress.

Bibliografische Information der Deutschen Nationalbibliothek
Die Deutsche Nationalbibliothek verzeichnet diese Publikation in der Deutschen Nationalbibliografie; detaillierte bibliografische Daten sind im Internet über http://dnb.dnb.de abrufbar.

Einbandabbildung: Hauptstaatsarchiv Stuttgart, A 602, WR 2221, Quittung auf Papier, Detail mit Oblatensiegel und Ochsenkopf-Wasserzeichen, Foto Thomas Klinke 2014
Druck und Bindung: Hubert & Co. GmbH & Co. KG, Göttingen
♾ Gedruckt auf säurefreiem Papier
Printed in Germany

www.degruyter.com

MIX
Papier aus verantwortungsvollen Quellen
FSC www.fsc.org FSC® C016439

Inhaltsverzeichnis

Bernd Schneidmüller

Papier im mittelalterlichen Europa

Zur Einführung[1]

„Materiale Textkulturen“ – die beiden Titelworte des Heidelberger Sonderforschungsbereichs 933 signalisieren die methodische und thematische Breite eines Forschungsverbunds zu vortypographischen Gesellschaften. Inhaltlich geht es den Wissenschaftlerinnen und Wissenschaftlern im Sonderforschungsbereich um Herstellung und Rezeption von Texten, methodisch suchen sie Spuren dieser Rezeptionsprozesse zu fassen, indem die überlieferten Textträger in ihrer Materialität untersucht werden.[2] Seine Forschungsfelder konzentrieren sich dabei auf den weiteren Mittelmeerraum von der Antike bis zur Wende vom Mittelalter zur Neuzeit, ohne dass auf Projekte insbesondere zur Materialität der Schriftlichkeit in ostasiatischen Gesellschaften im Sinne einer gezielten „Kontrollgruppe“ verzichtet würde. Dementsprechend breit ist das Tableau der analysierten Schriftträger: Sie reichen – wie unser zum Ende der ersten Förderperiode erarbeitetes Handbuch demonstriert – von Stein, Putz, Ton und Metall über Papyrus, Pergament, Wachs, Holz und Textilien bis zur menschlichen Haut.[3]

Das Papier, das im Mittelpunkt unseres Teilprojekts A06 steht, wirkt auf den ersten Blick vergleichsweise wenig spektakulär. Bis heute im Alltag massenhaft in Gebrauch, scheinen die Dimensionen seiner Einsetzbarkeit und seines materiellen wie ideellen Werts auch uns modernen Schreibern und Lesern selbstverständlich und intuitiv erfassbar. Es ist klar, dass Gegenwartserfahrungen unsere Arbeit mit der Vergangenheit formen und begleiten. Täglich erfahren wir zugleich brandaktuell, wie die Digitalisierung unsere Kommunikation verändert, unsere Art zu senden und zu empfangen, unsere Art zu lesen und zu schreiben. Auch in den Geisteswissen-

---

1 Dieser Band vereint die ausgearbeiteten Vorträge einer am 14./15. November 2013 in der Universitätsbibliothek Heidelberg durchgeführten Tagung zum Thema: „Papier im Mittelalter. Herstellung und Gebrauch“. Die Tagung wurde im Rahmen des Sonderforschungsbereichs 933 „Materiale Textkulturen. Materialität und Präsenz des Geschriebenen in non-typographischen Gesellschaften“ vom Teilprojekt A06 „Die papierene Umwälzung im spätmittelalterlichen Europa“ veranstaltet. Besonderer Dank gilt der Deutschen Forschungsgemeinschaft und dem Sonderforschungsbereich 933. Sie ermöglichten die hier veröffentlichten Heidelberger Forschungen und finanzierten die Durchführung der Tagung wie die Drucklegung dieser Tagungsakten. Den Verantwortlichen der „Materiale Textkulturen“ sind wir für die Aufnahme des Bands in die Schriftenreihe, dem Redaktionsteam wie dem Verlag für die gute Zusammenarbeit sehr verbunden.

2 Hilgert 2010.

3 Meier, Sauer u. Ott 2015. Vgl. jetzt auch Samida et al. 2014.

schaften bewirkt dies massive Veränderungen. Mit gewaltiger Kraftanstrengung wird derzeit das kulturelle Erbe digitalisiert. Immer öfter wird der Gang in Bibliotheken und Archive überflüssig, weil Texte und Bilder auch online verfügbar sind. In unserer akademischen Lehre weicht das Kopierzeitalter den elektronischen Bereitstellungen auf e-learning-Plattformen. Die papiernen Artefakte, die bei diesen Anstrengungen vergessen werden, könnten vergessen bleiben. Doch nicht nur Inhalte, auch die Haptik der alten Schriftträger geht verloren. Dies mag die Sinne dafür schärfen, dass Schriftträger nicht nur Dinge sind, die von Menschen hergestellt wurden, sondern dass sie ihrerseits auch etwas mit den Schreiberinnen und Schreibern anstellen. Das neue Medium Computer bzw. Bildschirm und das ‚alte' Papier überliefern uns nicht einfach nur Texte aus Gegenwart und Geschichte. In ihrer Materialität bestimmen sie auch die Art der Textproduktion und die Auswahl der Inhalte.

Aus den Erfahrungen dieses aktuellen, tiefgreifenden Medienwechsels erwuchs die Konzeption des SFB-Teilprojekts A06 zur „papiernen Umwälzung" im Europa des hohen und späten Mittelalters. In einem vergleichenden kulturwissenschaftlichen Ansatz nimmt es nicht nur die quantitative Durchsetzung des Papiers, sondern auch die soziokulturellen Auswirkungen dieses Wandels in den Blick. In der bisherigen Forschung wird die Zeit des 11. bis 15. Jahrhunderts zumeist pauschal als lang gestreckter Siegeszug des Papiers in Europa beschrieben. Als Konsens gilt, dass der neue Beschreibstoff angesichts seiner Preisvorteile und der Verfügbarkeit seiner Rohstoffe nicht nur das zuvor dominierende Pergament verdrängte, sondern auch die entscheidende Voraussetzung für den rapiden Anstieg an Schriftlichkeit im Spätmittelalter war. Für diese linearen Fortschrittsthesen fehlen jedoch weitgehend empirische Studien, welche die Ausbreitung des Papiergebrauchs in geographischer wie in sozialer Hinsicht und die Wechselbeziehungen zwischen dem Papier und älteren Beschreibstoffen nachvollziehen. Bislang wurde nie statistisch belegt, in welcher Weise solche materiellen und kulturellen Verwandlungen zusammenhängen.[4]

Ebenfalls noch unzureichend erforscht sind die Transformationsprozesse, die der gewaltige Schub an Materialisierung von Verwaltungs-, Orientierungs- und Herrschaftswissen im sozialen Raum auslöste: Das Teilprojekt untersucht, wie die Präsenz des auf Papier gespeicherten Wissens – weit vor der Erfindung des Buchdrucks – das wirtschaftliche, administrative, rechtlich-politische, ja gesamte kulturelle Gefüge der spätmittelalterlichen Gesellschaft erfasste. Desiderat ist eine Analyse unter kulturwissenschaftlichem Blickwinkel, welche die Materialität und Wertschätzung der papiernen Artefakte in Beziehung zu Gattungen und Inhalten der darauf gespeicherten Texte, deren Reichweiten, sozialen Kontextualisierungen und Rezeptionspraktiken setzt. Maßgebliche Voraussetzung für diese Fragen ist die Verfügbarkeit von Papier, weshalb auch der Papierproduktion und dem Papierhandel besondere Aufmerksamkeit gewidmet werden muss.

4 Thesen zur Theorie bei Reckwitz 2014.

Daher wird die Projektarbeit in der ersten Laufzeit des Sonderforschungsbereichs (2011 bis 2015) von zwei Schwerpunkten bestimmt, die sich auch in der Gliederung des vorliegenden Sammelbands spiegeln. Der erste fragt nach dem beginnenden Papiergebrauch und der Durchsetzung des neuen Beschreibstoffs gegen das zuvor dominierende Pergament.[5] Die Heidelberger Projektarbeit konturiert diese Aspekte derzeit in zwei Richtungen. Zur Entwicklung einer Kulturgeschichte des Papiers und seiner Verwendung im hohen und späten Mittelalter werden zunächst allgemeine Beobachtungen über den Papiergebrauch gesammelt. Dabei geht es sowohl um die Analyse mittelalterlicher Urteile über das Papier als auch um die Untersuchung des Materials und seiner Eigenschaften im Hinblick auf Benutzung und Gebrauchswert. In einem zweiten Teil nimmt die Untersuchung konkret überliefertes Verwaltungsschrifttum in zwei Fallstudien vergleichend in den Blick. Mit den Kanzleien der Gonzaga in Mantua und der Grafen von Württemberg steht der administrative Schriftgebrauch beim Prozess herrschaftlicher Verdichtung des Spätmittelalters im Fokus. Die bisherigen Studien zeigen, dass Pergament- und Papierzeiten länger als vermutet Hand in Hand gingen. In der Administration des ausgehenden Mittelalters wich das Pergament keineswegs. Im Verlauf des 15. Jahrhunderts lassen sich vielmehr beträchtliche Steigerungsraten in Produktion und Gebrauch belegen.

Ein zweiter Schwerpunkt der Projektarbeit liegt auf der Herstellung von Papier als der zentralen Voraussetzung für die Durchsetzung des Papiergebrauchs.[6] Im Mittelpunkt stehen die Mühlengründungen in Basel, das die Kunst der Papierherstellung im 15. Jahrhundert aus Italien übernahm, eingebettet in eine Gesamtdarstellung der weiteren frühen Papiermühlenreviere in Südwestdeutschland. Anhand dieser Fallstudie werden nicht nur die technischen Grundlagen für die Papierproduktion sowie Handel und Absatz des Exportprodukts Papier in den Blick genommen. Besonders ergiebig sind die Archivquellen vielmehr für eine sozialgeschichtliche Untersuchung der Akteure und ihrer Netzwerke sowie für die Bedeutung der Papierherstellung in der Gewerbelandschaft des Spätmittelalters. Die genauere Kenntnis dieser Akteure – allen voran die im Fernhandel tätigen potenten Kaufleute, welche die Mühlengründungen initiierten und finanzierten, und die nicht selten aus Italien zuwandernden Facharbeiter, die für den Techniktransfer sorgten – versprechen wichtige Aufschlüsse über ihre Stellung in der spätmittelalterlichen Stadtgesellschaft.

Als Teilprojektleiter verfolgte ich mit der Anregung zu beiden Qualifikationsschriften auch strategische Ziele im Fach. Die fruchtbare kulturwissenschaftliche Fokussierung der jüngeren Forschung lenkte das Interesse über lange Zeit auf Dis-

5 Carla Meyer bereitet ihre Habilitationsschrift zum Thema „Papierzeit. Ein neuer Beschreibstoff und seine kulturhistorischen Folgen am Beispiel norditalienischer und südwestdeutscher Kanzleien seit dem 13. Jahrhundert“ vor.

6 Sandra Schultz bereitet ihre Dissertation zur „Papierherstellung im deutschen Südwesten. Zur Etablierung eines neuen Gewerbes im späten Mittelalter“ vor.

kurse und Symbole, auf Zeichen und Ideen, auf Konzeptualisierungen und Dekonstruktionen. Es scheint an der Zeit, den ehrwürdigen Hilfswissenschaften, die wir auch in Heidelberg mittlerweile Historische Grundwissenschaften nennen, mit neuen methodisch-theoretischen Impulsen eine gute Zukunftschance zu geben. Forschungen an der handschriftlichen Überlieferung sollen ihren selbstverständlichen Platz in der historischen Ausbildung neu justieren. Wir wollen, dass die alten Texte – im materialen Gewebe von Natur und Kultur – als Dinge wieder etwas mit uns machen.[7] Deshalb basieren die beiden Buchprojekte dieses Teilprojekts dezidiert auf Archivforschungen und zielen auf die Verbindung kulturwissenschaftlicher Perspektivierungen mit zentralen Themen der Verwaltungs- und Technikgeschichte.

Meine beiden Kolleginnen im Teilprojekt A06 nahmen seit 2011 die Herausforderung auf, neue Themenfelder systematisch zu erschließen. Als Grundlagenforschung sind die in enger Kooperation mit Materialwissenschaftlern entwickelten Überlegungen zu qualifizieren, wie durch die Analyse und Deutung materieller Spuren in den historischen Papieren Aussagen über deren Herstellung und Gebrauch gewonnen werden können. Eine Serie von zwei Tagungen und vier Workshops diente dazu, Methoden und Werkzeuge der naturwissenschaftlichen Analyse von Papier zu testen sowie einen Leitfaden zur Erfassung materialer Eigenschaften von Dokumenten über die in den Editionswissenschaften etablierten Muster hinaus zu entwickeln. Instruktiv war hier ein Workshop „Paper Biography“, der im Juli 2012 zusammen mit Robert Fuchs (Cologne Institute for Conservation Sciences) und mit Thomas Klinke (Wallraf-Richartz-Museum) an der Fachhochschule Köln durchgeführt wurde. Eine gemeinsame Exkursion in das Papiermuseum „Alte Dombach“ in Bergisch-Gladbach ermöglichte besondere Erlebnisse beim eigenen Papier-Schöpfen und führte zu neuen Erfahrungen mit Materialität. Solche Kooperationen mit Spezialisten aus Archiven und praktischer Restaurierungsarbeit regten ein kleines historisch ausgebildetes Team zu Vorstößen über das Lesen von Texten hinaus an.[8]

Deshalb vereint dieser Band zwei Tandem-Beiträge. Sie verknüpfen den geschichtswissenschaftlichen Zugriff auf Papier mit der Materialexpertise aus Restaurierungswissenschaften und Handpapiermacherei, und sie leiten in diesem Band mit seinem programmatischen Untertitel „Herstellung und Gebrauch“ die beiden Schwerpunktthemen ein.

Am Anfang steht die Welt der europäischen Papiermühlenreviere im Mittelalter. Sandra Schultz und Johannes Follmer (Papiermanufaktur Homburg) stellen sich die generelle Frage, wie sich Spuren des Herstellungsprozesses noch heute an den im Archiv überlieferten Papieren ablesen lassen. Dazu untersuchen die Historikerin und der Handpapiermacher gemeinsam im Stadtarchiv Ravensburg die noch erhaltenen

7 Vgl. Latour 2013, 137–144; Eßbach 2011; Balke et al. 2011; Tietmeyer et al. 2010; Kohl 2003; Kümper 2014.

8 Vgl. dazu u.a. Meyer u. Schultz 2012 sowie Meyer et al. 2013.

Steuerbücher aus dem 15. Jahrhundert, deren Papier vermutlich aus einheimischer Produktion stammte.

Es folgen drei Beiträge, die sich der Etablierung von Mühlen bzw. dem von ihnen ausgehenden Papierhandel an konkreten Fallstudien in verschiedenen europäischen Papierregionen widmen. Emanuela Di Stefano zeigt an den extrem produktiven Mühlenrevieren Fabriano und Camerino/Pioraco in den italienischen Marken, dass die norditalienischen Papierer als europaweite Vorreiter eine besonders hohe Papierqualität mit einem immensen Warenausstoß zu verbinden wussten. Vor allem an den einzigartigen Briefbeständen des Fondo Datini in Prato kann sie aufzeigen, wie Papier aus Fabriano und Camerino/Pioraco nicht nur Norditalien, sondern auch die Levante, Katalonien, die Provence (besonders Avignon), sodann Paris und die Champagne, London und Brüssel erreichte.

Inge Van Wegens berichtet nicht nur über die ältesten in belgischen Archiven erhaltenen Papiere bzw. die Zeugnisse zum Papierhandel in dieser Region, sondern vor allem über die Etablierung der ersten Papiermühlen seit dem frühen 15. Jahrhundert. Sie erhärtet die These, dass diese Mühlen Papier nicht nur als Beschreibstoff, sondern auch für viele andere Zwecke – etwa für die Herstellung von Luxuswaren wie Tapisserien – fertigten.

Erwin Frauenknecht analysiert die wenigen erhaltenen Zeugnisse zur ältesten Papiermühle, die in der Grafschaft Württemberg um 1477 wohl auf herrschaftliche Initiative in der Residenzstadt Urach gegründet wurde. Er macht wahrscheinlich, dass dort wie auch schon in der älteren Mühle im nahe gelegenen Kloster Söflingen piemontesische Papierer aus dem kleinen Ort Cassella beschäftigt wurden.

Der Aufsatz von Evamarie Bange schlägt die Brücke zwischen Papierhandel und Papiergebrauch, indem sie die Wasserzeichen der im Stadtarchiv Luxemburg überlieferten Papiere nicht nur – wie bislang in der Forschung üblich – zur Lokalisierung ihrer Herkunftsgebiete nutzt. Zugleich demonstriert sie am Beispiel der Luxemburger Kontenbücher eindrucksvoll, wie sich das Studium der Papiermarken für die Kanzleigeschichte der Stadt Luxemburg fruchtbar machen lässt.

Der zweite Teil des Bands beschäftigt sich mit der Papierverwendung in Administration und Buchkultur. Am Anfang steht ein Tandem-Beitrag der Historikerin Carla Meyer und des Restaurators Thomas Klinke zur Frage, welche Gebrauchsspuren sich in den aus dem Spätmittelalter überlieferten Papieren identifizieren lassen und wie sie für eine Rezeptionsgeschichte dieser Schriftstücke ausgewertet werden können. Die Untersuchungen basieren auf einer Fallstudie zu den ältesten Papieren im Hauptstaatsarchiv Stuttgart.

Diesem Beitrag folgen Überlegungen von Franz Arlinghaus über die kommunikativen Kontexte im Gebrauch von Pergament und Papier. Er macht plausibel, dass die Durchsetzung des neuen Beschreibstoffs Papier nicht – wie in der Forschung häufig behauptet – nur auf Kosten-Nutzen-Rechnungen und auf der Rationalisierung von Schriftlichkeit beruhte. Stattdessen zeigt er beispielhaft auf, welche Rolle die Sozialdimension sowie die unterschiedlichen Entstehungs- und Gebrauchskontexte bei der Wahl der Beschreibstoffe für verschiedene Textsorten spielten.

Zwei Aufsätze widmen sich der Einführung des Papiers in der Administration. Hendrik van Huis rückt die Frage nach der Verwendung von Papier und Pergament in den hansischen Städten am Beispiel der Stadtbücher von Greifswald ins Zentrum. Ein Seitenblick in die Schwesterstadt Hamburg macht deutlich, dass die norddeutschen Kommunen bis weit über das Mittelalter hinaus trotz der alltäglichen Verfügbarkeit von Papier auf dem traditionellen Beschreibmaterial Pergament beharrten.

Heike Hawicks nimmt den Pergament- und Papiergebrauch im erhaltenen Verwaltungsschrifttum aus der Kommune Duisburg und aus der Universität Heidelberg vergleichend in den Blick. Am Beispiel der Duisburger Rechnungsüberlieferung kann sie zeigen, welche situativen Momente zum Griff nach papiernen Kladden oder pergamentenen Rollen führten.

Paul Needham untersucht die Durchsetzung des Papiers im Bereich der Buchproduktion. Durch eine statistische Auswertung der „Manuscrits datés" vermag er zunächst nachzuweisen, dass bei der Abschrift von Handschriften der neue Beschreibstoff schon im späten 14. Jahrhundert mit dem älteren Pergament gleichzog und im 15. Jahrhundert klar dominierte. Den Hauptteil seines Beitrags widmet Needham der Bedeutung des Papiers für die Erfolgsgeschichte des Buchdrucks. Dafür sei Papier in seinen Materialeigenschaften geeigneter, ja geradezu schöner gewesen.

Eine ungewöhnliche Form der Papiertradierung bringt die Archäologin Birgit Kata ein. Vor allem am Beispiel spektakulärer Fehlbodenfunde in einem mittelalterlichen Häuserensemble in Kempten demonstriert sie, dass Papier schon früh als günstiges Wegwerfprodukt galt. Erst diese zufällige Überlieferung jenseits der Archive und Bibliotheken macht deutlich, wie vielseitig und alltäglich Papier bereits im Spätmittelalter eingesetzt wurde. Dieser Befund könnte für die Erforschung anderer Beschreibstoffe anregend sein. So muss Papyrus in der Antike allgegenwärtig gewesen sein, was sich gelegentlich auch in den Quellen greifen lässt. In materieller Form blieb Papyrus aber fast ausschließlich in Ägypten und – in geringen Resten – in benachbarten Regionen erhalten. Dies verzerrt unsere Sichtweise auf die materiale Schriftpräsenz in der Antike erheblich.

Am Ende des Bands steht eine Zusammenfassung von Claudia Märtl, die in ihren Hinweisen auf die stimulierenden Diskussionen auch entscheidende Impulse für die künftige Forschung bietet.

Die Tagung wurde noch durch instruktive Vorträge bereichert, die hier nicht zum Druck gelangen können. Franco Mariani referierte über Produktionstechniken in den Papiermühlen von Fabriano und ihre Ausstrahlung in den gesamten norditalienischen Raum, Caroline Bourlet über den Gebrauch von Papier für Verwaltungszwecke im spätmittelalterlichen Paris und Peter Schmidt über die Entdeckung des Papiers für Holzschnitte des 15. Jahrhunderts. Einen öffentlichen Abendvortrag hielt Lothar Müller, Autor des breit rezipierten Sachbuchs „Weiße Magie. Die Epoche des

Papiers".[9] Sein Fazit, dass Papier im Vergleich zu Typographie und Presse medientheoretisch unterreflektiert bleibt, ist Motivation und Impuls für unsere Anstrengungen, auch die Anfänge des Papiergebrauchs im mittelalterlichen Europa tiefer und systematischer in den Blick zu nehmen.

Allen beteiligten Kolleginnen und Kollegen sind wir für stimulierende Beiträge zur Tagung wie zu diesem Band verbunden. Mein persönlicher Dank gilt – auch im Namen meiner beiden Mitherausgeberinnen – zum einen Veit Probst, dem Direktor der Universitätsbibliothek Heidelberg, für den Rahmen, den er der Tagung in seinem Haus gewährte, zum anderen den studentischen Hilfskräften Susanne Quitmann, Paul Schweitzer-Martin, Aaron Jochim und Jens Ritter für die Betreuung der Tagung. In der ersten Sektion über die Papierherstellung durften wir uns dankbar der Moderation von Peter Rückert (Hauptstaatsarchiv Stuttgart) anvertrauen, der nicht nur ein erstklassiger Kenner der württembergischen Archivüberlieferung ist, sondern auch als ausgewiesener Autor zur mittelalterlichen Papiergeschichte und zu Forschungen über Wasserzeichen (Sammlung Piccard und ihre Digitalisierung) hervorragt;[10] er unterstützt das Heidelberger Forschungsprojekt von Anbeginn an mit entscheidenden Impulsen. Die Sektion über den Papiergebrauch moderierte zunächst Christoph Dartmann, der sich am Beispiel italienischer Kommunen des hohen Mittelalters mehrfach mit Entstehung, Ausdifferenzierung und Funktionen pragmatischer Schriftlichkeit beschäftigte.[11] Der zweite Teil stand dann unter der Leitung von Julia Becker, der Kollegin aus dem benachbarten Heidelberger Teilprojekt zum pergamentenen Zeitalter des früheren Mittelalters.[12]

Die inhaltliche Organisation der Tagung wie die Redaktion dieses Bands – beides überhaupt erst durch Finanzmittel des SFB 933 ermöglicht – wird Carla Meyer und Sandra Schultz verdankt.

---

9 Müller 2012.

10 Vgl. u.a. Rückert et al. 2007, ders. et al. 2009 und ders. 2010.

11 Vgl. u.a. Dartmann 2004, ders. 2011, ders. 2012.

12 Vgl. u.a. Becker 2015, dies. 2013, dies. im Druck.

Bibliographie

Balke et al. (2011): Friedrich Balke, Maria Muhle u. Antonia von Schöning (Hgg.), *Die Wiederkehr der Dinge* (Kaleidogramme 77), Berlin.

Becker (2013): Julia Becker, „Strenuitas et rex consultus – Herrscherattribute und Darstellung von Herrschaft bei Gaufredus Malaterra und ‚Hugo Falcandus'", in: Norbert Kersken u. Grischa Vercamer (Hgg.), *Macht und Spiegel der Macht. Herrschaft in Europa im 12. und 13. Jahrhundert vor dem Hintergrund der Chronistik* (Deutsches Historisches Institut Warschau. Quellen und Studien 27), Wiesbaden, 219–234.

Becker (2015): Julia Becker, „Präsenz, Normierung und Transfer von Wissen. Lorsch als ‚patristische Zentralbibliothek'", in: Dies., Tino Licht u. Stefan Weinfurter (Hgg.), *Karolingische Klöster. Wissenstransfer und kulturelle Innovation* (Materiale Textkulturen 4), Berlin/München/Boston, 71–87.

Becker (im Druck): Julia Becker, „Multilingualism in the documents of the Norman rulers in Southern Italy", in: Giuseppe Mandalà u. Immaculada Peréz Martín (Hgg.), *Multilingual and multigraphic manuscripts and documents of East and West*, Piscataway, N.J.

Dartmann (2004): „Schrift im Ritual. Der Amtseid des Podestà auf den geschlossenen Statutencodex der italienischen Stadtkommune", *Zeitschrift für Historische Forschung* 31, 169–204.

Dartmann (2011): Christoph Dartmann, „Zur Einführung: Dimensionen mittelalterlicher Schriftkultur zwischen Pragmatik und Performanz", in: Ders., Thomas Scharff u. Christoph F. Weber (Hgg.), *Zwischen Pragmatik und Performanz. Dimensionen mittelalterlicher Schriftkultur* (Utrecht Studies in Medieval Literacy 18), Turnhout, 1–23.

Dartmann (2012): Christoph Dartmann, *Politische Interaktion in der italienischen Stadtkommune* (11.–14. Jahrhundert) (Mittelalter-Forschungen 36), Ostfildern.

Eßbach (2011): Wolfgang Eßbach, *Die Gesellschaft der Dinge, Menschen, Götter*, Wiesbaden.

Hilgert (2010): Markus Hilgert, „‚Text-Anthropologie': Die Erforschung von Materialität und Präsenz des Geschriebenen als hermeneutische Strategie", *Mitteilungen der Deutschen Orient-Gesellschaft zu Berlin* 142, 87–126.

Kohl (2003): Karl-Heinz Kohl, *Die Macht der Dinge. Geschichte und Theorie sakraler Objekte*, München.

Kümper (2014): Hiram Kümper, *Materialwissenschaft Mediävistik. Eine Einführung in die Historischen Hilfswissenschaften* (UTB 8605), Paderborn.

Latour (2013): Bruno Latour, *Wir sind nie modern gewesen. Versuch einer symmetrischen Anthropologie*. Aus dem Franz. von Gustav Roßler (Suhrkamp Taschenbuch Wissenschaft 1861), 4. Aufl. Frankfurt am Main.

Meier, Ott u. Sauer (2015): Thomas Meier, Michael Ott u. Rebecca Sauer (Hgg.), *Materiale Textkulturen. Konzepte – Materialien – Praktiken* (Materiale Textkulturen 1), Berlin/München/Boston.

Meyer et al. (2013): Carla Meyer, Sabine Neumann, Rebecca Sauer, Sandra Schultz u. Melanie Trede, „‚Paper in the Laboratory: Material Science and Conservation of Historical Paper in an Intercultural Comparison' (17.–19.7.2013). Ein Tagungsbericht", *Material Text Culture Blog* 2013.7., vgl. URL: http://www.materiale-textkulturen.de/mtc_blog.php (20.06.2014).

Meyer u. Schultz (2012): Carla Meyer u. Sandra Schultz, „Workshop ‚Paper Biography'", *Material Text Culture Blog* 2012.6., vgl. URL: http://www.materiale-textkulturen.de/mtc_blog.php (20.06.2014)

Müller (2012): Lothar Müller, *Weiße Magie. Die Epoche des Papiers*, München.

Reckwitz (2014): Andreas Reckwitz, „Die Materialisierung der Kultur", in: Friederike Elias, Albrecht Franz, Henning Murmann u. Ulrich Wilhelm Weiser (Hgg.), *Praxeologie. Beiträge zur interdis-*

ziplinären Reichweite praxistheoretischer Ansätze in den Geistes- und Sozialwissenschaften (Materiale Textkulturen 3), Berlin/Boston, 13–25.
Rückert et al. (2007): Peter Rückert, Jeannette Godau u. Gerald Maier (Hgg.), *Piccard-Online. Digitale Präsentationen von Wasserzeichen und ihre Nutzung* (Werkhefte der Staatlichen Archivverwaltung Baden-Württemberg A 19), Stuttgart.
Rückert et al. (2009): Peter Rückert, Sandra Hodeček, Georg Dietz u. Emanuel Wenger (Hgg.), *Ochsenkopf und Meerjungfrau. Papiergeschichte und Wasserzeichen vom Mittelalter bis zur Neuzeit. Begleitbuch und Katalog zur Ausstellung des Landesarchivs Baden-Württemberg, Hauptstaatsarchiv Stuttgart und der Österreichischen Akademie der Wissenschaften, Kommission für Schrift- und Buchwesen des Mittelalters*, 3. erw. Aufl. Wien/Stuttgart.
Rückert (2010): Peter Rückert, „Papierkonsum in Süddeutschland im Spätmittelalter und seine kulturlandschaftlichen Auswirkungen", *Siedlungsforschung* 28, 107–127.
Samida et al. (2014): Stefanie Samida, Manfred K. H. Eggert u. Hans Peter Hahn (Hgg.), *Handbuch Materielle Kultur. Bedeutungen, Konzepte, Disziplinen*, Stuttgart/Weimar.
Tietmeyer et al. (2010): Elisabeth Tietmeyer, Claudia Hirschberger, Karoline Noack u. Jane Redlin (Hgg.), *Die Sprache der Dinge – kulturwissenschaftliche Perspektiven auf die materielle Kultur* (Schriftenreihe Museum Europäischer Kulturen 5), Münster/New York/München/Berlin.

Sandra Schultz und Johannes Follmer

Von Brillen, Knoten und Wassertropfen

Auf der Suche nach Herstellungsspuren in historischen Papieren am Beispiel von Archivalien des Stadtarchivs Ravensburg[1]

1 Einführung

Gegen Ende des 15. Jahrhunderts weiß der kaiserliche Historiograph und Geograph Ladislaus von Sunthaym folgendes über die Papierproduktion in seiner Geburtsstadt Ravensburg zu berichten: *Usserhalb der Vorstat, genannt Schornrewtte, sind papier mul, da macht man papier, genannt Ravenspurger papier, mit dem ochsenkopff, nutzt man gern in den cantzleien.*[2] Neben der Verortung der Papiermühlen und der Beschreibung des augenfälligsten Charakteristikums, nämlich des Ochsenkopfwasserzeichens, benennt dieser Satz auch einen vorrangingen Verwendungszweck des Ravensburger Papiers: Es wurde als Schreibpapier für administrative Zwecke genutzt.

Sein guter Ruf als Kanzleipapier ging dabei anscheinend weit über die Ravensburger Stadtgrenzen hinaus. Diesen Schluss legen auch die Studien zur Verbreitung des Ravensburger Papiers von Lore Sporhan-Krempel und Gerhard Piccard nahe. Anhand von Textbelegen und Wasserzeichenuntersuchungen konnten sie zeigen, dass es bereits im 15. Jahrhundert seinen Weg in viele süddeutsche Kanzleien fand.[3] Auch die Kanzlei der Stadt Ravensburg selbst schrieb auf Ravensburger Papier.[4]

Die dort bis heute überlieferten Stücke sind der Ausgangspunkt für die folgenden Überlegungen, die die Forschungen der Geschichtswissenschaften zu Papiermühlen und Produktionsprozessen im Mittelalter mit der praxisorientierten Expertise der Handpapiermacherei zusammenführen. Ziel der Kooperation ist es, an einem klar umrissenen, homogenen Bestand exemplarisch zu fragen, inwiefern neben den klassischen geschichtswissenschaftlichen Zugängen über Schriftquellen auch die Materialität der überlieferten Papiere selbst Aufschluss über Techniken und Prozesse der frühen Papierproduktion zu geben vermag.

---

1 Dieser Beitrag ist im Heidelberger Sonderforschungsbereich 933 „Materiale Textkulturen. Materialität und Präsenz des Geschriebenen in non-typographischen Gesellschaften“ entstanden (Teilprojekt A06 „Die papierne Umwälzung im spätmittelalterlichen Europa“). Der SFB 933 wird durch die Deutsche Forschungsgemeinschaft finanziert. Für die Möglichkeit, die Ravensburger Steuerbücher des 15. Jahrhunderts im Stadtarchiv Ravensburg zu untersuchen, sind wir dem Archivleiter Dr. Andreas Schmauder zu großem Dank verpflichtet.

2 Ladislaus von Sunthaym, *Chronik*, Hauptstaatsarchiv Stuttgart, Cod. Hist. 2°250, fol. 62r, hier zitiert nach Uhde 1993, 320.

3 Piccard 1962, 96f.; Sporhan-Krempel 1953, 94; Sporhan-Krempel 1984, 36–38.

4 Vgl. Sporhan-Krempel 1984, 44, Anm. 25. Leider belegt Sporhan-Krempel diese Aussage nicht.

Die meisten Papierforscher gehen – mehr oder weniger stillschweigend – davon aus, dass die Produktionstechnik des 15. Jahrhunderts sich kaum von der Produktionstechnik des 18. Jahrhunderts unterschied, wenn man den Gebrauch des Holländers[5] für die Rohstoffaufbereitung ab dem späten 17. Jahrhundert ausnimmt. Diese Rückprojektion ist als erster Ansatzpunkt sicherlich sinnvoll, dennoch sollte sie mit Vorsicht vorgenommen werden. Wir möchten an dieser Stelle die bisherige Herangehensweise ergänzen und schlagen hierzu einen Dreischritt vor. Am Anfang stehen die wenigen mittelalterlichen Textzeugnisse, die etwas über die Produktionsweise preisgeben. Dazu ergänzend erscheint es uns gewinnbringend – und hier folgen wir mit Bedacht dem Gros der Papierhistoriker –, auch neuzeitliche Quellen mit einzubeziehen, da sie in Abgleich mit den älteren Quellen wertvolle zusätzliche Hinweise auf mögliche Arbeitsschritte in der mittelalterlichen Papiermacherei liefern können. Die Ergebnisse aus dem Quellenstudium soll dann eine Materialitätsanalyse zusammenführen, die am Material selbst gewisse Produktionsschritte nachzuvollziehen versucht. Einen erheblichen Erkenntnisgewinn verspricht hierbei die Expertise aus der Handpapiermacherei, die sowohl die mittelalterlichen als auch die modernen Quellen durch praktische Erfahrungen bestätigen oder aber auch widerlegen kann.[6]

Als Leitfrage lässt sich formulieren: Wie sollte im 15. Jahrhundert Papier beschaffen sein, damit es sich besonders gut für den Kanzleigebrauch eignete? Um dies beantworten zu können, muss das Papier als sinnlich erfahrbarer und gegebenenfalls physikalisch und chemisch untersuchbarer Gegenstand in den Fokus rücken. Im vorliegenden Artikel möchten wir die Ergebnisse dieses Versuchs präsentieren, nicht ohne in einem ersten Schritt zumindest knapp auch die Ravensburger Papierherstellung im 15. Jahrhundert und die analysierten Archivalien aus dem Ravensburger Stadtarchiv vorzustellen.

2 Die Anfänge der Ravensburger Papiermacherei

Die ersten Hinweise auf die Ravensburger Papiermacherei hat die papiergeschichtliche Forschung nicht anhand von Textbelegen, sondern mittels der Wasserzeichen-

5 Als Holländer wird ein Trog bezeichnet, in dem durch rotierende Messerwalzen die für die Papierherstellung benötigten Rohstoffe zerkleinert werden. Dieses Mahlwerk wurde, wie es bereits der Name andeutet, im 17. Jahrhundert in den Niederlanden erfunden und verbreitete sich im 18. Jahrhundert in ganz Europa, vgl. Tschudin 2012, 148f.

6 Für Informationen zur Werkstatt von Johannes Follmer in Homburg am Main siehe http://www.homburger-papiermanufaktur.de/flash.html; zum Museum Papiermühle Homburg siehe Späth 1999. Viele Papierforscher waren und sind gleichzeitig auch selbst Handpapiermacher, so zum Beispiel Dard Hunter und Timothy Barrett, siehe hierzu http://www.dardhunter.com/papermaking.htm (Stand 14.4.2014) und http://www.macfound.org/fellows/47/ (Stand 14.4.2014).

forschung aufgezeigt. Ausgehend von Papieren mit dem Doppelturm, der als Ravensburger Wappen- oder auch Schauzeichen verstanden wird und auch noch heute das Stadtwappen ziert, konnte Gerhard Piccard plausibel machen, dass der Brief Johanns von Cronenberg des Jüngeren an die Stadt Köln vom 24. September 1393 das älteste bisher bekannte beschriebene Ravensburger Papier ist.[7] Die Papierproduktion in Ravensburg muss daher, so Piccard, spätestens Anfang 1393, vielleicht aber auch schon 1392 aufgenommen worden sein.[8] Der erste schriftliche Beleg datiert aus dem Jahre 1402, als ein *Staengly der Papierer* das Bürgerrecht erhielt.[9]

Über den oder die Begründer der Ravensburger Papiermacher erfahren wir aus den Quellen nichts Explizites. Nach Lore Sporhan-Krempel kommt der Kaufmann Conrat Wirt als Initiator in Betracht, der 1435 in einer Rechtsbekräftigung einer älteren Urkunde als Besitzer einer *stampfes mülin* in der Ravensburger Vorstadt Ölschwang genannt wird.[10] Darin verpachtete er seine Mühle an einen Meister Dietrich Wolfartshofer, den Sporhan-Krempel mit einem 1406 erstmals belegten *Diettrich dem Papierer* identifiziert, während Gerhard Piccard eine solche Gleichsetzung in Zweifel zieht.[11] Wie viele Papiermühlen im 15. Jahrhundert in Betrieb waren, wem sie gehörten und wer sie betrieb, ist nicht eindeutig nachzuvollziehen. An dieser Stelle soll mit der Gleichsetzung von Stampf und Papierhaus vorsichtig umgegangen werden, sodass nur die Eckpunkte der Ravensburger Papierherstellung, die in den Quellen explizit erwähnt werden, Beachtung finden.[12] In einer Urkunde aus dem Jahre 1411 werden das erste Mal *Papierhäuser*[13] im Ölschwang erwähnt.[14] Es müssen dort demnach zu dieser Zeit mindestens zwei Papiermühlen in Betrieb gewesen sein, deren wechselnde Besitzer für die Jahre 1413 und 1442 überliefert sind. Für 1432 lässt sich eine dritte Mühle weiter flussaufwärts in der Vorstadt Schornreute durch einen Wasserrechtsstreit belegen. 1436 werden in einer weiteren Urkunde bereits zwei Papierhäuser in der Schornreuter Vorstadt erwähnt: ein Papierhaus rechter Hand zu Schornreute und ein neues Papierhaus darunter, das heißt flussabwärts.[15]

1442 gab es demnach mindestens vier Papiermühlen in Ravensburg: zwei in Schornreute und mindestens zwei im Ölschwang. Aus dem Jahre 1498 erhalten wir die Nachricht, dass Hans Wäch und Hans Schmid drei Papierhäuser im Ölschwang

7 Piccard 1966, 97.

8 Piccard 1966, 97.

9 Stadtarchiv Ravensburg, Büschel 26, Bürgerbuch I (1324–1436), 205.

10 Sporhan-Krempel 1953, 14–17.

11 Piccard 1966, 98f.

12 Vgl. dazu demnächst ausführlicher Schultz (in Vorb.).

13 Diese Bezeichnung ist im ersten Jahrhundert der Ravensburger Papierherstellung die gebräuchliche; erst Ende des 15. Jahrhunderts wird der Begriff *Papiermühle* verwendet, vgl. Sporhan-Krempel 1953, 16.

14 Stadtarchiv Ravensburg, Urk. 613, 31. Oktober 1411.

15 Stadtarchiv Ravensburg, Urk. 723, 3. Februar 1436.

kauften.[16] Wann das dritte Papierhaus erbaut wurde, kann nicht festgestellt werden. Wenn man davon ausgeht, dass in den zwei Papiermühlen in Schornreute immer noch Papier hergestellt wurde, dann waren in Ravensburg Ende des 15. Jahrhunderts fünf Papiermühlen in Betrieb. Auch über die Papiermacher, die in den Papierhäusern arbeiteten, ist wenig bekannt. Das Ravensburger Bürgerbuch verzeichnet in der Zeit von 1401 bis 1500 sieben Aufnahmen von Personen, die mit der Berufsbezeichnung *Papierer* versehen sind.[17] Ob noch andere Personen, die in dieser Zeit das Bürgerrecht erhielten, den Beruf des Papiermachers ausübten, ist nicht zu eruieren. Zwei von diesen sieben Papiermachern sind die bereits erwähnten Hans Wäch und Hans Schmid.

Auch wenn die Quellenlage spärlich und zu Gründungsdaten sowie Besitzverhältnissen im 15. Jahrhundert[18] nur wenig zu sagen ist, so lassen sich abseits der ‚Ereignisgeschichte' doch einige interessante Informationen zum Papiergewerbe gewinnen. Zunächst ist auf die große Bedeutung von Wasserkraft für die Papiermacherei hinzuweisen. Das Recht auf Nutzung eines fließenden Gewässers war für alle Mühlenbetreiber – gleich ob sie Kornmühlen, Hammerschmieden, Schleifmühlen, Walken oder eben Papiermühlen betrieben – die zentrale Grundlage ihres Gewerbes. Besonders bei der Errichtung von neuen Mühlgebäuden kam es zu Auseinandersetzungen um die Wasserzufuhr. Mehrere Ravensburger Urkunden verhandeln die Beilegung von Wasserrechtstreitigkeiten, in denen Papierer anderen Mühlenbesitzern oder Bachanrainern gegenüberstehen.[19] So treffen wir Heinrich Gelderich, der einer der Mühlenbesitzer im Ölschwang war, in gleich zwei Urkunden aus den Jahren 1432 und 1435 als Kläger an,[20] ebenso bereits 1406 den schon erwähnten Meister Diettrich den Pappirer, der zwei Müller aus dem Ölschwang beschuldigte, ihrer althergebrachten Pflicht, das Bachbett zu erhalten und somit vor dem Einstürzen zu bewahren, nicht nachgekommen zu sein. Das Gericht erkannte, dass die beiden Müller verpflichtet seien, den Kanal zu unterhalten.[21]

Zu den Wasserrechten gehörten auch Auflagen, welche Mühle zu welcher Zeit betrieben werden durfte. So wurde den Besitzern eines Beifangs das Recht zugestanden, das Wasser des Flappachs zu nutzen, allerdings nur in den vier Nächten,

---

16 Stadtarchiv Ravensburg, Urk. 670, 24. Juli 1498.

17 Stadtarchiv Ravensburg, Büschel 26, Bürgerbuch I (1324–1436), 205, 221, 243; Büschel 27, Bürgerbuch II (1436–1549), 101b, 118, 160.

18 Die Quellenlage ist ab der zweiten Hälfte des 16. Jahrhunderts besser, so dass Sporhan-Krempel sogar in der Lage war, Tabellen zu den einzelnen Papiermühlen zu führen, in denen die Besitzerwechsel exakt aufgelistet sind, vgl. Sporhan-Krempel 1953, 112–119.

19 Vgl. Sporhan-Krempel 1953, 90f.; Urkundenbelege für das 15. Jahrhundert: Stadtarchiv Ravensburg, Urk. 1208, 30. Juli 1406; Urk. 1214, 19. Mai 1424; Urk. 1216, 11. Januar 1432; Urk. 1218, 8. Juli 1435.

20 Stadtarchiv Ravensburg, Urk. 1216, 11. Januar 1432; Urk. 1218, 8. Juli 1435.

21 Stadtarchiv Ravensburg, Urk. 1208, 30. Juli 1406.

in denen die Kornmühlen und Papierhäuser nicht arbeiteten.[22] Diese Urkunde ist nicht nur für Fragen zum Wasserrecht, sondern auch hinsichtlich der Arbeitsweise der Papiermühlen interessant. Anscheinend stampften sie auch nachts. Ob sich die Zeitangabe von vier Nächten, in denen diese Werke nicht arbeiteten, auf die Woche oder auf den Monat bezieht, geht leider aus den beiden Quellen nicht hervor.

Eine weitere Auflage, die das Papiererhandwerk betrifft, findet sich in einer Urkunde aus dem Jahre 1436. Die Stadt Ravensburg verlieh den Papiermachern Peter Bapirer, Cuntz Wolfartshofer und Hans Stengeli einen Wasserlauf unter der Bedingung, dass er nur zur Papierherstellung genutzt werde. Es durfte an dieser Stelle keine Korn-, Säg- oder Schleifmühle erbaut werden.[23] Eben dieses Papierhaus, das die Papierer auf dem von der Stadt verliehenen Grund einrichteten, war laut einer anderen Urkunde vorher eine Kornmühle.[24] Hieran lässt sich eine bereits anderenorts festgestellte Praxis belegen: Die Papiermühlen wurden in den meisten Fällen nicht komplett neu errichtet. Vielmehr wurden schon vorhandene Mühlen umgebaut und dadurch für die Papierproduktion nutzbar gemacht.[25] Gegen Ende des 15. Jahrhunderts waren in den Vorstädten Ölschwang und Schornreute mindestens vier, wenn nicht sogar fünf Mühlengebäude in Papiermühlen umgewandelt worden – eine stattliche Zahl für die Stadt Ravensburg, die damals kaum 5.000 Einwohner hatte.[26] Diese Papiermühlen blieben auch im 16. Jahrhundert und darüber hinaus bestehen, so dass davon ausgegangen werden kann, dass ein stabiler Markt für das Ravensburger Papier existierte.

3 Vom Text zum Textträger: Die Materialität der Beschreibstoffe als Quelle

Das bisher Berichtete umfasst größtenteils personelle und rechtliche Aspekte der Papierherstellung. Informationen zur Produktionsweise lassen sich aus den schriftlichen Quellen nur vereinzelt gewinnen und betreffen dann zumeist den Ort der Papiermacherei, das heißt die Papiermühle und die mit ihr verbundenen Rechte und Pflichten. Doch wie wurde das Papier hergestellt? Welche Rohstoffe verwendeten die Ravensburger Papiermacher? Wie bereiteten sie den Faserbrei, die sogenannte Pulpe,

22 Stadtarchiv Ravensburg, Urk. 758, 4. Juli 1413; Urk. 716, 6. Dezember 1414.
23 Stadtarchiv Ravensburg, Urk. 723, 3. Februar 1436.
24 Hauptstaatsarchiv Stuttgart, B 198 Pu 776, 21. Oktober 1437.
25 Vgl. beispielsweise für Greifswald van Huis in diesem Band; für Linkebeek bei Brüssel vgl. van Wegens in diesem Band; für Basel vgl. Schweizer 1923, 58f., 64–73; für Troyes Rouillard 2010, 134, 143–145, 149.
26 Rückert 2010, 115.

zu? Wie schöpften, gautschten[27] und leimten sie ihr Papier? Diese Fragen lassen sich für die mittelalterliche Ravensburger Papierproduktion mithilfe der erhaltenen Textzeugnisse nicht beantworten.

Vor dieses Problem stellt allerdings nicht allein die Ravensburger Überlieferung: Es gibt für das mittelalterliche Europa kaum Texte, die uns etwas über den Herstellungsprozess von Papier verraten. Ein erster Schritt muss daher – wie in der Einführung angekündigt – in der Sichtung der wenigen mittelalterlichen Textzeugnisse bestehen, die uns Indizien zur Produktionsweise geben. Eine der aussagekräftigsten Quellen aus der Zeit vor 1500 ist sicherlich ein Auszug aus dem Werk *De partibus aedium* von Francesco M. Grapaldo,[28] das im Jahre 1494 erstmals gedruckt wurde.[29] Mit kleineren inhaltlichen und orthographischen Korrekturen lautet der Text in der Übersetzung von Martin Steinmann:

> „Bei uns wird heute das Papier aus alten und verbrauchten Leinen- und Hanftüchern hergestellt. In Stücke geschnitten und mit Wasser übergossen werden sie neun [*korr.* elf] Tage lang gefault und im Wasserstampfwerk mit eisenbeschlagenen Stößeln fein zerstoßen, mit Kalk versetzt in einen anderen Trog verbracht. Nachdem man sie dann in einen Wassertrog geleert hat, werden daraus mit wasserdurchlässigen Formen einzelne Blätter geschöpft, diese werden mit dazwischen gelegten leinenen [*korr.* wollenen] Tüchern in der Presse gepresst, dann werden sie zuerst in einem zu diesem Zweck luftig konstruierten Gebäude getrocknet, dann in Leim getaucht – dieser Leim wird aus Resten und Abschnitten von Häuten, welche die Gerber und Pergamenter zu diesem Zweck beiseite legen, gekocht –, wieder getrocknet und mit Glas geglättet, so dass sie sich vollkommen dazu eignen, mit der Feder beschrieben zu werden und die Tinte nicht durchdrücken zu lassen.“[30]

Anhand dieser Schilderung kann der Herstellungsprozess von Papier in fünf Arbeitsschritte unterteilt werden, die auch die Struktur der hier folgenden Überlegungen bilden sollen: die Aufbereitung des Rohstoffes (Kap. 5.1.), das Schöpfen der Bogen

---

27 Als Gautschen bezeichnet man in der Papiermacherei das Übertragen des noch feuchten Bogens von der Schöpfform auf einen angefeuchteten Filz. Das Wort *gautschen* stammt vom französischen *coucher*, was so viel wie legen oder ablegen bedeutet, vgl. Labarre 1937, 15 und 124.

28 In der Literatur findet sich auch die Schreibweise *Grapaldi*, vgl. Dąbrowski 1998, 262, Anm. 11.

29 Francesco M. Grapaldo, *De partibus aedium dictionarius longe lepidissimus nec minus fructuosus libri duo*, liber 2, Parma 1494. Das von uns eingesehene Exemplar wurde im Jahre 1508 von Johannes Prüss in Straßburg gedruckt und liegt in der Universitätsbibliothek Heidelberg unter der Signatur C 5274 A RES. Der Text auf fol. 103r lautet: *Apud nos hodie charta e lineis canabinisque pannis veteribus & attritis producitur. Secti in frustula aqua inspersa per dies. XI. macerantur : & in pila aquaria pilis ferratis minutim contusi addita calce in alteram transferuntur: exemptos deinde in aquaria tinia cum posuerint formis aquam trasmitentibus in singula extrahunt folia: quae laneis pannis alternatim ingestis proelo calcantur: aedificioque ad id patulo prius siccata: mox glutino facto ex pellium quisquiliis sive ramentis: quae coriarii & membranarii reponunt ad hunc usum: fervefactis intincta: rursus siccata et vitro levigata aptissima redduntur ad tolerandos calamos: & atramendum non transmittendum.*

30 Nach Steinmann 2013, 830f.

(Kap. 5.2.), das Pressen und Trocknen der noch feuchten Blätter (Kap. 5.3.), das Leimen (Kap. 5.4.) sowie das Glätten der Bogen (Kap. 5.5.). Sinnvoll ergänzen lassen sich Grapaldos Angaben vor allem durch zwei jüngere Texte, nämlich zum einen durch die sogenannte Regensburger Mühlenordnung vom Ende des 16. Jahrhunderts und zum anderen durch das Werk des Kröllwitzer Papiermachers Georg Christoph Keferstein aus dem Jahre 1766.[31] Diese drei Textzeugnisse sowie praktische bzw. experimentelle Erfahrungen aus der Handpapiermacherei sollen dabei helfen, die am Material entdeckten Charakteristika besser einzuordnen und mit bestimmten Produktionsschritten in Verbindung zu bringen.

Um dem Ravensburger Papier seine besonderen Merkmale zu entlocken, haben wir auf zerstörungsfreie Analysemethoden zurückgegriffen, die sich ohne teure und schwer transportable Ausrüstung im Archiv durchführen lassen. Das wichtigste Instrumentarium ist dabei die menschliche Sensorik, eine oft unterschätzte Methode, wie der Restaurator René Teygeler bemerkt.[32] Der für die materiale Papieranalyse am meisten genutzte Sinn ist der Sehsinn in Kombination mit variierenden Lichtquellen und Einfallswinkeln. Auflicht verschafft einen allgemeinen Eindruck von der Beschaffenheit des Papiers. Für die Betrachtung der Papieroberfläche eignet sich Streiflicht optimal. Durchlicht wiederum macht Kett- und Ripplinien sowie Wasserzeichen sichtbar, die das Sieb im Papier hinterlassen hat. Aber auch der auditive Sinn kann charakteristische Merkmale im Papier feststellen. So ist beispielsweise der durch Schütteln erzeugte Klang des Papieres Indikator für den verwendeten Rohstoff, für die Länge und damit zugleich den Mahlgrad der Fasern sowie für den Gebrauch von tierischem Leim. Auch die Haptik verrät etwas über die Beschaffenheit der Rohstoffe und über die Dicke beziehungsweise den „Griff" des Papiers. Für das Format muss man auf das Lineal als Hilfsmittel zurückgreifen. Ebenso benötigt man Transparentpapier und einen Bleistift zur Durchzeichnung der motivischen Wasserzeichen sowie der Kett- und Ripplinien.

Mit diesen einfach anzuwendenden Methoden der Materialanalyse haben bereits mehrere Papierforscher erfolgreich gearbeitet. So hat beispielsweise Antonio Chacón an einem Corpus von Papieren des Domkapitels zu Cuenca mittels Materialbeobachtungen untersucht, woher die verwendeten Papiere stammen.[33] Auch Peter Tschudin sensibilisiert in einem 1996 erschienenen Artikel für die Vielzahl an Herstellungsspuren, die sich in historischen Papieren finden lassen.[34]

---

31 Regensburger Mühlenordnung, abgedruckt in Blanchet 1900, 78–101; Keferstein, *Unterricht eines Papiermachers*, ed. Bockwitz 1936.

32 Teygeler 2000, 190.

33 Chacón 1998.

34 Tschudin 1996. Tschudins Ziel ist hierbei das Datieren von Papieren, so dass er keine Vorschläge für eine Interpretation von materiellen Papiereigenschaften bietet, die über die Zeitbestimmung hinausgehen.

Bemerkenswert ist in dieser Hinsicht die materialanalytische Untersuchung des englischen Historikers Richard L. Hills.[35] Er schreibt die Geschichte der frühen italienischen Papiermacherei nicht anhand von Schriftquellen, sondern gewinnt seine Belege für eine technische Revolution in der Papierherstellung aus den Papieren selbst. Für seine Studie hat er spanische und italienische Papiere untersucht und verglichen.[36] An ihren stofflichen Eigenschaften liest er verschiedene Verbesserungen im Herstellungsprozess ab: Er schließt von der Faserstruktur auf die Funktionsweise des Stampfwerkes, von den Ripplinien auf die Beschaffenheit des Siebdrahtes und von Bürstenspuren an der Papieroberfläche auf die Technik des Leimens. So wertet er die immer deutlicher werdenden Konturen der Wasserzeichen als sicheres Zeichen für eine Verbesserung in der Stampftechnik. Im Italien des ausgehenden 13. Jahrhunderts, also zu Beginn der Papierherstellung in dieser Region, sei der Faserbrei schlecht gestampft und daher langfaserig gewesen. Die Wasserzeichen in diesen ersten Papieren seien nur schwer zu erkennen, da sich die langen Fasern nicht bündig um den Wasserzeichendraht legten. Im Verlauf des 14. Jahrhunderts habe sich die Technik der Pulpezubereitung deutlich verbessert. Dies wird für Hills an den konturscharfen Wasserzeichen der Papiere aus dieser Zeit deutlich.[37] Auch in der Herstellung des Drahtes für Sieb und Wasserzeichen habe es im 14. Jahrhundert eine Neuerung gegeben: Es sei zu dieser Zeit gelungen, gleichmäßige Drähte durch Ziehen des Metalls herzustellen. Vorher schnitt und hämmerte der Schmied Draht aus dünnen Metallplatten, die allerdings nicht die Ebenmäßigkeit von gezogenem Draht erreichen konnten. Diese Verbesserung lasse sich im Papier beobachten: In Mustern, die aus der Zeit um 1340 stammen, seien die Ripplinien gleichmäßiger und geradliniger als zuvor, in Papieren, die um 1375 entstanden sind, seien die Ripplinien zudem noch feiner.[38]

Während sich Hills auf eine Analyse des historischen Materials konzentriert, hat die Studie des französischen Restaurators Jean-Louis Estève experimentellen Charakter.[39] In einer Untersuchung zu den Charakteristika arabischer Papiere hat Estève den Produktionsprozess vom Bau der Schöpfform über das Schöpfen des Blattes bis hin zum Leimen und Glätten der Bogen nachgestellt. Er hat auf diese Weise nachzuvollziehen versucht, inwiefern Besonderheiten im Papier auf verschiedene Arbeitsschritte oder aber auch Fehler im Produktionsprozess hindeuten. Zu den untersuchten Merkmalen gehören die Spuren, die das Sieb hinterlassen hat, also die Kett- und die Ripplinien, aber auch Wassertropfen, Deformierungen der Blattstruktur beim Trocknen, Leimklumpen und Glättspuren. Besonders anregend sind die Interpretationen und Hypothesen, die er zu jedem von ihm beobachteten und imitierten Charakte-

35 Hills 1992.
36 Hills 1992, 83.
37 Hills 1992, 83f.
38 Hills 1992, 89–91.
39 Estève 2006.

ristikum anführt. Wünschenswert wäre die Weiterentwicklung dieser Beobachtungen zu einer Art *Handbuch der Herstellungsspuren im Papier*, wie dies auch von Estève selbst vorgeschlagen wird. Für arabische Papiere und Papiere ohne motivisches Wasserzeichen existieren bereits Beschreibungsformulare, deren Anwendung an konkreten Fallbeispielen auch schon erprobt wurde.[40] Umfassend sowohl für arabische als auch für europäische Papiere konzipiert wurde der von der Internationalen Arbeitsgemeinschaft der Papierhistoriker erstellte Standard zur Beschreibung und Erfassung von Papieren mit oder ohne Wasserzeichen (kurz: IPH-Standard).[41] Er zielt vor allem auf die Identifizierung und Datierung von Papieren und legt daher großes Augenmerk auf die Wasserzeichenmotive und ihre Zugehörigkeit zu einem Sieb und zu einer Papiermühle. Eingabefelder zur Materialität der Papiere, zu Oberflächenbeschaffenheit, Faserstruktur, Leimspuren oder auch zu während des Produktionsprozesses entstandenen Mängeln sind nicht vorhanden. Für eine technik- und kulturgeschichtliche Auswertung historischer Papiere wären daher die Zusammenführung der bisherigen Taxierungsvorschläge und die Erweiterung auf europäische Papiere sowie auf Herstellungsspuren in einem Beschreibungsformular fruchtbar.[42]

Neben den bislang geschilderten Praktiken gibt es eine Vielzahl an weiteren Methoden, die mit mehr oder weniger Aufwand praktiziert werden können. Seit Julius von Wiesner ist die Faseranalyse unter dem Mikroskop für die Untersuchung von historischen Papieren etabliert,[43] auch wenn sie aufgrund ihrer destruktiven Natur nicht an jedem Sample angewendet werden kann. Weitere naturwissenschaftliche Analyseverfahren, unter anderem die Radiographie, die Spektroskopie und die Chromatographie, stellt Peter Tschudin in *Grundzüge der Papiergeschichte* vor.[44] Dass diese Aufzählung nicht nur das technisch Mögliche, sondern auch bereits in der Papieranalyse eingesetzte Verfahren benennt, zeigen einige bemerkenswerte Studien, die unter Einsatz naturwissenschaftlicher Methoden durchgeführt wurden.[45] So konnte beispielsweise Timothy Barrett mit seinem Team anhand spektroskopischer, zerstörungsfreier Verfahren in einer breit angelegten Studie mit 1.578 Papierproben aus dem 14. bis 19. Jahrhundert nachweisen, dass der Calcium- sowie der Gelatinegehalt in den Papieren mit den Jahrhunderten abnehmen.[46]

---

40 Irigoin 1993, 310–312; Canart 1993, 341–346; vgl. auch Chacón 1998, 2.

41 http://www.paperhistory.org/standard.htm (Stand 14.4.2014).

42 Zu beachten wäre hierbei neben der Aufnahme von produktionsbedingten Merkmalen vor allem die Handhabbarkeit dieses Formulars, das heißt, seine Nutzbarkeit vor Ort im Archiv oder in der Bibliothek. Wichtig wäre des Weiteren eine zerstörungsfreie Erhebung der Daten durch technisch einfach anzuwendende Methoden. Siehe dazu auch den Beitrag von Klinke u. Meyer in diesem Band.

43 Wiesner 1904; Wiesner 1911.

44 Tschudin 2012, 51–56; Jean Irigoin betonte bereits in einem 1971 publizierten Artikel den Nutzen naturwissenschaftlicher Analyseverfahren, vgl. Irigoin 1971.

45 Vgl. beispielsweise *Book Papers* 1974; Barrett 1989; Barrett 2013; Barrett 2014a; Barrett 2014b.

46 Barrett 2014d; vgl. auch Barrett 2013. Für die sich daraus ergebenden technik- und kulturge-

4 Untersuchtes Corpus: Die Ravensburger Steuerbücher des 15. Jahrhunderts

Auf der Grundlage der wenigen Textzeugnisse und inspiriert von den materialwissenschaftlichen Untersuchungen anderer Papierforscher haben wir uns im Ravensburger Stadtarchiv auf die Suche nach einem Bestand für eine Fallstudie gemacht.[47] Ausgewählt wurden die vier noch erhaltenen Ravensburger Steuerbücher aus dem 15. Jahrhundert, die unter den Signaturen Büschel 42 bis Büschel 45 im Stadtarchiv liegen. Das Steuerbuch 42 umfasst die Jahre 1473 bis 1476, die Steuerbücher 43 und 44 die Jahre 1482 bis 1485 und das Steuerbuch 45 die Jahre 1497 bis 1499. Es sind keine Steuerbücher vor 1473 erhalten, obwohl bereits ab dem 14. Jahrhundert in Ravensburg eine jährliche Vermögenssteuer erhoben wurde.

Dieses überschaubare Corpus wurde aus zwei Gründen ausgewählt. Zum einen stellen die Steuerbücher einen geschlossenen Bestand dar und sind daher gut untereinander vergleichbar. Der Zweck, für den sie angelegt wurden, und das für ihre Ausführung verantwortliche städtische Amt blieben über den betrachteten Zeitraum dieselben. Zum anderen fiel die Wahl auf sie, weil sie aller Wahrscheinlichkeit nach auf Papier aus Ravensburger Produktion geschrieben sind.[48] Für den Zeitraum von 1459 bis 1491 konnten elf Einträge in das städtische Rechnungsbuch ausgemacht werden, die den Kauf von Papier verzeichnen. In neun von elf Fällen sind als Verkäufer nur *die Papierer* genannt,[49] ein weiterer Eintrag aus dem Jahre 1470 präzisiert, dass es sich um die Papierer von Schornreute handelt.[50] In nur einem Posten wird der Name einer Person genannt: 1468 zahlte die Stadt acht Schilling und neun Pfennig *umb firnieß und pappir*[51], also für Firnis und Papier, an den Ravensburger Bürger Wilhelm Humpis.

Weitere Belege, die in diese Richtung deuten, vermag die Wasserzeichenforschung zu liefern. Das Wasserzeichen ist in allen vier Steuerbüchern ein Ochsenkopf ohne Gesichtsmerkmale mit Stange und schrägem Kreuzbalken (siehe Abb. 1 und 2). Wir haben das Wasserzeichenmotiv sowie die nächstliegenden Kettlinien mit Hilfe von Transparentpapier und Durchlicht abgezeichnet. In jedem Steuerbuch befindet sich ein Wasserzeichenpaar, wobei die beiden Ochsenköpfe eines Paares derartige Unterschiede aufweisen, dass diese mit bloßem Auge erkannt werden können. Die

schichtlichen Interpretationen siehe auch Kap. 5.4.

47 Zu Aufbau und Beständen des Ravensburger Stadtarchivs vgl. Hengstler 1950.

48 Laut Sporhan-Krempel verwendete man in der Ravensburger Kanzlei vorwiegend das vor Ort produzierte Papier, siehe Sporhan-Krempel 1984, 44, Anm. 25.

49 Stadtarchiv Ravensburg, Büschel 38, Rechnungsbuch, fol. 8v, 77v, 148v, 173, 201v, 224v, 274v, 322v, 348.

50 Stadtarchiv Ravensburg, Büschel 38, Rechnungsbuch, fol. 104v.

51 Stadtarchiv Ravensburg, Büschel 38, Rechnungsbuch, fol. 57v.

Ochsenkopfwasserzeichen aus den Steuerbüchern 43 und 44 sind deckungsgleich: Die Papiere wurden mit denselben zwei Formen geschöpft. Wir haben insgesamt folglich in vier Steuerbüchern drei Wasserzeichenpaare, das heißt sechs verschiedene Ochsenköpfe. Ein Abgleich mit der Wasserzeichenkartei von Gerhard Piccard hat ergeben, dass die beiden Ochsenköpfe aus den Steuerbüchern 43 und 44 den Wasserzeichen V 335 und V 336 entsprechen.[52] Sie sind auch dort als Wasserzeichenpaar aufgeführt.[53] Belegt sind sie für die Jahre 1480 bis 1489 in mehreren Archiven im süddeutschen Raum, so unter anderem in Konstanz, Stuttgart, Tettnang und Ulm.[54] Auch die Wasserzeichen aus dem Steuerbuch 45 erscheinen im Piccardschen Findbuch als Paar und stimmen mit den Abzeichnungen V 355 und V 356 überein.[55] Papier mit diesen Wasserzeichen wurde in den Jahren 1496 bis 1505 unter anderem in Ellwangen, Freiburg im Breisgau, Konstanz, Memmingen, Nördlingen und Stuttgart beschrieben.[56] Lediglich einer der Ochsenköpfe aus dem Steuerbuch 42 konnte einer Darstellung aus der Wasserzeichenkartei zugeordnet werden, nämlich der Abbildung V 306.[57] Die Verwendung von Papier mit diesem Ochsenkopf ist zwischen 1469 und 1476 für den deutschen Südwesten – Konstanz, Nördlingen, Schwäbisch Gmünd, Schwäbisch Hall und andere – nachgewiesen.[58] Auf die Ravensburger Herkunft dieser Ochsenkopfpapiere schließt Piccard anhand von schriftlichen Belegen in Rechnungsbüchern, die er mit dem in der jeweiligen Kanzlei verwendeten Papier in Verbindung setzt.[59]

Kommen wir damit zumindest knapp zur allgemeinen Funktion der Steuerbücher für die städtische Verwaltung und zu ihrem Quellenwert für die Papiergeschichte Ravensburgs. Bereits im ältesten erhaltenen Ravensburger Stadtrecht, das auf um 1330 datiert wird, wurde die Erhebung einer jährlichen Steuer festgesetzt.[60] Diese setzte sich aus einer Kopf- und einer Vermögenssteuer zusammen, wobei der Kopfsteuersatz seit 1381 bei 18 Pfennigen lag.[61] Diese musste jeder Ravensburger Bürger unabhängig von seinem Vermögen entrichten. Da die Steuerbücher nach Stadtteilen gegliedert sind, ist anzunehmen, dass der Steuermeister seinen Rundgang außerhalb der Stadtmauer in den östlichen Vorstädten begann und in der Unterstadt beendete.[62] Wie die tatsächliche Praxis aussah, kann heute jedoch nicht mehr beantwortet

52 Piccard 1966, 340.
53 Piccard 1966, 81.
54 Piccard 1966, 81.
55 Piccard 1966, 342.
56 Piccard 1966, 82f.
57 Piccard 1966, 337.
58 Piccard 1966, 79.
59 Vgl. Piccard 1966, 30; vgl. auch Piccard 1962, 96f.
60 Müller 1924, 15–18 u. 76.
61 Müller 1924, 191f.; Dreher 1966, 176f.; Eitel 1970, 111.
62 In den Steuerbüchern steht der jeweilige Stadtteil steht als Überschrift, darunter folgen die Namen der Personen, die in diesem Stadtteil steuern. Am deutlichsten erkennt man diese Struktur bei Steu-

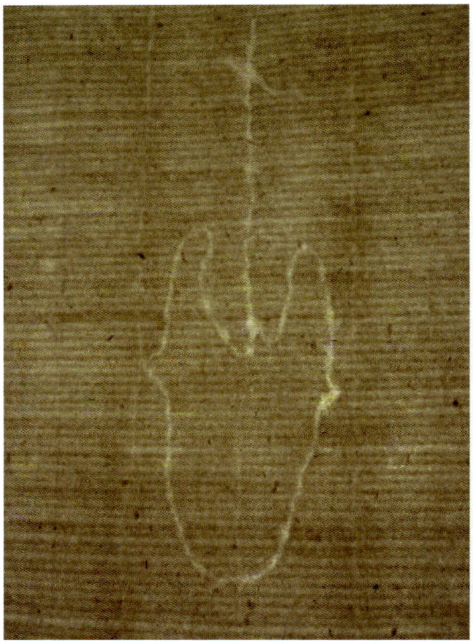

Abb. 1: Ochsenkopf mit Stange und schrägem Kreuzbalken, Steuerbuch 42, Referenz: Piccard 1966, V 336

Abb. 2: Ochsenkopf mit Stange und schrägem Kreuzbalken, Steuerbuch 45, Referenz: Piccard 1966, V 356

werden, da nur die Reinschriften der Steuerbücher erhalten sind. An Strichen, die an den Namen angebracht wurden, kann man erkennen, dass diese Reinschriften gleich für mehrere Jahre – meist drei oder vier – angelegt wurden. Pro Jahr, in dem von der betreffenden Person Steuern entrichtet wurden, findet sich ein Strich (siehe Abb. 3).[63]

Unter den beiden Stadtteilen Schornreute und Ölschwang, in denen die Ravensburger Papiermühlen standen, sind auch steuernde Papiermacher zu finden. Als ein konkretes Beispiel sollen die Papiermacher Hans Wäch und Hans Spän dienen. Sie erwarben im Jahre 1482 gemeinsam das Bürgerrecht und ließen sich, nach ihrer

erbuch 45. Hier gibt es auf der ersten Seite ein Stadtteilverzeichnis mit Folioangaben: Stadtarchiv Ravensburg, Büschel 45, Steuerbuch 1497–1499, fol. 1r.

63 Verwirrend ist hierbei allerdings die Datierung, die das Ravensburger Stadtarchiv etabliert hat. Die Steuerbücher 43 und 44 sind auf den Zeitraum von 1482 bis 1485 datiert, weisen jedoch nur maximal drei Striche an einem Namen auf. Dies spricht eher dafür, dass die Bücher nur für drei Jahre geführt wurden, nämlich für die Jahre 1482, 1483 und 1484. Den umgekehrten Fall treffen wir bei Steuerbuch 45 an: Der angegebene Zeitraum von 1497 bis 1499 legt eine Verwendung von drei Jahren nahe. Es finden sich hingegen in den meisten Fällen vier Striche an den Namen, so dass eine vierjährige Buchführung wahrscheinlicher ist.

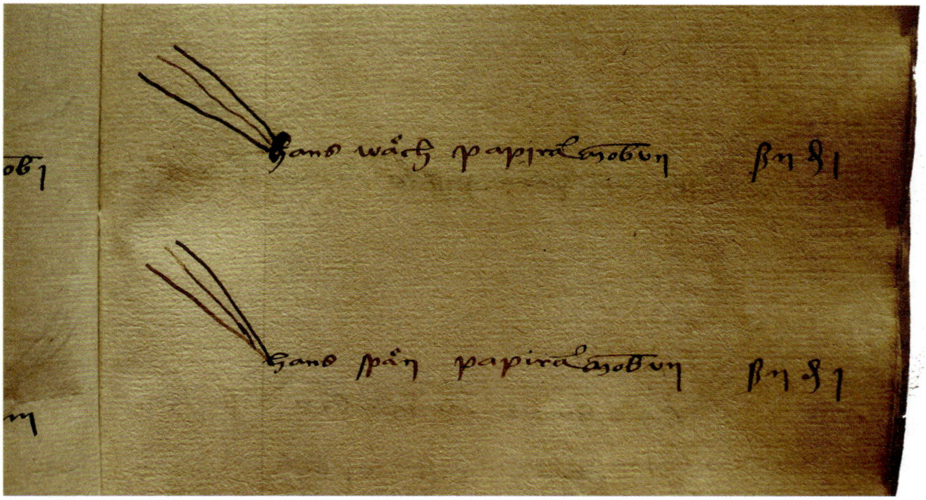

Abb. 3: Die Papierer Hans Wäch und Hans Spän, Steuerbuch 44, fol. 7r

Auflistung in den Steuerbüchern zu urteilen, im Ölschwang nieder.[64] Hans Wäch, *pappyrer*,[65] steuerte im selben Jahr das erste Mal in Ravensburg und zahlte neben der Kopfsteuer von achtzehn Pfennigen sieben Pfennige für einen Vermögenswert von sieben Mark fahrender Habe.[66] Sein Kollege Hans Spän steuerte ebenfalls 1482 erstmalig. Der von ihm versteuerte fahrende Besitz war genau so viel wert, wie der von Hans Wäch: sieben Mark.[67] Die beiden Papiermacher waren zu dieser Zeit folglich gleich vermögend. Fünfzehn Jahre später, 1497, zahlte Hans Spän jedoch zehn Pfennige für sechzehn Mark liegende und zwei Mark fahrende Habe,[68] während Hans Wäch ein Vermögen von insgesamt 140 Mark angab, davon 100 Mark Immobilien und 40 Mark Mobilien.[69] Diesen Vermögenszuwachs verdankt er allem Anschein nach nicht seinem Beruf als Papierer, sondern seiner Ehe mit der Bürgermeisterswitwe Lena Schnitzer, die er im Jahre 1491 heiratete und die einiges an Besitz in die Ehe einbrachte.[70]

---

64 Stadtarchiv Ravensburg, Büschel 27, Bürgerbuch II (1436–1549), 118; Büschel 43, Steuerbuch 1482–1485, fol. 7; Büschel 44, Steuerbuch 1482–1485, fol. 7; Büschel 45, Steuerbuch 1497–1499, fol. 6v u. 8.

65 Stadtarchiv Ravensburg, Büschel 43, Steuerbuch 1482–1485, fol. 7.

66 Stadtarchiv Ravensburg, Büschel 43, Steuerbuch 1482–1485, fol. 7; Büschel 44, Steuerbuch 1482–1485, fol. 7.

67 Stadtarchiv Ravensburg, Büschel 43, Steuerbuch 1482–1485, fol. 7; Büschel 44, Steuerbuch 1482–1485, fol. 7.

68 Stadtarchiv Ravensburg, Büschel 45, Steuerbuch 1497–1499, fol. 6v.

69 Stadtarchiv Ravensburg, Büschel 45, Steuerbuch 1497–1499, fol. 8.

70 Stadtarchiv Ravensburg, Urk. 842, 26. Mai 1491. Lena Schnitzer war die Witwe des um 1490 verstor-

Das Amt des Steuermeisters, der die Aufgabe hatte, die Zahlungen entgegenzunehmen, wurde Anfang der 1380er Jahre zur Entlastung des Stadtrechners eingeführt, dem bis dahin der Steuereinzug oblag.[71] Seit dieser Zeit führten der Steuermeister und der Stadtschreiber jeweils ein Buch, so dass es ursprünglich eine zweifache Ausführung der Steuerbücher gab.[72] Deutlich wird diese doppelte Buchführung an den zwei Steuerbüchern unseres kleinen Corpus, die die Jahre 1482 bis 1485 abdecken. Auf dem Pergamenteinband des Steuerbuches 43 steht geschrieben: *Das ist des Stattschribers Stürbuch* (siehe Abb. 4). Das Steuerbuch 44 stellt sein Pendant dar. Auf ihm lesen wir: *Das ist des Stürmaisters Buch* (siehe Abb. 5). Diese sind die einzigen Ravensburger Steuerbücher bis zum Beginn des 17. Jahrhunderts, die noch in ihrer zweifachen Ausführung erhalten sind.[73] Anhand dieser beiden Steuerbücher bestärkt sich die Vermutung von Dreher, dass die Schreibarbeit für beide Ausfertigungen von der Stadtkanzlei übernommen wurde.[74] Die beiden Steuerbücher 43 und 44 enthalten nämlich – wie früher dargelegt – das gleiche Wasserzeichenpaar. Es ist daher plausibel anzunehmen, dass das Papier aus einer Produktion stammt, als Ries gekauft und an ein und demselben Ort beschrieben wurde. Wir können folglich festhalten, dass – wie oben erörtert – das Papier der vier von uns untersuchten Steuerbücher wahrscheinlich Ravensburger Herkunft ist und von der städtischen Kanzlei eingekauft wurde. Dies versetzt uns in die glückliche Lage, Papiere zu analysieren, bei denen Herstellungs-, Beschreib- und Aufbewahrungsort in eins fallen.

5 Ergebnisse der Materialitätsanalyse

Die vier erhaltenen Ravensburger Steuerbücher aus dem 15. Jahrhundert, die im Folgenden in ihrer Materialität analysiert werden sollen, bestehen vollständig aus Papier, wobei die Einbände aus Pergament und mit Zierriemen aus gekreuztem Lederflechtwerk versehen sind. Bei zwei der vier Steuerbücher – 43 und 45 – sind zudem die Schnallen erhalten, mit denen das Buch verschlossen werden konnte. Die Steuerbücher haben einem Umfang von durchschnittlich 170 Blättern, welche recto und verso beschrieben sind (siehe Tab. 1). Die Aufteilung der Seiten ist sehr großzügig: Meist stehen auf einer Seite nur vier bis fünf Namen mit den dazugehörigen Vermögenswerten und Steuerbeträgen, wobei die Abstände zwischen den einzelnen Namen meistens regelmäßig und unbeschrieben sind (siehe Abb. 3). Im Folgenden sollen nun

---

benen Peter Schnitzer, der ein angesehenen Ravensburger Bürger und von 1473 bis 1483 Bürgermeister war, vgl. hierzu Dreher 1966, 269.

71 Dreher 1972, 688.

72 Dreher 1966, 177; Dreher 1972, 688.

73 Dreher 1966, 177.

74 Dreher 1972, 688

Abb. 4: Umschlag des Steuerbuches 43

Abb. 5: Umschlag des Steuerbuches 44

die Überlegungen und Ergebnisse unserer Materialstudie vorgestellt werden. Hierzu bietet es sich an, dem Werden des Papiers zu folgen und die Entstehung eines Bogens von dem verwendeten Rohstoff über das Schöpfen, Gautschen, Pressen, Trocknen bis hin zum Leimen, Glätten und Verpacken Schritt für Schritt nachzuvollziehen.

Tab. 1: Die Ravensburger Steuerbücher des 15. Jahrhunderts

Bestand	Blattformat	Umfang	Wasserzeichen
Steuerbuch 42 1473–1476	30,50 cm x 44,00 cm	177 Blätter	Zwei Ochsenköpfe Piccard 1966, V 306 & ?
Steuerbuch 43 1482–1485	31,20 cm x 43,50 cm	171 Blätter	Zwei Ochsenköpfe Piccard 1966, V 335 & 336
Steuerbuch 44 1482–1485	31,10 cm x 43,80 cm	178 Blätter	Zwei Ochsenköpfe Piccard 1966, V 335 & 336
Steuerbuch 45 1497–1499	30,70 cm x 42,30 cm	157 Blätter	Zwei Ochsenköpfe Piccard 1966, V 355 & 356

5.1 Der Rohstoff und seine Aufbereitung

Grundlegend für die Qualität des Papiers war und ist der verwendete Rohstoff. Im Allgemeinen wird davon ausgegangen, dass im spätmittelalterlichen Europa vor allem Lumpen aus Leinen oder Hanf, das heißt bereits bearbeitete pflanzliche Fasern, den Grundstoff für das Papiergewerbe bildeten.[75] Die wenigen erhaltenen Textzeugnisse zur Papierherstellung bestätigen diese Annahme. So beschreibt Francesco M. Grapaldo, dass Papier aus alten und verbrauchten Leinen- und Hanftüchern hergestellt werde.[76] In seinem enzyklopädischen Werk *Liber viginti arcium* aus der zweiten Hälfte des 15. Jahrhunderts nennt Paulus Paulerinus neben leinenen Lumpen auch wollene als Rohstoff.[77] Ob allerdings tatsächlich davon ausgegangen werden kann, dass in der Region um Krakau Wollhadern zur Herstellung von Papier genutzt wurden, bleibt offen. Zeugnisse aus späteren Jahrhunderten erwähnen ausdrücklich, dass Wolltuch sich nicht eigne. Sowohl die sogenannte Regensburger Mühlenordnung aus der zweiten Hälfte des 16. Jahrhunderts als auch der Papiermacher Georg Christoph Keferstein aus dem 18. Jahrhundert betonen, dass sich aus wollenen Lumpen kein gutes Papier herstellen lasse und diese daher aussortiert werden müssten.[78]

Der Unterschied zwischen den längeren Leinenfasern und den kürzeren Hanffasern bildet sich in der Klangfarbe des Papiers ab und ist für ein geübtes Ohr zu hören. Unsere Untersuchungsstücke bestehen wahrscheinlich zum Großteil aus Leinenfasern. Darauf deutet der harte Klang hin, der entsteht, wenn man das Papier bewegt oder leicht schüttelt. Naturwissenschaftlich fundierte Erkenntnisse können hingegen mit einer mikroskopischen Faseranalyse gewonnen werden. Da hierzu dem Papier jedoch Fasern entnommen werden müssen, ist diese Methode nicht zerstörungsfrei und somit für Studien an Archivalien unter konservierungsethischen Gesichtspunkten nicht vertretbar.[79] Offen bleibt vorerst die Frage nach der Verwendung von Baumwollfasern in der Ravensburger Papierherstellung. Zwar kann die ‚Legende' vom

75 Vgl. unter anderem Barrett 1993, 34; Tschudin 2012, 16.

76 Grapaldo 1508, fol. 103r: *e lineis canabinisque pannis veteribus & attritis*.

77 Paulerinus, *Liber viginti arcium*, ed. Hadravová 1997, 48.

78 Regensburger Mühlenordnung, hier zitiert nach Blanchet 1900, 78, 90; Keferstein, *Unterricht eines Papiermachers*, ed. Bockwitz 1936, 19.

79 Da man dem Papier für eine möglichst zerstörungsarme Untersuchung unter dem Mikroskop nur eine kleine Fasermenge entnimmt, besteht ein weiteres Problem darin, eine repräsentative Probe zu gewinnen. Wir haben daher für diese Studie auf eine mikroskopische Untersuchung der Fasern verzichtet. Es ist jedoch möglich, dass eine solche Faseranalyse zu Ergebnissen führen würde, die der durch eine auditive Anamnese gewonnenen Vermutung, es handle sich um Leinenfasern, widersprechen. Ein Beispiel für eine Faseranalyse an Archivmaterial mit überraschendem Resultat bietet Bachmann 2011, 22–32. Er stellt fest, dass das in den Butzbacher Stadtrechnungen zwischen 1371 und 1419 verwendete Papier weder aus Leinen- noch aus Hanffasern besteht, sondern aus einer Mischung von Ramie (Chinagras), Baumwolle und Jute.

reinen Baumwollpapier inzwischen als widerlegt gelten,[80] doch ist auch zu beachten, dass im 15. Jahrhundert ein nicht geringer Anteil der in der Region Oberschwaben produzierten Tücher Barchent war, ein Mischgewebe aus Baumwollschuss auf Leinenkette.[81] Wenn man davon ausgeht, dass die in Ravensburg und Umgebung produzierten und vor allem auch gehandelten Textilien in diesem Gebiet getragen und dann später von Lumpensammlern in Ravensburger Papiermühlen gebracht und beim Lumpensortieren nicht ausgeschieden wurden, dann könnte sich ein beträchtlicher Anteil an Baumwollfasern in Papieren Ravensburger Provenienz finden lassen.[82]

Anhand des Klangs unserer Papierproben kann man zudem auf die Art der Rohstoffaufbereitung schließen. Wie bereits angemerkt, weist der harte, feste Klang des Papiers auf lange Fasern hin. Längere Fasern ergeben im Allgemeinen stabiles, festeres Papier, während sich aus kürzeren Fasern feinere, weichere Papiere herstellen lassen.[83] Je länger die Lumpen im Stampfwerk zerstoßen werden, desto kürzer werden die Fasern. Als Richtlinie für die Dauer des Stampfprozesses können wir uns an Georg Christoph Keferstein halten. Er gibt an, dass die Lumpen mindestens zwölf Stunden im Stampfwerk verbleiben sollen.[84] Auch die Regensburger Mühlenordnung hält fest, dass das Halbzeug zwölf Stunden gestampft werden solle, und fügt noch hinzu, dass das Ganzzeug vierundzwanzig Stunden im Stampftrog zu verbleiben hat.[85] Bezieht man dies auf die von uns untersuchten Papiere, so kann man eine eher kürzere Stampfdauer annehmen.

Neben dem Klang des Papiers verrät auch die Haptik, dass es sich bei dem Beschreibstoff der Steuerbücher um ein Papier von guter Qualität handelt: Es ist fest und flexibel. Da sich aus weißen, fein gewebten Stoffen auch feineres Papier herstellen lässt, unterscheidet Keferstein fünf Lumpenqualitäten und -farben – fein, mittel, schlecht, braun und blau – und verweist auf die große Bedeutung des Lumpensortierens.[86] Bei der Betrachtung der Papiere aus den Ravensburger Steuerbüchern fallen jedoch auch viele bräunliche Einschlüsse, sogenannte Inkrusten, von unterschiedlicher Größe ins Auge; das Papier sieht ‚gesprenkelt' aus (siehe Abb. 1). Diese Melierungen können darauf hindeuten, dass der Lumpensortierer nicht ordentlich arbei-

---

80 Vgl. Piccard 1965, 46f.; vgl. auch die Ergebnisse der mikroskopischen Untersuchungen in Wiesner 1904, 1 und Wiesner 1911, 5f.

81 Vgl. Spohr 2013, 100–103; zur Barchentproduktion vgl. Funk 1965, 27–61; zum Barchenthandel vgl. Schulte 1923, 97–102.

82 Ein Anteil an Baumwollfasern müsste sich in Anbetracht der bedeutenden spätmittelalterlichen Barchentproduktion auch in anderen Papieren finden lassen. Leider ist uns hierzu keine einschlägige Studie bekannt. Hinweise auf Baumwollfasern in Papieren finden sich in Kirchner 1910, 178, und Bachmann 2011, 25.

83 Vgl. Barrett 2013, 123; Barrett 2014c.

84 Keferstein, *Unterricht eines Papiermachers*, ed. Bockwitz 1936, 46.

85 Regensburger Mühlenordnung, hier zitiert nach Blanchet 1900, 80.

86 Keferstein, *Unterricht eines Papiermachers*, ed. Bockwitz 1936, 21f.

tete; bedenkt man jedoch die feste Qualität der Papiere, die auf die Verarbeitung von Hadern gleicher Güte hinweist, dann erscheint diese Annahme weniger plausibel. Zu vermuten ist stattdessen, dass man sich entschied, als Rohstoff nicht nur reinweiße, sondern auch gefärbte Lumpen zu nutzen. Sie dienten als Grundlage für ein stabiles Schreibpapier, das jedoch weder besonders weiß noch besonders fein sein sollte. Eine weitere Ursache für die starken Melierungen im Papier könnte die Loslösung von Holzsplittern aus dem Stampfwerk, der Bütte oder dem Rührwerkzeug darstellen. Durch den ständigen Kontakt mit Wasser weicht das Holz auf, es lösen sich Holzfasern von der Bütte oder dem hölzernen Rührgerät ab und vermischen sich auf diese Weise mit der Pulpe.[87] Eine gute, regelmäßige Oberflächenbehandlung kann das Absplittern von Holzfasern verhindern, ist jedoch auch zeit- und kostenintensiv, ebenso wie das nachträgliche Aussortieren des mit Holzfasern durchsetzten Papiers.[88]

5.2 Das Schöpfen

Nach der Aufbereitung des Rohstoffes zum sogenannten Ganzzeug wird der Faserbrei in die mit Wasser gefüllte Schöpfbütte gegeben. Nun kommt das zentrale Werkzeug der Papiermacherei, die Schöpfform, zum Einsatz. Sie gehört neben der Bütte zur Grundausstattung des Schöpfgesellen. Da kaum historische Schöpfformen vor 1800 erhalten sind, müssen Informationen über die älteren Siebe durch die Papiere selbst gewonnen werden.[89] Der Papierforscher wird hier mangels schriftlicher und Sachquellen ein weiteres Mal auf die Materialität des Papiers zurückgeworfen und befindet sich in diesem Fall in der glücklichen Lage, dass das Abbild der Siebstruktur „einem Fingerabdruck gleich“[90] auf das benutzte Schöpfsieb schließen lässt.

Die grundlegende Frage nach der Größe der Schöpfform kann durch die Bestimmung des Papierformats mittels eines einfachen Lineals beantwortet werden; hierbei ist allerdings zu beachten, dass die meisten Papiere beschnitten sind. Ein Beschnitt an mehreren oder allen Seiten ist auch bei den Papieren der Steuerbücher erkennbar. Die Messwerte lagen zwischen 30,5 Zentimeter und 31,2 Zentimeter auf der schmalen Seite und zwischen 42,3 Zentimeter und 44,0 Zentimeter auf der breiten Seite. Wenn man einen Beschnitt mit einrechnet, dann entspricht dies dem *reçute*-Format des Statuts von Bologna, häufig auch als Kanzleiformat bekannt.[91] Zur Erstellung der

87 Diese Vermutung basiert auf praktischen Erfahrungen während des Papierschöpfens.

88 Siehe auch unten Kap. 5.6.

89 Diesen Ansatz verfolgt unter anderem Edo Loeber, vgl. Loeber 1982, 41. Auch Peter Tschudin und Jean Irigoin arbeiten mit der genauen Bestimmung der Siebmerkmale. Ihr vorrangiges Ziel liegt hierbei allerdings auf der Datierung der Papiere, vgl. Tschudin 1996; Tschudin 2012, 34–49; Irigoin 1968; Irigoin 1993, 298–305.

90 Klinke 2009, 32.

91 Vgl. Piccard 1965, 58; vgl. hier auch die von Piccard verzeichneten Ravensburger Formate des

Steuerbücher wurde das Papier einmal in der Mitte gefaltet, so dass aus einem Bogen zwei Blätter entstanden (Folio-Format). Die Maße des inneren Schöpfformrandes lagen daher vermutlich bei ungefähr 31,5 Zentimeter auf 45,0 Zentimeter.[92]

Anhand der im Durchlicht sichtbaren nicht motivischen Wasserzeichen[93] – Kettlinien, Ripplinien, Schatten – ist es möglich, weitere Aussagen über die verwendeten Schöpfsiebe zu treffen. In dem Papier aller vier untersuchten Steuerbücher erkennt man einen relativ großen Abstand zwischen den Ripplinien. Daraus lässt sich schließen, dass die Schöpfform nicht sehr fein, sondern eher gröber gefertigt war.[94] Um die Kettlinien herum sind bei den untersuchten Papieren Schatten erkennbar. Diese Schatten bilden eine Faseransammlung entlang der Kettlinien ab und deuten somit darauf hin, dass sich unterhalb der Kettdrähte hölzerne Stege zur Verstärkung der Siebkonstruktion befunden haben. Die Faseransammlung entsteht hierbei durch einen Unterdruck, der bei dem Herausheben der Schöpfform aus dem Wasser entlang dieser Holzstege auftritt.[95] Zudem kann man an diesen Schatten ablesen, dass es sich bei der Form wahrscheinlich um ein einfaches Sieb ohne Untergewebe handelte, da bei Schöpfformen mit Untergewebe diese typischen Stegschatten nicht entstehen.[96] Zusammengefasst kann man sich die Schöpfformen, mit denen das Papier der Ravensburger Steuerbücher hergestellt wurde, folgendermaßen vorstellen: Der innere Rand der Formen hatte ein Format von circa 31,5 Zentimeter auf 45,0 Zentimeter, das nicht sehr filigran gearbeitete Siebgewebe wurde unterhalb der Kettdrähte von Holzstegen unterstützt und besaß kein Untergewebe.

Wenden wir uns nun der Blattbildung an sich zu. Wie auch die Regensburger Mühlenordnung und der Papiermacher Georg Christoph Keferstein betonen, besteht die Kunst des Büttengesellen darin, zum einen bei jedem Papierbogen die Fasern gleichmäßig zu verteilen, damit das Blatt eine hohe Stabilität bekommt, und zum anderen alle Bogen eines Stapels, Pauscht genannt, gleich dick zu schöpfen.[97] Da

15. und 16. Jahrhunderts, die dem *reçute*-Format entsprechen. Zum Statut von Bologna vgl. Archivio di Stato di Bologna, Statuti de Popolo, vol. del 1389, zitiert bei Gasparinetti 1963, 18–25.

92 Dies sind die Maße, die dem kleinsten Format auf dem Stein von Bologna entsprechen, vgl. Gasparinetti 1963, 13.

93 Im Folgenden wird der Begriff *Wasserzeichen* für alle durch den Draht der Schöpfform entstandenen *Zeichen* verwendet, siehe hierzu auch die Bezeichnungen *Papierzeichen* für das motivische Zeichen und *Wasserzeichen* für die Siebabdrücke in Piccard 1956, 66.

94 Diese Feststellung basiert auf bloßem Augenschein; ein exakteres Ergebnis lässt sich durch das Zählen der Ripplinien erzielen. Hierfür eignet sich eine selbstangefertigte Zählmaske, mit der die Anzahl der Ripplinien innerhalb einer bestimmten Strecke ermittelt werden kann, vgl. hierzu Klinke 2009, 32; Klinke u. Meyer in diesem Band.

95 Vgl. Loeber 1982, 23 und 43; vgl. auch Weiss 1981, 65.

96 Vgl. Loeber 1982, 22 und 43.

97 Regensburger Mühlenordnung, hier zitiert nach Blanchet 1900, 82, 88; Keferstein, *Unterricht eines Papiermachers*, ed. Bockwitz 1936, 50; für eine mögliche mathematische Darstellung der Dickenveränderung des Papiers während des Schöpfens siehe Utter u. Utter 1992.

die Formung eines gleichmäßigen, fehlerfreien Bogens sowohl eine geübte Hand als auch Zeit benötigt, können anhand von Mängeln im Papier Rückschlüsse auf das Geschick des Büttengesellen und auf die Produktionsgeschwindigkeit gewonnen werden.[98] Keferstein warnt ausdrücklich vor den Fehlern, die beim Schöpfen unterlaufen können:

> *So bald ihr den Deckel auf die Forme gebracht habt, so fahret sacht und mit Vorsicht in die Bütte, thut nicht, als wenn ihr dieselbe auf einmal ausschöpfen wollt, lasset die überflüßige Materie sanft heranfließen, und schüttelt, oder welches weit besser ist, siebet ein wenig ... so werdet ihr das schönste Papier erhalten. Beym Abnehmen des Deckels hütet Euch, daß kein Tropfen in den gemachten Bogen fällt; Schleift nicht auf der Forme mit dem Deckel; ... rennt nicht mit eurer Forme gegen die andere, so Euch entgegen geschoben wird; rühret euren Zeug gehörig, führet den Rechen sauber, und in gleicher Stärke; macht mit einem Wort den letzten Bogen im Post mit eben dem Fleiß als den ersten ...*[99]

In den von uns untersuchten Papieren finden sich viele der hier beschriebenen Schöpffehler. Zum einen sieht man Spuren von Wassertropfen, die entweder von der Hand oder dem Arm des Büttengesellen oder auch von der Schöpfform[100] auf das noch feuchte Blatt fielen und dort den noch schwimmenden Faserbrei kreisrund verdrängten (siehe Abb. 6 und 7). Das getrocknete Papier ist später an dieser Stelle dünner und reißt leichter. Die vielen Wassertropfenspuren in den Ravensburger Papieren deuten demnach darauf hin, dass der Büttengeselle unachtsam war, vielleicht, weil er in kurzer Zeit viele Bogen schöpfen musste. Eine andere Ursache, die das Problem noch verstärkt haben könnte, lag in der unzureichenden Politur der Schöpfform. Wenn das Holz nicht glatt ist, dann können sich leichter Wassertropfen in der rauen Oberfläche fangen und von dort auf den frisch geschöpften Bogen fallen. Ein mangelhaft poliertes Schöpfsieb weist auf einen nicht sehr sorgfältigen Umgang mit den Arbeitsgeräten hin, entweder aus Zeit- oder aus Wissensmangel. Wie wichtig eine gute Schöpfform ist, wusste auch Georg Christoph Keferstein: Er empfiehlt seinen Söhnen, unbedingt selbst das Formenmachen zu erlernen.[101]

Ein anderer Hinweis für schnelles Arbeiten an der Bütte ist ‚wolkiges' Papier. Es entsteht durch eine ungleiche Verteilung des Faserbreis, nämlich wenn beim Schöpfen das Sieb nicht gut genug geschüttelt wurde und daher die Fasern sich nicht gleichmäßig über das gesamte Sieb ausbreiten konnten. Auch in unseren Ravensburger Papieren haben wir solche Stellen häufig gefunden (siehe Abb. 6). Faserknoten stellen weitere Mängel dar, die wir in unseren Untersuchungspapieren entdecken konnten. Sie entstehen, wenn die Pulpe nicht sehr gut gestampft und/oder in der Bütte nicht gut gerührt wurde oder wenn getrocknete Faserreste, die sich am Rand

98 Vgl. Estève 2006, 127.
99 Keferstein, *Unterricht eines Papiermachers*, ed. Bockwitz 1936, 50.
100 Vgl. hierzu Loeber 1982, 9.
101 Keferstein, *Unterricht eines Papiermachers*, ed. Bockwitz 1936, 22.

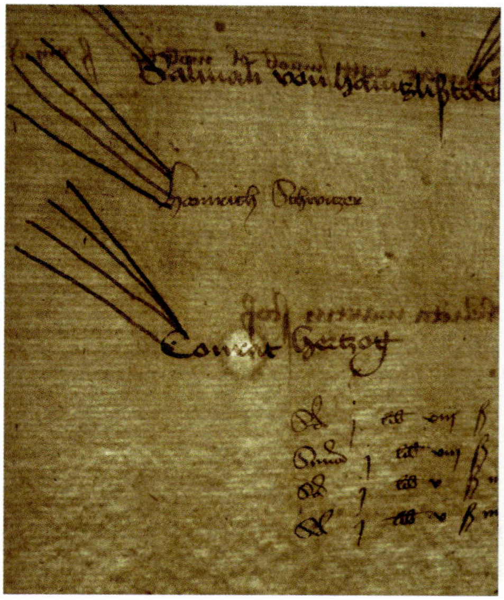

Abb. 6: Spur eines Wassertropfens und wolkiges Papier

Abb. 7: Spur eines Wassertropfens auf frisch geschöpftem Papier aus der Werkstatt von Johannes Follmer

des Zeugkastens abgesetzt haben, wieder zurück in die Kasten fallen und von dort mit den anderen Fasern in die Bütte kommen und zu einem Blatt geformt werden.[102] Neben Knoten und den bereits weiter oben erwähnten Holzsplittern können auch noch andere Fremdkörper ihren Weg in das Papier finden. So haben wir im Steuerbuch 42 ein menschliches Haar gefunden, dass in die Papiermasse eingebunden ist. Vermutlich stammt es entweder von dem Büttengesellen oder von der Person, die für die Aufbereitung der Pulpe zuständig war.

Zweierlei Dinge sprechen für ein schnelles und nicht sehr sorgfältiges Schöpfen der uns vorliegenden Ravensburger Papiere. Zum einen sind dies die im Papier nachweisbaren ‚Schöpffehler', zum anderen ist es die Tatsache, dass wir diese Makel heute überhaupt noch sehen können. Soll sehr hochwertiges und feines Papier hergestellt werden, dann bleibt, sobald der Büttengeselle einen Fehler begangen hat, immer noch die Möglichkeit, den fehlerhaft geschöpften Faserbrei wieder zurück in die Bütte zu schütten und ein neues Blatt zu schöpfen. So wird dies auch heutzutage in der Handpapiermacherei praktiziert. Dieses Verfahren benötigt jedoch Zeit; Zeit

102 Keferstein, *Unterricht eines Papiermachers*, ed. Bockwitz 1936, 20. Kefersteins größte Sorgen scheinen tatsächlich Faserknoten im Papier zu sein, denn er schreibt darüber sogar einen Aufsatz, in dem er die Knoten mit Monaden vergleicht und damit sein Wissen um die Leibniz'sche Theorie unter Beweis stellt, vgl. Keferstein, *Unterricht eines Papiermachers*, ed. Bockwitz 1936, 69–72.

war allerdings ein knappes Gut, wenn man bedenkt, dass die Tagesleistung eines geübten Dreierteams aus Schöpfer, Gautscher und Leger im 18. Jahrhundert zwischen 1.500 und 4.000 Bogen, das heißt zwischen 3 bis 8 Ries lag.[103] Die von uns in den Papieren beobachteten Arbeitsfehler weisen unserer Meinung deutlich darauf hin, dass schnell gearbeitet wurde.

5.3 Das Gautschen, Pressen und Trocknen

Diese Vermutung bestätigt sich, wenn man den nächsten Arbeitsschritt, das Gautschen, betrachtet. Bei der Betrachtung im Streiflicht kann man auf der Oberfläche des Papiers deutlich den Abdruck einer textilen Struktur erkennen (siehe Abb. 8). Dieser Abdruck stammt von den Wollfilzen, auf die der noch feuchte Bogen durch den Gautscher abgelegt wurde. Bei genauem Hinsehen sind sogar einzelne längere Wollfasern erkennbar, die wie der Abdruck eines feinen Haares aussehen. Bereits in der Beschreibung Grapaldos werden wollene Tücher erwähnt, die zwischen den einzelnen Bogen liegen; allerdings wird das Gautschen an sich nicht erwähnt.[104] Keferstein hingegen spricht explizit über das Gautschen auf Filze und erwähnt dabei die Schnelligkeit, mit der ein Gautscher sein Handwerk ausübt.[105] Er fährt fort mit den Worten:

> *Dieß ist auch der einzige Trost für schlechte Gautscher. Denn sie zerschmeißen öfters das Papier mit dem Filz, sie verrücken die Formen, und so wird das Papier schiefeckigt, oder sie gautschen Brillen, und werfen Tropfen hinein.*[106]

So kommen wir nun von den strukturellen zu den zufälligen Merkmalen, die durch Fehler im Arbeitsvorgang passieren. Deutlich wird an Kefersteins Aussage, dass nicht nur der Büttengeselle für Wassertropfen im Papier verantwortlich ist. Die Tropfen können auch durch einen unvorsichtig arbeitenden Gautscher in das Papier gekommen sein.

Ein Phänomen, das ausschließlich auf das Gautschen zurückzuführen ist, sind die sogenannten Brillen, die Keferstein zweimal erwähnt und die wir auch in unseren Papieren gefunden haben (siehe Abb. 9).[107] Brillen entstehen durch Luftblasen, die sich durch zu schnelles Gautschen beim ersten und zweiten Bogen bilden können. Die Ursache hierfür ist der relativ harte Untergrund mit nur wenigen Filzen. Sobald

103 Vgl. Barrett 2014c; vgl. auch die 1.250 Ries als durchschnittliche Jahresleistung einer Papiermühle in Piccard 1956, 71.
104 Grapaldo 1508, fol. 103r.
105 Keferstein, *Unterricht eines Papiermachers*, ed. Bockwitz 1936, 20f.
106 Keferstein, *Unterricht eines Papiermachers*, ed. Bockwitz 1936, 20f.
107 Keferstein, *Unterricht eines Papiermachers*, ed. Bockwitz 1936, 21, 51.

der Pauscht, auf den das Papier gegautscht wird, mehr Filze und mehr Bogen aufweist und dadurch weicher ist, treten keine solchen Luftblasen mehr auf. Man kann folglich anhand des Auftretens von Brillen die ersten Bogen eines neuen Pauschtes bestimmen. Zudem kann man mit Keferstein sagen, dass es sich eventuell um einen schlechten, ungeübten Gautscher gehandelt hat.

Ein weiterer typischer Gautschfehler, den wir in unserem Corpus entdecken konnten, ist das Überlappen des nassen Bogens, das zumeist an den Rändern des Bogens auftritt und eine Verdickung verursacht (siehe Abb. 10 und 11). Wird der noch nasse Bogen beim Gautschen zu sehr gedehnt, entstehen zudem dünne Stellen, die leicht reißen können (siehe Abb. 10 und 12). Dies beeinträchtigt die Belastbarkeit des Papieres bei der weiteren Fertigung (Legen, Pressen, Trocknen), aber auch beim späteren Beschreiben, Binden und Blättern. Deutlich wird dies an ‚ausgefransten' oder abgerissenen Blattecken, die wir an unserem Untersuchungsmaterial entdecken konnten (siehe Abb. 10). An den aus dem Papier herausragenden Fasern und der unregelmäßigen Form der Risslinie kann man erkennen, dass das fehlende Stück im nassen Zustand herausgerissen worden sein muss. Die Fehlstelle wurde folglich bereits während des Produktionsprozesses verursacht, beispielsweise in dem Moment, als der Leger den auch nach der ersten Pressung noch feuchten Bogen vom Filz abnahm. Hierzu musste er ihn an mindestens einer Ecke greifen.[108] Ist bei diesem Arbeitsschritt das Papier an dieser Stelle durch Dehnung zu dünn geworden, kann es passieren, dass der Leger die gegriffene Ecke abreißt und somit ein Gautschfehler erst beim Legen zu einem Makel im Papier wird.

Die enge Verbindung zwischen der Arbeit von Gautscher und Leger – wie auch zwischen Schöpfgesellen und Gautscher – betont bereits Keferstein.[109] Nachdem der Gautscher eine gewisse Anzahl von Blättern – Pauscht[110] genannt – zwischen Wollfilze gebracht hat, ist es die Aufgabe des Legers, den Pauscht zunächst unter die Presse zu legen, damit ein Großteil der Feuchtigkeit entweichen kann. Anschließend löst er die Bogen von den Filzen, so dass ein reiner Papierstapel ohne wollene/textile Zwischenlage zurückbleibt. Dieser wird dann nochmals gepresst. Keferstein erwähnt für das 18. Jahrhundert die Technik des *Umlegens*.[111] Hierbei werden die Papiere nach dem ersten Pressgang umgeschichtet, so dass die Reihenfolge der Papiere komplett

108 Keferstein bezeichnet diese Ecke als *Klaubspitze*, vgl. Keferstein, *Unterricht eines Papiermachers*, ed. Bockwitz 1936, 24, 49.

109 Keferstein, *Unterricht eines Papiermachers*, ed. Bockwitz 1936, 21: *Denn wenn ich auch den besten Büttengesellen habe, und das gemachte Papier wird von den geschicktesten Gautschern zwischen die Filze gebracht; so kann es mir doch der Leger durch seine Unachtsamkeit sehr leicht verderben.*

110 Üblicherweise wird in der deutschen Literatur die Anzahl von Blättern in einem Pauscht mit 181 Bogen zwischen 182 Filzen angegeben, vgl. Sporhan-Krempel 1953, 9; Emile Labarre weist jedoch darauf hin, dass die Anzahl der Bogen je nach Format variieren kann. Er bezeichnet eine Menge von 144 Blätter als üblich, vgl. Labarre 1937, 190.

111 Keferstein, *Unterricht eines Papiermachers*, ed. Bockwitz 1936, 23.

Abb. 8: Abdruck der textilen Struktur eines Wollfilzes

Abb. 9: Beim Gautschen entstandene Brillen

Abb. 10: Beim Gautschen entstandene Überlappung und Überdehnung sowie abgerissene Ecke

Abb. 11: Gautschfehler *Überlappung* bei frisch geschöpftem Papier aus der Werkstatt von Johannes Follmer

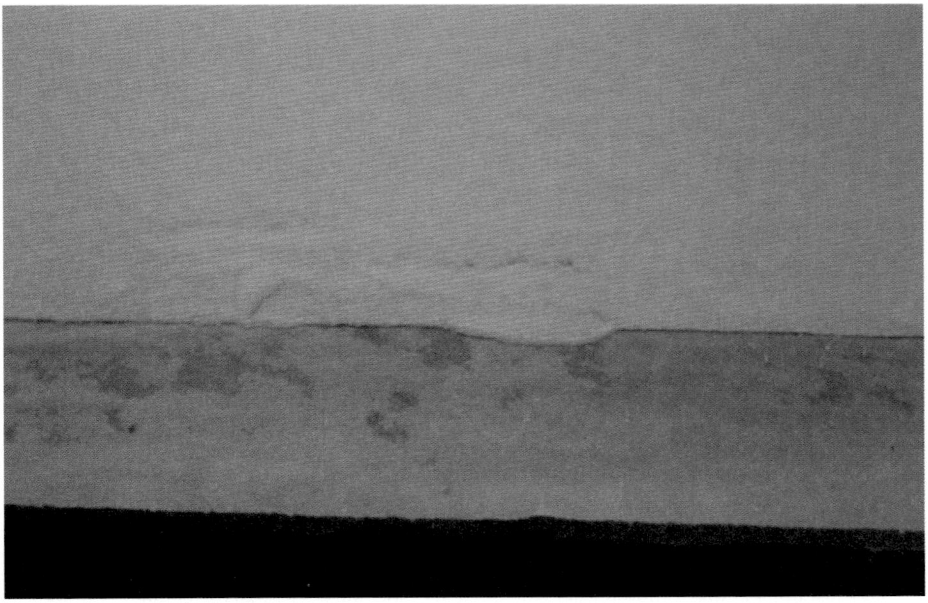

Abb. 12: Gautschfehler *Überdehnung* bei frisch geschöpftem Papier aus der Werkstatt von Johannes Follmer

verändert wird und sich unterschiedliche Papieroberflächen berühren. Durch diese Methode wird das Papier, das immer noch ein wenig feucht ist, glatter und muss später nicht mehr so stark mit dem Glättstein oder -hammer bearbeitet werden.[112] Wann das Umlegen eingeführt wurde, kann nicht mit Sicherheit festgestellt werden. Keferstein beschreibt es als holländische Erfindung.[113] Nach dem Pressen wurden die Bogen zum Trocknen – wie es bereits Grapaldo erwähnt – in einen speziellen Raum verbracht.[114] Es ist anzunehmen, dass dieser sich bereits im Spätmittelalter im Dachgeschoss der Papiermühle befand und durch zahlreiche Fensteröffnungen gut zu belüften war.[115] Dort wurden mehrere Papierbogen übereinander über eine Leine gelegt; wahrscheinlich bestand diese bisweilen aus Ross- oder anderem Tierhaar.[116] An den Papieren selbst kann man diese Art der Aufhängung zum Teil an einer feinen Linie erkennen, die an der Stelle entstand, an der das Papier über der Schnur hing. In den von uns untersuchten Papieren haben wir eine solche Linie jedoch nicht gefunden. Dies könnte beispielsweise daran liegen, dass die Bogen an der Mittelachse der breiten Seite gefaltet wurden, um sie in ein Folio-Format zu bringen, und dass somit die beim Trocknen über Seilen entstandene Linien in der Faltung liegen.

5.4 Das Leimen

Waren die Papiere getrocknet, dann wurden sie zum Leimen gebracht, für das laut der Regensburger Mühlenordnung ein ganzer Tag eingeplant wurde. An diesem Tag ruhte dann die Arbeit an der Bütte.[117] Das Leimen war vornehmlich dazu gedacht, das Papier tintenfest zu machen, so dass die Tinte beim Beschreiben nicht eindringt. Grapaldo betont, dass am meisten das Papier geschätzt werde, dass nicht ‚durstig' sei und die Tinte nicht aufsauge.[118] Auch Georg Christoph Keferstein wusste, dass die Käufer vor allem auf eine gute Leimung achteten.[119] Aus diesem Grund wurde

112 Hunter 1974, 185f.

113 Keferstein, *Unterricht eines Papiermachers*, ed. Bockwitz 1936, 23. Auch andere sehen im Umlegen eine handwerkliche Neuerung, die zuerst in Holland praktiziert wurde, vgl. Loeber 1984, 100f. Da Papiere aus der Zeit vor dem 16. Jahrhundert eine raue Oberfläche aufweisen, geht Dard Hunter davon aus, dass sie nicht umgelegt wurden, vgl. Hunter 1974, 186.

114 Grapaldo, 1508, 103r: *quae laneis pannis alternatim ingestis proelo calcantur: aedificioque ad id patulo prius siccata*; Hunter 1974, 186–188.

115 Noch existierende Papiermühlengebäude aus dem 19. Jahrhundert weisen zum Teil einen mehrstöckigen Dachboden auf, dessen Form an ein Pagodendach erinnert, vgl. beispielsweise die Homburger Papiermühle.

116 Hunter 1974, 188.

117 Regensburger Mühlenordnung, zit. nach Blanchet 1900, 96. Leider gibt die Mühlenordnung keinerlei Hinweis darauf, wie viel Papier einem Tag geleimt werden konnte.

118 Grapaldo 1508, 103r: *Prima enim chartae datur adorea: si non est bibula & atramentum non sorbet.*

119 Keferstein, *Unterricht eines Papiermachers*, ed. Bockwitz 1936, 32: *Wendet allen Fleiß an euer*

sowohl der Zubereitung des Leims als auch dem Leimen selbst große Aufmerksamkeit geschenkt. Keferstein möchte diesen Arbeitsschritt in der Hand des Meisters selbst wissen.[120] Hergestellt wurde der Leim durch Kochen von Schlachtabfällen wie Schafs- und Kalbsfüßen, aber auch von Resten, die bei der Leder- oder Pergamentherstellung übrig blieben.[121] Die Bereitung des Leimes wurde häufig vom Papierer selbst besorgt. So gibt Keferstein im 18. Jahrhundert ein Rezept für die Herstellung von Leim an:

> *Nehmet 40 oder 50 Schock Schafbeine, lasset sie in einem Fasse täglich mit reinem Wasser einige Tage weichen; waschet dieselben sorgfältig, und lasset sie alsdenn in einem großen Kessel oder besser in einem eisernen Pott kochen. Schöpfet das Fett, so oben schwimmet, ab und schlaget diesen Leim durch einen Korb in Fässer. Thut alsdenn zu diesen Schafbeinen noch gute Arten von Leimleder, und ziehet denselben in kleine Fässer durch ein Tuch ab. Es versteht sich von selbst, daß ihr wenigstens 20 bis 25 Pfund Alaun hierzu haben müsst.*[122]

Aus der sogenannten Regensburger Mühlenordnung erfahren wir, dass auch bereits fertiger Leim eingekauft wurde.[123] Dieser wurde dann vor Ort erwärmt, da erkalteter Glutinleim geliert und somit für die Papierleimung nicht einsetzbar ist.[124] Damit erklärt sich die Forderung Kefersteins, dass die Leimung durchgeführt werden solle, wenn der Leim noch *milchwarm*[125] sei. Ein Leimkessel, in dem entweder frischer Leim zubereitet oder eingekaufter Leim aufgekocht werden konnte, gehörte demnach zu der Ausrüstung eines Papiermachers. So erwähnt eine Basler Quelle aus dem Jahre 1470 einen *lim kessel* als Zubehör einer Papiermühle.[126] Den Vorgang des Leimens beschreibt die Regensburger Mühlenordnung als Eintauchen der Bogen in den

---

Papier, und gebt ihm guten Leim; denn darauf wird am meisten gesehen.

120 Keferstein, *Unterricht eines Papiermachers*, ed. Bockwitz 1936, 52: *Bey dem Leimkochen seyd die Hauptperson und suchet hier alle eure gelernte Wissenschaft in gehörige Ausübung zu bringen.*

121 Grapaldo, 1508, 103r; Keferstein, *Unterricht eines Papiermachers*, ed. Bockwitz 1936, 24.

122 Keferstein, *Unterricht eines Papiermachers*, ed. Bockwitz 1936, 24. Der Zusatz von Alaun, wie ihn Keferstein beschreibt, kam laut Tschudin im 17. Jahrhundert auf, vgl. Tschudin 1999, 243. Dąbrowski datiert diese produktionstechnische Neuerung bereits auf den Beginn des 16. Jahrhunderts, vgl. Dąbrowski 2004, 122.

123 Regensburger Mühlenordnung, zit. nach Blanchet 1900, 78. Vgl. hierzu auch das Rechnungsbuch des Basler Kaufmannes Ulrich Meltinger aus der zweiten Hälfte des 15. Jahrhunderts. Hier wird mehrmals der Verkauf von Leim an Papiermacher aufgelistet, Staatsarchiv Basel-Stadt, Privatarchive 26, fol. 29v, 76v, 82r, 95v, 106v, 305r; transkribiert auch in Kälin 1974, 315, 318, 321f., 326.

124 Vgl. Hanausek 1898, 134 und 136.

125 Keferstein, *Unterricht eines Papiermachers*, ed. Bockwitz 1936, 25.

126 Staatsarchiv Basel-Stadt, Gerichtsarchiv, Fertigungsbücher, B 9, fol. 71. An welchem Ort in der Papiermühle solche Leimkessel standen, kann für das Mittelalter und weit bis in die Neuzeit hinein nicht beantwortet werden. Es ist wahrscheinlich, dass der Kessel an einer Feuerstelle in der Papiermühle, vielleicht auch in der Küche eines angrenzenden Wohnhauses stand. Wegen der Geruchsentwicklung versuchte man ab dem 17. Jahrhundert jedoch häufig, die Leimküche in separaten Gebäuden unterzubringen, vgl. hierzu Bayerl 1981, 218f.

Leim.[127] Zumeist wurden die Blätter nicht einzeln, sondern in kleinen Stapeln eingetaucht, wobei Keferstein ausdrücklich darauf hinweist, dass man nicht zu viele Bogen auf einmal in die Hand nehmen solle.[128]

Die Leimung der von uns untersuchten Papiere konnte man am besten im Streiflicht erkennen. Erscheint die Oberfläche der Papiere im Auflicht matt, so bekam sie im Streiflicht einen satten Glanz (siehe Abb. 13), der an mit Stärke geleimte und stark polierte arabische Papiere erinnerte. Der Jesuit Jean Imberdis empfiehlt in seinem 1693 erschienenen Werk *Papyrus sive ars conficiendae papyri*, das Papier mit der Zunge zu befeuchten. Durchdringt der Speichel das Papier, wurde es nicht oder nur schlecht geleimt.[129] Da unser Papiersample bereits beschrieben war, genügte ein Blick auf die klar konturierten Buchstaben, um festzustellen, dass das Papier gut geleimt wurde (siehe Abb. 14).

Die Untersuchung der Papierleimung mit aufwendigeren Methoden wie zum Beispiel der mikroskopischen Faseranalyse oder der Spektroskopie kann zu erweiterten, bemerkenswerten Ergebnissen führen. In den bereits erwähnten Studien von Timothy Barrett konnte nachgewiesen werden, dass der tierische Leim die Papiere nicht nur tintenfest, sondern auch alterungsbeständig macht.[130] Am besten erhalten waren Papierproben aus dem 14. und 15. Jahrhundert. Da sie einen mehr als doppelt so hohen Gehalt an tierischem Leim aufweisen als Papiere aus späteren Jahrhunderten,[131] kann man aus diesem Befund schließen, dass die Leimung mit Glutinleim das Papier widerstandsfähiger und stabiler macht.[132] Der Glutinleim legt sich anscheinend wie eine Schutzschicht um die Blattoberfläche und bewahrt das Papier auf diese Weise vor schädlichen Umwelteinflüssen.[133] Eine kulturhistorische Interpretation dieser Befunde bietet neben Timothy Barrett auch Józef Dąbrowksi. Barrett geht davon aus, dass die ersten europäischen Papiermacher – und auch noch ihre Nachfolger im 14. und 15. Jahrhundert – versuchten, mit dem Papier den älteren und traditionsreichen Beschreibstoff Pergament nachzuahmen.[134] Dieses Ziel wurde am besten durch eine gute Leimung erreicht, da sie dem Papier Stärke, Widerstandsfä-

127 Regensburger Mühlenordnung, zit. nach Blanchet 1900, 78.

128 Keferstein, *Unterricht eines Papiermachers*, ed. Bockwitz 1936, 25.

129 Imberdis, *Sang vom Papier*, ed. Niemeyer 1944/45, 25: *Plura petis? folium, linguâ lambente, salivâ/ Imbue: si nullo pars versa humore madebit,/ Ne dubites, largo constricta est glutine charta:/ At si transmittet sputum, se prodit egentem,/ Incastum & bibulae mandabis scripta papyro.*

130 Vgl. Barrett 1989; Barrett 2014a. Für weitere Untersuchungen der Papierleimung vgl. auch Dupont 2002; Dąbrowski 2004; Rischel 2009. Neben der Leimung spielen für die Alterungsbeständigkeit von Papieren weitere Faktoren eine Rolle, so beispielsweise die Qualität der Fasern oder die chemische Wirkung von Zusätzen wie Kalk oder Alaun.

131 Barrett 2013, 124.

132 Barrett 2013, 120.

133 Rischel 2009, 25.

134 Vgl. Barrett 2013, 120; vgl. auch Dąbrowski 2004, 123; Hills 1992, 74f.

Abb. 13: Glänzende Oberfläche als Hinweis auf die Glutleimung

Abb. 14: Klar konturierte Schrift – kein Verlaufen der Tinte

higkeit und Tintenfestigkeit verlieh – Qualitäten, die auch das Pergament auszeichneten. Mit dem Aufkommen des Buchdrucks und der stetig ansteigenden Nachfrage nach Papier gingen die Papiermacher dazu über, das Papier weniger stark zu leimen. Während Barrett den Wunsch der Drucker nach schwach geleimtem Papier[135] für den Rückgang des Gelatinegehalts verantwortlich macht, da die Druckerschwärze auf stark geleimtem Papier nicht gut haftete,[136] hält Dąbrowski die steigende Nachfrage nach (gedruckten) Büchern – und damit nach preiswertem Papier – für ausschlaggebend.[137] Obgleich Barrett eine technische Komponente und Dąbrowski eher die marktwirtschaftlichen Gegebenheiten als Ursache sieht, führen beide die Veränderung in der Papierproduktion letztlich auf den Buchdruck zurück.

5.5 Das Glätten

In einem nächsten Fertigungsschritt wurde das Papier geglättet, damit es besser beschreibbar wurde. Für unsere Papiere aus dem 15. Jahrhundert ist anzunehmen, dass sie mit einem Stein, wahrscheinlich einem Achat, bearbeitet wurden.[138] In einer Basler Quelle aus dem Jahre 1470 ist von gleich zwei unterschiedlichen Steinen die Rede: von einem *likstein*, dessen materielle Beschaffenheit ungeklärt ist, und einem *marmelstein*, einem Stein aus Marmor.[139] Grapaldo erwähnt in seinem Text aus dem Jahre 1494 hingegen Glas als Glättwerkzeug.[140] Ob Stein oder Glas gebräuchlicher waren, und ob sich der Gebrauch vielleicht von Region zu Region unterschied, ist kaum mehr nachzuvollziehen. Es ist hingegen als sicher anzunehmen, dass beide Werkstoffe vor ihrem Einsatz geschliffen wurden. Im Selbstversuch gelang das Glätten von handgeschöpften Papieren vor allem mit der abgerundeten Kante eines Achatsteins; weniger gute Resultate erzielten wir mit der glatt geschliffenen, flächigen Seite des Steines. Im Papier hinterlassen Stein und Glas die gleichen Spuren: Sie lassen sich an Streifen auf der Oberfläche des Papiers erkennen. Sind diese Streifen besonders ausgeprägt, ist es unter Umständen möglich zu erkennen, mit wie vielen Strichen und in welcher Richtung – vertikal oder horizontal zu den Kettlinien – der

---

135 Barrett 2013, 126; vgl. auch Piccard 1967, 270–274.

136 Barrett 2013, 126.

137 Dąbrowski 2004, 123.

138 Erst im frühen 17. Jahrhundert kam das mechanische Glätten des Papiers durch einen Stampfhammer auf, wie es auch Keferstein erwähnt, vgl. Keferstein, *Unterricht eines Papiermachers*, ed. Bockwitz 1936, 25 und 32–34, Hunter 1974, 196f. Zwischen den Befürwortern des traditionellen Glättens mit dem Achat und den Stampfern kam es im 17. Jahrhundert unter anderem in Ravensburg zu Auseinandersetzungen, vgl. Sporhan-Krempel 1953, 48–50.

139 Staatsarchiv Basel-Stadt, Gerichtsarchiv, Fertigungsbücher, B 9, fol. 71.

140 Grapaldo 1508, 103r: *folia...vitro levigata*.

Bogen geglättet wurde.[141] Bei unserem Untersuchungssample konnten wir allerdings keine solchen Glättspuren entdecken.

5.6 Das Aussortieren und Verpacken

Habt aufs Auskratzen Acht, daß kein Ausschuß drinnen bleibt.[142] Mit diesen Worten hält Georg Christoph Keferstein seine Söhne dazu an, fehlerhafte Papiere oder Papiere mit Einschlüssen auszusortieren, bevor die Bogen zu Ries gebunden in den Verkauf gehen. Für diese Arbeit des Aussortierens benötigt man eine Person, die alle Blätter durchschaut, Knoten oder ähnliches aus dem Papier herauskratzt und nur die makellosen Bogen zurückbehält. Aufgrund zahlreicher Einschlüsse und Fehlstellen im Papier der Ravensburger Steuerbücher gehen wir davon aus, dass auf diesen Arbeitsschritt keine besondere Sorgfalt verwendet wurde.

6 Fazit und Ausblick

Zusammengefasst kann man das von uns untersuchte Papier der vier spätmittelalterlichen Ravensburger Steuerbücher und seiner Herstellungsweise folgendermaßen charakterisieren: Der Rohstoff, wahrscheinlich Leinenlumpen, war von guter, fester Qualität, allerdings enthielt die daraus hergestellte Pulpe einen hohen Anteil an Inkrusten, die sich im Papier als Melierungen niederschlagen. Diese Einschlüsse könnten von bunten Lumpen oder von Holzsplittern stammen. Sowohl beim Schöpfen des Papiers auch als beim Gautschen wurde nicht mit größter Sorgfalt gearbeitet. Dies zeigt sich in den häufig auftretenden ‚Flüchtigkeitsfehlern' wie Spuren von Wassertropfen, einer ungleichen Verteilung der Fasern, Überlappungen und Überdehnungen des Papiers sowie in den beim Gautschen entstandenen Brillen. Bogen mit solchen Mängeln wurden augenscheinlich nicht aussortiert, sondern im Stapel belassen. Die Leimung hingegen scheint gründlich vorgenommen worden zu sein: Im Streiflicht bekommt das Papier einen durchgängigen Glanz und die Tinte hebt sich konturenscharf vom Papier ab. Aus all diesen Beobachtungen lässt sich schließen, dass es sich um gutes, wenngleich nicht fehlerfreies Schreibpapier handelt.

Die untersuchten Ravensburger Steuerbüchern sind folglich auf Papier geschrieben, das speziell für den Kanzleibedarf hergestellt wurde. Es wurde schnell und wahrscheinlich auf Menge produziert. Die dabei entstandenen Mängelexemplare wurden nicht aussortiert, sondern ebenfalls verkauft. Zudem ist anzunehmen, dass

141 Barrett 2014c; Estève 2006, 130.
142 Keferstein, *Unterricht eines Papiermachers*, ed. Bockwitz 1936, 25.

dieses Papier preiswerter als reinweißes, makelloses Papier und somit für die städtische Kanzlei erschwinglich war. Vielleicht war es eben dieses Papier – nicht zu teuer, aber stabil und gut beschreibbar – von dem Ladislaus von Sunthaym wusste, dass man es *gern in den cantzleien* nutzt.

Es wäre von großem Interesse, diesen Befund an weiteren Fallbeispielen zu überprüfen. Hier wäre es zunächst erstrebenswert, weitere in anderen Kanzleien verwendete Papiere Ravensburger Provenienz zu analysieren und die Ergebnisse mit den hier vorliegenden Resultaten zu vergleichen.[143] Besonders vielsprechend scheint in diesem Zusammenhang die Untersuchung und Gegenüberstellung von Papieren, deren Wasserzeichen unterschiedliche Papierqualitäten bezeichnen sollen, wie es ab dem Jahre 1544 bei den beiden Ravensburger Wasserzeichen *Doppelturm* für gutes Papier und *einfacher Turm* für minderes Papier der Fall war.[144] Ein weiteres Untersuchungsfeld eröffnet sich, wenn man die in Kanzleien beschriebenen Papiere anderer Papiermühlenorte betrachtet. Weisen sie ähnliche Charakteristika wie das Ravensburger Papier auf? Kann man – abgesehen vom Format – von *dem* Kanzleipapier sprechen? Noch stärker konturieren lassen sich diese Ergebnisse, wenn man sie mit für andere Verwendungszwecke hergestellten Bögen vergleicht, vor allem mit den qualitativ vermutlich besseren Papieren für den Bereich der Buchproduktion bzw. auch mit den ab dem späten 15. Jahrhundert nachweisbaren besonders dünnen Blättern für Konzepte und Briefe. Ein Ziel solcher Studien wäre demnach nicht nur das präzisere Wissen um die Herstellungsprozesse von Papier in den mittelalterlichen und frühneuzeitlichen Mühlen. Die Ergebnisse könnten auch zu einer besseren Bestimmung von Papierqualitäten dienen und damit wertvolle Informationen über die Verwendung des Beschreibstoffs liefern.

---

143 Bei der Identifikation dieser Papiere sowie ihrer Beschreib- und Archivierungsorte kann die Wasserzeichensammlung von Gerhard Piccard wertvolle Dienste leisten. Ein mögliches Fallbeispiel wäre unter anderem Nördlingen, vgl. Piccard 1962, 96; Piccard 1979, 9; Sporhan-Krempel 1953, 94; Sporhan-Krempel 1984, 38.

144 Vgl. Sporhan-Krempel 1953, 60; Piccard 1970, 17. Zu der Verwendung zweier unterschiedlicher Wasserzeichen zur Bezeichnung unterschiedlicher Papierqualitäten vgl. auch das Statut von Bologna aus dem Jahre 1389, in dem vorgeschrieben wird, dass ein Papierermeister zwei Zeichen führen soll, eines für gutes und eines für weniger gutes Papier, und dass diese Zeichen nicht vertauscht werden dürfen, Gasparinetti 1963, 18 u. 20.

Bibliographie

Bachmann (2011): Bodo Bachmann, *Die Butzbacher Stadtrechnungen im Spätmittelalter 1371–1419*, Marburg.

Barrett (1989): Timothy Barrett, „Early European Papers/Contemporary Conservation Papers: A Report on Research Undertaken from Fall 1984 through Fall 1987", *Paper Conservator* 13, 1–108.

Barrett (1993): Timothy Barrett, „Fifteenth-Century Papermaking", *Printing history* 15, 33–41.

Barrett (2013): Timothy Barrett, „Parchment, Paper, and Artisanal Research Techniques", in: Jonathan Wilcox (Hg.), *Scraped, Stroked, and Bound. Materially Engaged Readings of Medieval Manuscripts* (Utrecht Studies in Medieval Literacy 23), Turnhout, 115–127.

Barrett (2014a): Timothy Barrett, Paper through Time: Nondestructive Analysis of 14th- through 19th-Century Papers. The University of Iowa. Last modified January 17, 2012, http://paper.lib.uiowa.edu /index.php (Stand 14.4.2014).

Barrett (2014b): Timothy Barrett, „Instrumentation and Methods", in: Paper through Time: Nondestructive Analysis of 14th- through 19th-Century Papers. The University of Iowa. Last modified January 21, 2014, http://paper.lib.uiowa.edu /methods.php (Stand 14.4.2014).

Barrett (2014c): Timothy Barrett, „European Papermaking Techniques 1300–1800", in: Paper through Time: Nondestructive Analysis of 14th- through 19th-Century Papers. The University of Iowa. Last modified March 03, 2014, http://paper.lib.uiowa.edu /european.php (Stand 14.4.2014).

Barrett (2014d): Timothy Barrett, „Conclusions", in: Paper through Time: Nondestructive Analysis of 14th- through 19th-Century Papers. The University of Iowa. Last modified July 01, 2013, http://paper.lib.uiowa.edu /conclusions.php (Stand 14.4.2014).

Bayerl (1981): Günter Bayerl, „Vorindustrielles Gewerbe und Umweltbelastung – das Beispiel der Handpapiermacherei", *Technikgeschichte* 48, 206–238.

Blanchet (1900): Augustin Blanchet, *Essai sur l'histoire du papier et de sa fabrication*, Paris.

Bockwitz (1936): Georg Christoph Keferstein, *Unterricht eines Papiermachers an seine Söhne*, ed. Heinrich H. Bockwitz, Leipzig, ND.

Book Papers (1974): *Physical and Chemical Properties of Book Papers 1507–1949* (Permanence/Durability of the Book 7), Richmond.

Canart (1993): Paul Canart et al., „Une enquête sur le papier de type « arabe occidental » ou « espagnol non filigrané »", in: Marilena Maniaci u. Paola F. Munafò (Hgg.), *Ancient and Medieval Book Techniques* (Erice 18.–25. September 1992), Vatikanstadt, 313–393.

Chacón (1998): Antonio Chacón, „Características del papel bajomedieval empleado en el cabildo de la Catedral de Cuenca", *Papiergeschichte International* 8, 1–9.

Dąbrowski (1998): Józef Dąbrowksi, „Permanence of early European hand-made papers: some technological aspects and the evidence of F.M. Grapaldo (C. 1494) and of the Regensburg Regulations (XVI 2/2c.)", *IPH-Congress* Book 12, 255–263.

Dąbrowski (2004): Józef Dąbrowksi, „Aspects of Technology and Market Forces in the Story of Permanent and Durable Papers", *IPH Congress* Book 15, 117–134.

Dreher (1966): Alfons Dreher, *Das Patriziat der Reichsstadt Ravensburg. Von den Anfängen bis zum Beginn des 19. Jahrhunderts*, Stuttgart.

Dreher (1972): Alfons Dreher, *Geschichte der Reichsstadt Ravensburg*, 2 Bde., Weißenhorn.

Dupont (2002): Anne-Laurence Dupont, „Study of the Degradation of Gelatin in Paper upon Aging Using Aqueous Size-Exclusion Chromatography", *Journal of Chromatography A* 950, 113–124.

Eitel (1970): Peter Eitel, *Die oberschwäbischen Reichsstädte im Zeitalter der Zunftherrschaft. Untersuchungen zu ihrer politischen und sozialen Struktur unter besonderer Berücksichtigung der Städte Lindau, Memmingen, Ravensburg und Überlingen*, Stuttgart.

Eitel (1990): Peter Eitel, „Ravensburg – ein frühes Zentrum der Papiermacherei“, in: Jürgen Franzke u. Wolfgang von Stromer (Hgg.), *Zauberstoff Papier. Sechs Jahrhunderte Papier in Deutschland*, München, 47–52.

Estève (2006): Jean-Louis Estève, „Éléments pour un manuel de l‘observateur du papier. Notes pour une observation critique des papiers. À l‘usage des spécialistes et des Amateurs Éclairés appliquées à l‘Étude des manuscrits arabo-islamiques“, *IPH Congress Book* 16, 121–130.

Funk (1965): Dieter Funk, *Biberacher Barchent. Herstellung und Vertrieb im Spätmittelalter und zur beginnenden Neuzeit*, Leinfelden bei Stuttgart.

Gasparinetti (1963): Andrea F. Gasparinetti, *Documenti inediti sulla fabbricazione della carta nell‘Emilia*, Mailand.

Grapaldo (1508): Francesco M. Grapaldo, *De partibus aedium dictionarius longe lepidissimus nec minus fructuosus libri duo*, Straßburg.

Hadravová (1997): Paulus Paulerinus, *Liber viginti arcium (ff. 185ra–190rb)*, hg. von Alena Hadravová (Clavis monumentorum litterarum/ Regnum Bohemiae 3; Fontes 2), Prag.

Hanausek (1898): Thomas F. Hanausek, Art. „Leim, Leimfabrikation“, in: Otto Lueger (Hg.), *Lexikon der gesamten Technik und ihrer Hilfswissenschaften. Sechster Band: Kupplungen bis Reibung*, Stuttgart, 133–137.

Hengstler (1950): Albert Hengstler, *Das Ravensburger Stadtarchiv*, Ravensburg.

Hills (1992): Richard L. Hills, „Early Italian Papermaking. A Crucial Technical Revolution“, in: Simonetta Cavaciocchi (Hg.), *Produzione e commercio della carta e del libro, secc. XIII-XVIII. Atti della Ventresima Settimana di Studi dell‘Istituto internazionale di storia economica „Francesco Datini“ di Prato, 15–20 aprile 1991*, Florenz, 73–97.

Hunter (1974): Dard Hunter, *Papermaking. The History and Technique of an Ancient Craft*, London.

Irigoin (1968): Jean Irigoin, „La datation des papiers italiens des XIIIe et XIVe siècles“, *Papiergeschichte* 18, 49–52.

Irigoin (1971): Jean Irigoin, „Quelques méthodes scientifiques applicables à l‘étude historique du papier“, *Papiergeschichte* 21, 4–9.

Irigoin (1993): Jean Irigoin, „Les papiers non filigranés. État présent des recherches et perspectives d‘avenir“, in: Marilena Maniaci u. Paola Munafò (Hgg.), *Ancient and medieval book materials and techniques* (Erice 18.–25. September 1992), Vatikanstadt, 265–312.

Kälin (1974): Hans B. Kälin, *Papier in Basel bis 1500*, Basel.

Kirchner (1910): Ernst Kirchner, *Das Papier. 3. Teil: Die Halbstofflehre der Papierindustrie. Abschnitt D: Die Lumpen- oder Hadern-Halbstoff-Fabrikation*, Biberach an der Riss.

Klinke (2009): Thomas Klinke, „Die dritte Dimension. Methoden zur Feststellung technologischer Merkmale an historischen Künstlerpapieren und die Relevanz ihrer Erhebung“, *Journal of Paper Conservation* 10, 28–37.

Labarre (1937): Emile J. Labarre, *A Dictionary of Paper and Paper-Making Terms with Equivalents in French, German, Dutch and Italian. An Experiment in Technical Lexicography with a Historical Study on Paper and an Introduction*, Amsterdam.

Loeber (1982): Edo G. Loeber, *Paper Mould and Mouldmaker*, Amsterdam.

Loeber (1984): Edo G. Loeber, „Nicolas Desmarests Thesen“, *IPH-Jahrbuch* 5, 93–107.

Müller (1924): Karl Otto Müller, *Die älteren Stadtrechte der Reichsstadt Ravensburg. Nebst der Waldseer Stadtrechtshandschrift und der Satzungen des Ravensburger Denkbuchs* (Oberschwäbische Stadtrechte 2; Württembergische Geschichtsquellen 21), Stuttgart.

Niemeyer (1944/45): Jean Imberdis, *Des Pater Imberdis Sang vom Papier*, mit einer Übertragung ins Deutsche hg. von Wilhelm Niemeyer und einem Nachwort von Armin Renker, Zerkall.

Piccard (1956): Gerhard Piccard, „Die Wasserzeichenforschung als historische Hilfswissenschaft“, *Archivalische Zeitschrift* 52, 62–115.

Piccard (1962): Gerhard Piccard, „Zur Geschichte der Papiermacherei in Ravensburg“, in: *Neue Beiträge zur südwestdeutschen Landesgeschichte, Festschrift für Max Miller*, Stuttgart, 88–102.

Piccard (1965): Gerhard Piccard, „Carta bombycina, carta papyri, pergamena graeca. Ein Beitrag zur Geschichte der Beschreibstoffe im Mittelalter“, *Archivalische Zeitschrift* 61, 46–75.
Piccard (1966): Gerhard Piccard, *Die Ochsenkopfwasserzeichen* (Die Wasserzeichenkartei Piccard im Hauptstaatsarchiv Stuttgart, Findbuch 2), 3 Bde., Stuttgart.
Piccard (1967): Gerhard Piccard, „Papiererzeugung und Buchdruck in Basel bis zum Anfang des 16. Jahrhunderts“, *Archiv für Geschichte des Buchwesens* 8, 25–322.
Piccard (1970): Gerhard Piccard, *Die Turm-Wasserzeichen* (Die Wasserzeichenkartei Piccard im Hauptstaatsarchiv Stuttgart, Findbuch 3), Stuttgart.
Piccard (1979): Gerhard Piccard, *Wasserzeichen Horn* (Die Wasserzeichenkartei Piccard im Hauptstaatsarchiv Stuttgart, Findbuch 7), Stuttgart.
Rischel (2009): Anne-Grethe Rischel, „Permanence and Durability of Paper. A Study through the Microscope“, *Journal of Paper Conservation* 10, 25–30.
Rouillard (2010): Joséphine Rouillard, „Le début de la papeterie à Troyes au XIVe siècle“, in: Monique Zerdoun Bat-Yehouda u. Caroline Bourlet (Hgg.), *Matériaux du livre médiéval* (Actes du colloque du Groupement de recherche (GDR) 2836 „Matériaux du livre médiéval“ Paris, CNRS, 7–8 novembre 2007), Turnhout, 131–164.
Rückert (2010): Peter Rückert, „Papierkonsum in Süddeutschland im Spätmittelalter und seine kulturlandschaftlichen Auswirkungen“, *Siedlungsforschung. Archäologie – Geschichte – Geographie* 28, 107–127.
Schweizer (1923): Eduard Schweizer, „Die Lehen und Gewerbe am St. Albanteich“, *Basler Zeitschrift für Geschichte und Altertumskunde* 21, 4–74.
Schulte (1923): Aloys Schulte, *Geschichte der Großen Ravensburger Handelsgesellschaft. 1380–1530*, Bd. 2, Stuttgart, Berlin.
Schultz (in Vorb.): Sandra Schultz, *Papierherstellung im deutschen Südwesten. Zur Etablierung eines neuen Gewerbes im späten Mittelalter* (Dissertationsschrift).
Späth (1999): Annette Späth, *Museum Papiermühle Homburg. Mit Beiträgen von Ernst Bielefeld, Johannes Follmer, Hubert Köhler und Kilian Freilinger* (Bayerische Museen 26), München.
Spohr (2013): Marc Spohr, *Auf Tuchfühlung. 1000 Jahre Textilgeschichte in Ravensburg und am Bodensee. Begleitband zur Ausstellung des Museum Humpis-Quartier in Ravensburg, 26. April – 13. Oktober 2013* (Historische Stadt Ravensburg 6), Konstanz.
Sporhan-Krempel (1953): Lore Sporhan-Krempel, *Ochsenkopf und Doppelturm. Die Geschichte der Papiermacherei in Ravensburg*, Stuttgart.
Sporhan-Krempel (1984): Lore Sporhan-Krempel, „Papier als Handelsware, dargestellt am Beispiel der Reichsstadt Ravensburg zwischen 1400 und 1730“, in: Franz Mathis u. Josef Riedmann (Hgg.), *Exportgewerbe und Außenhandel vor der Industriellen Revolution, Festschrift für Georg Zwanowetz*, Innsbruck, 31–45.
Steinmann (2013): Martin Steinmann, *Handschriften im Mittelalter. Eine Quellensammlung*, Basel.
Teygeler (2000): René Teygeler, „A Plea for an Integrated Paper Research. Scientific Analysis, Sensory Perceptions and Deconstruction Analysis“, *IPH Congress Book* 13, 188–196.
Tschudin (1996): Peter F. Tschudin, „Methodik der Papierdatierung“, *IPH Congress Book* 11, 29–35.
Tschudin (1999): Peter F. Tschudin, Art. „Leimung (historisch)“, in: Lothar Göttsching u. Casimir Katz (Hgg.), *Papier-Lexikon*, Gernsbach, 242–243.
Tschudin (2012): Peter F. Tschudin, *Grundzüge der Papiergeschichte*, 2. Aufl., Stuttgart.
Uhde (1993): Karsten Uhde, *Ladislaus Sunthayms geographisches Werk und seine Rezeption durch Sebastian Münster*, Köln.
Utter u. Utter (1992): Leo Utter u. Öie Utter, „Die Dickenveränderung des Papiers beim Handschöpfen“, *Papiergeschichte International* 2, 28–30.
Weiss (1981): Wisso Weiss, „Zur Frage der Schatten bei alten italienischen Papieren“, *IPH-Jahrbuch* 2, 65–71.

Wiesner (1904): Julius von Wiesner, „Ein neuer Beitrag zur Geschichte des Papieres“, *Sitzungsberichte der Akademie der Wissenschaften in Wien, Philosophisch-Historische Klasse* 148,6, Wien, 1–26.
Wiesner (1911): Julius von Wiesner, „Über die ältesten bis jetzt aufgefundenen Hadernpapiere: ein neuer Beitrag zur Geschichte des Papiers“, *Sitzungsberichte der Akademie der Wissenschaften in Wien, Philosophisch-Historische Klasse* 168,5, Wien, 1–26.

Emanuela Di Stefano

European and Mediterranean perspectives on the paper produced in Camerino-Pioraco and Fabriano at the apogee of its medieval development (14th–15th century)

1 Foreword

Since the 1960s, Federigo Melis, a pioneer in the study of the documents of the "Archivio Datini" in Prato, has underlined how the paper produced in Pioraco and in Fabriano was mentioned in the lists of Francesco di Marco Datini's correspondents.[1] Later studies by Eliyahu Ashtor have highlighted a range of commercial expansion between the 14th and 15th centuries that went beyond national boundaries.[2] Still, it is only recently that scholars have examined enough documentary collections to acquire quantitative and serial data and an insight into the complex net of relationships between the centres of production and the big markets.

The systematic investigation of Datini's correspondence has indeed highlighted a significant commercial route that involved the two Apennine poles for paper production from the second half of the 14th up to the first years of the 15th century, while the Roman customs records and the focused investigations of the *Misti* of the Venetian Senate, integrated with the re-examination of the local notarial fund, have further enriched the picture with new data, giving us useful knowledge about the interchange between the centres of production and the major centres of consumption until the end of the Middle Ages.[3]

The present contribution seeks to provide a first comprehensive account of the studies that have been conducted, paying particular attention to the volume, type, and prices of the paper artefacts produced in the Marches and destined for international trade. It thus aims to reconstruct the trade system that revolved around this new and enduring medium of communication within a very broad, European and Mediterranean framework.

As a first step, it is necessary to explain the dyad "Camerino-Pioraco", which defines one of the most widely distributed paper types in Medieval Italy and Europe, so as to remove any uncertainty resulting from lexical ambiguity. The systematic

1 Melis 1962, Melis 1972.

2 Ashtor 1976, Ashtor 1982.

3 For the results of the research see Di Stefano 2005, Di Stefano 2007a, Di Stefano 2007b, Di Stefano 2009, Di Stefano 2011.

survey of the notary deeds, combined with the analysis of Datini's 14th-century correspondence and of the later Roman customs records of Sant'Eustachio, reveals that the citizens and merchants of Camerino – one of the five *civitates maiores* of the medieval *Marca* – were the owners of the *gualchiere*, the 'fulling mills' located in Pioraco,[4] a *castrum* in the countryside a few miles from the city.[5] After renting the equipment to the paper masters – mostly from Pioraco – *cives* and *mercatores* fully controlled the manufacturing process, established quantities, types, and quality, and directed the following stage of commercialization into the great markets. Thus, Paoluccio di Maestro Paolo da Camerino – Francesco di Marco Datini's most assiduous correspondent from the Marches – in a letter dated 12th August 1396 and sent to Barcelona, writes: the paper *de monte et da corneto sono de la milliore sorta se faciano ad lu locho dove io le facio fare et mandatone ad Brugia*.[6] In another letter, dated 28th January 1404 and sent to the 'casa madre' in Florence, the same merchant points out: the papers *fove lavorare io a Chamerino alle mie ghualchiere* (Fig. 1).[7]

The merchant-entrepreneurs, who controlled every single stage of the production and trade cycle, from the finding of the rags *ad exceltam camerinensem*, to the export of the artefacts into the big markets,[8] had their warehouses in Camerino, while the production machines were concentrated around Pioraco, a small *castrum*[9] on the river Potenza, with favourable environmental and energetic conditions for the development of paper mills.

This is where the ambiguities in the source documents come from: the expression *carta di Pioraco* (Pioraco paper), predominates in Datini's documents; the phrase *carta di Camerino* (Camerino paper) emerges in the records of the Roman customs office (Fig. 2–3).[10] Indeed, Camerino paper and Pioraco paper have been identified with each other for about four centuries, from the most remote origins – probably in the 13th century – until the late 17th century, when, in the wake of a marked process of deindustrialization that also involved the wool sector, the city ultimately withdrew from control of the paper sector.[11]

---

4 In this regard, see Di Stefano 2010d, Di Stefano 2010a, Di Stefano 2010c.

5 To reach Pioraco, people would follow the shortest road, through Seppio, and pass through the Porta Angelesca (see Di Stefano 2013b, 34).

6 Archivio di Stato di Prato (ASPo), *Datini*, filza 926.

7 *Ibid.*, filza 715.

8 In this regard see Di Stefano 2013d.

9 In 1502, Pioraco had 111 tax-paying families, which means about 550–600 inhabitants, including the untaxed. At that time Camerino numbered 1200 tax-paying households, which would mean about 7000 inhabitants (*Inventario Borgesco*, in Biblioteca Valentiniana di Camerino, Carte Feliciangeli, E 21), after a sharp drop in population following the recurring epidemics of the 14th and 15th centuries, see Di Stefano 2010b.

10 Archivio di Stato di Roma, *Camerale I, Camera Urbis*, reg. 41, year 1469, c. 131r.

11 Di Stefano 2010a, Di Stefano 2010c.

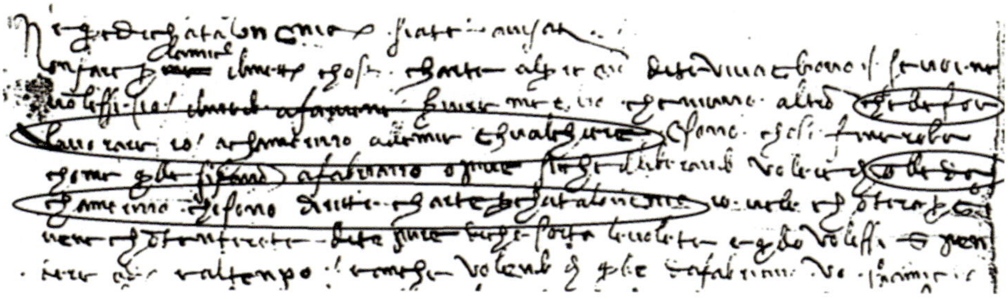

Fig. 1: Excerpt of the letter in which Paoluccio di Maestro Paolo da Camerino signals to Francesco di Marco Datini that the paper types in his list were produced in his own *gualchiere* in Camerino, pointing out that *quelle da Chamerino [...] sono diritte charte per Chatalongna*. Source: Archivio di Prato, Datini, lettera Venezia–Firenze del 28 gennaio 1405, filza 715.

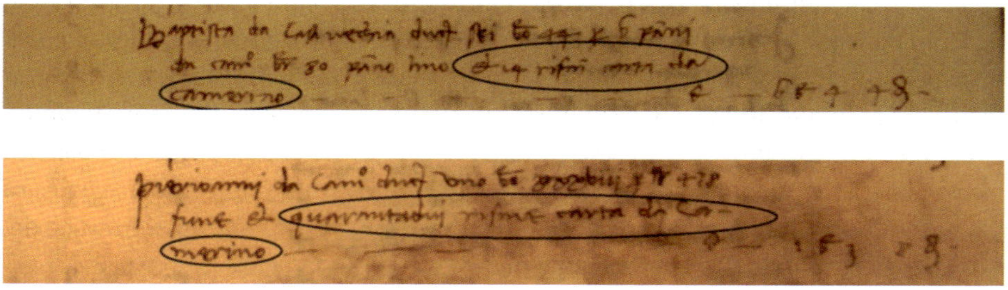

Fig. 2–3: Paper from Camerino, recorded at the Roman customs office in S. Eustachio, 3rd June 1469. Source: Archivio di Stato di Roma, *Camerale I. Camera Urbis*, reg. 41, c. 131r.

2 Sources

Prato's collection of commercial documents, by virtue of the breadth of Datini's system,[12] the complexity of the mercantile networks in which it was included, and the number of missives and registers,[13] enabled scholars to highlight an impressive paper trade from Fabriano and Camerino-Pioraco, which started in the Apennine centres and reached the major consumption centres via both the interregional road networks and the Adriatic and Mediterranean routes.

---

12 The accounts in his correspondence indicate contacts as far afield as Ireland, Scotland, Nuremberg, Dubrovnik, Varna, Tana (or Tanais), Trabzon, Mecca, Safi, and Lisbon, with connections to El Catif, Basra, Tabriz, Astrakhan and the Canary Islands (Melis 1962, 40).

13 125.000 commercial letters are kept in the Datini fund, see Melis 1962, Dini 2004.

Networks of spatial relationships, commodity elements, quantities, and currencies emerge with a wealth of detail on rereading the correspondence concerning the harbours of Pisa and Ancona, the marketplaces of Perugia and Avignon, the great sorting centre in Venice and, albeit sporadically, the one in Genoa: the collection contains three to four thousand commercial letters sent between 1370 and 1410–11,[14] which, when systematically analysed, trace the close connections between partners and correspondents in the Germanic world and Northern Europe, as well as Catalonia and the Levant.

A variety of documentary clues allows us to trace even more remote trade flows, over which it is worth lingering, even if only briefly. Purchases of *carte di bambasca* of unspecified origin, but probably from the Marches, appear in the Marca Anconetana's *Libro degli Esiti* for the years 1279–80.[15] *Marchigiane* paper of a type known to have come from Camerino-Pioraco and Fabriano appears to have been included, before 1335–40, among the *spezierie* requested by the markets in the famous *Pratica della mercatura*, written by Francesco Balducci Pegolotti, the Bardi's sales representative and branch manager in London.[16] Those references evidently depict extensive use of paper, specifically from the Marches, in the most lively trade scenes of the Peninsula. It is finally worth lingering over the oldest reference to the extra-regional commercialization of paper towards Fano and Venice, deducible from the archives of the Marches: a document from Fabriano, dated 1363, which concerns five bales of paper sent from Pioraco to Venice via Fano-Sassoferrato by the Florentine Ardingo de' Ricci's company, operating in Perugia.[17]

These elements reveal an intense commercialization of the artefact since its origins in the 13th century, leading to new, promising research fields which aim to measure its actual spatial and temporal breadth, within the framework of an expansive economic stage whose undisputed protagonists are the Italian merchant-entrepreneurs.

---

14 Together with the almost six hundred letters by Paoluccio di Maestro Paolo, there are more than a thousand instances of Perugia-Pisa and Perugia-Florence correspondence, and another thousand letters between Avignon and Pisa, as well as several between Genoa and Pisa, and some between Bruges and Florence, in ASPo, *Datini*.

15 Palmieri 1889, 90, 92.

16 Balducci Pegolotti 1936, 94.

17 Lipparoni 1990, 73 with note 12.

3 A production *sechondo i paesi*: the markets of Genoa, Avignon, and Paris

Several testimonies confirm that the Marches had specialized in paper production of remarkably advanced excellence, in high demand in the big markets, since the end of the 13th century. But it is Datini's document collection from the second half of the 14th century which offers the most extensive and detailed information about the intensity, quality, and direction of economic flows. A close analysis of several letters, actually, allows us to clarify concrete data: the type of the exported paper, its circulation and distribution systems, routes and currencies.

The road to Pisa and Genoa, Marseille and Aigues Mortes, also leads to Provence and Avignon and, further north, to Paris and Champagne. Thus Bongianni Pucci, in Genoa, writes to Ludovico di Guido degli Adimari, in Pisa, on 20th September 1379: *[di Fabriano] avrei voluto di riciute X balle che, essendo fini, a uno parigino ne mandavamo subito e anche ad altri.*[18]

Another passage is quite explicit in this regard, from the letter dated 9th April 1382, sent to Pisa by Cardinal di Bonaccorso in Perugia: *voi volete 10 balle di charte di Pioracho, 5 piane, 5 riciute pichole. Queste si potranno avere [...]. A l'amicho di là le chiederemo le più fini e del migliore segnio e che si vogliono per Provenza: l'amicho n'è praticho e sa chome vogliono essere fatte sechondo i paesi.*[19]

On the basis of these and further testimonies, the productive organisation of the Marches' two paper production poles indeed proves to be so advanced and complex, as to be able to realize artefacts *sechondo i paesi*, answering the demands of users from the different markets. As regards Avignon in particular, the commercial correspondence shows that its commercial role was shrinking significantly in the years after the return of the Popes to Rome and in the middle of the Schism, and Datini directs his partners and correspondents towards small-format supplies, which the notaries of Avignon vastly preferred. Thus a letter from Avignon, dated 11th September 1383 and addressed to his partners in Pisa, reads: *niuna carta grande reale ci mandate però [che] no ciano ispaccio [...]: mercatanti fanno pocho e notai fanno asai e volgliono picoli folgli.*[20]

The hegemony of the paper produced in Fabriano and Camerino-Pioraco remains undisputed: beyond some purchase of artefacts coming from Prato and Foligno, the paper from the Marches is still considered to be the best and of *grande spaccio* (great demand), in comparison with other types. The purchasing orders always appear to be extremely precise, as in the following paragraphs:

---

18 ASPo, *Datini*, lettera Genova-Pisa, codice 10120.
19 *Ibid.*, lettera Genova-Pisa, filza 537, codice 10120.
20 *Ibid.*, lettera Avignone-Pisa, filza 426, codice 105196.

Potendo avere VIII in X balle di cartte [...] fini pratresi del sengnio delle maje collo C [...] sarebe da mandalle perché ci avorebono bono ispacio, ma se potessi avere delle fini da Fabriano [...] si spacierebono melglio perché sono milgliori per lo pregio.[21]*Potendo avere IIII in VI balle di charte tonde di Pioragho fini riciute [...] si spacierebono bene che di fini di queste carte vi diciamo ci pare sienno milgliori.*[22]

Requests for paper produced in the Marches, found in letters from Genoese merchants, are equally numerous and articulate. This emerges from the rich correspondence with Datini's partners located in Perugia, Pisa, and Florence, key locations for marketing the paper from the Adriatic to the Tyrrhenian coast. But the paper bound for Genoa was not only destined for direct use: it appears that, for the most part, it would be sent beyond the Alps and to the other side of the Mediterranean, from Marseille to Montpellier, from Avignon to Paris. The following paragraph is from a letter from Genoa to Pisa, dated September 1379: *Le charte mi piacie [...] sono salve: fa d'averne il chonto subito e manderalomi sì ch'io veggio che venghono, però ch'o un provenzale qui ch'el fratelo fa una buona botegha a Vignone e torame da noi tutto dì.*[23]

The paper produced in the Marches was likely to reach London and Bruges on Genoese galleys, especially when political conflicts between the major mercantile nations obstructed Venetian trade in the Adriatic and Mediterranean Sea. In this respect, a letter written in Venice by Paoluccio di Maestro Paolo da Camerino and dated 5th April 1404 is particularly meaningful: *Per lettera da Bruggia de dì 5 di marzo dichono v'era fante partito da Londra de dì primo marzo [...]. Pare fusse alfine giunta quella [nave] di Francesco Doria dove vostri charicharono le mie balle di charte.*[24]

Genoa's role as an important crossroads of the paper trade in the second half of the 14th century has been confirmed by the convergence of different paper types from other productive centres in Central Italy, such as Narni and Gualdo, although this traffic was minor and sporadic, compared to the strong demand for paper from the Marches, as can be seen in the following letter, dated August 1379: *vostre fini di Fabriano valgono fl.45 in 46 e piane 48 in 50 e venderolonsi a tempi da fl. 40 in 43 e tonde 36 in 37. Fa n'abiamo 4 in 6 balle d'ogni sorte [...]: tutto dì se ne vende o se ne domandano.*[25]

Market tendencies – and not only in Genoa – are plain; purchases and transactions favour the paper produced in the Marches in all of its various types: *fine, tonda, ricciuta.*[26] As for the demand for paper produced in Pioraco, strong enough to induce

21 *Ibid.*, lettera Avignone-Pisa dell'11 settembre 1383, codice 105196.
22 *Ibid.*
23 *Ibid.*, lettera Genova-Pisa, filza 554, codice 103984.
24 *Ibid.*, lettera Venezia-Firenze, filza 715.
25 *Ibid.*, lettera Genova-Pisa, codice 103979.
26 These contemporary categories describing paper qualities are not only difficult to translate; it is also problematic to relate them to the material appearance of historic papers; see Klinke and Meyer in this volume.

purchasers to endure long waiting times, this passage from the Perugia-Pisa correspondence, dated December 1379, and already published by Federico Melis, adds more specific information: *Piaceci che que' da Gienova vengha vendendo quella di Pioraco con pro', e anche ci piacie gli abiate ricordato, se ne vuole di più, si faccia un pocho inanzi, però che lle sono richieste e, volendone, si conviene bene spesso aspettare un pezo.*[27]

It is consistent with the gathered elements that, in a detailed list of the prices of the artefacts commercialized in Avignon in 1384, titled *Valuta di merchatantie in Vignone*, the papers listed are essentially from Fabriano and Pioraco. This important document calls for a complete transcription, as it proves, firstly, the by now undisputed leadership of Marchesian paper production, and, secondly, the consolidation of an efficient productive and commercial structure along the Camerino-Fabriano axis which, within the broader Peninsular and European trade circuit, is capable of providing the markets with several types of paper, different in format, quality and price.

Tab. 1: Currency *per chas[s]a* of the papers being commercialized in Avignon in 1384, in florins *di reina* of 24 soldi

Charte reali piane di Fabriano	*no ciano ispacio*
Riciute reali di Fabriano	*no ciano ispacio*
Charte di Pioracho piane fini	*fl. 2 s.2 in 4*
Charte riciute di Pioracho	*s. 22 in 23*
Charte riciute tonde di Fabriano	*s. 24 in 26*
Charte riciute tonde di Pioracho	*s. 20*
Charte piane pichole di Fabriano	*fl. 2 in 2 e ½*
Charte riciute di Fabriano fini	*fl. 2*

Source: Archivio di Stato di Prato, *Datini*, lettera Avignone-Pisa del 6 aprile 1384, filza 426, codice 504272.

4 Towards Venice and Catalonia, London and Bruges

In 1395, more than ten years after he had left the direct management of the Avignon warehouse, and having founded a variety of business groups in the meantime, Francesco di Marco Datini approached a merchant from Camerino who operated in Venice about forming a cooperation with companies from Majorca, Barcelona, and Valencia, which had been active for about three years. The cities were the key points of a very broad system, which had extended its horizons out to the western Mediterranean and up to Northern Europe.

27 ASPo, *Datini*, lettera Perugia-Pisa, codice 402174; see Melis 1972, 142–145.

The proposal addressed to Paoluccio di Maestro Paolo da Camerino was primarily intended to establish a steady relationship with a merchant who – in Melis' words – "costituiva [...] la punta avanzata delle cartiere marchigiane (di Fabriano e di Pioraco)"[28] on the Laguna shore, and to provide the businesses in Catalonia with a steady supply of Marchesian paper, of whose higher quality he had been well aware since his time in Avignon. Moreover, Paoluccio di Maestro Paolo had by this time obtained Venetian citizenship, the essential condition for conducting international trade in the Laguna as an equal to the *cives originarii*. Still, he kept close contacts in his own land, from where the most requested products of his lists came: saffron and, above all, the paper that he himself produced in huge quantities in the *gualchiere* in Camerino, and shipped to Venice, on Catalan ships, or on Genoese and Venetian galleys to Catalonia, England, and Flanders.

The Datini fund in Prato holds a corpus of 591 letters sent by the merchant of Camerino and his partners between 1395 and 1411, including the five pieces following Datini's death: those are letters sent mostly from Venice – only fifteen letters are from Camerino – and addressed to the businesses in Tuscany and Catalonia, which thus highlights the long-range trade system centred on this new and enduring writing material.

It is known that, when the cooperation between the merchant from Camerino and Francesco di Marco Datini began, the intercontinental trade of Marchesian paper had existed for decades: we can place side by side the already known testimonies from the beginning of the 14th century provided by Pegolotti[29] and what emerges from the mercantile documentation produced by the merchant from Fabriano, Lodovico di Ambrogio di Bonaventura, who exported paper to Paris and the fairs of the Champagne, and whose son, in 1366, sent a large quantity of paper to Talamone, the port from which ships bound for Provence and Catalonia often sailed.[30] The late 14th-century correspondence between Paoluccio di Maestro Paolo and Francesco di Marco Datini is an exceptional collection of documents about the quality and quantity of exported paper, its circulation and distribution systems, and the variety of the purchases and itineraries.

The merchant from Camerino indeed built a dense network of relationships with the major companies of the Peninsula and those permanently established with his own partners and agents, all over Europe and the Mediterranean: from the Mannini to the Orlandini, from the Gaddi to the Davanzati, from the Rucellai to the Cavalcanti. In the following passage, the breadth of his operating range can be easily seen. On 10th September 1395, he wrote to Ambrogio di Loreno in Majorca:

---

28 Melis 1962, 220.

29 See note 17.

30 For a recent summary, see Garzella and Vaccari 2013, 17. For the merchant of Fabriano see particularly Castagnari and Lipparoni 1989, 185–222.

> *Ve mando balle 12 singnade de mio singno [...]: balle 7 carte ricciute fine de uno 'P' et balle 5 ad canpana riciute fine [...]. Cierto so che da Çanobio de Tadeo n'avete avute più fiate, che la maggior parte n'à avute da mi [...]: so per quisso paese, che sonno grosse e bianche.*[31]

Up to that date, then, the Catalonian market consumed significant quantities of large-format mercantile paper. This type was abundant in Paoluccio di Maestro Paolo's warehouses in Camerino and Venice, as he had it produced in his own *gualchiere: Quelle da Chamerino* – he writes, in a letter dated 28th January 1404 (= 1405 in the Venetian calendar), addressed to the 'casa madre' in Florence – *sono diritte charte per Chatalogna*.[32] It is no surprise that the merchant, even before 1395, asserted more than once that he had sent paper to Iberian markets through the mediation of Datini's commissioner, handled by Zanobi di Taddeo Gaddi, or of merchants from Catalonia, operating in Venice. But through a thorough reading of the letters sent, it is easy to see how his trade horizons expanded to the markets of Northern Europe. For example, in a letter dated 8th April 1396, he points out that 12 of the 24 bales of paper just sent to Majorca are of the same type as the ones he is sending to Bruges with the mude of Flanders, La Serenissima's regular state service:

> *Balle 24 de charte ve mandai per la mano paro[ne] ser Jacomello Bonolino [...] de quali balle 12 ne sonno di piane fine che ad Bruggia se sonno vendute ad li denari franchi 2 risma et per le presenti gale[e] ne mandai balle 44 de quessa medesima sorta.*[33]

In the last centuries of the Middle Ages, Bruges was the most active international port in Northern Europe, at the centre of a dense trade network extending to Germany, France, and England. Paoluccio di Maestro Paolo regularly exported paper to Bruges, and sometimes saffron from the Marca, and imported felt: he conducted this activity with the mediation of Tuscan companies permanently based there, such as the Mannini, the Orlandini, and the Cambini. The complexity of his operations is quite well illustrated in a letter dated 30th March 1398 (= 1399 by the Venetian calendar):

> *Quanto ad la parte me dite del cossto de feltri [...] non ve posso dire la pora verità, per chasione che chi li a conperati per mi, como sonno quilli Mannini, non m'anno mandato conto: chasione n'è solo perché anno de meo nelle mani più roba et denari, perché ad Brugia et in Engelterra fanno li facti mei.*[34]

Great quantities of the paper described in the merchant's price list were then broadly commercialised in England. It is worth emphasizing that, to diversify the wares

---

31 ASPo, *Datini*, filza 1082.
32 *Ibid.*, filza 715 e fig.1, present paper.
33 *Ibid.*, lettere Venezia-Maiorca, filza 1082.
34 *Ibid.*

available to the demanding markets of Northern Europe, the merchant exported not only the best artefacts of Camerino-Pioraco, with the sign of the mountain, *corneto* and bell,[35] but also the most refined types of paper from Fabriano, that is, *piana fine* paper, with the sign of the crown and stag head,[36] giving the international profile of the two paper production poles a strong further impulse.

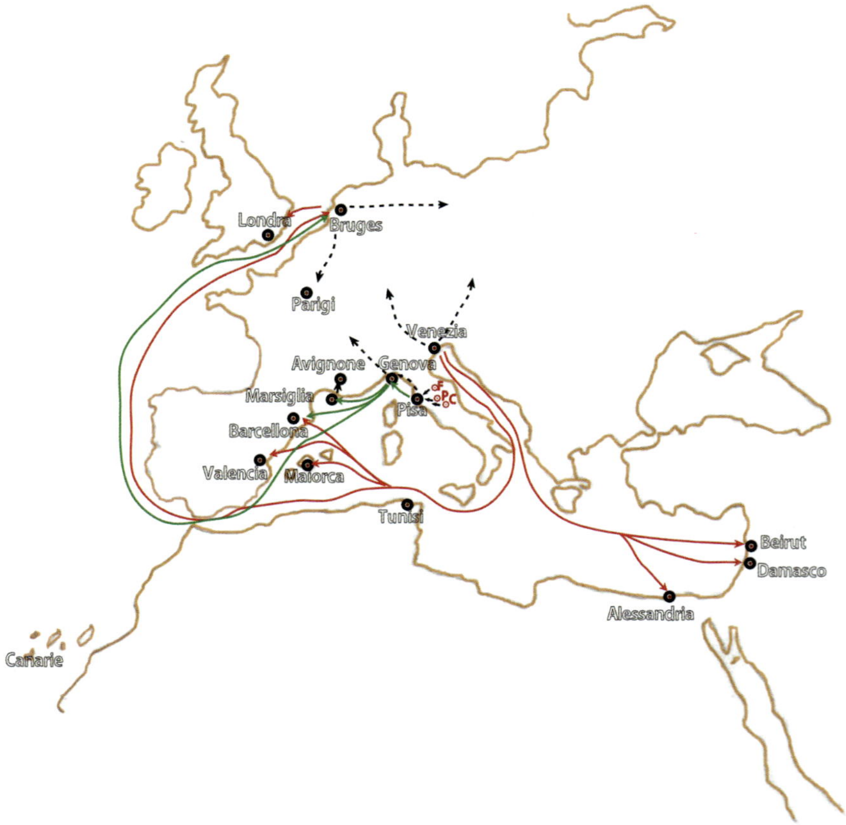

Fig. 4: Nautical and land routes of the paper produced in Camerino and Fabriano for European and Mediterranean markets (14th–15th centuries). Sources: Archivio Datini di Prato, *Datini*, lettere da Venezia, Genova, Avignone, Perugia, Ancona, Camerino.

35 For a first analysis of the watermark signs that emerge from the correspondence, see Di Stefano 2005, Di Stefano 2007b, 67–122.
36 *Ibid.*

5 Exported quantities and typologies

One of the limitations imposed to historiography is the extremely fragmentary state of most sources and the lack of quantitative elements. The focused approach on Datini's correspondence and on the Roman customs office sources enables us to fill many gaps, even though only for a few decades of the 14th and 15th centuries. The earliest serial data come from the correspondence between some merchants from Perugia and the Datini firm in Pisa between 1379 and 1389, a period during which Jacopo Soldanieri, Cardinale di Bonaccorso and Ceccolino di Lello, assiduously traded paper from the Marches. The following table lists the results of our scrutiny of each of the companies' letters:

Tab. 2: Paper commercialized by Jacopo Soldanieri's company, located in Perugia: 1379–1380

Year	Month	N. of Bales	Typology	Sign	Place of Origin	Destination
1379	July	1	*pianne*	unspecified	Foligno	Pisa
	"	5	*ricce*	keys	Pioraco	Pisa
	"	5	*ricce*	bow	Pioraco	Pisa
	"	2	*tonde*	little horn	Pioraco	Pisa
	"	2	*tonde*	bow	Pioraco	Pisa
	November	20	*ricciute*	unspecified	Pioraco*	Genoa via Pisa
	"	8	*fini*	unspecified	Fabriano	Pisa
	"	unspecified	*grandi*	unspecified	Gualdo	Pisa
	December	1	*piane*	horn	Foligno	Pisa
	"	5	unspecified	unspecified	Narni	Pisa
	March	4	*ricciute*	unspecified	Pioraco	Pisa
	April	8	*ricciute*	unspecified	Pioraco	Pisa
	"	1	*reali fini*	unspecified	Pioraco	Pisa

*The place of origin of the paper can be inferred by comparing the different letters.
Source: Archivio di Stato di Prato, *Datini*, lettere Perugia-Pisa, filza 554

Via the Perugia road, the Soldanieri company sent about 60 bales of paper from the Marches to the Pisan firm in the space of a year, mostly paper from Camerino-Pioraco. It is also interesting to note that they also sent, in limited quantities, paper from Umbria, produced in Foligno, Gualdo, and Narni.
Not so different is the information gathered by scrutinizing the letters of the company of Cardinale di Bonaccorso and his partner Berizo di Bonanno, located in Perugia, as can be seen in the following table.

Tab. 3: Paper commercialised by Cardinale di Bonaccorso e Berizo di Bonanno's company Perugia: 1379–1384

Year	Month	N. of Bales	Type	Place of Origin	Destination
1379	August	400 ream	unspecified	Foligno and Narni	Pisa
	October	12	unspecified	unspecified	Pisa
1380	August	10	*tonde*	Pioraco	Genoa via Pisa
**					
1383	April	5	*piane*	Pioraco	Provence via Pisa
	"	5	*ricciute*	Pioraco	Provence via Pisa
	"	2	*grandi*	Fabriano	Provence via Pisa
1384	"	unspecified	unspecified	unspecified	Provence via Pisa
	May	unspecified	unspcified	Fabriano	Provence via Pisa

** In the years 1380–1383, the paucity of the documentation does not afford quantitative evaluations.

Source: Archivio di Stato di Prato, *Datini*, lettere Perugia-Pisa, filza 537.

The picture that emerges from the scrutiny of the letters sent between 1387 and 1388 by Ceccolino di Lello's company, located in Perugia, is different. From it the prevalence of paper supplies from Narni and Fabriano emerges – though with uncertainties, due to the several gaps.

Tab. 4: Paper commercialized by Ceccolino di Lello & Co. located in Perugia: 1387–1388

Year	Month	N. of Bales	Typology	Place of Origin	Destination
1387	February	7	unspecified	unspecified	Pisa
	May	unspecified	*fini*	Fabriano	Pisa
	June	more than 8	unspecified	unspecified	Pisa
	July	unspecified	*fini*	Fabriano	Pisa
1388	January	4*	unspecified	Narni	Pisa
	January	10	unspecified	Narni	Genoa via Roma-Talamone
	April	4	*rigate* and *piane*	Narni	Pisa

* The source points out that they are *ballette*, 'little bales' of 7 reams each.

Source: Archivio di Stato di Prato, *Datini*, lettere Perugia-Pisa e Perugia-Firenze, filza 671.

What emerges, for the same years, from the studies on the activity of the Pisa warehouse is highly relevant: the sources attest that in 1386 the company had paid 812 florins for a large lot of paper, destined for Avignon, 40% of which was from Pioraco,

41% from Fabriano, and 19% from Prato.[37] This is one of the many lots of Marchesian paper largely used in Tuscany for its higher quality.

Another impressive shipment of paper from the Marches to the great European and Mediterranean markets of the time is attested by the copious correspondence between Paoluccio di Maestro Paolo da Camerino and Datini's companies in Tuscany and Catalonia. In the fifteen years of his correspondence with Datini's companies, the merchant from Camerino signalled with extraordinary precision the harbour movements of La Serenissima – and, when it was useful, those of the Doric harbour – the patrons, the ships with their cargos, the trade regulations, the shipwrecks, the retaliations, the armed conflicts that often obstructed trade connections over the Adriatic Sea and between the continents. With reference to the paper trade, the following table shows the most meaningful data drawn from a focused scrutiny of the documentation.

Tab. 5: Paper directed from Paoluccio di Maestro Paolo da Camerino to Catalonia, England, and Flanders between 1395 and 1411

Year	Bales per Shipment	Place of Origin	Signs	Destination
1395	12	Camerino-Pioraco	unspecified	Majorca via Venice
1396	24	Camerino-Pioraco	bell, little horn, mountain	Majorca via Venice
1396	44	Camerino-Pioraco	mountain, little horn	Bruges/London via Venice
1396	25	Camerino-Pioraco	mountain	Catalonia via Venice
1396	10	Camerino-Pioraco	mountain	Bruges/London via Venice-Majorca
1396	5	Camerino-Pioraco	bell	Bruges/London via Venice-Majorca
1396	21	Camerino-Pioraco	mountain, dragon with and without flag	Bruges/London via Venice-Majorca
1398	30	Camerino-Pioraco	mountain, crown, half a horse	Majorca via Venice
1398	10	Camerino-Pioraco	bow	Barcelona via Venice
1398	20	Camerino-Pioraco	half a unicorn	Majorca via Venice
1398	27	Fabriano	mountain with a circle, stag head, *orecchio rigate*	Majorca via Venice
1399	15	unspecified	unspecified	Bruges/London via Venice-Majorca
1400	100	Camerino-Pioraco/ Fabriano	crown, ox head, little horn, unicorn, scale, *sesto*, stag head	Majorca-Valencia via Venice

37 Garzella and Vaccari 2013, 17.

1401	55	Fabriano	unspecified	Majorca-Valencia via Venice
1401	8	Fabriano	ear	Barcelona via Venice
1402	32	Camerino-Pioraco/ Fabriano	unspecified	Barcelona via Venice
1403	109	Camerino-Pioraco/ Fabriano	stork, unicorn, crown, *scarsella*, flower, ear with a little cross, keys	Barcelona via Venice
1403	12	Fabriano	crown	Barcelona via Venice
1403	n.p.	Fabriano	crown	Aigues Mortes via Venice
1404	36		stork and others	Valencia via Venice
1404	21	unspecified	unspecified	Catalonia via Venice
1405	16	Camerino-Pioraco	ram head with a circle	Valencia/Majorca via Pisa
1405	6	Camerino-Pioraco	ram head and ox head with a circle	Catalonia via Pisa
1405	11	Camerino-Pioraco	unspecified	Valencia via Ancona on Catalan yacht
1405	9	Camerino-Pioraco	ox head with a circle and a cross over it	Bruges/London via Ancona-Valencia
1405	28	Camerino-Pioraco	ram head with a circle, ox head with a circle	Valencia via Pisa
1406	70	Camerino-Pioraco	ox head, ram head, 3 balls with a circle, *moçicti*	Majorca via Ancona on Catalan ship
1406	40	Camerino-Pioraco	unspecified	Catalonia via Venice
1407	38	Camerino-Pioraco	unspecified	Valencia via Venice
1408	18	Camerino-Pioraco	unspecified	Valencia via Ancona on *cocca* from Ancona
1409	110	Camerino-Pioraco	unspecified	Catalonia via Venice
1409	25	Camerino-Pioraco	bell, ox head, 3 balls with a circle, ox head with a circle	Valencia via Venice
1410	42	Camerino-Pioraco	ox head, bell, 3 balls	Barcelona via Venice
1411	60	Camerino-Pioraco	bell, 3 balls with a circle, ox head	Majorca-Valencia via Venice
Total	1.089			

Source: Archivio di Stato di Prato, *Datini*, lettere Venezia-Firenze, filze 710, 711, 712, 713, 714, 715; lettere Venezia-Maiorca, filze 1082, 1083, 1085; lettere Venezia-Barcelona, filze 927, 927, 928, 929, 930, 932; lettere Venezia-Valenza, filze 1003, 1004; lettere Camerino-Maiorca, filza 1060; lettere Camerino-Firenze, filza 648.

Part of the correspondence has been lost: this clearly emerges when reading the individual letters. Nevertheless, the numbers that we do have, depict an impressive trade, and underline the hegemonic role of the Marches in the production and international trade of paper. Estimating 10–12 reams for each bale, the 1.089 counted bales – surely less than the actual total – reveal a total of 12–13 thousand reams, mostly shipped from La Serenissima, 11.000 bound for Catalonia and 1.300 for Bruges and London (these numbers were deduced through fortuitous hints and, thus, were only a small part of a much more significant traffic).

This being the correspondence of a merchant-entrepreneur from Camerino, it is no surprise that 67,8% of the paper sent proves to be from Camerino-Pioraco and only 22,58% comes from Fabriano, while the origin of the remaining 9,55% remains uncertain. However, the picture that emerges from the systematic scrutiny of the correspondence is particularly meaningful because it offers the rare opportunity to learn about the precise boarding areas and destinations, and also the nautical and land routes that were followed. What emerges is that 85% of the paper – that is, 931 bales – was shipped from Venice, where the goods had previously arrived from Fano on Venetian or Catalan ships. 108 bales were shipped from Ancona, mostly on Catalan ships and only occasionally on *cocche* from Ancona. Finally, 50 bales seem to have travelled overland to Pisa, adding to those already indicated in the correspondence of the merchants from Perugia.

The Doric harbour, though functional for the export of goods from the interior of the Marches, specifically paper, does not appear to have a strategic position in international trade.[38] It must be remarked that between the 14th and 15th centuries, it endures the undisputed supremacy of La Serenissima, which controlled the Adriatic Sea trade with rigid, "Venetocentric" regulations and concomitant police actions. And still, its central location in the Adriatic area allowed Ancona to take the opportunities offered by the numerous political-commercial crises that involved La Serenissima at the end of the Middle Ages, and also to increase the volume of traffic through its harbour system.[39]

Tab. 6: Bales of paper addressed to the companies of Catalonia through Ancona between 1405 and 1410

Year	Bales per Shipment	Place of Origin	Signs	Destination
1405	26	Fabriano	scissors, horn, crown, flower	Barcelona
1406	18	Fabriano	bow, 2 "o", unicorn	Majorca

38 Di Stefano 2013a.
39 *Ibid. passim.*

1406	70*	Camerino-Pioraco	ox head, ram head, 3 balls with a circle, *moçicti*	Majorca
1406	35	unspecified	unspecified	Majorca/Barcelona
1406	15	Fabriano	axe, bell, "M", ship, flower	Majorca
1408	10	Fabriano	*reale* from the mountain, scissors, stag head, "M"	Barcelona
1408	18	Camerino-Pioraco		Barcelona
1408	28	unspecified	unspecified	Barcelona
1410	10	unspecified	unspecified	Valencia
Total	230			

*These are the seventy bales already mentioned in the correspondence of Paoluccio di Maestro Paolo da Camerino, shipped from Ancona on a Catalan ship by his partner, Biagio di Giannello.
Source: Archivio di Stato di Prato, Datini, lettera Ancona-Pisa, filza 425; lettere Ancona-Maiorca, filza 1004; lettere Ancona Barcellona filza 844; lettera Ancona-Valenza filza 962.

The scrutiny of the letters written by the merchant from Camerino, mostly active in Venice, combined with the accurate analysis of the 27 letters from Ancona addressed to Pisa, Majorca, Barcelona, and Valencia and sent by merchants from Ancona, Umbria, and Tuscany, proves that the Doric harbour was used for trading paper produced in the Marches, but not as intensely as the harbour on the road to Venice. On the other hand, harbour traffic in Ancona was just 1/20 of Venice's.[40] This clearly explains how, from the first years of the 14th century, paper producers in the Marches sent their wares to La Serenissima, attracted by the lighter customs regulations and, above all, broader and more permanent international connections.[41] It is worth lingering over the data that emerged from the scrutiny of the letters from Ancona, kept in the Datini fund in Prato.

Datini's documents over a period of five years thus attest to the loading of 230 bales of paper, that is, about 2500 reams,[42] onto ships in the Doric harbour, dispatched by merchants of Florence and Ancona and bound for Catalonia's companies: about a quarter of those sent through Venice, even though over a longer period, by a single merchant, Paoluccio di Maestro Paolo da Camerino; to those should be added the hundreds of bales sent from the commissioner, handled in Venice by Zanobi di Taddeo Gaddi.

For a complete framework of the letters received by Datini's firms in the Marches, it is necessary to include the results of the scrutiny of the ten letters sent to Pisa and

40 Tangheroni 1996, 391.
41 For such tax breaks, see Di Stefano 2007b, 80–84.
42 The analysis of several letters has shown that the bales of paper transported overland did not contain more than seven reams; the ones transported by sea had more weight and contained from 10 to 12 reams of paper.

Florence from Fabriano – seven of which have already been entirely transcribed by Giancarlo Castagnari and Nora Lipparoni[43] – and of three other letters sent by a merchant from Sant'Angelo in Vado: probably a small correspondence, that nevertheless testifies to direct contacts between paper masters and merchants from Fabriano and Datini's firms that were even more frequent and enduring than they appear in the documents. The following table summarizes the data.

Tab. 7: Paper bales sent from paper masters and merchants from Fabriano and Sant'Angelo in Vado to Datini's company in Pisa

Year	Bales	Paper masters or merchants	Signs	Destination
1392	2	Biagio di Giovanni Bertelli, paper master from Fabriano	unspecified	Pisa
1400	8	company of Meo di Venanzio and Gregorio di Pace located in Fabriano	scissors	Pisa
1400	4	Benedetto di Matteo di S.Angelo in Vado	half a unicorn	Pisa
1400	18	see above	mountain with circle, dragon, half a unicorn, wings	Pisa
Total	32			

Source: Archivio di Stato di Prato, *Datini*, lettere Fabriano-Pisa, filza 443; lettere Fabriano-Firenze, filza 649; lettere Sant'Angelo in Vado-Pisa, filza 546.

6 The signs, qualities, and prices: conclusive notes and research perspectives

The analysis of Datini's correspondence allows us to reach a first conclusion: during the 14th century and the first half of the 15th century, the growing production of other centres in the Peninsula did not threaten Camerino's and Fabriano's leadership in the markets of Central and Northern Italy, as it dominated the flows destined for European and Mediterranean export. The accurate study of the records of the Roman customs office in S. Eustachio underlined the contextual supremacy of the two productive poles of the Marches in the export of writing materials to the Papal Capital even in the late 15th century, as Rome was growing rapidly.[44]

43 Castagnari and Lipparoni 1989, 209–213.
44 Di Stefano 2013c, 43–72.

Fig. 5, 6, 7: Paper produced in the Marches, exported via Pisa, Ancona and Venice.

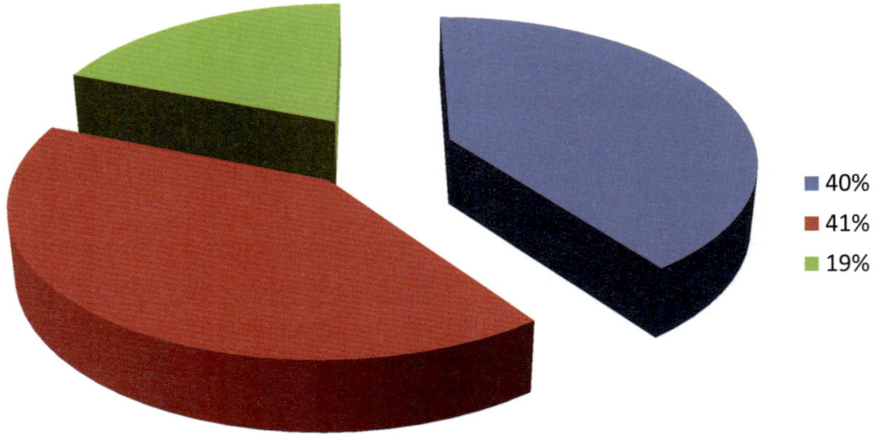

Fig. 5: Lot of paper sold in 1386 in Porto Pisano. Source: Archivio di Stato di Prato. In red: Paper produced in Fabriano; in blue: paper produced in Camerino-Pioraco; in green: paper produced in Prato.

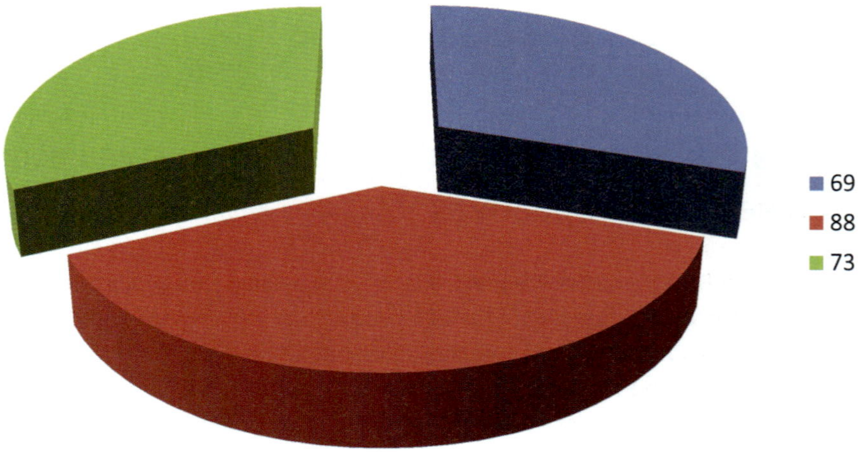

Fig. 6: Paper sent to Catalonia via Ancona from companies of Florence, Ancona, and Camerino from 1405 to 1410. Source: Archivio di Stato di Prato. In red: bales of paper produced in Camerino-Pioraco; in blue: bales of paper produced in Fabriano; in green: paper produced in unspecified locations between Camerino and Fabriano.

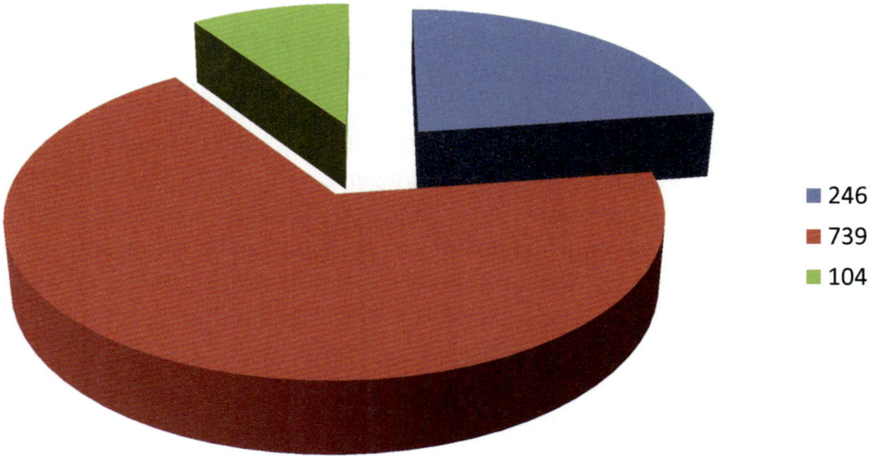

Fig. 7: Paper sent to Catalonia via Venice-Ancona-Pisa from Paoluccio di Maestro Paolo da Camerino between 1396 and 1411. Source: Archivio di Stato di Prato. In red: bales of paper produced in Camerino-Pioraco; in blue: bales of paper produced in Fabriano; in green: paper produced in unspecified locations between Camerino and Fabriano.

With regard to the types, formats, and prices, the sources – from Prato more than from Rome – provide a useful collection of documents: Fabriano and Camerino produced both *piane paper* and *ricciute reali* for mercantile use, that is, in large format, and also medium and small *ricciute fini* and *ricciute tonde, piane fini* and *ricciute fini* for bureaucratic and notarial use. As for the prices, types, and format of the paper, they represent important elements of distinction. The most popular in the markets was the *piana fine* from Fabriano, immediately followed by the *piana fine* from Camerino-Pioraco, as noted in a letter dated 7th October 1383, written in Perugia by the Florentine merchant Ardingo Ricci, where he informs Datini's company in Pisa that a ream of *carta fine* produced in Fabriano cost a florin and a half, while paper of the same type produced in Pioraco was priced at a florin and a quarter per ream.[45] Similar information emerges from the letters sent to the same office from Genoa.

One fact is clear: the two paper production poles produced varieties of paper different in price, type, and quality, as the note *Valuta di merchatantie in Vignone*, written in the Spring of 1384 (Tab. 1), proves. Some types of paper produced in Fabri-

45 ASPo, *Datini*, lettera Perugia-Pisa, filza 537, codice 301464.

ano remain the most popular in the market: Paoluccio di Maestro Paolo da Camerino confirms this, emphasizing that the paper produced in Fabriano, marked with the sign of the crown and stag head, was among the finest and most expensive, and not rarely did the merchant from Camerino ship it, together with paper produced in Camerino-Pioraco, to the markets of Northern Europe.[46]

With regard to the paper produced in Camerino, at the end of the 14th century, the best types were marked with the sign of the mountain, bell, and *corneto* (little horn),[47] often destined for Catalonia, Flanders, and England, while at the beginning of the 15th century, the finest papers produced in Camerino-Pioraco were watermarked with the ram head and ox head, sometimes with a cross above them;[48] the merchant from Camerino sent them in large quantities to Germany: this is indicated by the steady relationships with the *fondegho dei tedeschi* in Venice and the finding of papers with analogous marks in Nuremberg and Ravensburg from the period 1395–1434.[49]

In the present state of the research, one element stands out vividly. In the late Middle Ages, Fabriano and Camerino, the leading productive centres of *bambagina* paper, made different but complementary productive choices: while Fabriano turned to the production of a very fine paper destined for very limited markets, among them the demanding book market,[50] in Camerino it was the production of medium and medium-high quality paper, destined for a broader range of consumers, that grew. These were commodity choices which can properly explain the surprising results of the scrutiny of the Roman customs records from the third quarter of the 15th century, as the customs office of S. Eustachio records the transit of more than 12.000 reams of small-format 'fine' paper coming from Camerino, which is 54% of the total, against the 4.100 reams of paper coming from Fabriano, which is only 18%.[51] In the same years, Fabriano instead dominates the Roman market for *carta di pecora*, 'sheep paper', and *di capretto*, 'goat paper', or, to use more common expressions *pecore in carta*, 'sheep in paper', or *capretti in carta*, 'goats in paper', still in use in the Papal Capital.[52]

The documents and sources are open to further close examination and integrations. Short- or medium-term focused research on the signs, types, and formats is called for, together with a new consideration of the contextual phenomena – from

---

46 *Ibid.*, lettere Venezia-Barcellona e Venezia-Valencia di Paoluccio di maestro Paolo da Camerino, anni 1400–1403; Di Stefano 2007b, particularly 94–96.

47 *Ibid.*, lettere Venezia-Maiorca, Venezia-Barcellona, Venezia-Valencia di Paoluccio di maestro Paolo, anni 1395–1396; Di Stefano 2007b, 85–86.

48 *Ibid.*, lettere dal 1405 al 1411; Di Stefano 2007b, 102–103.

49 Kluge 2007, 388–390.

50 Rodgers Albro 2007.

51 Di Stefano 2011, 54.

52 *Ibid.*, 69.

epidemic diseases to economic and financial factors – which might have influenced the entrepreneurs' choices and their productive orientations, leading to different courses in the two major paper production poles in Italy in that period.

Bibliography

Ashtor (1976): Eliyahu Ashtor, "Il commercio levantino di Ancona nel basso Medioevo", *Rivista Storica Italiana* LXXXVIII, 215–253.

Ashtor (1982): Eliyahu Ashtor, "Il commercio anconetano con il Mediterraneo occidentale nel Basso Medioevo", *Atti e Memorie della Deputazione di Storia patria per le Marche* 87, 13–45.

Balducci Pegolotti (1936): Francesco Balducci Pegolotti, *La pratica della mercatura*, ed. by Alan Evans, Cambridge, Massachusetts.

Castagnari and Lipparoni (1989): Giancarlo Castagnari and Nora Lipparoni, "Arte e commercio della carta bambagina nei libri dei mercanti fabrianesi tra XIV e XV secolo", in: *Mercati, mercanti, denaro nelle Marche (sec. XIV–XIX). Atti del convegno, Ancona, 28–30 maggio 1982* (Atti e Memorie della Deputazione di Storia patria per le Marche 87), Ancona 1989, 185–222.

Di Stefano (2005): Emanuela Di Stefano, "La carta marchigiana sul mercato europeo e il caso di Camerino. Secoli XIV–XV", *Proposte e ricerche* 54, 194–221.

Di Stefano (2007a): Emanuela Di Stefano, "La carta di Fabriano e di Pioraco sui mercati europei: 'leadership' e dispersione fra XIV e XV secolo", in: Giancarlo Castagnari (ed.), *Impiego delle tecniche dei cartai fabrianesi in Italia e in Europa. Atti delle giornate europee di studio, Fabriano 16–17 giugno 2006*, Fabriano, 33–50.

Di Stefano (2007b): Emanuela Di Stefano, *Uomini risorse imprese nell'economia camerte fra XIII e XVI secolo*, Camerino.

Di Stefano (2009): Emanuela Di Stefano, *Fra l'Adriatico e l'Europa. Uomini e merci nella Marca del XIV secolo*, Macerata 2009.

Di Stefano (2010a): Emanuela Di Stefano, "Da Camerino a Fabriano. Imprenditori, produzione e mercato della carta piorachese fra XVIII e XIX secolo: il declino e la svolta", in: Giancarlo Castagnari (ed.), *L'industria della carta nelle Marche e nell'Umbria. Imprenditori lavoro produzione mercati. Secoli XVIII–XX*, Fabriano, 105–124.

Di Stefano (2010b): Emanuela Di Stefano, "L'impatto delle crisi di morbilità-mortalità sui centri manifatturieri della Marca medievale: il caso di Ascoli, Camerino-Pioraco, Fabriano", in: Simonetta Cavaciocchi (ed.), *Le interazioni fra economia e ambiente biologico nell'Europa preindustriale. Atti della Settimana di Studi dell'Istituto Internazionale "F. Datini" di Prato*, Firenze, 287–299.

Di Stefano (2010c): Emanuela Di Stefano, "Mercanti, reti e produzioni manifatturiere nell'area appenninica: sperimentazioni e setificio nella tarda età moderna", *Proposte e ricerche* 65, 28–42.

Di Stefano (2010d): Emanuela Di Stefano, "Uso delle acque e presenza umana disseminata: i presupposti di uno sviluppo manifatturiero nella Marca centro-meridionale (secoli XII–XV)", in: Fabio Bettoni and Augusto Ciuffetti (eds.), *Energia e macchine. L'uso delle acque nell'Appennino centrale in età moderna e contemporanea* (Quaderno monografico di "Proposte e ricerche"), Città di Castello, 144–161.

Di Stefano (2011): Emanuela Di Stefano, *Le Marche e Roma nel Quattrocento. Produzione, mercanti, reti commerciali*, Camerino/Narni.

Di Stefano (2013a): Emanuela Di Stefano, "Adriatico medievale: negotiatores, reti, scambi. Una nuova lettura delle fonti datiniane", in: Gabriella Garzella, Roberto Giulianelli, Giuseppe Petralia and Olimpia Vaccari (eds.), *Paesaggi e proiezione marittima. I sistemi adriatico e tirrenico. Marche e Toscana a confronto*, Pisa, 121–135.

Di Stefano (2013b): Emanuela Di Stefano, "Condizioni economiche e sviluppi politico-religiosi. L'antico itinerario romano-lauretano (fine sec. XIII–metà XVI sec.)", in: Tiziana Croce and Emanuela Di Stefano (eds.), *La viabilità interregionale tra sviluppi e trasformazione. L'antico tracciato della via romano-lauretana*, Naples, 15–45.

Di Stefano (2013c): Emanuela Di Stefano, *Le Marche e Roma nel Quattrocento. Produzioni, mercanti, reti commerciali*, Camerino/Narni.
Di Stefano (2013d): Emanuela Di Stefano, "Per una ricostruzione della Camerino medievale: fondaci, opifici, apoteche", *Studi Maceratesi* 47, 291–309.
Dini (2004): Bruno Dini, "La documentazione datiniana come fonte della storia economica medievale", in: Elena Cecchi Aste (ed.), *L'archivio di Francesco di Marco Datini. Fondaco di Avignone. Inventario* (Pubblicazioni degli archivi di stato. Strumenti 163), Rome, IX–XVI.
Garzella and Vaccari (2013): Gabriella Garzella and Olimpia Vaccari, "Insediamenti portuali fra Toscana e Marche. Gli osservatori datiniani per i traffici commerciali (secoli XIV–XV)", in: Gabriella Garzella, Roberto Giulianelli, Giuseppe Petralia and Olimpia Vaccari (eds.), *Paesaggi e proiezione marittima. I sistemi adriatico e tirrenico. Marche e Toscana a confronto*, Pisa, 11–23.
Kluge (2007): Martin Kluge, "Come la carta arrivò in Svizzera. Alla ricerca del ruolo e dell'influenza di Fabriano nello sviluppo della fabbricazione della carta", in: Giancarlo Castagnari (ed.), *Impiego delle tecniche dei cartai fabrianesi in Italia e in Europa, Atti delle giornate europee di studio, Fabriano 16–17 giugno 2006*, Fabriano, 355–365.
Lipparoni (1990): Nora Lipparoni, "Il ruolo dei mercanti fabrianesi nella commercializzazione della carta e nella organizzazione della attività produttiva tra XIV e XV secolo", in: Giancarlo Castagnari (ed.), *Contributi italiani alla diffusione della carta in Occidente tra XIV e XV secolo. Convegno di studi, Pia Università del Cartai, Fabriano, 22 luglio 1988*, Fabriano, 61–82.
Melis (1962): Federigo Melis, *Aspetti della vita economica medievale* (Studi nell'Archivio Datini di Prato), Siena/Florence.
Melis (1972): Federigo Melis, *Documenti per la storia economica dei secoli XIII–XVI*, Firenze.
Palmieri (1889): Gregorio Palmieri (ed.), *Introiti ed Esiti di papa Niccolò III (1279–1280)*, Roma.
Rodgers Albro (2007): Sylvia Rodgers Albro, "Searching for Fabriano paper in the library of Congress", in: Giancarlo Castagnari (ed.), *Impiego delle tecniche dei cartai fabrianesi in Italia e in Europa, Atti delle giornate europee di studio, Fabriano 16–17 giugno 2006*, Fabriano, 193–224.
Tangheroni (1996): Marco Tangheroni, *Commercio e navigazione nel Medioevo*, Rome/Bari.

Inge Van Wegens

Paper consumption and the foundation of the first paper mills in the Low Countries, 13th–15th century

A status quaestionis[1]

We observe that in monographs on the spread of paper and paper production within medieval Europe, the Low Countries play a limited role. This is due to the lack of in-depth research on the use, trade and production of paper, which rarely caught the attention of scholars and historians and clearly received less focus than the Dutch cloth and woollen industry or the study of luxury goods.[2]

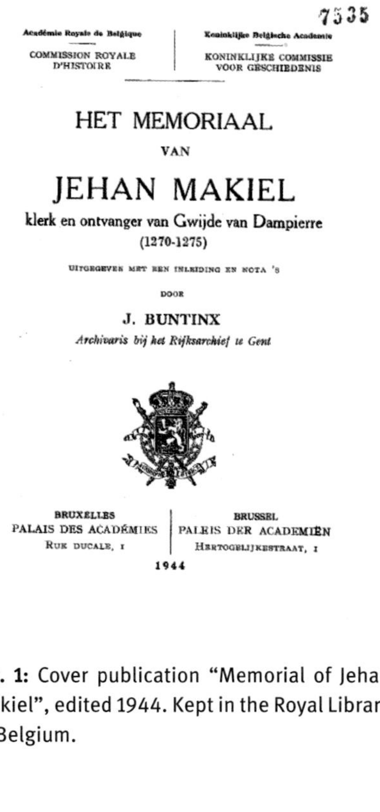
7535

Académie Royale de Belgique | Koninklijke Belgische Academie

COMMISSION ROYALE D'HISTOIRE | KONINKLIJKE COMMISSIE VOOR GESCHIEDENIS

HET MEMORIAAL

VAN

JEHAN MAKIEL

klerk en ontvanger van Gwijde van Dampierre

(1270-1275)

UITGEGEVEN MET EEN INLEIDING EN NOTA'S

DOOR

J. BUNTINX

Archivaris bij het Rijksarchief te Gent

BRUXELLES PALAIS DES ACADÉMIES RUE DUCALE, 1 | BRUSSEL PALEIS DER ACADEMIËN HERTOGELIJKSTRAAT, 1

1944

Fig. 1: Cover publication "Memorial of Jehan Makiel", edited 1944. Kept in the Royal Library of Belgium.

The aim of the present article is to describe the development of the first paper mills in the economic and political context of the medieval Low Countries. We explore the evidence on the use of paper in municipal administration and the development of the first paper production centre in the 15th century. We conclude with a working hypothesis on the markets for the locally produced paper.

This work is partly based on the study of the available literature on medieval commerce and the use of paper in municipal administration during the 14th and 15th centuries. For the origins of paper production in the Low Countries I rely on my own archival research.

It is at the same time a renewed call to scholars and researchers for a more systematic study of the use of paper in the Low Countries. This will clearly help us to better understand how knowledge of the techniques of paper production spread from the

1 First of all, I would like to thank the organisers of this congress for the kind invitation to talk here about the use and production of paper in the Low Countries in the late Middle Ages.

2 Ryckaert and Vandewalle 1999, 1–224; Stabel et al. 1997, 1–44; Gelderblom 2005, 1–47.

south to northern Europe and what role the local paper industry played in the production of luxury products like tapestries, stained glass and manuscripts that were shipped throughout Europe.

1 Earliest evidence of paper in the Low Countries

Like everywhere in Europe, paper was traded in the Low Countries before the introduction of local paper production. The oldest paper manuscript discovered in the Low Countries is the Memorial of Jehan Makiel, clerk and collector for Gwyde van Dampierre, Count of Flanders, dated 1270–1275.[3] In this manuscript he kept notes on the expenses incurred during his master's expedition to Tunis. He noted on folio 17v: *pro paperio ad scribendum 4s.*, the purchase of writing paper in the French city of Montpellier. However, when and where Makiel acquired his notebook was not disclosed in his notes. In any case he must have obtained it before he bought paper in Montpellier. The provenance of the notebook paper, whether Spanish or Italian, has also not been determined.[4]

The oldest pieces of paper preserved in municipal archives in the Low Countries date back to the last decades of the 13th century. The oldest letter written on paper in Gent is a private letter from the Dean Van Bethune to a peer in Douai, dated the 8th of August 1298 and sent from Piacenza in Italy.[5] In Bruges, the minutes of a charter dated the 1st of December 1307 have been found.[6] Oudenaarde has preserved *a register van verkopingen en verhuringen* dated 1297.[7] In Brussels, the oldest registers on paper are from 1313.[8] Mechelen kept drafts of the municipal accounts on paper starting in 1311/1312.[9] In Mons, situated in the neighbouring county of Hainaut, a municipal account mentioned the purchase of paper in 1313, though the central administration was already using paper in the period from 1295 to 1304.[10]

3 Buntinx 1944, I–XXXV. The note book contains six quires of an unequal number of folios. In total the book contains 72 folios. In size it is comparable to a sheet of A5 paper.

4 The analysis of a folio from 1944 mentions straw and flax fibers. Based on the knowledge of that time, the author concluded it was Spanish in origin, but this is disputed. Buntinx 1944, XII–XIV; Arnould 1976, 268–269.

5 This document is kept in the State Archives of Gent, Tresorerie der graven van Vlaanderen. Fonds diegerick, nr 260. The same depot keeps five registers of Italian financiers from 1305.

6 Gilliodts-Van Severen 1878, 135.

7 Santy 2003, 229–230.

8 State Archives Brussels, Tresorie der graven van Vlaanderen, Reeks I, n° 855: „Dénombrement et taxe de tous les habitants de la ville et banlieu de Nieuport et de Lombarzide".

9 Wittek 2001, 1–12; Joosen 1982, 1–269.

10 Piérard 1965, 342; Sivéry 1975, 144–145, 197–203. At that time Hainaut was part of the Principality of Liège and did not belong to the Low Countries.

2 Paper consumption in the 14th century

The above examples show that by 1300, paper as a writing support for administrative purposes was already known. During the following decades, the use of paper for meeting minutes and copies of records and accounts became common practice, appearing first in the larger towns and later in the smaller cities.[11] Despite the growing popularity of paper in administration, it was only accepted as the formal carrier much later. Accounts with legal value were written on parchment for many centuries, until the first half of the 17th century.[12]

An interesting exception from the end of the 14th century has been observed. At nearly the same time, both Bruges and Gent substituted their parchment accounts with accounts on paper. After a little more than a decade, from 1381 until 1392, parchment prevailed again.[13] Pieter Santy observed that this period coincided with an increase in the price of parchment, which climbed to twice the price of paper just before 1380. The return to parchment, according to Santy, was the result of a forced drop in the parchment price, organised by certain members of the municipality with interests in the parchment trade. We question this conclusion, as we see comparable price fluctuations in southern Europe.[14]

In commercial trade, where the foreign traders had to work via the local brokers, paper consumption seems more integrated, at least from the last quarter of the 14th century. Numerous surviving ledgers are kept in the municipal archives of Bruges.[15]

3 Exploration of the trade routes

The increase in paper consumption starting at the end of the 13th century raises several questions: where did these paper consumers in the Low Countries get their paper from? Who were their suppliers, and how was the supply chain organised?
To answer these questions, we must first look at how commerce in general was organised at that time. From the 13th century onward, the coastal provinces of the Low

11 Santy 2002, 220.

12 For the persistency of parchment within the municipal administration see also van Huis in this volume.

13 Bruges is an interesting case, as it has a nearly complete series of municipal accounts. Accounts dating from 1281 to 1794 are preserved, with the exception of the period from 1319 to 1331. Until 1625 the accounts were on parchment, except for the period between 1381 and 1392, when they were on paper. Santy 2002, 94–96.

14 Balmaceda 2005, 16.

15 Ryckaert and Vandewalle 1999, 83. Interesting examples are the ledgers from 1368 to 1369, left by the broker Colard de Marke and kept in the municipal archives of Bruges.

Fig. 2: Ledger of the broker colar de marke, 1368–1369. Kept in the municipal archives of Bruges, old archives. © City of Bruges, photograph Jan Termont.

Countries, located at the crossroads of international commodity flows, played a prominent role. Between 1280 and 1485, Bruges had grown and became the focal point of international trade in northern Europe. The city clearly benefited from the changes in trade patterns that emerged as the Italians exchanged insecure land routes for marine routes. The change in trade routes resulted in the decline of the important Champagne fairs, to Bruges' benefit.[16]

Bruges's unique marketplace was built on an economic system of pre-harbours and *staple rights*. The city attracted representatives of the most important trading nations. Hanseatic merchants, the so-called *oosterlingen*, merchants from Spain, Italy, the British Isles, and France, but also neighbouring Brabant – all of whom were granted safe-conduct, separate jurisdictions, and tax exemptions – established

16 In the late 13th century merchant houses from Venice and Genoa stopped travelling to the Champagne fairs. Instead they began sending galleys with silk, alum, dyes, fruit, and spices to Bruges, where they employed agents to supervise sales, organize exports, and remit funds to Italy. In France, higher tariffs, political turmoil, and outright assaults on foreign merchants ended Flemish visits to the Champagne fairs around 1280. Gelderblom 2005, 34.

nations in the town.[17] At the turn of the 14th century Bruges centralised the exports of Flemish cloth to Germany, France, and the Iberian Peninsula, imported a wide variety of raw materials, foodstuffs, and manufactured items from around Europe, and played a major role in the transit trade between those foreign merchants. The presence of the nations attracted a significant number of artisans too. The foreign traders bought a variety of luxury items, including tapestries, jewellery, paternosters, and paintings.[18]

In the 14th century, Bruges saw competition from the fairs of Antwerp and Bergen op Zoom, established by the dukes of Burgundy in 1320. These expanding regional fairs took place four times a year, and in the end challenged Bruges' commercial dominance. The result was a decline which could not be reversed, despite several measures taken by the town magistrate.

By the end of the 15th century the predominance of Bruges as a market city came to a decisive end with the revolt against Maximilian of Austria in 1485.[19] While Bruges kept her status as a printing and manuscript centre for a while, the monopoly on this trade, including paper, had definitively moved to Antwerp by 1492.[20]

Thus we can see how the medieval trade was organised and how it shifted gradually from Bruges to Antwerp. As an early commercial centre we presume that Bruges was heavily involved in the paper trade, but unfortunately this has not yet been formally documented. Only occasional references to shipments of paper have been collected.

4 The paper suppliers

As to the question of who bought paper within the various administrations and who were their suppliers, we detected different practices. From Santy we learn that in the administration at Bruges paper procurement was not centralised. Clerks and scribes had to pre-finance their paper needs. Reimbursement generally occurred once a year.[21]

---

17 Hanseatic merchants officially came to Bruges from 1252 onwards, to meet Spanish and Italian merchants. Stabel et al. 2000, 39.

18 Ryckaert and Vandewalle 1999, 224; Gelderblom 2005, 8.

19 When Mary of Burgundy died in an incident with her horse in 1482, the Flemish cities revolted against her husband, Maximilian of Austria, who was named regent on behalf of his son Philip the Fair. To force Bruges to accept his regency, he ordered all foreign trade enclaves to move to Antwerp in 1484, where they would receive the same privileges and compensation for possible damages.

20 Blom and Lamberts 2005, 84.

21 The ordinary clerks, lowest in rank, were already using paper in 1316–1317, but the clerks of the Tresory and the *upperclercks* only regularly used paper starting in 1330. Santy 2002, 125.

In Gent, the administration started using paper in 1343 and unlike Bruges, they procured it centrally. The traces indicate that their paper was purchased in Bruges.[22] This supports Bruges' role as a centre for paper. In addition, documents from the town of Oudenaarde reveal that their paper was purchased from Gent, indicating a business in cascade.

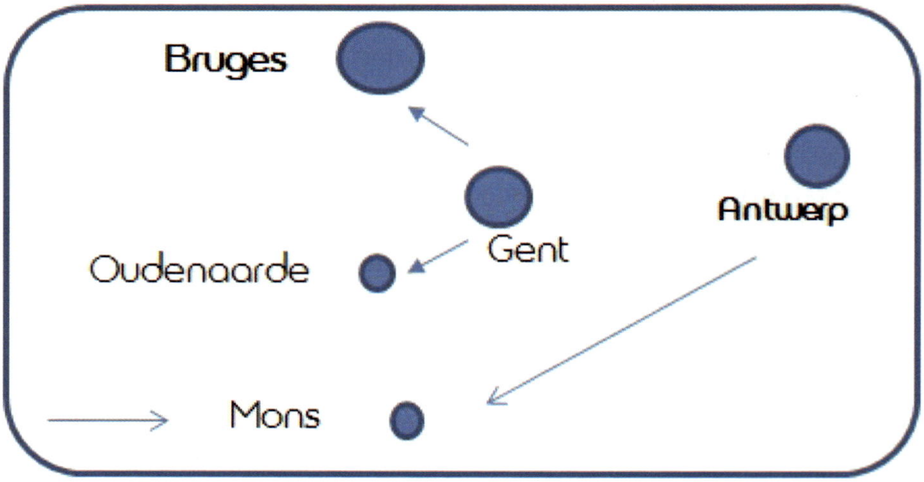

Fig. 3: Paper sales network

In Bruges we can distinguish two types of paper merchants: the *librariërs* and the *kruideniers* or *specyer* (grocers). The grocers were only interested in selling paper sheets and were further specialised in goods like spices.[23] The *librariërs*, on the other hand, specialised in selling paper and parchment. The latter also copied books and documents for the administration. In the early 14th century, the selling of *bondekens*, a kind of register, was recorded.[24]

The business of the *librariërs* flourished and an informal association, mentioned for the first time in 1426, grew into a proper guild for book and paper merchants in 1454. The function was defined as follows: ... *boucken te makene, te scrivene, te*

22 Gent bought paper in gros and not in registers, as Bruges did. De Pauw and Vuylsteke 1893, 30. Gent City Archives, Stadsrekening 1376–1377: *Item van 23 riemen pampiers metten bringhene van Brugghe ende van onghelde...* On the transport to Gent the merchant had to pay an indirect tax.
23 Santy 2002, 8, 111, 144.
24 Schouteet 1963, 232.

bindene of te reedene, ..., of met de coopmanschepe van der librarie ende datter toebehoort te doene, ...[25] Elsewhere we see that, from the second half of the 15th century, *apothecaries* or pharmacists appear as resellers of paper.

5 Italian versus French Paper Imports

The different categories of paper resellers functioned as brokers for paper consumers. How they got their paper is a question that can mainly be explained by watermarks in identified archival documents. From the watermarks in archival materials, it becomes obvious that the centres of paper production moved from Italy to France over time.[26] From the available evidence, the process did not occur at the same time and rate.

The study of the watermarks in municipal papers teaches us that the Flemish administrations predominantly used Italian paper in the 14th century, while paper of French origin became dominant only after 1370.[27] Mechelen and Bruges seems to have remained loyal to Italian paper until 1425, after which it completely disappeared in favour of French paper.[28] In Hainaut, on the other hand, French paper supplanted Italian paper earlier, presumably because they were closer to the overland trade routes, and had more direct contact with French traders/papermakers.[29]

6 The emergence of local paper mills

For the 14th century we only know with certainty of the existence of one paper mill in the Low Countries. This mill was located in Houplines near Lille, at that time part of the county of Flanders. This mill was founded in 1389 at the latest, and belonged partially to the ducal domain.[30] Besides the paper mill, the complex contained two grain mills and one oil mill. According Arnould the foundation of the paper mill must be seen in the light of the creation of the General Council of Lille, which first met in 1386.[31] This presumption was confirmed by the fact that the mill's owner, Jean de

25 Santy 2002, 117; Smeyers 1998, 194–214; Geirnaert 1994, 8–12.
26 This phenomenon can also be observed in the medieval city of Luxemburg, see Bange in this volume.
27 Santy 2002, 119–121, 146.
28 Wittek 2001, 9–10.
29 Piérard 1972, 346.
30 Houplines is now part of the French 'Département du Nord', district of Lille.
31 Arnould 1976, 276.

Pouques, was a confidant of John the Fearless, Duke of Burgundy and Count of Flanders.[32]

Due to the lack of watermarks clearly associated with paper mills in the Low Countries, it was long presumed that the local paper industry only emerged in the 16th century. Today we know better. Our own research has revealed that as early as the 15th century there were a number of paper-producing facilities, mainly concentrated around Brussels. At that time, Brussels had become the political centre of the dukes of Burgundy. The dukes attracted luxury products and from a morphological point of view, the region around Brussels was very well-suited for the foundation of paper mills.

This does immediately raise the question of how this paper industry emerged. Who introduced the technique of papermaking? Where did the first papermakers come from? How were they organised? For whom did they produce? How much did they produce? Did they produce for the local markets, or did they export?

Aside from the first initiative at Houplines, we have evidence that the first local paper mills emerged during the first half of the 15th century.[33] By the end of 1430, two paper mills were erected independently of each other. The first mill was situated in the independent Principality of Liège. Two years later, a second paper mill appeared in the Duchy of Brabant.

In the first case, a certain Wilhelm Meyde de Mouhault obtained approval to run a paper mill in 1436. Where he acquired the knowledge to convert an existing mill into a paper mill, we still do not know.[34] By 1469 the paper mill had disappeared.[35]

7 A French papermaker settled in Linkebeek in 1439

We have more information about the oldest paper mill in the Duchy of Brabant. It was founded 1439.[36] On the 31st of May of that year, Duke Philip the Good granted permission, via his steward, Jan Coels, for the establishment of a paper mill at an

---

32 Arnould 1976, 273–276.

33 Vancoillie-Renard 1983, 11. Alphonse Wauters mentioned different paper mills, but he did not provide accurate references to his sources, though he has long been copied by other authors. Wauters 1974, Book 10B, 348.

34 Lacroix 1988. Through a misinterpretation of the Latinised name 'de alto', Wilhelm was erroneously associated with Italian immigrants.

35 Arnould 1976, 289–291.

36 Van Wegens 1996, 173–176. Van Wegens 1999, 5–12. Older publications erroneously date the founding of this mill to 1459. Brussels, State Archives Anderlecht, Tolkamer van Brussel, inv I 088, reg. 80, fol. 58.

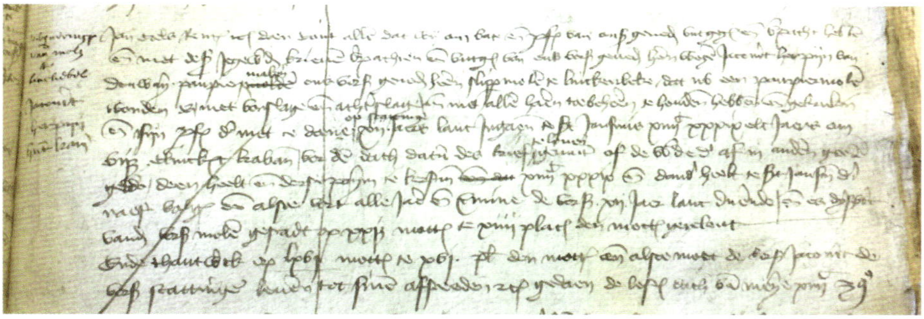

Fig. 4: Extract contract Jacomet Herpijn, May 1439. Brussels, State Archives Brussels (Anderlecht), Tolkamer van Brabant, Inv I 088, reg. 80, f. 58

existing mill in Linkebeek. The original mill was a *slijpmolen* and belonged to the ducal domain.[37]

This finding is interesting and extremely important for the study of paper in the Low Countries, because besides its indisputable foundation date, we know about the origin of the man to whom the mill was assigned. Jacomet Herpijn was a papermaker by profession and he came from Douai. For what reasons he left Douai, and whether Linkebeek had been his original destination, we do not know. Did he come at the request of the Duke himself? Presumably not, but his reason for settling near Brussels remains an open question. Yet it does indicate that the introduction of paper techniques in the Low Countries probably followed the tradition of the French papermakers.

The papermaker Jacomet Herpijn received permission to run the ducal mill for a period of twelve months at the yearly price of 7 *clinck/brabants*. When the contract was drafted, the value of the mill buildings was assessed. The iron work was estimated at *XXI mottoen te XIV plac de mottoen*. The wood work was valued at *LVI mottoen te XVI plac de mottoen*. Unfortunately, we have no further details about the equipment. Herpijn was expected to maintain the mill in the same estate as he had received it. The annual interest was due in November 1439.

We further know that Jacomet stayed at the mill for twelve years. We doubt that the first paper activities were very profitable, but clear evidence is lacking. From the numerous legal process fragments preserved in the archives of the Toll Chamber, we have learned that Herpijn had repeated conflicts with his neighbour, Mathijs Vandersmessen, who operated the ducal grain mill further upstream. In whose favour the dispute was finally resolved, we do not know, but it is clear that by 1453 Jacomet Herpijn had left the paper mill in Linkebeek.

37 A *slijpmolen* is a grinding mill, where stones are cut and polished. The practice to convert another mill into a paper mill is very common, see Schultz and Follmer as well as van Huis in this volume.

A taxation report from the 21st of May 1453 mentioned that the mill was no longer inhabited and that the house – due to the war – was in a ruinous state. The wood and ironwork was worth only half of its original value.[38] Presumably Herpijn – tired of the quarrels with his neighbour – left the region and installed himself in the valley of the Woluwe on the other side of Brussels. This presumption is based on the fact that we find a certain Jacomart Herpijn in a cijnsboek of Diegem.[39] There it is noted that this Herpijn occupied the mill at Nijpenzele in Diegem after Ghijsbrecht Tays and Reyner Aerts, and before Peeter Clissen. The similarity in name is curious and it seems to coincide with the timeframe in which the papermaker disappeared from the paper mill in Linkebeek.[40] We have so far no evidence that he had a paper business there, though we know that there was a paper mill at Nijpenzele in 1462.

The mill in Linkebeek remained unoccupied for several years; it was still associated with Herpijn, but there was no further reference to papermaking activity – perhaps due to the years of conflict. On the 4th of May 1457, a church decree assigned the mill to a Gillis Lievens for the yearly interest of *1 carolus*, with the first payment to be made in two parts.[41] He was to restore the mill and pay the steward 14 gilders for the loss of income in the years that the mill had been uninhabited.

Four years later, on the 4th of May 1463, the mill was again turned over to a certain Rombout Vandenbroecke and his wife, Lysbet Proenen.[42] From older documents we know that this Vandenbroecke was also a papermaker. In a forester's account, dated 1471, we find a *Rombout Vandenbroecke papierslager* or papermaker. He and Moen Gosens were fined for grazing Rombout's animals in the Sonian Forest.[43]

8 Brussels prosperous for papermaking

By 1450 the notion that making paper might be a lucrative occupation must have been generally accepted, because more mills were being established. The grinding mills were extremely well-suited for conversion into paper mills. Despite the early foundation in Linkebeek, south-west of Brussels, the paper mills in the second half of the 15th century were concentrated on the south-east side of Brussels. One explana-

38 Brussels, State Archives Brussels (Anderlecht), Tolkamer van Brabant, Inv I 088, reg 81, fol. XXVIIv.
39 Maes 1973, 86. More study is needed to confirm that both citations refer to the same person.
40 The book was dated from Christmas 1450, but the reference was clearly added later. State Archives Brussels, Rekenkamer van Brussel, n° 44958, fol. CXLIv.
41 State Archives Brussels (Anderlecht), De Tolkamer van Brabant, Inv. I 088, reg 81, fol. 77r.
42 State Archives Brussels (Anderlecht), De Tolkamer van Brabant, reg. 81, fol. 77r.
43 State Archives Brussels, Rekenkamer, n° 12546, fol. 270r and 252v.

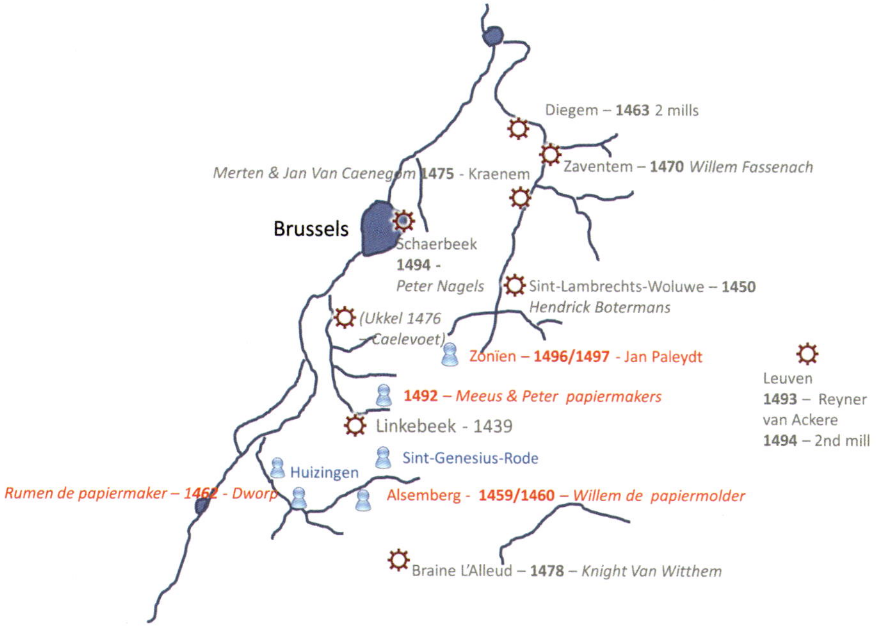

Fig. 5: Paper mills and paper makers in the Duchy of Brabant – 15th Century

tion for this may be that the Woluwe, thanks to earlier canalisation, was more readily exploited. It was also close to the existing trade routes.[44] New paper mills were now appearing at a rate similar to that of the neighbouring countries. Improvements in the production process and the increase in demand for paper gave it a comparative advantage over parchment.[45]

We found the first reference to a paper mill outside Linkebeek in the cynsboek of 1450, mentioning Hendrick Botermans in Sint-Lambrechts-Woluwe with respect to the substitution of a water channel at his mill.[46] The second reference concerned Ghysbrecht van Wickenroode. He was also mentioned with respect to the water channel of his mill *ter alnediger marien*. It is not clear whether both of these undated annotations concern the same mill. The *cynsboek* also mentions Nyrinck Maernolf and Lysbeth Vrancks as successors to van Wickenroode.[47]

44 Nauwelaers 1941, 356–358.

45 Hills 1992, 45.

46 State Archives Brussels, Rekenkamer, n° 44958, fol. CLXXr.

47 State Archives Brussels, Rekenkamer, n° 44958, fol. CLXXIv.

In Diegem the *cynsboek* mentions maintenance work on the channel between the pond and the paper mill on the Woluwe, done around 1462.[48] It is not clear whether this is the mill at Nijpenzele, for which Marie Wasselaerts and Gielijs de Wallsche received permission to build a *heimelijkheid* and to make improvements on the drainage between the Woluwe and the Hollebeek.[49]

In the same period the *cynsboek* of Diegem mentions a second mill. A certain Jan De Schepper, son of the late Cornelis De Schepper, received permission to build a paper mill on the Hoelbeke, on a piece of land of 25 *dachwand*. In addition, he obtained fishing rights between the bridge of Cornelis van Diegem and the locks in Nederwoluwe, and he was allowed to add two locks.[50]

On the 8th of May 1464, the archives inform us that the brothers Jan and Koenraed van der Meeren, knights and lords of Zaventem, founded the paper and grain mill in Sint-Lambrechts-Woluwe.[51] The role of this family for the paper industry is still to be studied, but they seemed to have a keen interest in paper. Three paper mills fell under their jurisdiction, all three situated on land which they owned. Besides the mill in Sint-Lambrechts-Woluwe, they had a second paper mill in Zaventem and a third in Kraainem. In 1470 a certain Willem Fassenach was active at the paper mill in Zaventem.[52] The rights to the mill in Kraainem were transferred to the brothers Merten and Jan van Canegom by Gielijs Mersant in 1475.[53]

Hendrick Van Withem, knight and lord of Beersel, to the southwest of Brussels, also seems to have had a special interest in paper. He was active in at least one paper mill in Braine-L'Alleud as of 1478.[54] We know of this thanks to a lawsuit before the feudal court of Brussels.[55]

---

48 State Archives Brussels, Rekenkamer, n° 44942, fol. 2v.

49 More recent annotations mentioned *kathelijne en margriete heymans en nu gillis de smet*. Presumably these are additions from the 16th century. State Archives Brussels, Rekenkamer, n° 44958, fol. CLXXIv.

50 State Archives Brussels, Rekenkamer, n° 44942, fol. XIIIIv. In an undated addition we found the name Harry de Lagruyse.

51 Maes 1942, 11.

52 On the 10th of January 1479, Willem Fassenach left a house, located in the fiefdom of Jan Vander Meeren, Lord of Zaventem, to Jan Van Wynegem, called Van Duyst, with the obligation to grant his neighbours access to a nearby spring. Some months later, on the 18th of April 1479, Fassenach acquired the rights over two more fiefs of the Lord of Zaventem's – *één hofstad met woonhuis en kamme and één hofstad met 2 woonhuizen* – located in Nederwoluwe. For an annual interest of two guilders to Henrike Mommaert, son of the steward of Zaventem,Willem took out a mortgage on his paper mill in Nederwoluwe on the 22nd of February 1480. Sixteen years later, on the 8th of November 1496, he pledged his mill to Henrick vander Meeren for an annual fee of 8 bags of rye.

53 Vancoillie-Renard 1983, 158.

54 We assume that the paper mill of Braine-l'Alleud was not the only mill in which he invested, although we cannot yet prove this assumption.

55 A lawsuit documents the problems that Hendrick van Withem had with this paper mill in Braine-l'Alleud, belonging to the abbey of Affligem. Overdue interests was the immediate cause for the suit.

In 1479 a certain Henricke van Ertyngen owned two water mills in Diegem, when he asked the Courts of Accounts in Brussels for permission to build a third water mill and use it as paper mill.[56] He received permission to build two locks on the river *Hollebeek.*

With the exception of the paper mill in Linkebeek, there is so far no evidence for the existence of another paper mill west of Brussels before the end of the 15th century. According to Wauters, there was a paper mill in the Caelevoetmolen in Uccle in 1476, but so far no source has been found that confirms the existence of this mill.[57] However, in the accounts we found a considerable number of references to papermakers in Sint-Genesius-Rode, Alsemberg, Dworp and Uccle, which cannot be ignored. This may be an indication that the archives have not yet disclosed all their secrets. A small overview of the notices follows.

The accounts of the stewards of Rode mentioned a certain Willem de *papiermolder* or papermaker in 1459 and 1460. He was fined in Alsemberg for wearing a *blandereel or knife.*[58] Later, in the account book from Christmas 1464 to Christmas 1465, the wife of a certain *Willem den papiermakers* was penalized for beating her brother-in-law's wife. Half of the fine went to the lord of Stalle.[59] In the same or following year, Gielys den Hollander was fined for stealing from Willem the papermaker. The penalty was issued in Linkebeek.[60] Whether this concerned the same Willem named above is not clear. The available information does not indicate at which mill he was active. Two years earlier, in the account from 1462, a certain Gheerst was penalized in Dworp for fighting with *Rumen de papiermaker* or papermaker.[61] In the account from 1471, a *Rumen de papiermolder* or papermaker was caught collecting branches in the Sonian Forest and penalized.[62] Both citations presumably refer to the same person. The guild book of the brotherhood of Sint Sebastian, patron saint of the church in Linkebeek, mentions two papermakers with their respective family, Meeus hired with Marie with

Hendrick defended himself by referring to the agreement he had made with the previous abbot. He described how he had twice invested a lot of money in the mill – once for improvements and a second time due to war – and how he was deprived of any income. The first time the mill was destroyed by fire. When he rebuilt the mill, he enlarged it. But the war had obliged him to dismantle the mill out of fear that it would again be destroyed. The former abbot had agreed to this, but his successor was of another opinion and sued van Withem in 1488. State Archives Brussels (Anderlecht), Leenhof, processen, 61.

56 State Archives Brussels, Rekenkamer, n° 44942.

57 Crokaert 1962, n° 155, 317. Wauters 1974, Book 10A, 257.

58 State Archives Brussels, Rekenkamer, n° 12775, fol. 384r, fol. 401v and fol. 413r–v.

59 State Archives Brussels, Rekenkamer, n° 12775, fol. 466r.

60 State Archives Brussels, Rekenkamer, n° 12547, fol. 485r.

61 State Archives Brussels, Rekenkamer, n° 12775, fol. 441v.

62 State Archives Brussels, Rekenkamer, n° 12546, fol. 269v and 234r.

children and Peter, wife and children.[63] In a document from 1492 we learn that at that time a second paper mill was active in Linkebeek.[64] In the account of 1495–1496 the papermaker Jan Paleydt was penalized for beating a woman in the Sonian Forest.[65]

We know of the existence of two paper mills in Leuven at the end of the 15th century. The eldest was located in the park abbey and in August 1493 the papermaker Reyner Van Ackere occupied the mill. A year later a second paper mill existed in the centre of Leuven. Unfortunately besides the two references no links with early printing offices or the paper consumption at the University of Leuven have been found. Additional research is required to get a better view.[66]

Finally, we know that on the 23rd of June 1494, a certain Peeter Nagels, *tinnepotgieter* in Schaerbeek, obtained permission to pump water into his pond and to move it via a drain to his paper mill to operate the hammer beaters. He had to pay *3 penningen leuvens* each Christmas, with his mill as a pledge.[67]

9 Paper and Philip the Good

Through our study of the archives we have traced 18 paper mills around Brussels in the 15th century and the names of at least ten papermakers listed without connection to a particular mill. These findings show that paper was already produced locally on a considerable scale in the Low Countries before the appearance of printed books in 1473. The production techniques seem to have come from the French tradition, as we can deduce from the history of the first paper mill in Linkebeek.[68]

The number of existing ducal mills that were converted to produce paper, and the time in which the first paper mill was established in Brabant, lead us to suspect that the court of the Dukes of Burgundy, and especially the reign of Philip the Good, played a major role in the development of local paper production in the Low Countries.

Though clear evidence is still lacking, it does not seem like a coincidence to us that the first paper mills in the Low Countries were founded in the Duchy of Brabant, at the moment when Philip the Good added Brabant to his territories and thereby strengthened his position in the Low Countries. The displacement of the political

---

63 Vancoillie-Renard 1983, 126, 128.
64 State Archives Brussels (Anderlecht), Schepengriffie, 995, fol. 43.
65 State Archives Brussels, Rekenkamer, n° 12547.
66 Arnould 1976, 279–280.
67 State Archives Brussels (Anderlecht), Tolkamer van Brabant, inv. I 088, reg. 82, fol. 29.
68 French papermakers remained in demand in the 16th century, Vandecasteele 1991, 15. The printer Arend De Keyser founded a paper mill next to his printing business in the city of Gent. He could not find qualified papermakers locally and went to France to hire skilled men to make paper for writing and print.

Fig. 6: Philip the Good, painted by Rogier van der Weyden. copyright: Royal Museum of Fine Arts Antwerp © Lukas – Art in Flanders vzw, photograph Hugo Maertens

centre from Lille to the Low Countries had already started under his father, John the Fearless, in answer to the rebellious Flanders.[69] When the Duke of Brabant, Philippe of Saint-Pol, unexpectedly died childless in 1430, his cousin Philip the Good cleverly

69 Blockmans and Prevenier 1997, 81–93.

claimed the Duchy of Brabant.[70] From that point, Brussels grew in importance and quickly became the centre of the unified territories. The choice for Brussels seems evident. It was central and more economically stable and reliable than the rebellious cities of Gent and Bruges.

The geographical and morphological conditions were very favourable for the foundation of paper mills, while the tradition of the cloth industry in Brabant and the changing textile market ensured that the rags necessary for the making of paper were readily available.

In the second half of the 15th century the centre of gravity for paper production lay in the valley of the Woluwe to the south-east of Brussels. Its earlier industrial use and connection to the transport network is a logical explanation. In the 16th century we will see that the centre of paper production shifted to the valley of the Molenbeek, to the south-west of Brussels.

10 Working hypothesis: local paper and paper markets

With respect to the importance, size, and final destination of the paper from the mills in the Low Countries in the 15th century, we are still groping in the dark. If you make a theoretical calculation of the potential production, then it is surprising to find almost no reference to locally produced paper. If we assume, that one paper mill produced between 800 and 1300 reams of paper annually, this would mean that 18 mills produced between 14.400 and 23.400 reams. One ream contained 480 sheets or 20 books of 24 sheets. This means a yearly production of between 6.912.000 and 11.232.000 sheets.

We saw above that in the 15th century, locally produced paper was not destined for municipal administration. The appearance of the first paper mills never made the demand for 'imported' paper superfluous. From the few data available on the paper trade, we see no decrease in the import of paper from outside, and that paper continued to be imported via the fairs and harbours of Bruges and later Antwerp.[71] If the paper produced locally in the 15th century was not for writing, for what was it then destined?[72]

70 De Maesschalck 2008, 123–124.

71 Asaert 1973, 278, 280–281. Reams of paper are sent from Antwerp to England especially, but also within the country. Besides writing paper, archives mention wrapping paper, playing cards, calendars, and *spellepapier*. Spellepapier is paper that makers of pins used to wrap their goods. But it is difficult to quantify, as many ships only took small quantities of paper in their cargo.

72 So far neither paper nor watermarks have been found that can be assigned with certainty to one of the above mentioned mills. Further detailed research is needed.

Fig. 7: *Philip visits Loyset Liedet. Miniature in David Aubert, Historie de Charles Martel, 1463 Brussels, National Library, MS. 6, fol. 9. Published by Mercatorfonds*: Prinsen en poorters Beelden van de laat-middeleeuwse samenleving in de Bourgondische Nederlanden 1384–1530, Mercatorfonds, 1998.

Our working hypothesis is that the answer lies in the trade of the luxury products. The Duke Philip the Good was a generous patron of the arts, commissioning many tapestries (which he tended to prefer over paintings), pieces from goldsmiths, jewellery, and other works of art. It is estimated that he added six hundred manuscripts to the ducal collection, making him the most important patron of the period.[73] During his reign, for example, the richest English commissioners of illuminated manuscripts turned away from English and Parisian products to those of the Netherlands, as did other foreign buyers. As others copied Philip's behavior, a more diversified production of goods and services developed alongside the traditional textile industry. The traditional woollen goods were replaced by new luxury items.

During the last quarter of the 15th century, high-quality Dutch production was increasingly dominated by the workshops in Brussels. This was the result of three factors: the decline of the industry in Arras and Tournai, the emergence of Brussels as the principal seat of the Burgundian court in the Low Countries, which ensured its importance as a center of artistic and commercial activity and the monopoly that the Brussels artists' Guild of Saint Luke secured in 1476 over the fabrication of figurative tapestry cartoons.[74]

For the making of the tapestry cartoons one needed paper, lots of paper. So could it be that the paper for this industry was locally produced? To our knowledge this aspect has not been sufficiently studied. By their nature, the cartoons were not destined to be preserved, so the quality of the paper may have been of less importance. As few tapestry cartoons have been conserved, a meticulous study of the guild archives could eventually shed light on this intriguing question.

Tab. 1: Paper mills and papermakers in the 15th century in the Low Countries

Year	Place	Reference	Papermaker	Landlord
1386	Houplines	1 paper mill		Jean de Pouques John the Fearless
1437	Huy	1 paper mill		Willem Meyde de Mouhault
1439–1452	Linkebeek	1 paper mill	Jacomet Herpijn	Philip the Good
1445	Schaerbeek	1 paper mill		
1450	St-Lambrechts-woluwe	1 or 2 paper mills		
1459/1465	Alsemberg/ Linkebeek		Willem de papiermolder	
1463	Linkebeek	1 paper mill	Rombout Vanden broecke	
+ 1462	Diegem	1 paper mill	Jan De Schepper	
1462/1471	Dworp		Rumen de papiermaker	

73 Dogae and Debae 1967; De Maesschalck 2008, 144–145.
74 Delmarcel and Duverger 1987, 52–54; Delmarcel 1999, 28–44.

1462	Diegem	paper mill named *Nijpenzele*	Gielijs de Wallsche & Marie Wasselaerts (kathelijne and Margriete Heymans/Gillis de smet)	
1464	Sint-Lambrechts-Woluwe	1 paper mill		Jan van der Meeren
1468	Linkebeek		Meeus de papiermaker Peter de papiermaker	
1475	Kraainem	1 paper mill		(Van Caeneghom) Jan van der Meeren
1476	Braine-l'Alleud	1 paper mill		Hendrick Van Withem – Abbey of Affligem
1479	Diegem	1 paper mill		Henricke van Ertyngen
1479–1496	Zaventem	1 paper mill	Willem Fassenach	Jan van der Meeren
1490/1491	Rode		Clement de papiermaker	
1492	Linkebeek	1 paper mill		
1493	Parc Abbey Heverlee	1 paper mill	Reyner van Ackere	
1494	Schaerbeek	1 paper mill named *Weyngaert-molen*		Peeter Nagels
1495/1496	Sonian		Jan Paleydt	
1498/1501	Kraainem/Ukkel		Hennen de papiermaker	

Bibliography

Arnould (1976): Maurice Arnould, "Quand sont apparus les premiers moulins à papier dans les anciens Pays-Bas?", in: *Villes d'imprimerie et moulins à papier du XIVe au XVIe siècle. Aspects économique et sociaux* (Colloque international, 11–14 septembre 1973), Brussels, 267–298.

Asaert (1973): Gustaaf Asaert, *De Antwerpse scheepvaart in de XVde eeuw (1394–1480). Bijdrage tot de ekonomische geschiedenis van de stad Antwerpen* (Verhandelingen van de koninklijke academie voor Wetenschappen, Letteren en schone kunsten van België, Klasse der Letteren 35), Brussels.

Balmaceda (2005): José Carlos Balmaceda, *La contribución genovesa al desarrollo de la manufactura papelera española*, Málaga.

Blockmans and Prevenier (1997): Willem Pieter Blockmans and Walter Prevenier, *De Bourgondiërs: de Nederlanden op weg naar eenheid 1384–1530*, Amsterdam.

Blom and Lamberts (2005): Hans Blom and Emiel Lamberts (eds.), *Geschiedenis van de Nederlanden*, Baarn.

Buntinx (1944): Jean Buntinx (ed.), *Het memorial van Jehan Makiel, klerk en ontvanger van Gwijde van Dampierre (1270–1275)* (Commission Royale d'Histoire), Brussels.

Crokaert (1962): Henri Crokaert, "Les moulins d'Uccle", *Le folklore brabançon* 155, 289–329.

De Maesschalck (2008): Edward De Maesschalck, *De Bourgondische vorsten 1315–1530*, Leuven.

Delmarcel and Duverger (1987): Guy Delmarcel and Erik Duverger, *Bruges et la tapisserie* (Exposition Chefs-d'Oeuvre de la Tapisserie Brugeoise, Bruges, Musée Gruuthuse et Musée Memling, 8 juillet – 18 octobre 1987), Bruges.

Delmarcel (1999): Guy Delmarcel, *Het Vlaamse Wandtapijt van de 15de tot de 18de eeuw*, Tielt.

De Pauw and Vuylsteke (1893): Napoléon de Pauw and Julius Vuylsteke (eds.), *De rekeningen der stad Gent. Tijdvak van Philips van Artevelde 1376–1389*, Ghent.

Dogaer and Debae (1967): Georges Dogaer and Marguerite Debae, *De librije van Filips de Goede* (Tentoonstellingscataloog. Tentoonstelling georganiseerd bij de 500ste verjaardag van de dood van de Hertog. Koninklijke Bibliotheek Brussel), Brussels.

Geirnaert (1994): Noël Geirnaert, "Boeken in het middeleeuwse Brugge: een verhaal van eeuwen", *Vlaanderen* 43, 8–12.

Gelderblom (2005): Oscar Gelderblom, *The Decline of Fairs and Merchant Guilds in the Low Countries 1250–1650*, Utrecht, 1– 47.

Gilliodts-Van Severen (1878): Louis Gilliodts-Van Severen, *Inventaire des archives de la ville de Bruges. Inventaire des chartes. Introduction*, Bruges.

Hills (1992): Richard Hills, "Early Italian papermaking. A crucial technical revolution", *IPH yearbook* 9, 37–46.

Joosen (1982): Henry Joosen, "De oudste stadsrekening van Mechelen 1311–1312", *Handelingen van de Koninklijke Kring voor Oudheidkunde, Letteren en Kunst van Mechelen/Bulletin du Cercle Archéologique, Littéraire et Artistique de Malines*, 1–269.

Lacroix (1988): Ch. Lacroix, *La ville de Huy au moyen âge. Aspects politiques et économiques* (Mémoire présenté pour l'obtention du grade de licencié en histoire, 1987–1988), Université de Liege.

Maes (1942): Frans Maes, "De watermolens van Zaventem", *Eigen schoon en de Brabander* 25, 7–19, 45–51, 77–84.

Maes (1973): Frans Maes, "Oude woonkernen en bedrijven in het woluwedal te Diegem", *Eigen schoon en de Brabander* 56, 206–228.

Nauwelaers (1941): Jules Nauwelaers, *Histoire de la ville de Vilvorde 1*, Paris/Brussels/Courtrai.

Piérard (1965): Christiane Piérard , "Le papier dans les documents comptables de la ville de Mons au XIVe et XVe siècle", in: *Hommage au Professeur Paul Bonenfant (1899–1965)*, Brussels, 341–363.
Piérard (1972): Christiane Piérard, "A propos de l'usage du papier au XIIIe siècle dans une administration urbaine. Etude de texte du plus ancien Mémorial conservé à Mons", *Anciens Pays et Assemblées d'États. Standen en landen* 56, 83–122.
Prevenier (1998): Walter Prevenier (ed.), *Prinsen en poorters Beelden van de laat-middeleeuwse samenleving in de Bourgondische Nederlanden 1384–1530*, Antwerp.
Ryckaert and Vandewalle (1999): Marc Ryckaert and André Vandewalle (eds.), *Brugge. De Geschiedenis van een Europese stad*, Tielt.
Santy (2002): Pieter Santy, *Papier Hier. De introductie van het papier in Vlaanderen (13de–14de eeuw)*, Master thesis, University Gent, 2001–2002, 3 delen, not published.
Santy (2003): Pieter Santy, "Een papieren revolutie? De introductie van het papier te Brugge (13de–14de eeuw)", *Handelingen van het Genootschap voor Geschiedenis te Brugge* 140, 202–268.
Schouteet (1963): Albert Schouteet, "Inventaris van het archief van het voormalige gild van de librariërs en van de vereniging van schoolmeesters te Brugge", *Handelingen van het Genootschap voor Geschiedenis te Brugge* 100, 228–270.
Sivéry (1975): Gérard Sivéry, "L'évolution des documents comptables dans l'administration hennuyère de 1287 à 1360 environ", *Bulletin de la commission royale d'histoire* 141, 133–235.
Smeyers (1998): Maurits Smeyers, *Vlaamse Miniaturen van de 8ste tot het midden van de 16de eeuw. De middeleeuwse wereld op perkament*, Leuven.
Stabel et al. (2000): Peter Stabel, Bruno Blondé and Anke Greve (eds.), *International trade in the Low Countries (14th–16th centuries). Merchants, organisation, infrastructure* (Proceedings of the international conference Ghent-Antwerp, 12–13 January 1997/Studies in urban social, economic and political history of the medieval and Early modern low countries 10), Leuven.
Vandecasteele (1991): Maurits Vandecasteele, "De Gentse papiermolen in de 16de eeuw", *Stadsarcheologie* 15, 5–15.
Vancoillie-Renard (1983): Danielle Vancoillie-Renard, *Recherches sur les origines de la papeterie dans la région bruxelloise, XVe–XVIIe siècles*, Master thesis, Université Libre de Bruxelles, 1977–1983, not published.
Van Wegens (1996): Inge Van Wegens, "The Duchy of Brabant claims its place in the European paper history: 30th of May 1439: Jacomet Herpijn first papermaker in Linkebeek", *IPH congress book* 11, 173–176.
Van Wegens (1999): Inge Van Wegens, "Nieuwe benadering van de ontluikende papierproductie in de Zuidelijke Nederlanden in de 15de eeuw", *Ons Heem* 53, 5–12.
Wauters (1974): Alphonse Wauters, *Histoire des environs de Bruxelles ou descriptions historique des localités qui formaient autrefois l'ammanie de cette ville. New edition of the original text of 1855, Book 10A and B*, Brussels.
Wittek (2001): Martin Wittek, "Observations sur les papiers utilisés par la ville de Malines aux XIVe et XVe siècles", in: André Tourneux (ed.), *Liber Amicorum Raphaël De Smedt 4* (Miscellanea Neerlandica XXVI), Leuven, 1–12.

Erwin Frauenknecht

Papiermühlen in Württemberg

Forschungsansätze am Beispiel der Papiermühlen in Urach und Söflingen

Das scheinbar gut umgrenzte Thema „Papiermühlen in Württemberg" entpuppt sich bei näherem Hinsehen als mit Schwierigkeiten behaftet. Schon die geographische Einordnung ist nicht selbstverständlich. Es ist eine banale Erkenntnis, dass Umfang und Grenzen des historischen Raumes Württemberg Veränderungen unterworfen waren. Die Grafschaft Württemberg aus dem 15. Jahrhundert besaß ein anderes Ausmaß als das Königreich Württemberg im 19. Jahrhundert, und wieder anders wäre das Ergebnis, wollte man alle Papiermühlen im heutigen Baden-Württemberg in den Blick nehmen.

Insofern verwundert es nicht, dass jüngere Forschungen raumgreifend den Südwesten insgesamt ansprechen beim Versuch, die Geschichte der dortigen Papiermühlen zu beschreiben. Meinrad Schaab etwa liefert im einschlägigen Kapitel des Handbuchs der baden-württembergischen Geschichte zusammenfassend einige wichtige Erkenntnisse zur Papiergeschichte im Südwesten.[1] Vorwiegend die Reichsstädte waren demnach Initiatoren der ersten Papiermühlen, neben Ravensburg existierten etwa in Reutlingen, Giengen, Gengenbach und Offenburg Ende des 15. Jahrhunderts Papiermühlen. Ausgehend von der Wirtschaftsmetropole Basel, das sich seit der Mitte des 15. Jahrhunderts zu einem Zentrum der Papiermacherei entwickelte, wurde im nahen Lörrach um 1472 eine weitere Papiermühle eingerichtet.[2] Nicht nur die wirtschaftlich potenten Reichsstädte, sondern auch die Territorialherren förderten die neue Technologie im späten 15. Jahrhundert. Markgraf Christoph von Baden belehnte 1482 bereits zum zweiten Mal einen Papiermacher Wilhelm von Paris für weitere zehn Jahre mit der Papiermühle in Ettlingen.[3] Der württembergische Graf Eberhard im Bart förderte in Urach an seiner Residenz eine entsprechende Gründung.

Zur Mühlengeschichte in Württemberg ist nach wie vor die Arbeit des Papierfabrikanten Friedrich von Hößles grundlegend, der zu Beginn des 20. Jahrhunderts in mehreren Einzelbeiträgen die Papiermühlen des damaligen Königreichs Württemberg beschrieben hat. Nicht alle seine Erkenntnisse halten einer Verifizierung heute noch

1 Vgl. Schaab u. Schwarzmaier 2000, 561.

2 Vgl. Vortisch 1983, 122.

3 Vgl. dazu Schmidt 1992, 116 mit weiterer Literatur; die Anfänge der Ettlinger Mühle weisen in die sechziger Jahre des 15. Jahrhunderts; bei Schaab u. Schwarzmaier 2000, 561 ist 1452 als Jahr der Belehnung genannt.

Stand, denn in einigen Fällen sind die präsentierten Belege unzuverlässig. Gleichwohl bieten Hößles Beiträge, 1926 gesammelt als Monographie unter dem Titel „Württembergische Papiergeschichte" veröffentlicht, vielfach immer noch den einzigen systematischen Zugriff auf württembergische Papiermühlen. Exakt 70 Papiermühlen hat von Hößle für das Königreich Württemberg zusammengetragen. Die ganz große Mehrzahl dieser württembergischen Mühlen sind neuzeitliche Gründungen, lediglich in Ravensburg, Reutlingen und Urach sind mit Sicherheit Papiermühlen bereits vor 1500 in Betrieb. Die Mühle der Reichsstadt Giengen an der Brenz darf wohl ebenfalls noch als spätmittelalterliche Gründung gelten.[4]

In summarischer Form ist wenig später auch Viktor Thiel auf die schwäbischen Papiermühlen eingegangen, sein knapper Überblick ermittelt insgesamt acht schwäbische Orte, in denen eine Papierherstellung vor 1500 fassbar ist.[5]

Spätere Detailstudien mit lokalem oder regionalem Zuschnitt konnten den Kreis der württembergischen Mühlen im Vergleich zu diesen beiden Autoren noch erweitern. Ein frühneuzeitliches Beispiel ist die Papiermühle in Stockach, die durch die Wasserzeichenforschungen von Karl Theodor Weiß nachgewiesen wurde, schriftliche Nachrichten darüber fehlen für die Frühzeit der Papiermühle.[6] Als vorderösterreichischer Verwaltungsmittelpunkt der Landgrafschaft Nellenburg war Stockach ein wichtiger Verbindungsort zwischen den habsburgischen Stammlanden und den vorderösterreichischen Gebieten um Freiburg. Die Stockacher Papiermühle produzierte um 1600 Papier mit verschiedenen Ausprägungen des signifikanten Stockacher Wappens; Weiß konnte zeigen, dass das Papier offenbar nur lokale Verbreitung fand, zumindest legen das die Beschreiborte des Papiers mit diesem Wasserzeichen nahe. Schon zu Beginn des Dreißigjährigen Krieges verlieren sich die Spuren dieser Papiermühle, und man darf annehmen, dass sie in den Wirren der Auseinandersetzungen zugrunde ging.

Weitere, in von Hößles Karte noch nicht verzeichnete frühneuzeitliche Papiermühlen existierten zeitweilig in den beiden Reichsstädten Rottweil und Schwäbisch Gmünd oder in Unadingen bei Donaueschingen.[7]

Zuletzt hat Frieder Schmidt in seiner umfassenden Geschichte der Papierherstellung in der Frühindustrialisierung einen kurzen Abriss zur südwestdeutschen Papiermühlenforschung geliefert und dort auch jeweils in knapper Form die mittelalterlichen Ursprünge der entsprechenden Mühlen berücksichtigt.[8] Auch in dem nach Regionen eingeteilten Mühlenatlas Baden-Württemberg finden sich vereinzelt

---

4 Sporhan-Krempel 1973a, 7.

5 Thiel 1941, 37f.

6 Weiß 1915, 14–24.

7 Zur Rottweiler Papiermühle vgl. Leibold 2009, 8; die Papiermühle in Schwäbisch Gmünd behandelt Dangel 1958, 61 und zur kurzfristig auch als Papiermühle betriebenen Eulenmühle in Unadingen vgl. die Hinweise bei Schmidt 1994, 33.

8 Schmidt 1994.

Bild 8. Papiermühlenkarte von Württemberg.

Abb. 1: Die Karte stammt aus von Hößles Württembergischer Papiergeschichte und verzeichnet ohne zeitliche Schichtung die Orte des württembergischen Königreichs, an denen eine Papierherstellung belegt ist. Dokumentiert ist der Kenntnisstand zu Beginn des 20. Jahrhunderts.

Hinweise zur Geschichte einzelner Papiermühlen.[9] Ein systematischer Zugang auf aktueller Forschungsbasis ist jedoch nach wie vor ein Desiderat, bislang fehlt eine aktuelle, systematische Aufarbeitung der württembergischen Papiermühlen.

Zwei dieser Gründungen aus dem 15. Jahrhundert seien im Folgenden näher beleuchtet, um Stand, Umfang und mögliche Forschungsansätze der Papiermühlenforschung an diesen Beispielen zu skizzieren. Den ersten Fall bildet die Papiermühle in Urach. Mit ihrer Gründung oder besser gesagt Ersterwähnung im Jahr 1477 gilt sie als erste württembergische Papiermühle. In einem vor kurzem erschienenen Beitrag zum Zusammenhang zwischen Buchdruck und Papierherstellung in Urach ist bereits auf den Gründungskontext dieser Mühle sowie den ersten Uracher Papiermacher eingegangen worden.[10] Das zweite Beispiel stellt die Papiermühle in Söflingen bei Ulm dar, eine Papiermühle, die Friedrich von Hößle noch nicht auf seiner Karte verzeichnet hatte – auch sie ist erst durch eine spätere Detailstudie von Alfred Schulte nachgewiesen worden.[11] Wie schon bei der Uracher Mühle fallen auch die Anfänge in Söflingen zeitlich in die zweite Hälfte des 15. Jahrhunderts. Bei beiden Mühlen lohnt außerdem ein Blick auf den Verwendungszweck der dort produzierten Papiere, denn gerade diese beiden Beispiele verdeutlichen die Heterogenität in Bezug auf Verwendung und Verbreitung von Papier.

1 Die Uracher Papiermühle

Kommen wir zunächst zur Papiermühle in Urach. Das am Fuß der schwäbischen Alb gelegene Urach wurde in der zweiten Hälfte des 15. Jahrhunderts zum bevorzugten Residenzort der württembergischen Grafen; vor allem Graf Eberhard im Bart forcierte den Ausbau zur Residenz ganz erheblich.[12] Ein regelrechter Bauboom setzte ein, sichtbares Zeichen sind die Amanduskirche, aber auch zahlreiche städtische Häuser, die in dieser Phase entstanden. Die prachtvolle Hochzeit Graf Eberhards im Bart mit Barbara Gonzaga im Sommer 1474 verdeutlicht vielleicht am augenfälligsten die repräsentative Bedeutung, die der württembergische Hof dem kleinen Ort südöstlich von Reutlingen damals beimaß.[13]

---

9 Der Mühlenatlas Baden-Württemberg erscheint seit 1994 landkreisweise und erfasst insgesamt rund 9.000 Mühlenplätze im heutigen Baden-Württemberg; bisher erschienen sind die Bände für die Stadt Ulm, den Rems-Murr-Kreis, den Kreis Ludwigsburg sowie den Stadt- und Landkreis Heilbronn.

10 Die Überlegungen und Erkenntnisse aus diesem Kapitel fußen ganz wesentlich auf dem Beitrag Frauenknecht 2014.

11 Schulte 1941.

12 Vgl. dazu zuletzt *Ausstellungskatalog Gonzaga* 2011.

13 Zum Residenzort Urach vgl. zuletzt Auge 2014.

Mit der wachsenden Bedeutung als Residenzort ging auch ein kultureller Aufschwung einher. Die Ansiedlung der Brüder vom Gemeinsamen Leben[14] brachte theologische Impulse, die im nahen Tübingen 1477 gegründete Universität hielt enge personelle Beziehungen zum fürstlichen Hof, und in Urach selbst erkennen wir ein aktives humanistisches Umfeld des Fürsten.

Als zwei wesentliche Merkmale dieses kulturellen Aufschwungs werden in der Literatur unter anderem auch die Papierherstellung und der Buchdruck in Urach angesprochen. Unter Graf Eberhard im Bart siedelte spätestens zu Beginn des Jahres 1479 der Esslinger Drucker Konrad Fyner an die gräfliche Residenz nach Urach über, und nahezu zeitgleich wurde 1477 in Urach die erste württembergische Papiermühle errichtet. Die Kombination von Druckerpresse und Papierherstellung bildet in der einschlägigen Literatur zu Urach ein festes Begriffspaar.

In der Tat ist bis heute belegbar, wie eng die Verbindungen zwischen der frühen Uracher Papiermühle und der Offizin Fyners waren.[15] Ebenso lässt sich der Nachweis führen, dass der erste Papiermacher der Uracher Papiermühle nicht, wie bisher behauptet, aus Kastilien stammte; diese Zuweisung ging auf eine fehlerhafte Lesung der zugrunde liegenden Quelle zurück. Einziger Beleg für diese Nachricht ist ein Erblehensbrief, genauer ein Revers des Empfängers von 1477, in dem Graf Eberhard im Bart dem Papiermacher Antonius Terriere die Uracher Papiermühle verleiht.[16] Das

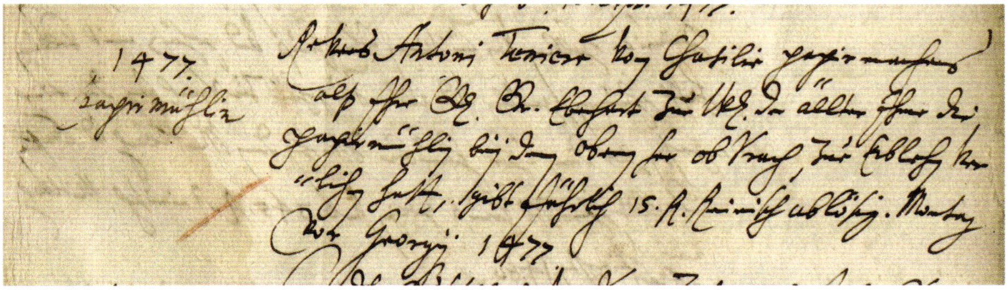

Abb. 2: Eintrag im fragmentarischen Findbuch der Uracher Urkunden, das 1657 vom herzoglichen Archivar Johannes Konrad Heller angelegt wurde (Landesarchiv Baden-Württemberg, Abt. Hauptstaatsarchiv A 605 A 413 fol. 24r). Nach dem Regest reversiert der Papiermacher Antonius Terrier von Chasilie den Erhalt eines Erblehens auf die Uracher Papiermühle durch den Grafen Eberhard im Bart 1477.

---

14 Vgl. dazu Deigendesch 2014.

15 Siehe dazu im folgenden Frauenknecht 2014, 91–94; dort sind auch die Einzelnachweise angegeben.

16 Vgl. Landesarchiv Baden-Württemberg, Abt. Hauptstaatsarchiv Stuttgart, Findbuch zum Bestand A 413, 77; eine Abb. bei Frauenknecht 2014, 88, Abb. 3.

Original ist nicht mehr erhalten, lediglich ein Eintrag in einem Repertorium des 18. Jahrhunderts überliefert den Namen des Papiermachers – allerdings nicht ganz zuverlässig, so dass seit der Oberamtsbeschreibung des Amtes Urach die Herkunft des Papiermachers mit Kastilien identifiziert wurde. Plausibler ist jedoch, dass es sich um einen Papiermacher aus dem piemontesischen Casella di Torino handelte. Diese Vermutung bestätigt auch ein älteres, fragmentarisches Repertorium der Uracher Urkunden, das 1657 vom königlichen Archivar Johann Konrad Heller († 1661) angefertigt wurde,[17] nachdem die Uracher Urkunden aus Innsbruck zurückgebracht worden waren, wohin sie wegen der Wirren im Dreißigjährigen Krieg geflüchtet worden waren.

Das Regest bietet hier eindeutig die Lesart: *Revers Antoni Terrier von Chasilie.*[18] Eine Nachprüfung am Original ist nicht mehr möglich, denn die Urkunde muss als verschollen gelten. Die Textbasis bieten demnach nur die verschiedenen Überlieferungen der Repertorien. Die Lesarten dieser insgesamt drei Einträge sprechen eindeutig gegen eine Herkunft des Papiermachers aus Kastilien.

Die Zuweisung in das italienische Casella passt sehr viel besser zu den übrigen Befunden der papierhistorischen Forschung, weil der kleine Ort im Piemont im 15. Jahrhundert eine Art Hochburg der Papiermachertradition mit großer Ausstrahlungskraft auf die Entwicklung vieler anderer Papiermühlen war.[19] Die Entwicklung der Basler St. Albansmühlen wäre ohne den Einfluss der Familie Gallizian nicht denkbar. Überhaupt unterhielt diese wichtige Papiermacherfamilie aus Casella Verbindungen zu anderen Papiermühlen im Südwesten (Bern, Offenburg, Ettlingen, Lörrach und Reutlingen) und zeitweise auch in die Reichsstadt Nürnberg. In Augsburg sind weitere Papiermacher aus Casella fassbar, und auch in Lothringen ist der Einfluss der piemontesischen Fachleute nachweisbar.[20]

Unklar ist, wie der Papiermacher Antonius Terriere nach Urach gelangte. Naheliegend wäre es natürlich, zumal nach der Heirat Eberhards mit der Norditalienerin Barbara Gonzaga 1474, direkte oder über deren Heimatstadt Mantua vermittelte Kontakte zu piemontesischen Papiermachern anzunehmen. Dafür fehlen allerdings jegliche Indizien, im direkten Gefolge des Hofes, das an sich gut dokumentiert ist,[21] ist jedenfalls kein Papiermacher nachzuweisen. Möglich scheint auch der Weg über Basel. Vor allem die oben erwähnten Galliziani bildeten ein regelrechtes Netz von Papiermachern aus; um 1490 sind Mitglieder der Familie, aus Basel kommend, für mehrere Jahre als Papiermacher in Reutlingen nachweisbar.[22] Bei der hohen Mobilität

---

17 Vgl. Landesarchiv Baden-Württemberg, Abt. Hauptstaatsarchiv Stuttgart, A 605 A 413, fol. 24r.

18 Vgl. schon den Hinweis bei Frauenknecht 2014, 88. – Das Repertorium wird als *Interims-Register* über die aus Innsbruck 1656 zurückgelieferten Urkunden aus Stadt und Amt Urach bezeichnet.

19 Vgl. dazu zuletzt Zaar-Görgens 2004, 70–76 und Tschudin 2012, 4.

20 Vgl. die Hinweise bei Frauenknecht 2014, 88. Auch in Kempten stammte einer der ersten Papiermacher wahrscheinlich aus Caselle, vgl. den Beitrag von Kata in diesem Band (Anm. 95).

21 Vgl. dazu zuletzt die Beiträge von Zeilinger 2006 und Zeilinger 2014 mit weiterer Literatur.

22 Sporhan-Krempel 1973b, 1518–1519.

der Papiermacher muss also eine herrschaftliche Vermittlung auch gar nicht vorausgesetzt werden.[23]

2 Die Papiermühle in Söflingen

Die Papiermühle in Söflingen gehörte nicht zum Territorium der Grafschaft Württemberg, sie lag auf Klosterbesitz, dessen territoriale Ausrichtung wiederum häufig in Konkurrenz mit der nahen Reichsstadt Ulm trat. Dennoch stieg das Klarissenkloster Söflingen vor den Toren Ulms im Verlauf des späten Mittelalters durch zahlreiche Schenkungen zum bedeutendsten und vermögendsten Konvent der Klarissen im Reich auf, bevor es in der zweiten Hälfte des 15. Jahrhunderts in das Visier franziskanischer Reformbestrebungen geriet, die 1484 zur zeitweilige Auflösung des Konvents führten.[24]

In die Zeit kurz vor dieser monastischen Krise fällt die Gründung einer Papiermühle des Klosters Söflingen, auf die Alfred Schulte 1941 in einem kleinen Beitrag hingewiesen hatte.[25] Nach Schultes Darlegungen existierte die Mühle nur für kurze Zeit, was wohl der Grund gewesen sein dürfte, dass die Papiermühle auch später in der Forschung weitgehend unbeachtet geblieben ist. Der Mühlenatlas Baden-Württemberg listet die Papiermühle Söflingen nicht unter den dortigen Mühlen auf, obwohl mehrere, wenn auch überwiegend neuzeitliche Söflinger Mühlen behandelt werden.[26]

Die Existenz einer Söflinger Papiermühle in der zweiten Hälfte des 15. Jahrhunderts mutet umso erstaunlicher an, weil im nahen Ulm selbst erst in der Mitte des 17. Jahrhunderts eine städtische Papiermühle belegt ist, und das, obwohl die Reichsstadt bereits im 15. Jahrhundert eine wichtige Buchdrucker- und Buchhandelsstadt war.[27] Zwei Versuche, in der Reichsstadt Ulm schon im 16. Jahrhundert die Papierherstellung zu etablieren, scheiterten beide an der reservierten Haltung des Ulmer Rates.[28] In der Forschung wurden diese Vorbehalte mit der wirtschaftlichen Ausrichtung bestimmender Teile des Ulmer Rates zu erklären versucht. Mehrere einflussreiche Ratsmitglieder waren Handelsunternehmer, einige davon sogar Mitglieder der

---

23 Diese hohe Mobilität der Papiermacher kann auch für andere Regionen festgestellt werden, s. etwa Van Wegens in diesem Band zur Gründung einer Papiermühle in Linkebeek bei Brüssel durch einen französischen Papiermacher.

24 Vgl. zur Geschichte des Klosters vor allem Frank 1980 und Miller 1940. – Zum Söflinger Grundbesitz zuletzt Hadry 2011, vor allem 489–493.

25 Schulte 1941.

26 Haug 1994, 59–66; vgl. auch *Söflinger Klostermühle* 1993.

27 Vgl. dazu umfassend Amelung 1979.

28 Vgl. Sporhan-Krempel 1953, 109 mit den Quellennachweisen.

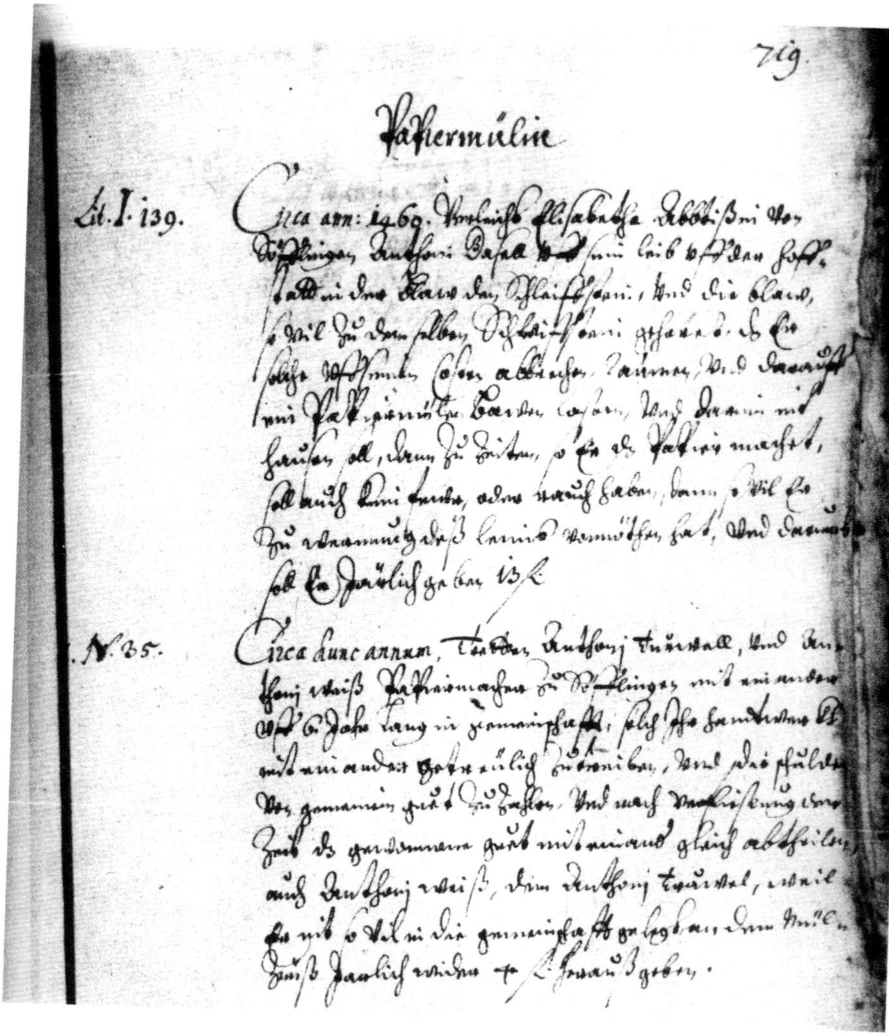

Abb. 3: Ulmer Registraturbuch von 1692 mit dem Titel: *Registratur über die Alte Acta in dem Gewolb. Der ander theil* (Stadtarchiv Ulm, Rep. 5, fol. 719). Die beiden Einträge beziehen sich auf die Söflinger Papiermühle, beide sind undatiert und im Registraturbuch mit der Zeitangabe *circa annum 1460* versehen. Der erste Eintrag verzeichnet den Erblehenbrief der Söflinger Äbtissin an den Papiermacher Anthon Dasell, der zweite Eintrag vermeldet den Gesellschaftervertrag zwischen den beiden Papiermachern.

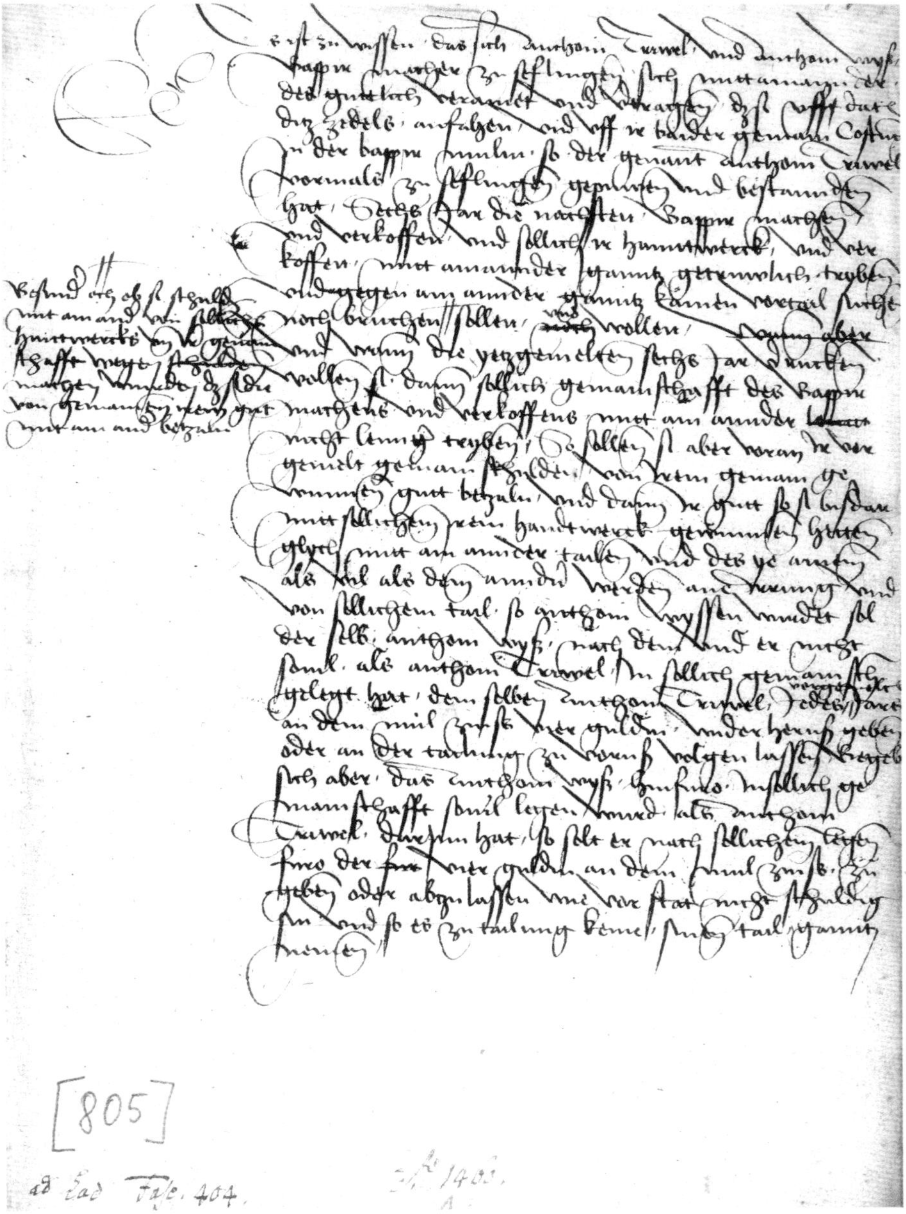

Abb. 4: Konzept eines Gesellschaftervertrags zwischen den beiden Papiermachern Anthon Turwel und Anthon Wyß, die vereinbaren, die Söflinger Mühle für die Dauer von sechs Jahren gemeinsam zu betreiben (Stadtarchiv Ulm, Klarissenkloster Söflingen A [805]).

Großen Ravensburger Handelsgesellschaft. Eine lokale Papiermühle in Ulm hätte deren Handelsvolumen schmälern können. Eine städtische Mühle lag also gar nicht im Interesse des Ulmer Rates, so die Schlussfolgerung von Lore Sporhan-Krempel.[29]

Der früheste schriftliche Beleg für die Existenz der Söflinger Papiermühle ist zeitlich nicht exakt zu fixieren. Wohl zu Beginn der sechziger Jahre des 15. Jahrhunderts stellte die Äbtissin des Klarissenklosters, Elisabeth Züllenhart, einen Erblehenbrief aus. Erhalten hat sich darüber nur ein Urkundenauszug in einem Ulmer Registraturbuch des späten 17. Jahrhunderts. Darin heißt es: *Circa annum 1460: Verleiht Elisabetha Abbtißin von Söfflingen Anthoni Dasell uff sein leib uff der hoffstatt in der Blaw den Schlaiffstein, vnd die Blaw, so vil zu dem selben schlaiffstein gehörnd do er solche vff seinen Costen abbrechen, raumen und darauff ein Papiermülin bawen laßen.* Anthonius Dasell bekommt also die bestehende Schleiffmühle in Söflingen verliehen, darf das Gebäude abbrechen und darauf eine Papiermühle errichten.

Die Söflinger Äbtissin Elisabeth Züllenhart ist bis 1466 als Klostervorsteherin nachzuweisen, ihre Nachfolgerin Anna von Freyberg allerdings erst im Oktober 1467 genannt. An diesen Amtszeiten orientiert sich die Datierung des eben zitierten Erblehenbriefs, der Beleg wird in der Forschung jedoch unterschiedlich bewertet. Schulte reiht ihn in seinem Beitrag zur Söflinger Papiermühle zunächst zwischen 1461 und 1466 ein. In Kombination mit einem Schiedspruch von 1469, der gleich näher zu besprechen sein wird, kommt er zu einer zeitlichen Einordnung der Söflinger Papiermühle in die Jahre 1467/68. Demgegenüber stehen die ungedruckt gebliebenen Söflinger Regesten von Max Miller: Dort wird der Hinweis „um 1460" eingeordnet.[30]

Ebenfalls undatiert ist ein zweiter zentraler Hinweis auf die Söflinger Papiermühle. In einem Konzept eines Gesellschaftervertrags vereinbaren zwei Papiermacher, Anthon Turwel und Anthon Wyß, für die Dauer von sechs Jahren den gemeinsamen Betrieb der Papiermühle. Eine Ausfertigung des Vertrages hat sich nicht erhalten, das Konzept selbst ist von einer geübten Hand des 15. Jahrhunderts formuliert und wird heute im Stadtarchiv Ulm aufbewahrt.[31]

Beide Papiermacher verpflichten sich für die bereits genannte Dauer von sechs Jahren, Gewinn und Verlust aus der Mühle zu teilen. Solche Modelle waren nicht ungewöhnlich, denn nicht selten verbinden sich in solchen Teilhaberschaften auf der einen Seite technisches Know-how und auf der anderen Seite finanzielles Investment.

Auffällig ist, dass beide als Papiermacher *ze Seflingen* angesprochen sind, beide bringen also sowohl ihr handwerkliches Können als auch Geld in das Unternehmen mit ein. Zumindest mit dem Namen des ersten Papiermachers hat der Konzeptschrei-

29 Sporhan-Krempel 1953, 109.

30 Vgl. Miller o. J., Nr. 594 S. 90. – Die Edition der Söflinger Regesten war als Band der Kommission für geschichtliche Landeskunde geplant, kam aber nicht zustande; die Druckfahnen sind als Repertorium zum Bestand B 509 im Staatsarchiv Ludwigsburg vorhanden.

31 Stadtarchiv Ulm, Klarissenkloster Söflingen A [805]. – Der Text ist mit kleineren Lesefehlern abgedruckt bei Schulte 1941, 99f.

ber seine liebe Not, denn er nennt ihn zuerst *Anthoni Turwel*, im weiteren Verlauf bietet er dagegen die Namensversion *Tirwel*. Als Erbauer der Mühle und Beständer wird jener Anthon angeführt (*vormals zu Seflingen gepuwen vnd bestannden hat*), er ist auch derjenige, der mehr Kapital in die Mühle eingebracht hatte. Wenn aber *Turwel* oder *Tirwel* der Erbauer ist, darf man damit die eben erwähnte Erblehensurkunde der Söflinger Äbtissin Elisabeth kombinieren. Das lässt eigentlich nur den Schluss zu, dass Anthon Turwel/Tirwel und Anthon Dasell identisch sein müssen. Die Diskrepanz lässt sich lösen, wenn man diese Person als einen Papiermacher Antonius Turwel aus Casella anspricht und dem neuzeitlichen Regest der Urkunde mit einiger Plausibilität ebenfalls eine Verschreibung unterstellt. Dasell hieße richtiger Casell, das Regest bietet den Herkunftsort des Papiermachers, während der Gesellschaftervertrag den Familiennamen verwendet. Auch in Söflingen initiierte demnach in den sechziger Jahren des 15. Jahrhunderts ein Papiermacher aus dem Piemont den Aufbau einer Papiermühle.

Der Betrieb der Mühle lief offenbar nicht reibungslos. Im Sommer 1469 entschieden Ulmer Bürger als Schiedsrichter einen Streit zwischen Kraft Schumacher aus Söflingen und dem Klarissenkloster. Schumacher beklagte als Grundstücksnachbar einen Wasserschaden, den er der Mühle anlastete und der sein Haus unbewohnbar werden ließ. Das Kloster stritt dies zwar ab, der Schiedsspruch verpflichtete die Klarissen aber zum Bau eines Wehrs sowie zu finanziellem Schadensersatz an den Kläger.[32]

Alfred Schulte reiht den eben besprochenen Gesellschaftervertrag nach dieser Urkunde ein, also nach 1469, doch besteht dazu meines Erachtens kein zwingender Anhaltspunkt. Die Entstehungsphase der Söflinger Papiermühle stellt sich so dar, dass die Äbtissin Elisabeth von Züllenhart einem Papiermacher aus Casella spätestens Mitte der sechziger Jahre den Bau einer Papiermühle erlaubte. Mit einem weiteren Papiermacher namens Anthon Wyß betrieben beide wohl nur kurze Zeit die Mühle, denn bereits 1469 schädigte der Betrieb der Mühle das Nachbargrundstück. Zwar erlaubte die Schiedsurkunde von 1469 ausdrücklich den Weiterbetrieb als Papiermühle, doch fehlen für das 15. Jahrhundert weitere Nachrichten zu ihrer Geschichte. Im klösterlichen Lagerbuch von 1496 fand die Papiermühle keine Erwähnung.[33] Das deutet zwar darauf hin, dass das Kloster keine Einnahmen mehr aus der Mühle ziehen konnte, ist aber kein sicherer Beleg dafür, dass die Papiermühle nicht mehr existierte.

Kommen wir damit noch einmal zum Namen des ersten Söflinger Papiermachers. Es wäre natürlich verlockend, dem Uracher Papiermacher Antonius Terriere und dem Söflinger Anthon Tirwel eine gemeinsame Identität zuzuschreiben. Man

---

32 Staatsarchiv Ludwigsburg, B 509 U 625 (1469 Juni 22), siehe http://www.landesarchiv-bw.de/plink/?f=2-2426238; der Text der Urkunde ist bereits bei Schulte 1941, 96f. abgedruckt; vgl. auch Miller, Söflinger Regesten Nr. 625 S. 95.

33 Vgl. Schulte 1941, 104. Die Durchsicht des entsprechenden Lagerbuches in HStA Stuttgart H 233 Bd. 561 brachte keinen Befund.

wird vorsichtiger formulieren dürfen: An beiden Orten, Urach und Söflingen, sind im 15. Jahrhundert Papiermacher aus dem italienischen Casella für den Bau und Betrieb einer Papiermühle nachweisbar. Beide Papiermacher lieferten die technischen und handwerklichen Impulse; beide wurden auch von der weltlichen bzw. geistlichen Herrschaft für ihr Engagement mit einem Pachtvertrag belohnt. Beide verschwanden wieder, ohne dass ihre Tätigkeit in den Mühlen größere Resonanz in den Quellen hinterlassen hätte – es sei denn, man blickt abschließend auf die Wasserzeichen.

3 Wasserzeichen aus den Papiermühlen Urach und Söflingen

Weiterführende Erkenntnisse ergeben sich aus der Frage, ob sich Uracher und Söflinger Papiere als solche identifizieren lassen. Wesentliche Hinweise dazu kann die Wasserzeichenforschung liefern. Aussehen und Vorkommen des Uracher Wasserzeichens sind andernorts bereits näher vorgestellt, hier mag es genügen, einige Schlussfolgerungen daraus zu referieren. Aus den dort vorgestellten Beispielen sei im Folgenden eines noch einmal behandelt, weil sich hier neue Details ergeben haben.[34]

Das charakteristische Merkmal des Wasserzeichens im Uracher Papier ist die Kombination einer Hirschstange mit einem Jagdhorn. Nur das frühe Uracher Papier enthält das Wasserzeichen Horn und Hirschstange. Die späteren Wasserzeichen aus den Uracher Papiermühlen verwenden diese Kombination nicht mehr, obwohl aus dem 16. Jahrhundert insgesamt drei Uracher Papiermühlen bekannt sind, deren personelle Verbindungen noch nicht in aller Klarheit aufgearbeitet sind.[35] Darüber hinaus fehlt ein gesicherter Nachweis, ob und von wem die erste Uracher Papiermühle 1477 im 16. Jahrhundert weiter geführt wurde.

Heraldisch gesehen vereint das Wasserzeichen zwei Symbole: Die Hirschstange ist dem Grafen von Württemberg zuzuordnen, während das Jagdhorn schon seit dem 14. Jahrhundert als Wappen von Urach bekannt ist. Diese Kombination verdeutlicht die enge Symbiose zwischen dem Uracher Hof und der kleinen Residenzstadt an der Erms, das Wasserzeichen ist gleichsam ein Ausdruck für die Einordnung der Papiermühle: Sie wird damit präsentiert als eine vom gräflichen Hof in Urach geförderte Mühle.

Zu den im Beitrag über die Papierherstellung in Urach gemachten Ergebnissen[36] treten inzwischen weitere Nachweise. Wurden zunächst zwölf Belege dieses Wasserzeichens in der Datenbank WZIS (Wasserzeicheninformationssystem) ausfindig

34 Vgl. Frauenknecht 2014, 89–94.
35 Zur Prosopographie der Uracher Papiermacher vgl. Blank 2001, Bd. 1, 36–42.
36 Frauenknecht 2014, 90.

gemacht, die alle zeitlich zwischen 1478 und 1482 anzusiedeln waren, sind es mittlerweile vierzehn Belege, die in diesen Zeitraum fallen.[37] In jüngster Zeit ist noch ein weiterer Fund hinzugekommen, das Verwendungsdatum dieses Papiers ist 1487, also deutlich nach den übrigen Belegen.[38]

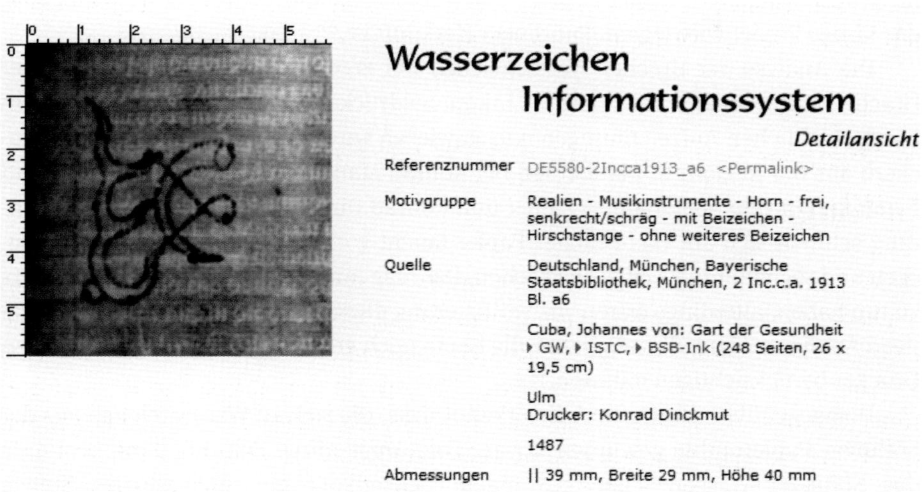

Abb. 5: Das abgebildete Wasserzeichen (Thermographieaufnahme), eine Kombination von Hirschstange und Horn (DE5580-2Incca1913_a6, siehe http://www.wasserzeichen-online.de/wzis/?ref=DE5580-2Incca1913_a6, letzter Zugriff 06.06.2014), stammt aus einem Inkunabeldruck Konrad Dinckmuts von 1487, der heute in der Bayerischen Staatsbibliothek München (BSB München 2 Inc.c.a. 1913) aufbewahrt wird.

Das Papier wurde in einem Inkunabeldruck verwendet und zwar in der Offizin von Konrad Dinckmut in Ulm für dessen Druck des *Gart der Gesundheit* des Johannes [Wonnecke] von Cube. Das beliebte volkssprachliche Kräuterbuch erschien seit 1485 in mehreren Ausgaben, Dinckmuts datierter Druck vom 31. März 1487 ist bereits der fünfte Druck des Kräuterbuches.[39] Mit großer Wahrscheinlichkeit handelt es sich bei dem 1487 bedruckten Papier mit dem Uracher Wasserzeichen um sogenanntes Restpapier aus seiner Offizin, denn Konrad Dinckmut benutzte bereits früher Papier

37 Vgl. www.wasserzeichen-online.de; die Referenznummern dieser zwölf Belege aus der WZIS-Datenbank (in Klammern wird das Beschreibjahr angegeben) sind folgende: DE6300-PO-120528 (1479); DE8085-PO-120521 (1480); DE8085-PO-120522 (1480); DE8085-PO-120524 (1480); DE8085-PO-120526 (1479); DE8085-PO-120529 (1480); DE8085-PO-120531 (1480); DE8100-PO-120523 (1481); DE8100-PO-120525 (1478); DE8100-PO-120527 (1481); DE8100-PO-120530 (1481); DE8310-Mc188_223 (um 1479); DE8100-IncFol7352_999 (um 1482); DE8100-IncFol7352_999a (ebenfalls um 1482).

38 In der WZIS-Datenbank die Referenznummer DE5580-2Incca1913_a6 (1487).

39 GW M09746; vgl. dazu ausführlich Amelung 1979, 228f., Nr. 115.

mit dem Uracher Wasserzeichen. Im Druck der Sonntagspredigten des Heidelberger Theologen Johannes de Franckfordia, den Dinckmuts Offizin 1478 unternahm, wird ebenfalls Uracher Papier verwendet.[40] Von daher ist es wahrscheinlich, dass Uracher Papier knapp zehn Jahre später noch in Dinckmuts Offizin vorhanden war. Der Befund der übrigen Wasserzeichen in diesem Druck – für den Druck des Kräuterbuches wird nicht ausschließlich Uracher Papier verwendet – zeigt darüber hinaus deutlich, dass das übrige Papier vorwiegend Reutlinger Herkunft ist.[41]

Die Analyse der Uracher Wasserzeichen hat ergeben, dass das Papier aus der Uracher Mühle bisher vor allem in Inkunabeldrucken und wesentlich weniger in handschriftlichen Aufzeichnungen nachgewiesen wurde. Es findet sich bei den Druckern aus der Region, in Blaubeuren bei Konrad Mancz, in Urach selbst bei Konrad Fyner und in Ulm bei Johannes Zainer und Konrad Dinckmut. Eine weitere Beobachtung schließt sich an: Das Uracher Papier taucht vorzugsweise auf bei Einblattdrucken und sogenannten Amtsdrucksachen. Das mag mit der guten Qualität des Papiers zu tun haben, allerdings wären zur Verifizierung dieser These noch weitere quantitativen Analysen nötig, die möglichst alle heute noch erhaltenen Werke der genannten Drucker berücksichtigen müssten.[42]

Demgegenüber dürftig sind die Erkenntnisse, die sich zu Wasserzeichen aus der Söflinger Papiermühle gewinnen lassen. Folgt man Alfred Schulte, dann bestünde das Söflinger Wasserzeichen aus einem Ochsenkopf mit einkonturiger Stange und einem einkonturigen Stern, wobei keine Gesichtsmerkmale wie Augen oder Nüstern zu erkennen sind: „Die Wahrscheinlichkeit ist groß, dass der Entwurf des Gesellschaftsvertrages auf Söflinger Papier geschrieben ist. Schreiber dürfte zwar nicht einer der beiden Papiermacher, sondern ein Schreiber der Stadt Ulm gewesen sein, der für diesen Entwurf nicht sein bestes Papier verwandte."[43] In letzter Konsequenz freilich ist dadurch eine Zuordnung des Papiers zur Söflinger Mühle nicht zu beweisen, aber es mag erlaubt sein, aus der Sicht der Wasserzeichenforschung diesem Argument nachzugehen. Anders formuliert: Kann das im Papier des Gesellschaftsvertrags vorhandene Wasserzeichen als typische Papiermarke der Söflinger Mühle gelten? Schulte gibt keine genauen Maßangaben an, die Papiermarke ist also nur phänotypisch zu beschreiben. Hinzu kommt, dass das Wasserzeichen nicht mit letzter Genauigkeit durch herkömmliche Verfahren wie Durchzeichnung oder Abreibung zu gewinnen ist. Eigene Versuche, das Zeichen im Stadtarchiv Ulm vom Original abzunehmen, brachten keinen zufriedenstellenden Erfolg, und Möglichkeiten einer Durchlichtaufnahme mit einer Infrarotkamera oder über den Weg eine Betaradiogra-

40 Amelung 1979, 176f., Nr. 91.
41 Geprüft wurden das Exemplar der Württembergischen Landesbibliothek (WLB Inc. fol. 8952) und der Druck der Bayerischen Staatsbibliothek (BSB München 2 Inc.c.a. 1913).
42 Vgl. mit weiteren Nachweisen Frauenknecht 2014, 91–95.
43 Schulte 1941, 102.

phieaufnahme standen nicht zur Verfügung. Immerhin gelang es, bei der Durchsicht der WZIS-Datenbank den Wasserzeichentyp, also ein vergleichbares Zeichen, das jedoch nicht identisch ist, zu ermitteln.

Spricht man vom Wasserzeichentyp, so bedeutet das, dass mehrere Wasserzeichen

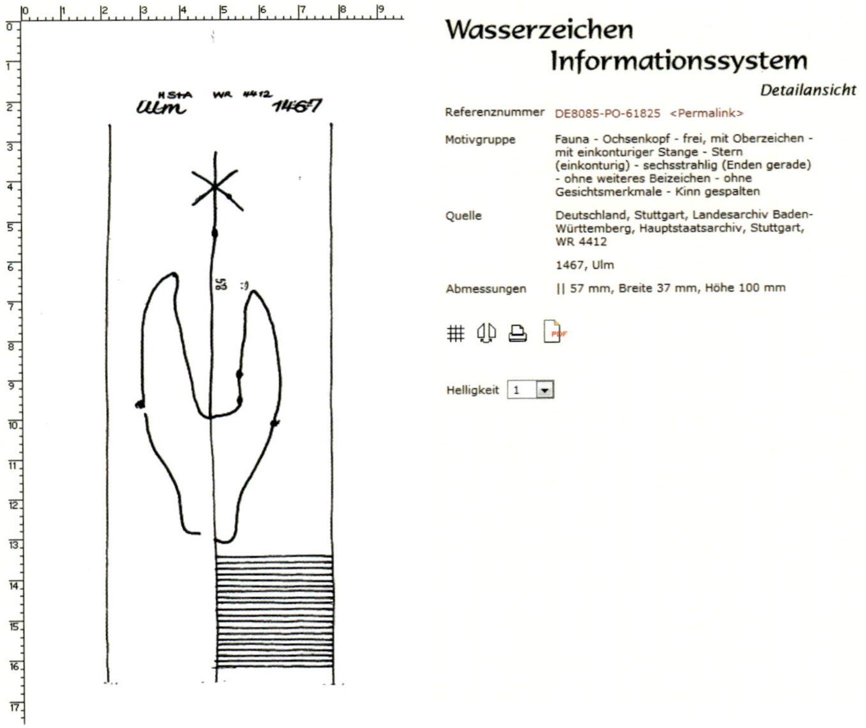

Abb. 6: Wasserzeichen aus der Söflinger Papiermühle mit dem Motiv Ochsenkopf mit einkonturiger Stange und einkonturigem Stern (DE8085-PO-61825, siehe http://www.wasserzeichen-online.de/wzis/?ref=DE8085-PO-61825, letzter Zugriff 27.06.2014); das Papier wurde 1467 in Ulm beschrieben. Deutlich erkennbar ist der Defekt des Drahtzeichens im Kinnbereich; sichtbar in dieser Durchzeichnung sind auch mehrere Lötstellen, mit denen das Drahtgeflecht auf dem Sieb angebracht worden war.

dem gesuchten Zeichen nahe kommen. Das ermittelte Vergleichszeichen lässt immerhin ein signifikantes Merkmal auf den ersten Blick erkennen. In der Kinnpartie des Ochsenkopfes scheint der Verlauf des Drahtes gestört, offensichtlich liegt hier eine Beschädigung des Drahtzeichens vor, verursacht möglicherweise durch die Beanspruchung oder Reinigung des Siebes. Genau die gleiche Störung weist das von Schulte als Söflinger Zeichen interpretierte Papierzeichen auf.

Neben dieser Form verzeichnete Gerhard Piccard in seinen gedruckten Findbüchern zwei weitere Typen von Ochsenkopf-Wasserzeichen für die Söflinger Papiermühle. Folgt man dieser Einschätzung, sind beide Typen ebenfalls ab 1467 nachweisbar, und Piccard zufolge seien beide Motive dem Ravensburger Vorbild nachempfunden worden.[44]

Ein erster Ansatzpunkt war die Recherche nach bereits in einer Sammlung erfassten Wasserzeichen, deren Papier in Söflingen beschrieben wurde. Aus der bereits erwähnten WZIS-Datenbank lassen sich insgesamt 36 Belege mit diesem Kriterium ermitteln, wobei 23 von ihnen auf vor 1500 beschriebenen Papieren zu finden sind. Unter der Annahme, bei den im Kloster Söflingen beschriebenen Papieren sei vorzugsweise Papier aus der klösterlichen Mühle verwendet worden, müssten dann die eruierten Wasserzeichen gemeinsame Merkmale aufweisen. Der Befund ist allerdings disparat.[45]

Zwar lässt sich ein deutlicher Schwerpunkt um die Mitte der achtziger Jahre erkennen, aber die ermittelten Zeichen weisen deutliche Unterschiede zu dem angeblichen Söflinger Wasserzeichen auf.

Noch ein zweiter methodischer Ansatz sei durch die Prüfung der erhaltenen archivalischen Überlieferung aus Söflingen verfolgt. Dazu wurde die spärliche Hinterlassenschaft des Klosters Söflingen auf Papier insgesamt in den Blick genommen, die zu einem großen Teil im Staatsarchiv Ludwigsburg aufbewahrt wird. Das Klarissenkloster Söflingen war kein Ort der Buchproduktion[46] oder eine geistliche Institution mit einer Kanzlei, die ein hohes Aufkommen von Verwaltungsschriftgut erzeugte, und somit auch kein Ort, an dem besonders viel Papier benötigt worden wäre; zumindest ist davon heute sehr wenig erhalten. Es fehlt also zusammenhängendes Untersuchungsmaterial, etwa serielle Quellen aus der Zeit, um die Geschichte der Papiermühle Söflingen auch mit materiellen Analysen hinsichtlich ihrer Wasserzeichen aufzuspüren.

Zwar sind von der Äbtissin Elisabeth von Züllenhart (1461–1466) mehrere Originalurkunden auf Papier erhalten, auch im weiteren zeitlichen Umfeld können weitere Papierurkunden herangezogen werden. Doch die Überprüfung dieses Materials

---

44 Vgl. Piccard 1966, 28. – Piccard wies in seinem Findbuch die folgenden zwei Typen von Wasserzeichen der Papiermühle in Söflingen zu: Abt. V Nr. 511–513 und Nr. 631–633.

45 Vgl. die folgenden Referenznummern aus der WZIS-Datenbank, in Klammer jeweils das Beschreibjahr angegeben): DE8085-PO-68583 (1458); DE8085-PO-53249 (1482); DE0480-PO-64938 (1483); DE8085-PO-60174 (1484); DE8085-PO-60173 (1484); DE8085-PO-58992 (1484); DE8085-PO-58991 (1484); DE8085-PO-60191 (1484); DE8085-PO-60184 (1484); DE8085-PO-62379 (1484); DE8085-PO-62277 (1484); DE8085-PO-58995 (1486); DE8085-PO-62287 (1486); DE8085-PO-62283 (1486); DE8085-PO-58997 (1487); DE8085-PO-62338 (1487); DE8085-PO-62293 (1487); DE8085-PO-62288 (1487); DE8085-PO-62392 (1487); DE8085-PO-71242 (1487), sowie das Schöpfsiebpaar der beiden Nummern DE8085-PO-119109 und DE8085-PO-119108 (1496).

46 Vgl. dazu den Überblick bei Krämer 1989, 727f.

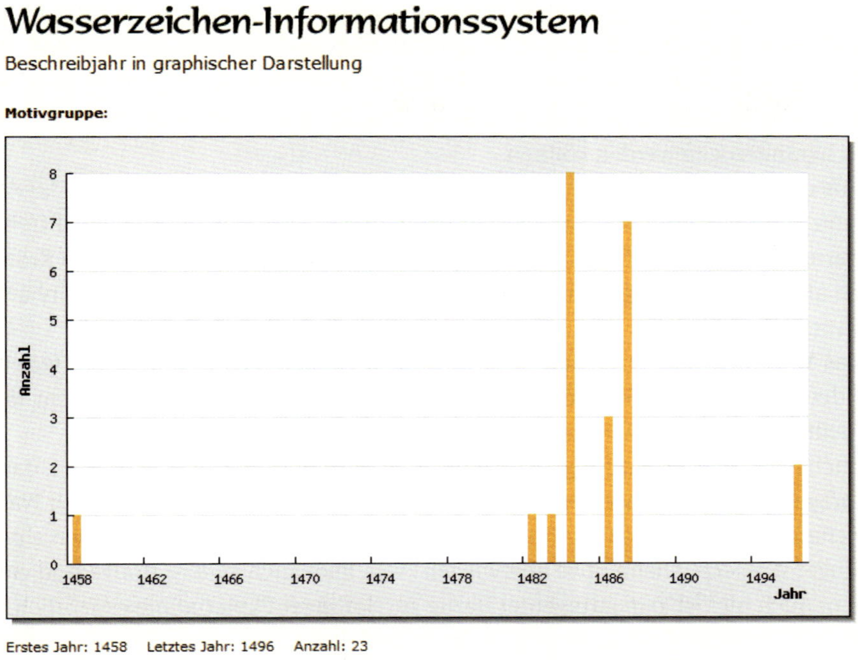

Abb. 7: Die Grafik weist alle Wasserzeichen aus der Datenbank WZIS nach mit dem Beschreibort Söflingen, deren Papier vor 1500 beschrieben wurde. Bei der überwiegenden Mehrzahl der Belege handelt es sich um Ochsenkopf-Motive (19 Belege), wobei es sich bei dem frühesten Beleg von 1458 (DE8085-PO-68583, siehe http://www.wasserzeichen-online.de/wzis/?ref=DE8085-PO-68583, letzter Zugriff 27.06.2014) mit Sicherheit nicht um Papier aus Söflingen handelt. Zwei Belege tragen ein Anker-Wasserzeichen, zwei weitere ein Kronenmotiv. Erkennbar ist auch, dass eine zeitliche Häufung um die Mitte der achtziger Jahre des 15. Jahrhunderts auftritt.

bringt keine stringenten Hinweise auf ein Wasserzeichen, das eindeutig der Söflinger Papiermühle zuzuordnen wäre.[47]

Mit den sogenannten *Söflinger Briefen* bietet sich ein zweites Untersuchungscorpus an. Im Zuge der franziskanischen Reformbemühungen 1484 wurden bei der Untersuchung des Klosters unter anderem 63 Briefe und sieben Minnelieder in den Zellen der Nonnen beschlagnahmt. In die Forschung sind sie als die *Söflinger Briefe*

---

47 Überprüft wurden im Staatsarchiv Ludwigsburg folgende Urkunden: B 509 U 605 (1465 März 29), ein Schreiben der Äbtissin Elisabeth und des Söflinger Konvents an Bürgermeister und Rat der Stadt Ulm [Wasserzeichenmotiv ist ein Ochsenkopf mit Blume und Kreuzstrebe]; B 509 U 605a (1465 November 16), ebenfalls an die Stadt Ulm [kein Wasserzeichen vorhanden]; B 509 U 607a (1466 Juli 8), mit der Urkunde bezeugt die Söflinger Äbtissin einen Pachtzins für mehrere Grundstücke (Wasserzeichen: ein Ochsenkopf ohne Gesichtsmerkmale, allerdings ist die Kopfform deutlich anders). Auch spätere Papierurkunden bieten einen heterogenen Befund an Wasserzeichen.

und Lieder eingegangen und werden bis auf wenige im Stadtarchiv Ulm lagernde Ausnahmen heute im Staatsarchiv Ludwigsburg aufbewahrt.[48] Einige davon sind als nicht abgeschickte Briefe der Nonnen noch in deren Klosterzellen gefunden worden. Darunter sind mehrere Papierausfertigungen, die zur Analyse der Papiermühle Söflingen herangezogen werden können.

Aus dem August 1482 etwa ist ein Briefentwurf der Söflinger Klosterfrau Magdalena von Suntheim erhalten, der als Schreiben an den Franziskanerprovinzial Heinrich Karrer adressiert war.[49] Das Papier trägt ein Ochsenkopf-Wasserzeichen mit Krone und ist als eines der wenigen aus dem Bestand der Söflinger Briefe in der Datenbank WZIS verzeichnet.

Das Motiv des Wasserzeichens lässt sich nicht explizit auf Söflingen eingrenzen, nach der Einschätzung Gerhard Piccards dürfte die Provenienz nur allgemein mit „Süddeutschland" anzugeben sein.[50]

Auch nach der Überprüfung aller *Söflinger Briefe und Lieder* lässt sich sagen, dass die übrigen Schreiben, soweit es die teilweise nur fragmentarisch vorhandenen Wasserzeichen erkennen lassen, auf Papier von heterogener Herkunft geschrieben sind. Reutlinger Wasserzeichenmotive überwiegen zwar, aber auch andere Motive sind vorhanden. Auch hier ist kein stringenter Bezug zur Söflinger Papiermühle ersichtlich.

Welche Schlussfolgerung lässt sich daraus ableiten? Rein quantitativ hat Söflinger Papier äußerst geringe Spuren hinterlassen, es lässt sich nicht einmal mit Sicherheit sagen, dass Söflinger Papier durch ein signifikantes Wasserzeichen erkennbar wäre. Anders als bei der Uracher Papiermühle scheint Söflinger Papier auf der Basis des aktuellen Forschungsstandes jedenfalls kein Wasserzeichen besessen zu haben, das konkret auf den Herstellungsort oder auf das Kloster als Initiator der Mühle verweisen sollte.

Gleichwohl spricht der Gesellschaftervertrag davon, dass sich beide Papiermacher für sechs Jahre zusammen tun, um *Bappir ze machen vnd verkoffen*, wie es in der Quelle heißt. Beide Papiermacher erhofften sich also schon einen gewissen Ertrag aus dem Betrieb der Mühle, aber möglicherweise war die Hoffnung größer als der tatsächliche wirtschaftliche Erfolg. Zudem treten wohl bald nach der Gründung technische Schwierigkeiten auf, wie der Streit um das überflutete Nachbargrundstück zeigt. Vermutlich war die Existenz der Söflinger Papiermühle von so kurzer Dauer, dass das dort hergestellte Papier nicht in großen Mengen bis in die heutige Zeit erhalten blieb.

48 Die maßgebliche Untersuchung und Edition der Texte stammt von Miller 1940.

49 Das Schreiben ist ediert bei Miller 1940, Nr. 33, 178; das Original heute im Staatsarchiv Ludwigsburg mit der Signatur B 509 Bü 2 B-1, vgl. auch das Online-Findbuch zu Bestand 509 unter der Adresse http://www.landesarchiv-bw.de/plink/?f=2-2770192, dort ist neben dem Regesteneintrag auch eine Abbildung des Briefes einsehbar.

50 Vgl. Piccard 1966, 34 zu Abteilung XV Nr. 146.

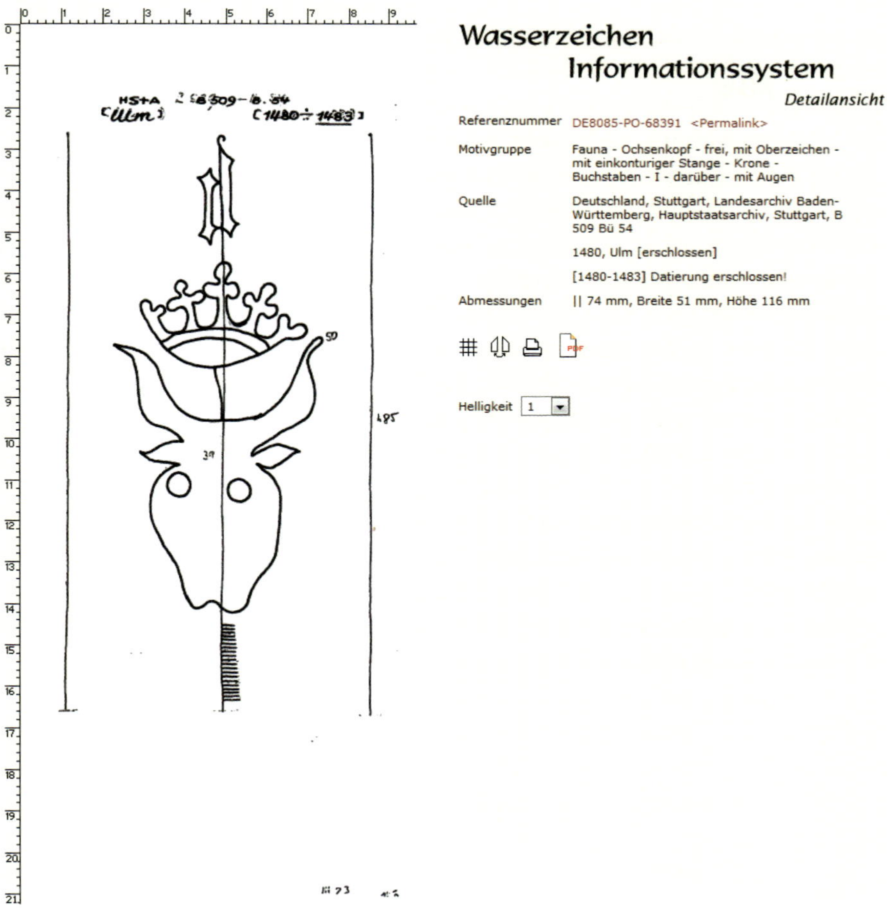

Abb. 8: DE8085-PO-68391 aus der Wasserzeichendatenbank WZIS (http://www.wasserzeichen-online.de/wzis/?ref=DE8085-PO-68391, letzter Zugriff 06.06.2014). Das abgebildete Wasserzeichen findet sich auf dem Papier eines Schreibens der Söflinger Klosterfrau Magdalena von Suntheim an den Provinzial Heinrich Karrer vom August 1482 (Landesarchiv Baden-Württemberg, Abt. StA Ludwigsburg, B 509 Bü 2 B-1).

4 Fazit

Beiden Papiermühlen in Söflingen und Urach ist gemeinsam, dass sie in den Quellen der Zeit so gut wie keine Spuren hinterlassen haben. Die Quellen, die über den Gründungsvorgang Aufschluss geben können, sind zudem durch ihre kopiale Überlieferung nicht eindeutig zu interpretieren, was die beteiligten Personen anbelangt. An der Einrichtung und dem Betrieb beider Mühlen sind maßgeblich italienische Papiermacher aus Casella beteiligt. Der herrschaftliche Anteil an beiden Gründungen ist ebenfalls nicht gering. Sowohl die Söflinger Äbtissin als auch Graf Eberhard gestatten den piemontesischen Papiermachern, die umgebauten beziehungsweise neugebauten Anlagen auf Erblehensbasis zu betreiben. Ob die Intention zur Gründung ebenfalls von herrschaftlicher Seite ausging, lässt sich nicht sicher entscheiden; im Fall der Uracher Mühle dürfte dies eher der Fall gewesen sein als in Söflingen. Beide Mühlen hatten, wie es scheint, nur eine relativ kurze Produktionsphase. In Söflingen kam es wohl schon kurz nach der Inbetriebnahme zu technischen Problemen, die zu Konflikten mit den Grundstücksnachbarn führten. In Urach scheint nach dem Weggang des fürstlichen Hofes nach Stuttgart 1482 der Ausstoß der Papiermühle spürbar nachgelassen zu haben, denn Papiere mit dem signifikanten Uracher Wasserzeichen sind bis auf eine Ausnahme alle zwischen 1477 und 1482 beschrieben oder bedruckt worden. Bei der Verwendung dieses Papiers in Inkunabeln ist dabei ein gewisser Schwerpunkt bei Einblattdrucken und sogenannten Amtsdrucksachen auszumachen.

Während das in Urach verwendete Wasserzeichen in seinem Motiv eindeutig zu fassen ist, bleibt die Analyse für Söflinger Papier weit weniger klar. Ein spezifisches Wasserzeichen ist für diese Papiermühle nicht auszumachen, als markantes Kennzeichen kann ein Ochsenkopf-Wasserzeichen mit Defekt gelten, das sich als Wasserzeichentyp in der Mitte der sechziger Jahre belegen lässt. Eine exakte Zuweisung nach Söflingen ist dabei allerdings nicht zu treffen.

Bibliographie

Amelung (1979): Peter Amelung (Bearb.), *Der Frühdruck im deutschen Südwesten 1473–1500. Eine Ausstellung der Württembergischen Landesbibliothek Stuttgart*, Stuttgart.

Auge (2014): Oliver Auge, „Die Residenz Urach im Rahmen der mittelalterlichen Residenzlandschaft Württembergs“, in: Klaus Gereon Beuckers (Hg.), *Stadt, Schloss und Residenz Urach. Neue Forschungen*, Regensburg, 9–15.

Ausstellungskatalog Gonzaga (2011): *Von Mantua nach Württemberg: Barbara Gonzaga und ihr Hof* (Begleitbuch und Katalog zur Ausstellung des Landesarchivs Baden-Württemberg, Hauptstaatsarchiv Stuttgart, 30. März bis 29. Juli 2011), Stuttgart.

Blank (2001): Ruth Blank, *Uracher Bürger vor 1640*, 2 Bde., Schorndorf.

Dangel (1958): Albert Dangel, „Von einer bisher unbekannten Papiermühle zu Schwäbisch Gmünd“, *Papiergeschichte* 8, 61–62.

Deigendesch (2014): Roland Deigendesch, „Die Brüder vom gemeinsamen Leben und der Uracher Grafenhof“, in: Klaus Gereon Beuckers (Hg.), *Stadt, Schloss und Residenz Urach. Neue Forschungen*, Regensburg, 17–25.

Frank (1980): Karl Suso Frank, *Das Klarissenkloster Söflingen* (Forschungen zur Geschichte der Stadt Ulm 20), Ulm.

Frauenknecht (2014): Erwin Frauenknecht, „Papierherstellung und Buchdruck in Urach. Zu den Anfängen im 15. Jahrhundert“, in: Klaus Gereon Beuckers (Hg.), *Stadt, Schloss und Residenz Urach. Neue Forschungen*, Regensburg, 85–95.

Hadry (2011): Sarah Hadry, *Neu-Ulm. Der Altlandkreis* (Historischer Atlas von Bayern, Teil Schwaben, Reihe 1, Heft 18), München.

Haug (1994): Albert Haug, *Die Mühlen der Stadt Ulm, mit 5 Plänen, 9 Planskizzen und 48 Bildern* (Mühlenatlas Baden-Württemberg 1), Remshalden-Buoch.

von Hößle (1926): Friedrich von Hößle, *Württembergische Papiergeschichte. Beschreibung des alten Papiermacher-Handwerks sowie der alten Papiermühlen im Gebiet des Königreichs Württemberg*, Biberach.

Krämer (1989): Sigrid Krämer, *Handschriftenerbe des deutschen Mittelalters, Teil 2: Köln-Zyfflich* (Mittelalterliche Bibliothekskataloge Deutschlands und der Schweiz, Ergänzungsband 1), München.

Leibold (2009): Hanspeter Leibold, „Die Papiermühle Rottweil“, *sph-Kontakte* Nr. 89 (Juli 2009), 8–13.

Miller (1940): Max Miller, *Die Söflinger Briefe und das Klarissenkloster Söflingen bei Ulm im Spätmittelalter*, Würzburg.

Miller (o. J.): Max Miller (Bearb.), *Söflinger Regesten, 1237–1499, Nr. 1–744* (unveröffentlicht, Druckfahnen im Staatsarchiv Ludwigsburg).

Piccard (1966): Gerhard Piccard, *Die Ochsenkopfwasserzeichen* (Die Wasserzeichenkartei Piccard im Hauptstaatsarchiv Stuttgart, Findbuch 2), Teil 1, Stuttgart.

Schaab u. Schwarzmaier (2000): Meinrad Schaab u. Hansmartin Schwarzmaier (Hgg.), *Handbuch der baden-württembergischen Geschichte, Erster Band, Zweiter Teil: Vom Spätmittelalter bis zum Ende des Alten Reiches*, Stuttgart.

Schmidt (1992): Frieder Schmidt, „Ettlingen als Standort der deutschen Papierfabrikation“, in: *Festschrift 800 Jahre Stadt Ettlingen* (Ettlinger Hefte 3), 115–134.

Schmidt (1994): Frieder Schmidt, *Von der Mühle zur Fabrik. Die Geschichte der Papierherstellung in der württembergischen und badischen Frühindustrialisierung* (Technik und Arbeit 6), Ubstadt-Weiher.

Schulte (1941): Alfred Schulte, „Die Papiermühle zu Söflingen bei Ulm um 1469“, *Buch und Schrift N.F.* 4, 95–104.

Söflinger Klostermühle (1993): *Die Söflinger Klostermühle im Umfeld anderer Söflinger Mühlwerke* (Ulmer Stadtgeschichte 27), Ulm.
Sporhan-Krempel (1953): Lore Sporhan-Krempel, „Die Papiermühle in der Reichsstadt Ulm", *Ulm und Oberschwaben* 33, 108–118.
Sporhan-Krempel (1973a): Lore Sporhan-Krempel, *Von der Kunst des Papiermachens am Kocherursprung*, Stuttgart.
Sporhan-Krempel (1973b): Lore Sporhan-Krempel, „Vier Jahrhunderte Papiermacherei in Reutlingen (c. 1465–1863)", *Archiv für Geschichte des Buchwesens* 13, 1513–1586.
Thiel (1941): Viktor Thiel, „Die Anfänge der Papiererzeugung auf deutschem Boden", *Buch und Schrift N.F.* 4, 31–92.
Tschudin (2012): Peter Tschudin, „Oberrheinische Ochsenkopf-Wasserzeichen des 15. Jahrhunderts, *sph-Kontakte* Nr. 95, 1–7.
Vortisch (1983): Christian Martin Vortisch, „Zur Entstehung des Papiererhandwerks in Lörrach und im badischen Oberland", *Das Markgräflerland. Beiträge zu seiner Geschichte und Kultur* 2, 122–125.
Weiß (1915): Karl Theodor Weiß, „Die Papiermühle zu Stockach, ihre Geschichte und ihre Wasserzeichen", *Schriften des Vereins für die Geschichte des Bodensees* 44, 14–24.
Zaar-Görgens (2004): Maria Zaar-Görgens, *Champagne – Bar – Lothringen. Papierproduktion und Papierabsatz vom 14. bis zum Ende des 16. Jahrhunderts* (Beiträge zur Landes- und Kulturgeschichte 3), Trier.
Zeilinger (2006): Gabriel Zeilinger, „Dienst und Gunst. Der Uracher Hof Graf Eberhards im Bart zwischen Alltag und Festtag", in: Peter Rückert (Hg.), *Der württembergische Hof im 15. Jahrhundert. Beiträge einer Vortragsreihe des Arbeitskreises für Landes- und Ortsgeschichte* (Veröffentlichungen der Kommission für geschichtliche Landeskunde in Baden-Württemberg, Reihe B Forschungen 167), Stuttgart, 115–158.
Zeilinger (2014): Gabriel Zeilinger, „Ein Hoffest mit Programm. Die Uracher Hochzeit 1474", in: Klaus Gereon Beuckers (Hg.), *Stadt, Schloss und Residenz Urach. Neue Forschungen*, Regensburg, 47–52.

Evamarie Bange

Wasserzeichen als Quelle zur Wirtschafts- und Sozialgeschichte

Eine Studie am Beispiel der Luxemburger Kontenbücher

1 Einführung

Die Wasserzeichenforschung ein Minenfeld? Diesen Eindruck jedenfalls hinterließen die mit der Wasserzeichenkunde befassten Forscher bei der Konferenz „Papier im Mittelalter – Herstellung und Gebrauch“.[1] Richtig ist, dass wir uns die Frage stellen müssen, wie die sowohl analog als auch digital vorliegenden Wasserzeichensammlungen für die Wissenschaft nutzbar sind.

Die Wasserzeichenforschung hat sich seit Anfang des 20. Jahrhunderts zu einer internationalen Disziplin entwickelt, deren Ergebnisse dankenswerterweise online zur Verfügung stehen.[2] Ihr Hauptaugenmerk liegt auf den Möglichkeiten, undatierte Dokumente durch die Parallelisierung mit Wasserzeichen datierter Dokumente zeitlich einzugrenzen.

> „Die Bestimmung von Wasserzeichen in Papierhandschriften bildet eine wichtige Grundlage in der Handschriftenkunde, Wasserzeichen können Hinweise zu Datierung und Aufbau einer Handschrift liefern. Eine Wasserzeichenexpertise hat aber in weiteren geisteswissenschaftlichen Disziplinen ihren festen Bestandteil, etwa in der Philologie, der Geschichtswissenschaft, der Kunstwissenschaft, der Musikwissenschaft oder der Buchwissenschaft.“[3]

In Ermangelung einer heimischen Papierproduktion vor 1689 war es das ursprüngliche Ziel der Erschließung der luxemburgischen Wasserzeichen, einen Einblick in die Handelsströme und -gewohnheiten einer Stadt im Spannungsfeld zwischen

---

1 So dargestellt von Claudia Märtl in ihrer „Einführung in die Schlussdiskussion“.

2 Pioniere der Wasserzeichenerschließung sind Briquet 1907/1968, sowie Piccard 1961–1997. Online-Datenbanken von Wasserzeichen: Piccard Online des Hauptstaatsarchivs Stuttgart, http://www.piccard-online.de, mit Link zu „Wasserzeichen des Mittelalters“ der Österreichischen Akademie der Wissenschaften, http://www.ksbm.oeaw.ac.at/wz/wzma.php, und „Watermarks in Incunabula printed in the Low Countries“ (WILC) der Koninklijke Bibliotheek, http://watermark.kb.nl; das 2010 ins Leben gerufene DFG-finanzierte Onlineportal, das Datenbanken international vernetzt, http://www.wasserzeichen-online.de/wzis/index.php; das durch die EU finanzierte Bernstein Projekt, http://www.memoryofpaper.eu (Stand 12.6.2014).

3 Einführung des Online-Portals „Wasserzeichen-Informationssystem Deutschland“, http://www.landesarchiv-bw.de/web/50960 (Stand 23.1.2014). Vgl. auch Limbeck 2010.

Frankreich und dem römisch-deutschen Reich zu gewinnen.[4] Die Herkunftsbestimmung des Papiers gestaltete sich wesentlich schwieriger als erwartet. Zwar gibt Gerhard Piccard in seinen Findbüchern zu Wasserzeichen oftmals einen Hinweis zur Herkunft des Papiers, doch lassen sich diese Angaben auf Grund mangelnder Literaturhinweise nicht verifizieren. Bei der derzeitigen Forschungslage ist es für einen Großteil des Papiers nicht möglich, die historisch erschlossenen Aussagen zu Papiermühlen mit ihrer Produktion, das heißt die Produzenten mit dem heute in Archiven und Bibliotheken lagernden Produkt in Verbindung zu bringen.[5] Daher konnte das ursprüngliche Ziel der Herkunftsbestimmung des Papiers nur teilweise erreicht werden.[6] Allerdings führte die Erschließung der Luxemburger Wasserzeichen eher zufällig zu einer mikrohistorischen Studie, die eine Analyse des Papiergebrauchs im administrativen Umfeld der Stadt Luxemburg im Mittelalter erlaubt.

2 Materialbasis und Quellengattung

Die Stadt Luxemburg erhielt ihr Stadtrecht im Jahr 1244. Gleichzeitig begann die Anlage eines Archivs, das anfangs, wie im Mittelalter üblich, die Privilegien der Stadt aufbewahrte. Das älteste Papier im Stadtarchiv Luxemburg stammt aus dem Jahr 1388 und ist Teil des Bestandes der Konten, die mit Unterbrechungen bis zur Reorganisierung der städtischen Verwaltung unter französischer Herrschaft im Jahr 1795 überliefert sind.[7] Insbesondere die Abrechnungen bis zum Jahr 1500 waren immer wieder Grundlage historischer Forschungen und bilden einen reichen Fundus zur baugeschichtlichen, politischen, gesellschaftlichen, wirtschaftlichen und linguistischen Entwicklung des spätmittelalterlichen Luxemburg.[8]

---

4 Um Aussagen zu Anfang und Nutzung heimischer Papierproduktion zu machen, wurden Wasserzeichen aus einem Zeitraum von 1388 bis 1850 untersucht und in eine Datenbank aufgenommen. Bange 2009; Bange 2010; Bange 2013; http://www.archives-vdl.findbuch.net (Stand 12.6.2014).

5 S. ähnliche Schwierigkeiten bei dem Versuch, die Herkunft der Papiere des Alt-Württemberger Bestand A 602 im Hauptstaatsarchiv Stuttgart zu bestimmen, im Beitrag von Klinke und Meyer in diesem Band.

6 Grundsätzlich zur Standortfrage vgl. Piccard 1966a, 157f. Für Basel vgl. Kälin 1974, 97–101. Zur Migration von Papierarbeitern vgl. Irsigler 1999, 259f. Die Papiermühlen/Papiermacher-Sammlung der Deutschen Nationalbibliothek ist online einsehbar unter http://d-nb.info/1044619538 (Stand 26.6.2014).

7 Im Nationalarchiv stammt das älteste, nachweislich in Luxemburg ausgestellte Papierdokument aus dem Jahr 1407: ANLux A-X-12-169 (freundliche Mitteilung von Nadine Zeien, Konservatorin).

8 Kass 2003, 71–90. Pauly 1992, 312–322. Pauly 1996, 166. Zur Einführung in die Quellengattung der Kontenbücher sowie die städtische Finanzverwaltung s. Pauly 2007; Franz 1994. Zur Linguistik vgl. Filatkina 2011; Ravida 2012. Zur Wirtschaftsgeschichte vgl. Pauly u. Uhrmacher 2011.

Als Grundlage für erste Ergebnisse zur Papierforschung aus den Beständen des Stadtarchivs Luxemburg dient eine Materialsammlung von circa 300 Wasserzeichentypen aus 143 Kontenbüchern, die zwischen 1388 und 1500 verfasst wurden.[9] Diese enthalten die Stadtrechnungen sowie die Einnahmen aus Wein- und Wegerechten. Stadtkonto, Weinrecht und Wegegeld wurden anfangs gemeinsam, ab 1443 gesondert von unterschiedlichen Rechnungslegern geführt. Hierarchisch gesehen ist das Wein- und Wegerecht der Stadtrechnung untergeordnet und wurde dort auf der Einnahmenseite verbucht. Beide „Rechte" wurden an den Meistbietenden versteigert und die jährlich erstellten Abrechnungen meist separat verfasst. Das Resultat ist ein homogener, in wenigen Tagen von meist einem Schreiber auf Grund der eingegangenen Quittungen und Rechnungen erstellter Text. Die Verantwortung für die Gesamtabrechnung lag bei dem sogenannten Baumeister, der Mitglied des Schöffenkollegiums war.[10]

Ein Kontenbuch besteht meist aus einer, selten aus zwei Lagen der benötigten Anzahl Bögen, die der Schreiber vor Arbeitsbeginn ermittelt hat. Die so erstellte Endabrechnung erhielt oftmals nachträglich einen Umschlag, dessen Wasserzeichen von den restlichen Bögen abweichen kann. Nach Fertigstellung und Kontrolle wurde das Gesamtwerk geheftet. Die Originalheftung besteht aus oben und unten angebrachten Fäden oder gedrehten Pergamentstreifen, die in manchen Fällen innen und außen durch kleine Stücke Pergament verstärkt sind. Dabei fanden gelegentlich nicht mehr benötigte, beschriebene Pergamente eine neue Bestimmung, wie dies oftmals in der Buchbinderei zu beobachten ist.[11]

3 Schreiber, Schreibstuben, Papiergebrauch

Aus den Luxemburger Rechnungsbüchern geht nicht hervor, wie der Papiereinkauf vor sich ging.[12] Ein möglicher Hinweis stammt aus dem Jahr 1425, als *Johannes der schriue(r) van der stede weigen* 12 Groschen für Schreibarbeiten und weitere 4 Groschen für Papier erhielt. Dies bedeutet, dass immerhin 25% der Bezahlung einer Schreibarbeit auf die Anschaffung von Papier entfiel. Auch nach der Schaffung des Amtes des geschworenen Stadtschreibers im Jahr 1443 gibt es in den Stadtrechnungen keine Hinweise auf einen zentralen Papiereinkauf durch die Stadt.

9 Grundlage ist der gesamte etwa 2000 Bögen umfassende Papierbestand aus der Zeit zwischen 1388 und 1500. Archives de la Ville de Luxembourg, Bestand LU I 20. Zu den Kontenbüchern vgl. Pauly 2007.

10 Pauly 2007; Ravida 2012, 91.

11 Archives de la Ville de Luxembourg, LU I 20_83, LU I 20_127.

12 Anders in Basel, wo die Verwaltung selbst Papier einkaufte. Kälin 1974, 38; Irsigler 1999, 258. Zu Angaben zu Papiereinkauf von Herrschaften in St. Goar und Oberlahnstein vgl. Volk 1998, 740, 747. Zu Papierhandel vgl. Zaar-Görgens 2004, 192–203.

Ab 1446 erhielt der Stadtschreiber Johann Buschoff einen jährlichen Lohn von 12 Gulden, in dem der Papiereinkauf möglicherweise miteingeschlossen ist.[13] Diesen Lohn bekam bereits im Jahre 1427/1429 Johann der Schreiber *als van syme Jahr loen das er der stede schriuet*.[14] Der Lohn des Stadtschreibers blieb demnach 36 Jahre unverändert und entsprach dem Jahreslohn des Wachhabenden des Stadttores an der Judenpforte.

Die Papier- und Wasserzeichenkunde kann zu Fragen der Organisation der Schreibstube Wesentliches beitragen. In einem Zeitraum von fast hundert Jahren lassen sich an Hand der Kontenbücher drei hauptamtliche Schreiber(-familien) festmachen. Zwar zeichneten sie nach den Vorgaben der Kontenführer für die Erstellung der Kontenbücher verantwortlich, die Vielzahl der Schreiberhände zeigt allerdings, dass die jeweiligen Stadtschreiber die Tätigkeit des Schreibens an andere Schreibkundige abgaben, die sie für ihre Dienste entlohnten.[15] An der Erstellung eines Kontenbuches waren demnach zwei bis drei Personen beteiligt: der Kontenführer, der Stadtschreiber sowie gegebenenfalls ein weiterer Schreiber. Die Korrelation der ausführenden Personen mit dem über die Wasserzeichen zu identifizierenden Papier erlaubt es, Aussagen sowohl zum Papierverbrauch als auch zur Organisation der Schreibstube(n) zu machen.

4 Der heterogene Papierbestand der Anfänge

Die erste Gruppe von Stadtkonten umfasst sieben Stadtrechnungen aus einem Zeitraum zwischen 1388 und 1398. Verantwortlich war der dem Magistrat angehörende Richter, dem ein Schreiber zur Seite stand (Tab. 2).[16] Das verwendete Papier ist sehr heterogen und es fällt auf, dass in einer Stadtabrechnung oftmals mehr als ein Wasserzeichenpaar vertreten ist.[17] Im Kontenbuch von 1390 finden sich beispielsweise in 15 Blättern drei Motive in jeweils zwei Varianten (Tab. 1). Darüber hinaus gibt es kaum Überschneidungen von Wasserzeichen unter den Kontenbüchern.

---

13 Pauly u. Moulin 2009, 48, 83, 97, 126.

14 Pauly u. Moulin 2008, 116.

15 Vgl. dazu Ravida 2012, 90, Anm. 90.

16 Der Richter wurde durch die von den Landesherren ernannten Schöffen sowie die Bürgerschaft gewählt und blieb mindestens für ein Jahr im Amt. Gemäß dem Urkundentext der Stadtrechtsverleihung hatten Richter und Schöffen schwerpunktmäßig zwei Aufgabenfelder: die Steuer- und Finanzverwaltung sowie Rechtsfindung und Rechtsprechung. Pauly 1994. Ab 1464 bezeichnete sich der Rechnungsleger als Baumeister, s. Moulin u. Pauly 2007, 13.

17 Für einen ähnlichen Befund zu den Greifswalder Steuerbüchern vgl. den Beitrag von van Huis in diesem Band.

Tab. 1: Verteilung der Wasserzeichen auf den Bögen des Kontenbuches von 1390

Bogen	Wasserzeichen	Format
Bogen 1–2; 5–8, 12	Horn	29,3 × 44,4 cm (nicht beschnitten)
Bogen 3, 9–11	Erdkugel/Kreuz	29,2 × 43 cm (nicht beschnitten)
Bogen 4	ohne Wasserzeichen	29,3 × 44,4 cm (nicht beschnitten)
Bogen 13–15	Lilie	29,3 × 44,4 cm (nicht beschnitten)

Vertrieb und Gebrauch des Papiers sind nicht so homogen, wie es der Produktionsablauf vermuten lässt.[18] Die unterschiedlichen Maße der Bögen legen die Herkunft aus verschiedenen Produktionsstätten nahe.[19] Im Hinblick auf eine eventuelle Beschneidung der Bögen ist ein Formatvergleich allerdings nur mit Vorbehalt möglich.[20] Es ist auffallend, dass Papierbögen mit dem Wasserzeichen „Handschuh" (1388 und 1393) mit 42 Zentimetern in der Breite fast 2 Zentimeter von denjenigen der Lilien (1393) und des Ochsenkopfes (1395) mit 44 Zentimetern abweichen.[21]

Woher kommt das erste nach Luxemburg importierte Papier?[22] Das Wasserzeichen der ältesten in Luxemburg bekannten Bögen deutet nach Lothringen (Abb. 1 und 2: Handschuh).[23] Das Format dieses Papiers ist kleiner als das der übrigen Papierbögen, die nach Piccard mehrheitlich aus Ober- oder Mittelitalien stammen.

18 Piccard 1966, 1–11, bes. 8.

19 Nach Tschudin wären im 14./15. Jahrhundert die französischen Bögen mit einem Durchschnittswert von 32 x 46 Zentimeter größer als die italienische, schweizerische und deutsche Produktion mit durchschnittlich 30 x 42 Zentimeter, vgl. Tschudin 2012, Anhang I, 269. Vgl. zur gleichen Thematik auch Zaar-Görgens 2004, 94–95.

20 Tschudin 2012, 102.

21 Das in der Champagne produzierte Papier variiert in der Breite zwischen 42 und 44 Zentimeter und in der Länge zwischen 26 und 32 Zentimeter, vgl. Zaar-Görgens 2004, 95. Das italienische Kanzleipapier sollte gemäß des Statuts von Bologna von 1389 Maße von ca 32 x 45 Zentimeter haben, vgl. ebd. 94–95. Tatsächlich ist das aus Italien stammende Papier der Luxemburger Bestände kleiner.

22 Ende des 14. Jahrhunderts wurde in Spanien, Italien, der Champagne, Lothringen sowie ab 1390 auch in Nürnberg Papier produziert, vgl. Tschudin 2012, 103–110. Zu den Anfängen der französischen Produktion: Zaar-Görgens 2004. Bourlet 2011.

23 Zaar-Görgens 2004, 149f.

Tab. 2: Verteilung der Wasserzeichen auf die städtischen Konten (1388–1399)

Dokument/ Zahl der Bögen	**Kontenführer**	**Datierung**	**Wasserzeichen**
Stadtkonten/ 17 Bögen	Herman Hilleshem, Thilmann an der Achtporten	1388	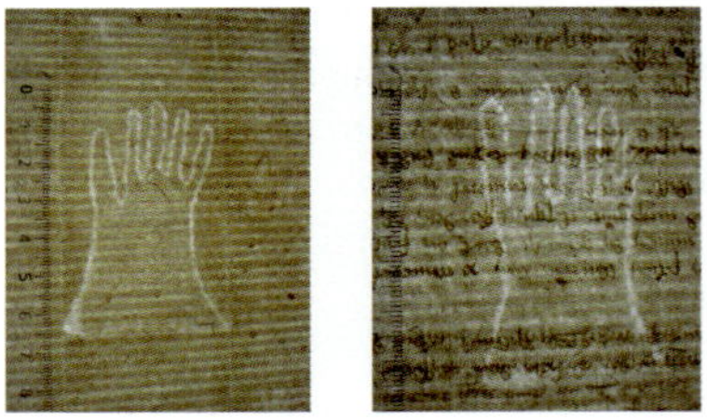 **Abb. 1–2**: Handschuh[24]
Stadtkonten/ 12 Bögen	Heinrich van Bettingin (Richter), Thilmann von der Achtporten (Schreiber)	1390	 **Abb. 3–8**: Erdkugel/Kreuz[25], Horn[26], Lilie[27]

24 Abb. 2: Piccard 1997, Abteilung I, Nr. 6, Vorkommen: Luxemburg (1388). Briquet 1907/1968, Nr. 10634. Herkunft: Lothringen. Vgl. Zaar-Görgens 2004, 149–151.

25 Abb. 3: Briquet 1907/1968, 2956, Vorkommen: Köln, Basel 1460–1461.

26 Abb. 5: Piccard 1979, Abteilung IV, 163, Vorkommen: Straßburg 1390, Herkunft: Oberitalien.

27 Abb. 7–8: ähnlich Piccard 1977; Abteilung I, 154–165. Herkunft: Ober- und Mittelitalien; Datierung:

Dokument/ Zahl der Bögen	Kontenführer	Datierung	Wasserzeichen
Stadtkonten/ 11 Bögen	Johannes von Echternach (Richter) Thilmann von der Achtporten (Schreiber)	1391	 **Abb. 9–10**: Lilie[28]
Stadtkonten/ 18 Bögen	Nicolai de Menstorff (Richter), Thilmann von der Achtporten (Schreiber)	1393	 **Abb. 11–16**: Lilie[29], Handschuh[30]

1410–1427 (?).

28 Abb. 10: Piccard 1983, Abteilung I, 29, Vorkommen: Straßburg 1390, Herkunft: Mittelitalien.

29 Abb. 13: Piccard 1983, Abteilung I, 222–225, Vorkommen: Lüttich und Rheinland 1394.

30 Abb. 15: Piccard – Online im WIZ: www.wasserzeichen-online.de Ref.: FR8040-PO-154356; Quelle: Stadtarchiv Strasbourg 1394 (Stand 27.6.2014).

Dokument/ Zahl der Bögen	Kontenführer	Datierung	Wasserzeichen
Stadtkonten/ 12 Bögen	Johannes von Echternach (Richter), Thilmann von der Achtporten (Schreiber)	1395	 **Abb. 17–18**: Ochsenkopf
Stadtkonten	Johannes von Echternach (Richter), Thilmann von der Achtporten (Schreiber)	1397	 **Abb. 19–20:** Lilie[31]
Stadtkonten/ 14 Bögen	Giltz von Kettenheim (Richter), Thilmann von der Achtporten (Schreiber)	1399	 **Abb. 21–23**: Lilie[32], Blume[33]

31 Abb. 20: Piccard 1983, Abteilung I, 169, Vorkommen: Xanten 1395, Herkunft: Ober- und Mittelitalien.

32 Abb. 22: Piccard 1983, Abteilung I, 92, Vorkommen: Utrecht 1397, Herkunft: Ober- und Mittelitalien.

4.1 Papiernutzung 1414–1430: Thilmann von der Achtporten und sein Sohn Johann

Nach einer Überlieferunglücke von 14 Jahren stammt das nächste Kontenbuch aus dem Jahr 1414. Kontenführer war der ehemalige Stadtschreiber Thilmann von der Achtporten, dem nun sein Sohn Johann als Schreiber zur Seite stand, bis er 1430, allerdings nur für ein Jahr, selbst das Amt des Baumeisters übernahm.[33] Die Wasserzeichen Waage und Anker des hauptsächlich verwendeten Papiers weisen nach Troyes in der Champagne.[34] Die Champagne hatte seit den achtziger Jahren des 14. Jahrhunderts niederländische und niederrheinische Städte beliefert, und konnte sich ab dem 15. Jahrhundert auch in Luxemburg durchsetzen.[35]

4.2 Papiernutzung 1444–1463: Thilman Thilmany und Johann Buschoff

Aus der Zeit zwischen 1430 und 1443 sind keine Konten überliefert. Bis zum Jahr 1444 hatte sich die politische Lage Luxemburgs grundlegend geändert. Die Übernahme des Landes durch Philipp von Burgund hatte auch für die städtische Verwaltung schwerwiegende Folgen: Johann Buschoff sollte als erster das im Jahr 1443 geschaffene Amt des amtlichen Schreibers (*clerc juré*) bekleiden. Er blieb 20 Jahre lang im Amt und es gelang ihm, sein Schreibergehalt von 12 Gulden durch lukrative Nebenbeschäftigungen aufzubessern.[36] In einer ersten Phase bekleidete er bis 1448 ebenfalls das Amt des Baumeisters bzw. Kontenführers. Er verfasste in dieser Zeit sowohl die Stadtrechnungen als auch die separat angelegten Weinrechtsabrechnungen. Eine Handschriftenanalyse ergibt, dass Buschoff zum Zeitpunkt seiner Tätigkeiten als Kontenführer nicht selbst geschrieben hat. In den von ihm aufgestellten 12 Konten- bzw. Weinrechtsbüchern können zwischen 1444 und 1449 insgesamt sieben Schreiberhände identifiziert werden. Johann Buschoff beschäftigte mindestens zwei Schreiber gleichzeitig, um die ihm übertragenen Schreibarbeiten zu erledigen. Betrachten wir die unter Johann Buschoff als Kontenführer verfassten Rechnungen im Detail, so lässt sich folgendes feststellen: Für jedes Jahr gibt es eine jeweils am 1. Oktober verfasste Gesamtrechnung und eine am 14. Februar erstellte Weinrechtsabrechnung, die von unterschiedlichen Schreibern stammten. Ein identisches Wasserzeichenpaar „Waage" kommt zwischen 1445 und 1449 vor und wird insgesamt von drei bzw. vier Schreibern verwendet. Möglicherweise hat Buschoff einen Großeinkauf getätigt und anschließend das Papier vier Jahre lang an seine Schreiber verteilt (Tab. 3, S. 128–129).

33 Zur Familie der Thilmanns/Thilmanys, s. Pauly 1992, 312–322.

34 Piccard 1978a, Abteilung I und II. Piccard 1978, Abteilung IV. Zaar-Görgens 2004, 128–133, 135.

35 Zaar-Görgens 2004, 130f.

36 Pauly 1992, 79.

Tab. 3: Papiergebrauch der Kontenführer Johann Buschoff und Thilmann Thilmany (Buschoff hatte unter Thilmany das Amt des Stadtschreibers inne)

Wasserzeichen	Datierung	Kontenführer	Schreiber-hand	Rechnungsart	Signatur
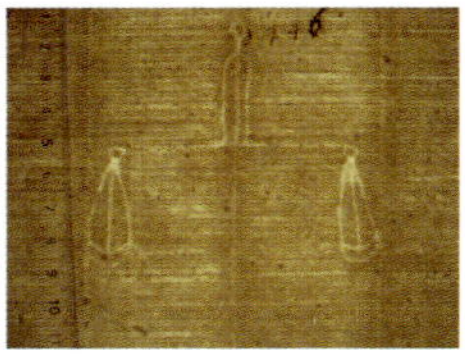	1445–1449	Johann Buschoff	A, C, E, F	Stadtrechnung Weinrecht	LU I 20_69, 72, 73, 75, 76

	1448–1449	Thilmann Thilmany	G	Stadtrechnung Wegegeld	LU I 20_78, 80
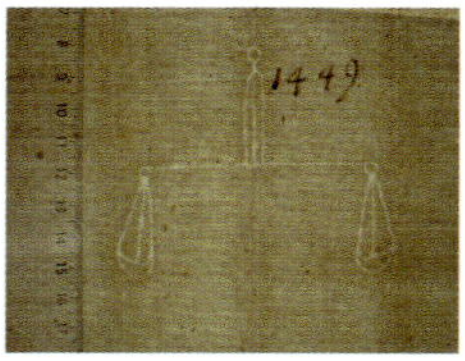	1449–1450	Thilmann Thilmany Johann Buschoff	G F	Stadtrechnung Wegegeld Weinrecht	LU I 20_ 80–83

Wasserzeichen	Datierung	Kontenführer	Schreiber-hand	Rechnungsart	Signatur
	1450–1451	Thilmann Thilmany Johann Buschoff	G J	Stadtrechnung Wegegeld Weinrecht	LU I 20_ 84–85

Zeitgleich verwendete Peter von Kyle für seine Weinrechtsabrechnung Papier mit dem in Luxemburg ausgesprochen selten vorkommenden Ochsenkopf mit Stern, das aus Basel oder Metz stammt (Abb. 24–31).[37] Buschoff und von Kyle bezogen ihr Papier demnach aus unterschiedlichen Quellen.

Die Konten und ihre Wasserzeichen aus dem Jahr 1448 – Schriftproben und Wasserzeichen:

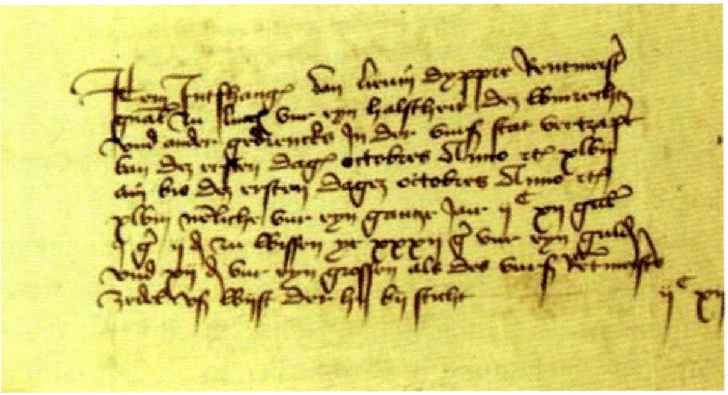

Abb. 24–26: Gesamtabrechnung von 1448 – Autor: Johann Buschoff [39]

37 Tschudin 2012a.

38 Archives de la Ville de Luxembourg, LU I 20_75. Moulin u. Pauly 2009, 81–92.

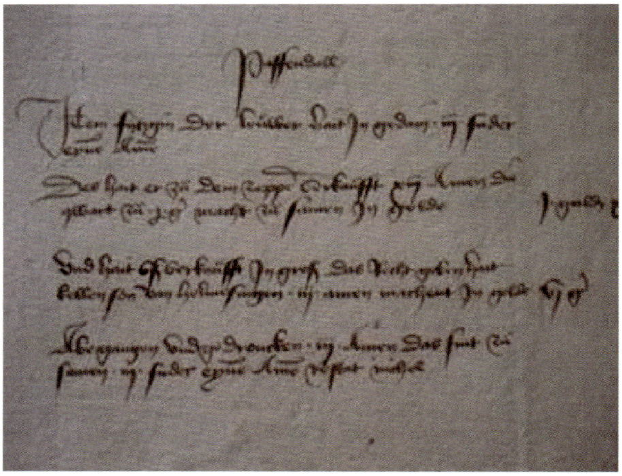

Abb. 27–29: Weinrecht von 1448 – Autor: Johann Buschoff[40]

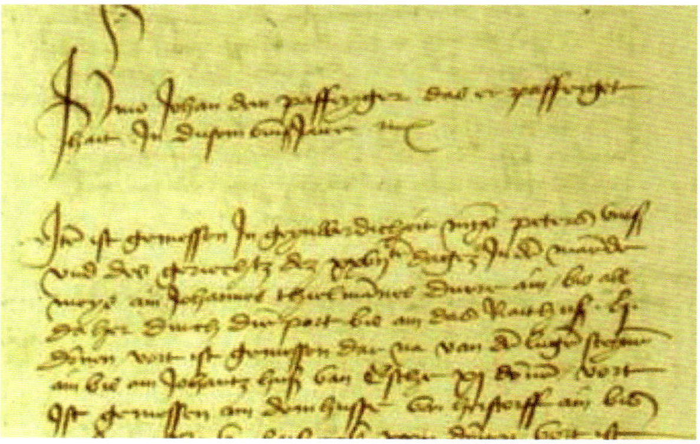
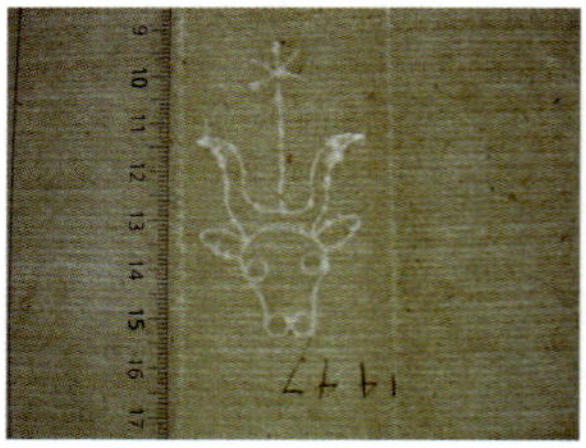

Abb. 30–31: An den Stadttoren eingezogene Gelder 1448 – Autor: Peter von Kyle[41]

Durch die Auswertung der Tabelle (Tab. 3) lassen sich folgende Schlüsse zur Organisation der für die Stadt Luxemburg arbeitenden Schreibstube schließen: Mit der Ablösung des Baumeisters Buschoff durch Thilman Thilmany kam es 1449 zu einem eindeutigen Papierwechsel. Dies zeigt, dass in Luxemburg der verantwortliche Kontenführer den Schreibern das Papier zur Verfügung stellte, zumal Buschoff für seine im gleichen Jahr verfasste Weinrechtsabrechnung noch sein bereits in den Jahren 1446 und 1447 gebrauchtes Papier verwendete.

39 Archives de la Ville de Luxembourg, LU I 20_76.
40 Archives de la Ville de Luxembourg, LU I 20_77. Moulin u. Pauly 2009, 93–95.

Ließen sich für Buschoff als Baumeister noch eine Anzahl wechselnder Schreiber nachweisen, so gibt es mit der Übernahme des Amtes durch Thilmany nur noch eine Schreiberhand. Handelt es sich hierbei möglicherweise um Buschoff selbst? Lediglich die von Buschoff verantworteten Weinrechtsabrechnungen wiesen für den Zeitraum von 1449 bis 1451 andere Schreiber auf.

In den beiden folgenden Jahren verwendeten Thilmany und Buschoff als sein Schreiber und Verfasser des Weinrechts das gleiche Papier, was darauf hinweist, dass das Team Thilmany/Buschoff zusammen eine Schreibstube mit gemeinsamem Papiereinkauf betrieb. Die Wasserzeichen der Schreibstube Thilmany/Buschoff wurden immer uniformer: Bis 1451 blieb das Wasserzeichen Waage in Gebrauch, danach kam der ebenfalls aus Troyes stammende Anker hinzu, der ab 1458 von einem Wasserzeichenpaar des Buchstabens „P" abgelöst wurde, das fünf Jahre lang bis 1463 verwendet wurde (Tab. 5, Variante 1–2). Offenbar wurde 1458 der Bedarf an Papier durch einen Großeinkauf gedeckt.[41]

Ab 1452 übernahm Thilman von Bylstein das Weinrecht von Johann Buschoff und legte als Weinrichter die entsprechenden Abrechnungen vor.[42] Sowohl Papier als auch Schreiberhände unterscheiden sich von denjenigen des Thilman Thilmany, der gleichzeitig für Stadtrechnung und Wegegeld verantwortlich war. Bylstein verwendete zwischen 1452 und 1457 Papiere mit Varianten der Wasserzeichen Waage und Anker, die nicht mit dem gleichzeitig von Thilmany verwendeten Papier übereinstimmen.[43] Thilmany und Bylstein bedienten sich demnach zunächst nicht aus dem gleichen Papiervorrat. Dies änderte sich mit dem Auftreten des Wasserzeichens „P" ab 1458. Erst jetzt tritt das Phänomen auf, dass viele verschiedene Autoren Papier mit gleichem Wasserzeichen verwenden, wobei in den einzelnen Dokumenten durchaus unterschiedliche Paarungen vorkommen können (Tab. 5).

Mit dem in Luxemburg sehr häufig vorkommenden Wasserzeichen des Buchstabens „P" wurde das seit Anfang des Jahrhunderts aus der Champagne stammende Papier zugunsten von Lothringischer Produktion verdrängt, die in Luxemburg einen nahegelegenen Absatzmarkt gefunden hatte.[44] Das Wasserzeichen „P" und in geringerem Maße andere lothringische Wasserzeichen dominierten den lokalen Papiermarkt von 1457 bis 1490. Papier mit identischem Wasserzeichen wurde nun von verschiedenen Schreibern über einen langen Zeitraum hinweg verwendet, was darauf hinweist, dass der Papiereinkauf ab der Mitte des 15. Jahrhundert möglicherweise durch einen hier ansässigen Papierhändler zentral organisiert war.

---

41 Bange 2009, 29–30.

42 Zur Familie von Bylstein s. Pauly 1992, 295–298. Archives de la Ville de Luxembourg, LU I 20_87, 91, 94, 99, 102, 105, 108.

43 Bange 2009, 28 (Nachweis Wasserzeichenpaar Anker); LU I 20_91, 94, 95, 97, 99a.

44 Zaar-Görgens 2004, 151. Weitere Papiermarken aus dieser Luxemburg sehr nahe liegender Region sind das Einhorn, Hand/Handschuh und Kreuz. Archives de la Ville de Luxembourg, LU I 20_151; 143; 147.

4.3 Papiernutzung 1464–1471

Im Jahr 1463 beendete das Team Thilmany/Buschoff nach 15 Jahren seine Tätigkeit im Dienste der städtischen Konten. Das Amt des Kontenführers der Stadtrechnungen, von nun an Baumeister genannt, übernahm Clais Kairchin von Nyderkair, das Amt des vereidigten Stadtschreibers bekleidete Heinrich Bernaige, der das Amt bis zum Jahr 1477 ausübte und damit unter acht verschiedenen Baumeistern arbeitete. Die Stadtschreiber wurden weiterhin vom Baumeister für ihre Dienste bezahlt, übten aber auch notarielle Tätigkeiten aus wie zum Beispiel die seit der burgundischen Herrschaft notwendig gewordene Kontrolle der Kontenbücher.[45]

Mit der Ablösung des Teams Thilmany/Buschoff wurde auch das verwendete Papier heterogener, das heißt die neuen Kontenleger und Schreiber bedienten sich an einem anderen Papiervorrat. Nach 1463 taucht in jedem der vier Kontenbüchern bis 1467 eine andere Kombination von Wasserzeichenpaaren auf (Tab. 4). Eine der beiden bereits aus den Vorjahren bekannten Varianten des Wasserzeichens „P" findet sich auch in den Folgejahren in den Konten wieder, wo sie in Verbindung mit anderen Varianten gebraucht wurde. Dies kann bedeuten, dass die Schöpfform der Variante 1 länger in Gebrauch war als diejenige von Variante 2 oder aber dass es nicht während der Produktion, sondern erst beim Gebrauch, das heißt in der Schreibstube, zur Vermischung des Papiers kam. Für letztere Hypothese spricht, dass mehr als zwei Wasserzeichenvarianten in einem Kontenbuch vorkommen können.[46]

5 Schlussfolgerung

Die Verknüpfung von Wasserzeichen, Autor und Schreiber erlaubt es, für Luxemburg Aussagen zur Herkunft und Nutzung des Papiers sowie der Organisation der Schreibstuben zu machen. Anfangs zeichnet sich der Papierimport durch eine große Vielfalt aus, die sowohl nach Lothringen als auch nach Mittel- und Oberitalien als Herkunftsort weist. Die schnell wechselnden Wasserzeichen lassen vermuten, dass im 14. Jahrhundert Papier nur in kleinen Mengen nach Luxemburg gelangte und dass der jeweilige Kontenführer oder Schreiber für den Kauf des Papiers verantwortlich war. Zu Beginn des 15. Jahrhunderts lösten Importe aus der Champagne die aus Italien stammenden Papiere ab, bevor in der zweiten Jahrhunderthälfte wieder große Mengen

45 Pauly 1992, 374. Weitere Stadtschreiber: Conrad von Vianden, der zwischen 1479 und 1483 die Kontenbücher abzeichnet. Archives de la Ville de Luxembourg, LU I 20_154, 156, 158–59, 163–164, 166; freundlicher Hinweis von Dominic Harion. Für 1488/1489 ist Peter von Vianden belegt. Ab 1489 ist Thielman Barnaige als Stadtschreiber überliefert: Pauly 1992, 375.

46 1461–1463: Kontenführer Thilmann Thilmany; Schreiber Johann Buschoff, Schreiberhand G. Archives de la Ville de Luxembourg, LU I 20_111, 113, 114, 116, 117.

Papier aus Lothringen nach Luxemburg gelangten. Es ist auffällig, dass Papiere mit identischen Wasserzeichen des Buchstabens „P" in wechselnder Paarung bis zu zehn Jahre im Gebrauch blieben und nun von verschiedenen Kontenlegern und Schreibern verwendet wurden. Möglicherweise deutet dies auf einen zentralen Einkauf vielleicht sogar durch die Stadt hin, obwohl die Stadtkonten dafür keinen Hinweis geben.

Tab. 4: Nachweis von Wasserzeichenpaaren und ihrer Verwendung (1457–1471)
SR: Stadtrechnung, **WR**: Wegerecht

Datierung	**1460/ 61**	**1460/ 61**	**1461/ 62**	**1461/ 62**	**1462/ 63**	**1463/ 64**	**1464/ 65**	**1465/ 66**	**1466/ 67**
Kontenführer						**Clais Kairchin**	**Bernhard Groisman**	**Johann v. Yschen**	**Johann v. Yschen**
Stadtschreiber						**Heinrich Bernaige**	**Heinrich Bernaige**	**Heinrich Bernaige**	**Heinrich Bernaige**
Schreiberhand						**B**	**B**	**C**	**C**
Dokument	**SR**	**WR**	**SR**	**WR**	**SR**	**SR**	**SR**	**SR**	**SR**
	3 ×		2 ×	2 ×	7 ×	1 ×		4 ×	1 ×
	7 ×	1 ×	1 ×	1 ×	5 ×				
						4 ×		3 ×	

Datierung	1460/61	1460/61	1461/62	1461/62	1462/63	1463/64	1464/65	1465/66	1466/67
Kontenführer						Clais Kairchin	Bernhard Groisman	Johann v. Yschen	Johann v. Yschen
Stadtschreiber						Heinrich Bernaige	Heinrich Bernaige	Heinrich Bernaige	Heinrich Bernaige
Schreiberhand						B	B	C	C
Dokument	SR	WR	SR	WR	SR	SR	SR	SR	SR
									5 ×
									1 ×
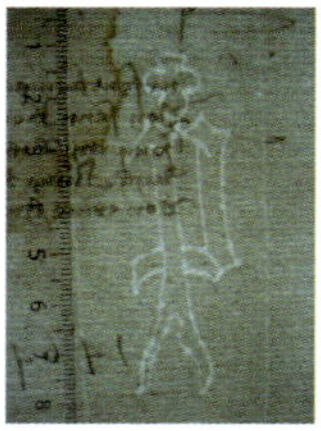								3 ×	
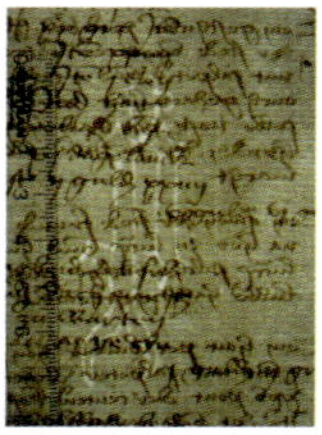							1 ×		

Tab. 5: Differenzierung der Wasserzeichen nach Amtswechsel der Kontenführer und Schreiber (1460–1463: Thilmany/Buschoff)

Wasserzeichen	Benutzt von/bis	Kontenleger
 Variante 1 (ohne Paarung)[48]	24.02.1457 – 1.10.1460	Thilman Thilmany Thilman van Bylstein
 Variante 2 (gepaart mit 3)[49]	24.02.1460 – 23.02.1461	Thilman Thilmany
 Variante 3 (gepaart mit 2 und 4)[50]	30.10.1460 – 30.09.1471	Thilman Thilmany Johan Kirchener Clais Kairchin von Nyderkair Johann von Yschen Wyssentz Johan Metzeler Peter Budeler Conrat Thilmany Peter Tumerel

47 Archives de la Ville de Luxembourg, LU I 20_104; 105; 106; 107; 108.1; 109; 110.

Wasserzeichen	Benutzt von/bis	Kontenleger
 Variante 4 (gepaart mit 3)[51]	1.10.1463 – 30.09.1471	Clais Kairchin von Nyderkair Johan von Yschen Conrat Thilmany Wyssentz Johan Metzeler

48 Archives de la Ville de Luxembourg, LU I 20_104; 105; 106; 107; 108.1; 109; 110.

49 Ebd., LU I 20_111.2; 113; 114.1; 116; 117.2.

50 Ebd., LU I 20_111.1; 112; 114.2; 116.2; 117; 118; 119.1; 120.2; 122.2; 123.1; 126; 127.1; 131.1; 138.2.

Bibliographie

Bange (2009): Evamarie Bange, „Wirtschaft und Kompetenz – Wasserzeichen als Quelle zu Handel und Organisation in mittelalterlichen Schreibstuben“, in: Andrea Rapp u. Michael Embach (Hgg.), *Zur Erforschung mittelalterlicher Bibliotheken. Chancen – Entwicklungen – Perspektiven* (Zeitschrift für Bibliothekswesen und Bibliographie, Sonderband 97), Frankfurt am Main, 11–32.

Bange (2010): Evamarie Bange, „Die Wasserzeichen“, in: Claudine Moulin u. Michel Pauly (Hgg.), *Die Rechnungsbücher der Stadt Luxemburg. Drittes Heft: 1444–1453* (Schriftenreihe des Stadtarchivs Luxemburg, 5; Publication du CLUDEM 29), Luxemburg, 9–13.

Bange (2013): Evamarie Bange, „Alles in einer Hand: Buchhandel, Druckerei und Papierproduktion in Luxemburg“, *Ons Stad* 103, 52–54, www.onsstad.lu (Stand 2.6.2014).

Bourlet (2011): Caroline Bourlet, „Papeles de archivo antes de los primeros molinos establecidos en Francia : ¿ Procedencia Italiana o española ?“ (trad. Maria del Carmen Hidalgo), in: Instituto Valenciano de Conservación y Restauración de Bienes Culturales (Hg.), *Actas de la reunión de estudio sobre el papel hispanoárabe* (Xàtiva 29–31 octubre 2009), Valencia, 59–68, s. auch http://www.calameo.com/books/000692387a86e33c27bba (Stand 2.6.2014).

Briquet (1907/1968): Charles-Moïse Briquet, *Les Filigranes. Dictionnaire historique des marques du papier dès leur apparition vers 1382 jusqu'en 1600*, Bd. 4, Genf, Neuaufl. Leipzig.

Filatkina (2011): Natalia Filatkina, „Variationen im Bereich der formelhaften Wendungen am Beispiel der Luxemburger Rechungsbücher (1388–1500)“, in: Stephan Elspaß u. Michaela Negele (Hgg.), *Sprachvariation und Sprachwandel in der Stadt der Frühen Neuzeit* (Sprache – Literatur und Geschichte. Studien zur Linguistik/Germanistik 38), Heidelberg, 79–95.

Franz (1994): Norbert Franz, „Das Finanzwesen der Stadt Luxemburg im 18. Jahrhundert“, in: Klaus Gerteis (Hg.), *Stadt und frühmoderner Staat. Beiträge zur städtischen Finanzgeschichte von Luxemburg, Lunéville, Mainz, Saarbrücken und Trier im 17. und 18. Jahrhundert* (Trierer Historische Forschungen 26), Trier, 15–124.

Irsigler (1999): Franz Irsigler, „Überregionale Verflechtungen der Papierer. Migration und Technologietransfer vom 14.–17. Jahrhundert“, in: Knut Schulz (Hg.), *Handwerk in Europa vom Spätmittelalter bis zur frühen Neuzeit* (Schriften des Historischen Kollegs. Kolloquien 41), München, 253–275.

Kälin (1974): Hans Kälin, *Papier in Basel bis 1500*, Basel.

Kass (2003): Danielle Kass, „Les ‚comptes de la baumaîtrie‘ de la Ville de Luxembourg au 14e et au 15e siècle“, *Hémecht* 55.1, 71–90.

Limbeck (2010): Sven Limbeck, „Wozu sammeln wir Wasserzeichen?“ in: Marin Schubert (Hg), *Materialität in der Editionswissenschaft*, Berlin/New York, 27–45.

Moulin u. Pauly (2007): Claudine Moulin u. Michel Pauly (Hgg.), *Die Rechnungsbücher der Stadt Luxemburg* (Schriftenreihe des Stadtarchivs Luxemburg 1/Publication de CLUDEM 20), Luxemburg.

Moulin u. Pauly (2009): Claudine Moulin u. Michel Pauly (Hgg.), *Die Rechnungsbücher der Stadt Luxemburg. Drittes Heft: 1444–1453* (Schriftenreihe des Stadtarchivs Luxemburg 3; Publication du CLUDEM 29), Luxemburg.

Pauly (1992): Michel Pauly, *Luxemburg im späten Mittelalter. I. Verfassung und politische Führungsschicht der Stadt Luxemburg im 13.–15. Jahrhundert* (Publications de la Section historique de l'Institut grand-ducal 107; Publication du CLUDEM 3), Luxemburg.

Pauly (1994): Michel Pauly, „Der Freiheitsbrief der Stadt Luxemburg: herrschaftlicher Machtanspruch oder bürgerliches Emanzipationsstreben?“, in: Michel Margue (Hg.), *Ermesinde et l'affranchissement de la Ville de Luxembourg. Etudes sur la femme, le pouvoir et la ville au XIIIe siècle*, Luxemburg, 235–253.

Pauly (1996): Michel Pauly, „Les familles scabinales et la gestion des finances publiques à Luxembourg au XVe siècle“, in: Marc Boone u. Walter Prevenier (Hgg.), *Finances publiques et finances privées au bas moyen-âge. Actes du colloque tenu à Gand les 5 et 6 mai 1995* (Studies in Urban Social, Economic and Political History of the Medieval and Modern Low Countries 4), Leuven/Apeldoorn, 163–189.

Pauly (2007): Michel Pauly, „Ein langer Weg zu einer reichen Quelle“, in: Claudine Moulin u. Michel Pauly (Hgg.), *Die Rechnungsbücher der Stadt Luxemburg. Zweites Heft: 1400–1430* (Schriftenreihe des Stadtarchivs Luxemburg 1; Publication du CLUDEM 20), Luxemburg, 11–16.

Pauly u. Uhrmacher (2011): Michel Pauly u. Martin Uhrmacher, „Das Versorgungsgebiet der Stadt Luxemburg“, in: Rudolf Holbach u. Michel Pauly (Hgg.), *Städtische Wirtschaft im Mittelalter. Festschrift für Franz Irsigler zum 70. Geburtstag*, Köln/Weimar/Wien, 211–254.

Piccard (1961–1997): Gerhard Piccard, *Die Wasserzeichenkartei Piccard im Hauptstaatsarchiv Stuttgart, Findbuch 1–17*, Stuttgart.

Piccard (1966): Gerhard Piccard, *Die Ochsenkopfwasserzeichen* (Die Wasserzeichenkartei Piccard im Hauptstaatsarchiv Stuttgart, Findbuch 2), Bd. 1, Stuttgart.

Piccard (1966a): Gerhard Piccard, „Papiererzeugung und Buchdruck in Basel bis zum Beginn des 16. Jahrhunderts. Ein wirtschaftsgeschichtlicher Beitrag“, *Archiv zur Geschichte des Buchwesens* 8, 25–322.

Piccard (1977): Gerhard Piccard, *Wasserzeichen Buchstabe P* (Die Wasserzeichenkartei Piccard im Hauptstaatsarchiv Stuttgart, Findbuch 4), 3 Bde., Stuttgart.

Piccard (1978): Gerhard Piccard, *Wasserzeichen Waage* (Die Wasserzeichenkartei Piccard im Hauptstaatsarchiv Stuttgart, Findbuch 5), Stuttgart.

Piccard (1978a): Gerhard Piccard, *Wasserzeichen Anker* (Die Wasserzeichenkartei Piccard im Hauptstaatsarchiv Stuttgart, Findbuch 6), Stuttgart.

Piccard (1979): Gerhard Piccard, *Wasserzeichen Horn* (Die Wasserzeichenkartei Piccard im Hauptstaatsarchiv Stuttgart, Findbuch 7), Stuttgart.

Piccard (1983): Gerhard Piccard, *Wasserzeichen Lilie* (Die Wasserzeichenkartei Piccard im Hauptstaatsarchiv Stuttgart, Findbuch 13), Stuttgart.

Piccard (1997), Gerhard Piccard, *Wasserzeichen Hand und Handschuh* (Die Wasserzeichenkartei Piccard im Hauptstaatsarchiv Stuttgart, Findbuch 17), Stuttgart.

Ravida (2012): Fausto Ravida, *Graphematisch-phonologische Analyse der Luxemburger Rechnungsbücher (1388–1500)*, Heidelberg.

Tschudin (2012): Peter F. Tschudin, *Grundzüge der Papiergeschichte* (Bibliothek des Buchwesens 23), 2. erg. Aufl. Stuttgart.

Tschudin (2012a): Peter F. Tschudin, „Bull's Head Watermarks from the Upper Rhine Region“, *IPH Congress Book* 19, 49 –51.

Volk (1998): Otto Volk, *Wirtschaft und Gesellschaft am Mittelrhein vom 12. bis zum 16. Jahrhundert* (Veröffentlichungen der Historischen Kommission für Nassau 63), Wiesbaden.

Zaar-Görgens (2004): Maria Zaar-Görgens, *Champagne – Bar – Lothringen. Papierproduktion und Papierabsatz vom 14. bis zum Ende des 16. Jahrhunderts* (Beiträge zur Landes- und Kulturgeschichte 3), Trier.

Thomas Klinke und Carla Meyer

Geknickt, zerrissen, abgegriffen

Gebrauchsspuren auf historischen Papieren und ihr kulturhistorischer Aussagewert[1]

„Istituto Centrale della Patologia del Libro“ – so wurde im Jahr 1938 in Rom eine Forschungseinrichtung getauft, die sich bis heute (wenn auch unter anderem Namen) der Kodikologie und Restaurierung von Büchern widmet. „Pathologie des Buches“ – diese griffige Metapher stellt den Kodikologen als Kriminalisten vor, der am Patienten auf dem Tisch vor ihm auf Spurensuche geht, das heißt als Experten, der über Indizien wie Blessuren, Fremdspuren wie Schmutz oder Fingerabdrücke und andere Auffälligkeiten das Schicksal, die Vita des Patienten zu rekonstruieren versucht.[2]

Längst werden im Fach der Restaurierung Gebrauchsspuren nicht mehr nur als ‚exogene Schäden‘ qualifiziert, die im Sinn der Rückkehr zum ‚Urzustand‘ zu beheben seien. Sie sind vielmehr als Patina anerkannt, welche die Authentizität der historischen Dokumente unterstreicht und die daher konsequent zu erhalten ist. Auch Historiker nutzen bereits die Chancen, Beobachtungen am Material auf ihre Aussagen für die Art und Frequenz der Benutzung von Schriftstücken zu befragen. Häufiger gilt dies für bedeutende Einzelstücke, deren Entstehungs- und Rezeptionsgeschichte so näher erhellt werden kann.[3] Nur sporadisch ist bislang jedoch der Versuch unternommen worden, Gebrauchsspuren systematisch, das heißt seriell an einem breiteren Quellenkorpus, zu erheben und kulturhistorisch zu interpretieren.[4] Sind diese

---

1 Für die Möglichkeit, die frühe Papierüberlieferung im Hauptstaatsarchiv im Original zu studieren, sind wir Prof. Dr. Peter Rückert zu großem Dank verpflichtet; für seine Unterstützung danken wir außerdem Dr. Erwin Frauenknecht. Dieser Beitrag ist im Heidelberger Sonderforschungsbereich 933 „Materiale Textkulturen. Materialität und Präsenz des Geschriebenen in non-typographischen Gesellschaften“ entstanden (Teilprojekt A06 „Die papierne Umwälzung im spätmittelalterlichen Europa“). Der SFB 933 wird durch die Deutsche Forschungsgemeinschaft finanziert.

2 Als andere, nicht nur in der italienischen Forschung verwandte Metapher für solche Fragestellungen ist die Formulierung „Archäologie des Buches“ eingeführt, verstanden als Wissen von den Techniken und Materialien der Buchproduktion, vgl. so etwa das Vorwort zur ersten Ausgabe von *Qvinio* 1999, 6. In der Archäologie selbst wurde für vergleichbare Fragestellungen der Begriff der „artefact biography“ geprägt: Er bezeichnet einen Zugang zur materialen Überlieferung, der nicht nur auf die Entstehungsumstände und den Erstgebrauch eines Objekts zielt, sondern der mit seinen wechselnden Rollen und Bedeutungen in unterschiedlichen Kontexten bzw. unterschiedlichen Zeiten rechnet.

3 S. etwa die chemischen Untersuchungen von Papier und Tinte, aber auch die instruktiven Versuche, Papierqualitäten und die Eigenschaften der Papieroberfläche zu beschreiben, bei Bachmann 2011, 22–40.

4 Als Ausnahmen mit Piloniercharakter sei an dieser Stelle auf die aufschlussreichen Studien zweier

Fragen bisher also noch nicht mit dem nötigen Nachdruck gestellt worden? Oder sind die Antworten, die das Material verspricht, zu dürftig, zu schwer zu taxieren bzw. zu wenig eindeutig, um darauf weiterführende kulturhistorische Deutungen zu stützen? Solche Fragen sind nur im interdisziplinären Gespräch zwischen Restauratoren[5] und Historikern sinnvoll anzugehen; sie sind auch nicht aus einer ‚Trockenübung' heraus zu beantworten.[6] Aus diesen Vorüberlegungen entstand der Plan, gemeinsam zwei Tage lang im Hauptstaatsarchiv Stuttgart die frühe Papierüberlieferung im altwürttembergischen Bestand A 602 zu studieren.

Kaum ein anderer Schriftträger als Papier lässt sich in vergleichbarer Weise zum Gebrauch manipulieren, das heißt beschreiben, bemalen, bezeichnen, bedrucken, biegen, rollen, knicken, zerschneiden, zerreißen, bekleben, lässt sich so leicht transportieren und auf kleinstem Raum verstauen. Umso mehr mag erstaunen, was wir als eindrückliche Erfahrung vor dem Material in Stuttgart gemacht haben: Während sich die Spuren des Herstellungsprozesses in Papieren vergleichsweise objektiv erkennen lassen und auch Vorbilder für ihre Klassifizierung existieren,[7] sind Gebrauchsspuren schwieriger zu lesen und zu taxieren.

Ziel unserer Mikro-Reihenuntersuchung war es daher, in einem Dreischritt zu fragen, erstens welche Spuren überhaupt mit welchen Instrumenten und welchem Aufwand am Material beobachtet werden können, zweitens wie diese Beobachtungen begrifflich gefasst und kategorisiert werden können und drittens welche kulturhistorischen Informationen sich aus ihnen ablesen lassen.[8] Auch der vorliegende Ergebnisbericht ist in drei Abschnitte geteilt. Zunächst soll der soeben genannte methodische Dreischritt näher erläutert werden. Zweitens muss der für die Fallstudie in

---

Referentinnen der Tagung, Evamarie Bange und Caroline Bourlet, verwiesen, neben Banges Beitrag in diesem Band vgl. Bange 2009 und Bourlet 2010. Für den Bereich der Buchkultur s. den lesenswerten Sammelband von Neuheuser 2012, 1, mit der Frage nach „Informationen, die nicht zum ursprünglichen Inhalt einer Handschrift oder Drucks gehören, sondern von Eigentümern oder sonstigen Benutzern nachträglich eingefügt worden sind und insofern etwas über die Aufbewahrung und Handhabung des Buches resp. der Texte aussagen können" (in der Kodikologie bzw. Archivistik als „Provenienz II" klassifiziert, während unter „Provenienz I" die Entstehungsumstände eines Buches – Ort, Zeit, Akteure – erfasst werden).

5 Die wissenschaftliche Ausbildung von Restauratoren auf Hochschulebene in Europa hat ihr Berufsbild in den vergangenen Jahrzehnten in Richtung einer qualifizierten Material- bzw. Kunsttechnologie hin erweitert.

6 S. dazu auch Carlo Federicis provokante Überlegungen zum ‚Scheitern der Archäologie des Buches' von 2004, wobei er den Misserfolg freilich nicht thematisch, sondern strukturell begründet sieht: Wie er am Beispiel der italienischen Forschungslandschaft argumentiert, liege dieser Misserfolg in der seines Erachtens falschen institutionellen Ansiedelung dieser Forschungsinteressen im Bereich der Paläographie, der sowohl das Interesse daran als auch die Kompetenzen dafür fehlten, während der für ihn unerlässliche Brückenschlag der Kulturgeschichte zu den Restaurierungswissenschaften brachliege; vgl. Federici 2004.

7 S. dazu ausführlicher den Beitrag von Schultz u. Follmer in diesem Band.

8 S. dazu bereits die Vorüberlegungen in Meyer u. Schultz 2012.

den Blick genommene historische Bestand im Hauptstaatsarchiv Stuttgart in seiner Genese und Zusammensetzung knapp vorgestellt werden. Als drittes Kapitel folgt die eigentliche Präsentation der Analyseergebnisse, die bereits in ihre kulturhistorische Deutung eingebettet sind.

1 Erkennen – Erfassen – Ermessen: zum methodischen Vorgehen

Vertraut man den modernen Redewendungen im Deutschen, nach denen Papier ‚geduldig' ist und seine weißen, unbeschriebenen Blätter als ‚unschuldig' und ‚jungfräulich' gelten, so erscheint dieser Stoff nicht nur als Material, das alles duldet, was darauf geschrieben, gedruckt, gekleckst und gesudelt wird. Zugleich ist er vorgestellt als eine leere Projektionsfläche, als Grund, der noch substanziell gefüllt werden muss, während er selbst beinah körperlos bleibt. Sogar der Museumsjargon, der Ausstellungsexponate aus Papier gern als ‚Flachware' disqualifiziert, ignoriert, dass Papiere sehr wohl eine Tiefeninformation enthalten, dass sie also – metaphorisch doppeldeutig – eine „dritte Dimension" besitzen, die von den darauf fixierten Inhalten losgelöst ist.[9]

Um der Materialität des Kulturträgers Papier und seiner Morphologie diese Tiefeninformationen zu entlocken, stellt sich als erste Frage, welche technologischen Merkmale von historischen Papieren überhaupt erkannt, erfasst bzw. gemessen werden können. Unabdingbare Voraussetzung für die Wahl der zur Autopsie verwendeten Werkzeuge muss dabei sein, dass diese zerstörungsfrei erfolgt, das heißt ohne die Entnahme einer Probe auskommt. Für den mobilen Einsatz vor Ort im Archiv ergibt sich ferner als zweite Prämisse, dass die materialrelevanten Parameter ohne unverhältnismäßig hohen Aufwand und zügig erhoben werden können. Nach unseren Erfahrungen genügen bereits vergleichsweise einfache Methoden der Materialanalyse, um aus der Summe ihrer Einzelinformationen sowohl die Natur des Dokuments als auch seines Erhaltungszustands näher zu charakterisieren.

---

9 Vgl. Klinke 2009. Während in der kunsttechnologischen Forschung bei papiernen Collagen die Formen des Schneidens, Reißens und Über-/Klebens klar als technologische Merkmale erkannt und beschrieben sind (vgl. Klinke 2013), findet das einfache (einlagige) Papierblatt meist noch nicht die gleiche Aufmerksamkeit.

1.1 Strukturelle Merkmale im Papier

Gebrauchsspuren auf Papier sind oft bereits mit dem bloßen Auge ablesbar, wobei sich im Spiel mit alternierenden Licht- und Strahlungsquellen eine Fülle von Oberflächen- und Strukturinformationen sichtbar machen lässt. Neben der Beleuchtung der Dokumente im reflektiven Auflicht, für die zumeist die Raumbeleuchtung (Deckenlicht und eventuell Tischlampe) genügt, empfehlen sich für die Autopsie im Streiflicht und im Durchlicht zusätzliche Hilfsmittel:[10] Im Streiflicht sind Knicke, Druckspuren, Ritzungen bzw. Vertiefungen oder Erhebungen sowie Merkmale der Leimung (Glanz) und Glättspuren besonders gut zu sehen; zugleich lässt sich etwa unterscheiden, ob die Schrift auf die Sieb- oder die Filzseite des Papiers gesetzt wurde (vgl. Abb. 1).[11] Das Durchlicht erlaubt eine Beurteilung der Opazität des Papiers sowie seiner strukturellen Eigenschaften wie der Faserverteilung, Inkrusten und andere Unregelmäßigkeiten im Vlies,[12] Wasserzeichen und weitere Merkmale der Siebstruktur,[13] es macht jedoch auch Einrisse, Einschnitte, Einstiche, Fehlstellen sowie Restaurierungen sichtbar (vgl. Abb. 2).

Eine sinnvolle Ergänzung für das Auslesen der Rippliniendichte als strukturelles Merkmal im Durchlicht sind Zählmasken, die aus schwarzem Tonkarton leicht selbst zu fertigen sind. So empfiehlt es sich etwa, ein 1 x 1 Zentimeter großes Quadrat im Karton auszuschneiden, um das Auge allein auf den freigestellten Ausschnitt der Maske zu konzentrieren. Sollten die durch die Rippdrähte entstandenen Linien im Papier zu unregelmäßig sein, um auf dieser kleinen Fläche erfasst zu werden, so kann

---

10 Für die erste Autopsie von Papieren hat sich ein hochwertiger Handstrahler (der für rund 170,- Euro auf dem Fachmarkt für Restauratoren oder im Jagdbedarf erhältlich ist) bewährt. Dank des handlichen Instruments kann auf dem Dokument die Richtung und der Winkel des Lichteinfalls schnell und unkompliziert variiert werden. Geeignet sind deshalb vor allem Geräte, die ein besonders helles weißes und über ein asphärisches Linsensystem gebündeltes LED-Licht emittieren. Eine Beschreibung findet sich etwa unter: http://www.docter-germany.de/de/produkte/prod/cat/lichttechnik/prod/docteraspherilux-midi-led.html (Stand 28.6.2014).
Für die Betrachtung der Wasserzeichen und des Abdrucks der Struktur des Siebs, auf dem der Bogen geschöpft wurde, ist andererseits eine flächige Durchlichtquelle unverzichtbar. Einfach zu transportieren und auch für eingebundene Blätter zu nutzen sind äußerst flache sogenannte Leuchtfolien, die durch separate Transformatoren gespeist werden. Für eine Bezugsadresse vgl. Atanasiu 2007, 62.

11 Beim Abgautschen des frisch geschöpften europäischen Handpapierbogens wird das Sieb auf einen Wollfilz gedrückt und, nachdem das Sieb abgehoben wurde, mit einem zweiten Wollfilz bedeckt und gepresst. Die Reliefinformationen des Schöpfsiebes, bestehend aus Kettlinien, Kett- bzw. Steglinienschatten, Ripplinien und Wasserzeichen, bleiben auch nach dem Pressen und Trocknen des Bogens auf der sogenannten Siebseite ablesbar, s. dazu Klinke 2009, 32.

12 S. dazu den Beitrag von Follmer u. Schultz in diesem Band.

13 Zur Definition des Begriffs Wasserzeichen (auch Papiermarke oder Filigran) nach IPH-Norm vgl. unten Anm. 29.

Abb. 1: Glanzspuren auf der Filzseite der Papieroberfläche (WR 30) im reflektiven Streiflicht aus der Handlampe

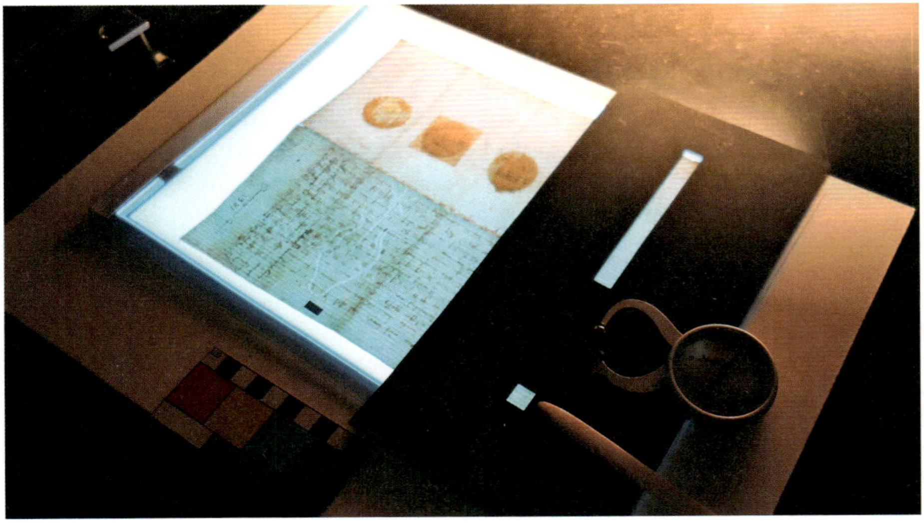

Abb. 2: Autopsie von Struktur und Zustand eines Papierdokuments auf der Durchlichtfolie, mit Falzbein, Lupe, Maßwerkzeugen und Zählmaske aus schwarzem Karton

etwa ein 10 x 1 Zentimeter großer Ausschnitt im Karton gewählt werden.[14] Über den Abstand der Ripplinien kann man die Feinheit der Papierstruktur definieren: Bei acht bis neun Rippen auf einer Strecke von einem Zentimeter ließe sich so beispielsweise das Papier als fein, ab sechs Linien oder weniger als grob strukturiert klassifizieren.

Die genannten Strahlenquellen können ergänzt werden durch einen Handstrahler, der kurzwellige ultraviolette Strahlung (UV) emittiert. Indem er Oberflächenfluoreszenz-Phänomene sichtbar macht, können sowohl Spuren der Alterung, der aktiven Benutzung, der manipulativen Veränderung oder der Restaurierung differenzierter wahrgenommen werden.[15] Weitere nutzbare Spektren an Strahlungen wie zum Beispiel die langwellige Infrarotstrahlung (IR) eignen sich aufgrund ihrer spezifischen Anregung bzw. ihres Reflexionsvermögens, um einerseits flüssige Farbmittel wie Tinten, Tuschen und Farben auf dem Papier zu unterscheiden und andererseits um den Duktus von Handschriften nach etwaigem Verblassen durch Alterung wieder lesbar zu machen.[16] In unserem Stuttgarter Fallbeispiel ermöglichte allerdings sowohl der (aus zeitlichen Gründen nur) sporadische Einsatz einer UV-Handlampe als auch einer IR-sensiblen Kamera keine nennenswerten zusätzlichen Beobachtungen.

Zur Vergrößerung verwendeten wir einen sogenannten Präzisions-Fadenzähler. Hierbei handelt es sich um eine technische Detaillupe mit bis zu zwölffacher Vergrößerung auf einem klappbaren Gestell zur Fixierung eines festen Blickabstands. Wir nutzten in Stuttgart darüber hinaus ein USB-Mikroskop, das insbesondere bei der Visualisierung kleinteiliger Erscheinungen wie zum Beispiel Rissen in der Mikrostruktur von Wachssiegeln gute Dienste leistete (vgl. Abb. 3).[17]

---

14 Caroline Bourlet operiert alternativ hierzu auf einem eigenen Beschreibungsformular mit den Abstandsmaßen von zehn Ripplinien bzw. Intervallen in Millimetern, vgl. Fiche de Description o. J. Für eine Übersetzung ins Deutsche vgl. Meyer u. Schultz 2012, Anhang (ohne Seitenzahlen).

15 Der UV-Handstrahler ist von vergleichbarer Bauart wie der oben beschriebene LED-Handstrahler, allerdings mit rund 600,- Euro Anschaffungswert deutlich kostspieliger. Eine Beschreibung findet sich etwa unter http://www.reskolux.de/reskolux-uv-365-komplettset.html (Stand 29.4.2014). Hinzu kommt die Anschaffung einer vergleichsweise preiswerten UV-Schutzbrille, die für die Verwendung unverzichtbar ist.

16 Mittels optischer Filter lassen sich niedere Wellenlängenbereiche (unter 750 Nanometer) herausfiltern, sodass eine Reflexion im IR-Bereich oberhalb 750 Nanometer bis maximal circa 1.100 Nanometer beispielsweise in graduellen Abständen (mittels Bandpass-Filtern) differenziert möglich ist. Da das menschliche Auge allein das Absorptionsverhalten der genannten Materialien nach Anregung mit langwelliger Strahlung nicht wahrnehmen kann, ist man für dieses Verfahren auf spezielle in Kameras verbaute IR-Detektoren angewiesen. Sieht man von wenigen ehemals auf dem Markt erhältlichen Consumer-Bridge-Kameras ab, deren eingebauter Infrarot-Blockfilter mechanisch aus dem Strahlengang zu klappen ist und diese so IR-empfindlich werden, sind heute lediglich baulich deutlich größere, erheblich teurere Profikamera-Systeme für den Markt der Kunsttechnologie erhältlich.

17 Weitere herstellungsbedingte Faktoren wie etwa die konkrete Bestimmung der Fasern bzw. Art und Grad der Leimung lassen sich bislang meist nur durch die mikroskopische Untersuchung einer extrahierten Papierprobe ermitteln. Diese Verfahren sind jedoch nur unter Laborbedingungen möglich, zugleich verlangt die Einordnung der Befunde die Erfahrungen eines Spezialisten. Insbesondere

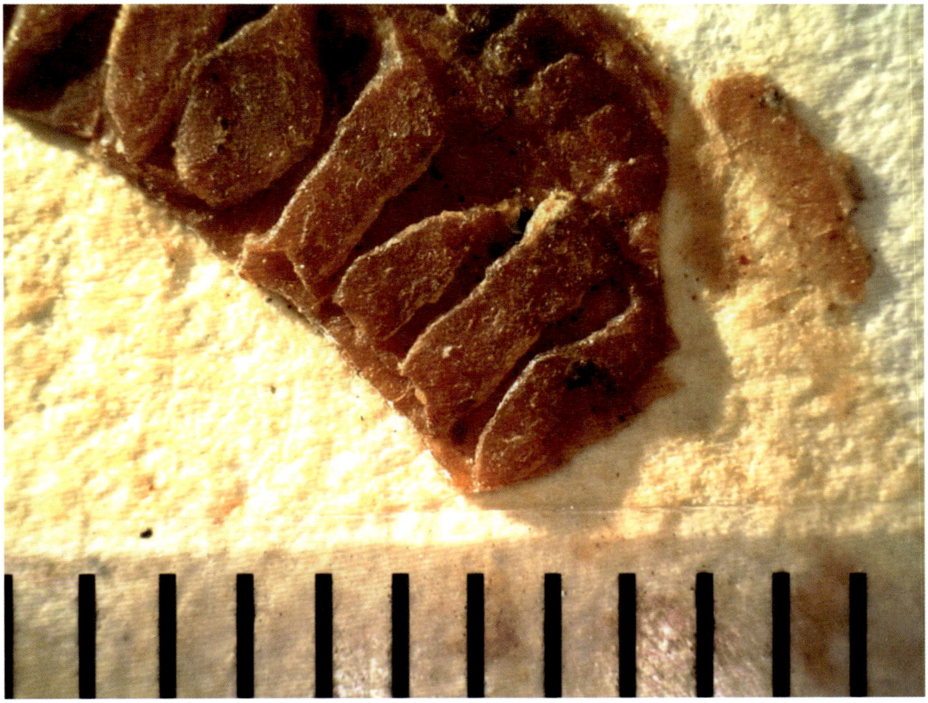

Abb. 3: Siegelrelief und abgeplatztes Siegelwachs (WR 3813) unter mikroskopischer Vergrößerung, im Streiflicht, Maßstab in Millimetern

Fester Bestandteil einer akribischen Erfassung ist im besten Fall eine umfängliche Bilddokumentation. Sowohl digitale Mikro- als auch Makro-Fotografien sollten dabei stets einen (für die Durchsicht transluziden) Maßstab zur Größenorientierung beinhalten.[18]

---

die durch den Hammer- bzw. Mahlgang stark denaturierte Papierfaser ist schwer zu identifizieren, s. dazu etwa die Einführung in die Faseranalyse durch die Papierrestauratorin und -historikerin Agnieszka Helman-Ważny auf dem Workshop „Paper in the Laboratory: Material Science and Conservation of Historical Paper in an Intercultural Comparison" in Meyer et al. 2013, 2–5. Nur knapp verwiesen werden kann an dieser Stelle auf die Pionierstudien eines Teams um Timothy Barrett, das sich der Entwicklung und Erprobung von non-destruktiven Verfahren zur Papieranalyse anhand einer von über 1.500 Papiere des 14. bis 19. Jahrhunderts umfassenden Fallstudie widmet. Sie sind freilich nur mit hohem apparativen Aufwand und fachlichem Knowhow zu leisten, die für die interdisziplinäre Arbeit mit Historikern daher kaum geeignet erscheinen, vgl. dazu besonders die Unterseite „Procedures" / „Instrumentations and Methods" auf den Projektseiten Barrett et al. 2012.

18 Für Vorschläge zur Nachbearbeitung des Bildmaterials für die Publikation bzw. zur Vorbereitung auf eine weitere digitale Auswertung vgl. Atanasiu 2007, 54–56.

1.2 Bemaßung und Zustand des Formats

Die Bemaßung eines Papierblatts sollte prinzipiell mit starren Messstäben zum Beispiel aus Stahl erfolgen. Zollstöcke und Maßbänder aus Papier oder Kunststoff sind dagegen insbesondere bei größeren Messstrecken wegen Materialdehnung bzw. -schrumpfung oder einer Toleranz in den Gelenken ungeeignet. Einheitlich sollte dabei der Bogen sowohl in seiner minimalen als auch in seiner maximalen Ausdehnung vertikal sowie horizontal vermessen werden. Zu notieren ist daneben auch, ob es sich um Schnittkanten oder aber den originalen Büttenrand handelt. Sind die Blattränder unbeschnitten, so erlaubt das maximale Blattmaß, auf das ursprüngliche Format des Papiers zu schließen. Ist ein unregelmäßiger Beschnitt bzw. Beriss oder ein geradliniger Beschnitt außerhalb des geraden Winkels festzustellen, so kann dies etwa in Form einer einfachen Konturenskizze dokumentiert werden.

Abb. 4: Mikrometer zur Dickenmessung der Papiermembran am Blattrand

Papier dehnt sich nicht nur über die laterale Fläche (in Höhe und Breite) aus, sondern besitzt auch eine Tiefendimension. Die Dicke der Papiermembran lässt sich mit einem Mikrometer bestimmen (vgl. Abb. 4).[19] Da die Messung mit einem Handgerät konstruktionsbedingt nur im Randbereich der Papiere möglich ist, außerdem die Stärke von handgeschöpften Papieren herstellungsbedingt häufig deutlich variiert, emp-

19 Für eine Bezugsadresse vgl. Atanasiu 2007, 62; s. dort auch 49f.

fiehlt es sich, über mehrere Messungen ein mehr oder weniger repräsentatives Spektrum der Dicken-Bemaßung zu dokumentieren.[20]

Handelt es sich beim untersuchten Material um ungebundene Einzelblätter, so ist es sinnvoll, mit Hilfe einer Feinwaage auch die flächenbezogene Masse bzw. das Flächengewicht des Papierbogens zu ermitteln. Über eine einfache Formel lässt sich der annähernde Wert der Grammatur (das Quadratmetergewicht) des Papiers errechnen,[21] die üblicherweise bei modernen maschinell hergestellten Papieren bereits vom Hersteller angegeben ist. Sowohl die Dicke eines Papiers als auch seine Grammatur dienen als Parameter, um Papierqualitäten zu unterscheiden und zu benennen, wie sie gerade im Bereich der Verwaltung des späten Mittelalters üblicherweise bereits zum Einsatz kamen. Schon in den Statuten der Kommune Bologna von 1389 wurde das Papiergewicht dabei als Qualitätsmerkmal exakt taxiert; für das kleinste Format war in Bologna – so hat A. F. Gasparinetti umgerechnet – eine Grammatur von 90 Gramm/Quadratmeter vorgeschrieben.[22] Anhand empirischer nicht repräsentativer Erhebungen aus der täglichen Praxis ist für frühes europäisches Hadernpapier eine durchschnittliche Membranstärke von 0,2 Millimeter und eine durchschnittliche Grammatur von 110 Gramm/Quadratmeter feststellbar.[23] Für eine subjektive Bewertung der Papiere können diese Kennzahlen beispielsweise als Mittelwerte (0) zur Orientierung herangezogen werden. Alle darüberliegenden wären somit als dick bzw. schwer, alle darunterliegenden als dünn bzw. leicht zu klassifizieren.

Dreidimensional sind jedoch nicht nur die Papiere selbst, sondern auch die Faltungen, die an ihnen vorgenommen wurden. Da sie aus konservatorischen wie organisatorischen Gründen im Archiv heute meist entfaltet und glatt gestrichen bzw. auch auf die neuen Formate zeitgenössischer Aufbewahrungssysteme gefalzt wurden, ist es zum Teil nicht leicht, die ursprünglichen Faltungen zu eruieren. Besser verständlich als eine schriftliche Dokumentation erwies sich bei unseren Stuttgarter Versu-

---

20 Zur seriellen Dickenmessung in Manuskripten und Drucken an jeweils 14 Punkten pro Probe vgl. Ornato et al. 2001, bes. 39–61, mit einer Skizze der Messpunkte in Form einer Graphik auf 44, sowie dies. 2002. Die Messungen ergaben eine hohe Variation rund um den Durchschnittswert für das jeweilige Papier. Gründe dafür sind nach den Autoren einerseits im Grad der Lumpenzerkleinerung und anderen Verunreinigungen zu suchen. Daneben führen sie aber auch eine Serie an kleineren, dafür systematischeren Fluktuationen auf die asymmetrische Verteilung der Pulpe während des Herstellungsprozesses im Handschöpfverfahren zurück. Zu massenspektrometrischen Untersuchungsverfahren und ihren Ergebnissen vgl. auch Barrett et al. 2012.

21 Grammatur (in g/m²) = (ermitteltes Gewicht des Papierdokuments x 10.000) : (Länge x Breite des Papierdokuments).

22 Vgl. Gasparinetti 1956, 26. Eine Edition der Statuten findet sich bei dems. 1963, 18–25, für eine deutsche Übers. vgl. Steinmann 2013, Nr. 640. Zu spätmittelalterlichen Klassifikationen von Papierqualitäten im Briefwechsel italienischer Kaufleute vgl. Di Stefano in diesem Band.

23 S. dazu oben Anm. 20.

chen, die Faltungen mittels eines modernen Papiers gleicher Größe nachzubilden. Eine solche Rekonstruktion ist freilich eher für den internen Gebrauch, weniger für eine weitergehende Dokumentation geeignet.[24]

1.3 Zum Problem der Klassifikation

Entscheidend für die Analyse der Dokumente sind jedoch nicht allein die instrumentellen Mittel und eine geschärfte Sensibilität für das Material, sondern auch die sorgfältige, intersubjektiv nachvollziehbare Dokumentation der Beobachtungen nach einem eingängigen wissenschaftlichen Schema. Unverzichtbar ist hierfür ein festes Regelwerk, das systematisch die Erfassungskriterien abruft und standardisierte Begrifflichkeiten zur Klassifikation anbietet.[25]

Zwei Beispiele können illustrieren, inwiefern insbesondere Letzteres ein Problem bei der Dokumentation der Analyseergebnisse darstellt: Versucht man etwa die Farbe des Papiers zu taxieren, so wird schnell klar, dass sie kaum objektiv zu beschreiben ist. Von gealtert weiß bis gelblich braun taucht ein unendliches Spektrum von Nuancen auf, das physiologisch bedingt rein subjektiv vom menschlichen Auge erfasst und beurteilt wird. Farbmetrische Messungen sind dagegen nur mit Hilfe naturwissenschaftlich ausgebildeter Fachkräfte anhand speziell kalibrierter Hard- und Software[26] möglich.

Auch die Beurteilung der Oberflächenstrukturen von Papieren mit dem Auge ist ein subjektives Kriterium: Häufig werden hier einfache Qualitätsbegriffe wie etwa rau, glatt, gerippt, geprägt oder gehämmert eingesetzt. Wiederholt tauchen auch beschreibende Adjektive wie wolkig oder genarbt, regelmäßig oder unregelmäßig auf. Intersubjektiv nachvollziehbar werden solche terminologischen Setzungen freilich erst in Kombination mit Bildbeispielen. Zu dokumentieren ist außerdem, auf welcher Basis

24 Für Überlegungen zur Dokumentation von Falttechniken in Form von Nachbildungen vgl. Krutzsch 2008, bes. 74–79.

25 Für Überlegungen zum „Workflow“ bei der Erstellung eines Papier-Katalogs vgl. Atanasiu 2007, 37–41.

26 Die Farbmetrik stellt mittels mathematischer Formeln das visuelle Ergebnis einer Farbbetrachtung oder eines Farbvergleichs zahlenmäßig dar. Dabei geht es nicht um den primären Farbreiz, sondern die Farbvalenz, das heißt die physiologisch farbige Wirkung einer wahrgenommenen Strahlung. Für eine objektivierbare Messung käme hier zum Beispiel die Vis-Farbspektroskopie infrage. Hierbei kann mittels eines Reflexions-Spektrometers die Reflexion des sichtbaren Lichts (380–730 Nanometer) auf einer definierten Messfläche gemessen werden. Die Messwerte werden in einer Spektralkurve dargestellt, die anschließend mit einer (möglichst großen Menge) Referenzkurven abgeglichen werden kann, vgl. Oltrogge 2008. Für farbmetrische Massenuntersuchungen vgl. auch Barrett et al. 2012.

die Beschreibung erfolgt: Was ohne Vergrößerung glatt erscheint, mag bei mikroskopischer Vergrößerung betrachtet durchaus als rau oder porös empfunden werden.[27]

Die Ausarbeitung eines für die praktische Arbeit tauglichen Beschreibungsstandards ist nach wie vor ein Desiderat. Ausgangspunkt für die Diskussion ist sicherlich die von der Internationalen Arbeitsgemeinschaft der Papierhistoriker 1997 publizierte umfangreiche „Norm für die Erfassung von Papieren mit und ohne Wasserzeichen“ (kurz IPH-Norm).[28] Obwohl sie erstmals eine ausführliche Struktur für die Erhebung vorgibt und schlüssige terminologische Definitionen einführt, hat sich freilich die serielle Datenerhebung auf ihrer Basis im Archivalltag in der geforderten Tiefe vielfach als nicht leistbar erwiesen.[29] Als weiteres Problem kommt die inhaltliche Ausrichtung dazu, da in der IPH-Norm einerseits viele in der aktuellen (kultur-)historischen Forschung relevante Fragen und andererseits auch für die praktische Arbeit von Restauratoren und Materialtechnologen wichtige Parameter nicht erfasst werden können.

Die in der IPH-Norm erhobenen materiellen Merkmale im Papier zielen vor allem auf eine ausführliche Dokumentation der Wasserzeichen und ihrer Position im Papier.[30] Dieser Fokus spiegelt die in bisherigen Wasserzeichen-Forschungen domi-

---

27 S. dazu Klinke 2009, 30f.

28 Aktuelle deutsche Version 2.1 aus dem Jahr 2011 publiziert in Tschudin 2012, Anhang II, 275–301. Englische Version 2.0 aus dem Jahr 1997 unter http://www.paperhistory.org/standard.htm (Stand 9.4.2014).

29 S. zum Beispiel die Definition des Wasserzeichens als „hellere Stelle am Ort der Verringerung der Blattdicke“, das damit Ripp- und Kettlinien einschließt, vgl. Tschudin 2012, 277; zur Kritik an der Praktikabilität s. ebd., 276. Die Unhandlichkeit der Norm ergibt sich erstens aus der von ihr angestrebten Universalität, da sie sowohl chronologisch als auch geographisch alle erhaltenen historischen Papiere erfassbar machen möchte. Für die Beschäftigung mit mittelalterlichen Papieren sind daher viele Kategorien (zum Beispiel „verwendeter Maschinentyp“, „Markenname“, „Papiersorte“, „Name des Papierers“ etc.) unbrauchbar, da die Norm stark an Maschinenpapieren orientiert ist. Andere Rubriken wie „Rohstoffe“, „Füllstoffe“, „Art und Grad der Leimung“ sind zwar theoretisch auch für mittelalterliche Papiere eruierbar, jedoch nur in sehr aufwändigen naturwissenschaftlichen Analysen, die für das Gros der erhaltenen Stücke nicht durchführbar sind. Zweitens fällt auf, dass die Norm beim Bearbeiter viel Fachwissen und ein bereits geschultes Auge voraussetzt; so muss er etwa erkennen können, ob es sich um „vollgeleimte“, „halbgeleimte“ oder „ungeleimte“ Papiere handelt, oder er muss bereits über entsprechendes Vokabular verfügen, um die „Farbe“ bzw. „Nuance“ des analysierten Papiers im Volltext anzugeben. Ungeklärt bleibt etwa auch, woran die „Papierart“ außer an der konkreten Verwendung des Papiers qualifiziert werden kann – ist also bedrucktes Papier per se als „Druckpapier“ und ein Geld- oder Schuldschein per se als „Sicherheitspapier“ zu bezeichnen?

30 S. dazu die eigenen Rubriken 3.1 und 3.2 für die Erfassung der Wasserzeichen und der Siebformen sowie die ausführlichen Empfehlungen zur Anlage von Wasserzeichen-Sammlungen im Anhang der Norm, vgl. Tschudin, 2012, 283–286. Weitaus umfänglicher und spezieller auf die Analyse mittelalterlicher Papiere zugeschnitten ist das Beschreibungsformular des „Progetto Carta“, abgedruckt und kommentiert in Ornato et al. 2001, 77–84: Ganz auf die Siebstrukturen und weitere herstellungsbedingte Merkmale konzentriert, zugleich auf spezielle Geräte angewiesen, wird es im Folgenden nicht weiter berücksichtigt.

nante Suche nach Hilfsmitteln für die Datierung und Lokalisierung von Papieren.[31] Gerade im Hinblick auf die frühen Papiere fehlt dagegen eine Möglichkeit zur Klassifikation verschiedener Papierqualitäten. Ferner fehlen Angaben zum Erhaltungszustand der Papierobjekte, sieht man einmal von dem Versuch ab, ihre Farbgebung notgedrungen in stark verallgemeinernden Kategorien zu fassen.[32] Somit bleiben bei der Dokumentation auch Gebrauchsspuren und andere Indizien für Rezeptionsprozesse unberücksichtigt, die für eine kulturhistorische Deutung des Papiergebrauchs unverzichtbar wären. Auch eine Verknüpfung mit weitergehenden Informationen zum Inhalt, zur Gattung und zur Gestaltung der auf den Papieren festgehaltenen Texte bzw. Bilder ist nicht vorgesehen.[33]

Für die praktische Arbeit von Papierrestauratoren wird das geschilderte Desiderat seit 2012 durch den „Katalog der Schadensbilder" kompensiert, der als Resultat eines mehrjährigen Forschungsprojekts an der Hochschule der Künste in Bern vor allem auf die Bedürfnisse im Ausstellungswesen und internationalen Leihverkehr zugeschnitten ist: In Gestalt eines Fächers gibt der Leitfaden Wissen, Methoden und eine für den internationalen Gebrauch vereinheitlichte Terminologie zur Anamnese beschädigter Papiere und der Dokumentation ihres Zustands an die Hand.[34] Er dient somit nicht zuletzt zur Vorbereitung konservatorischer Maßnahmen, darunter unter Umständen reversibler Maßnahmen zur Restaurierung. Gebrauchsspuren auf Papieren sind insofern prominent vertreten, als dass das Gros der hier beschriebenen Schadensbilder entweder aktiv durch die Benutzung (etwa Knick, Riss, Kratzer, Fehlstelle) oder passiv durch die naturgegebene Alterung von Papieren (durch den Faktor Zeit; etwa

31 S. dazu in der Norm die Rubrik 3.4 mit Angaben zum Herstellungsort des Papiers sowie 3.3.9 bis 3.3.11 mit „frühestmögliches Verwendungsdatum", „spätestmögliches Verwendungsdatum" sowie „Art der Datierung" (zeitgenössisch, überliefert, erschlossen). Gerade die Hilfsfunktion zur Datierung wird auch in Punkt 2 „Basis der Norm" als Hauptziel herausgestrichen: Es sollen „Datierungsreihen" erstellt werden, „die für weitere Schlüsse benutzt werden können" – das Papier dient in dieser Darstellung also vor allem als Vehikel für Datierungsfragen, nicht als Objekt von eigenem (Aussage-) Wert. Vgl. Tschudin 2012, 277.

32 S. dazu die Rubrik 3.0.13 „Farbgebung des Bogens", die etwa zur Auswahl stellt, ob das Papier oberflächengefärbt ist bzw. ob es sich um Buntpapier handelt, außerdem 3.0.14 „Farbintensität", die entweder als „dunkel", „verblasst" oder „hell" zu qualifizieren ist, und schließlich 3.0.15, die die „Farbe" oder „Nuance" als „Volltext" anzugeben erfordert, vgl. Tschudin 2012, 280. Caroline Bourlet gibt in ihrer Fiche de description o. J., 2, die drei (zwar ebenfalls auf subjektiven Sinneseindrücken beruhenden, jedoch durch die beschränkte Auswahl durchaus praktikablen) Adjektive „blanc", „crème clair" und „crème foncé" zur Auswahl.

33 Die IPH-Norm sieht zwar vor, auch kodikologische und bibliographische Angaben zum erfassten Papierobjekt mit aufzunehmen; sie sind jedoch vergleichsweise knapp gehalten und aus der Anlage wird nicht ersichtlich, dass diese kulturhistorischen Informationen in Relation zu den Ergebnissen der Materialanalyse gesetzt werden sollen.

34 *Katalog der Schadensbilder* 2012.

Degradation, Farbveränderung) entstand.[35] Orientiert an den Vorgaben des Europäischen Komitees für Normung (CEN) und mit umfangreichen Bildbeispielen angereichert ist mit diesem Katalog immerhin ein Anfang gemacht; freilich bleibt er – dem Zweck dieser Publikation geschuldet – bei der Beschreibung der Phänomene stehen, ohne sie kulturhistorisch einordnen zu wollen. Der Fokus auf Schäden verhindert zugleich, dass andere kulturhistorisch relevante Indikatoren etwa zur Beschreibung von Papierqualitäten berücksichtigt werden.

Es genügt daher nicht, die bisher von der Forschung zur Verfügung gestellten Beschreibungsnormen zu bündeln; vielmehr ist weitere Grundlagenforschung vonnöten, welche Parameter überhaupt für eine dezidiert kulturhistorische Auswertung geeignet sind und wie sie intersubjektiv gefasst werden können. Hilfreiche Anregungen dazu können von Schemata kommen, die nicht von vornherein für eine breite Nutzung erstellt, sondern von einzelnen Autoren aus dem Blickfeld ihrer jeweiligen Erfahrungen und im Umgang mit konkreten Quellenkorpora entworfen wurden. Zwei seien hier näher vorgestellt; das erste kommt aus einer benachbarten Disziplin, der Papyrologie: In dem von Jörg Graf entworfenen „Restaurierungsprotokoll für Papyri“[36] werden neben der Schadensaufnahme auch standardisierte Begriffe für die Beschreibung von Oberflächenmerkmalen vorgeschlagen. Der Autor bietet damit ein Set von Adjektiven, um die Qualität des Schriftträgers ‚intersubjektiv‘ zu beschreiben, die in Teilen durchaus auch auf das Papier übertragbar sind.[37] Schließlich richtet er die Aufmerksamkeit auch auf genuine Gebrauchsspuren: Neben Phänomenen wie Verschmutzungen, Flecken, Rissen, Brüchen, Quetschungen usw., die auch im „Katalog der Schadensbilder“ für Papierrestauratoren berücksichtigt sind, verweist er etwa auf die originale Faltung der Papiere, die er als Zeichnung zu dokumentieren vorschlägt,[38] sowie auf den Komplex Beschriftung und Bemalung, für die das Protokoll wiederum verschiedene Beschreibungskategorien vorschlägt.[39]

---

35 Spuren der Herstellung finden hier nur vereinzelt Erwähnung (zum Beispiel der Begriff „Einschluss“).

36 Graf 2008.

37 So etwa sucht Graf 2008, das Fasermaterial anhand einer Einordnung in die vier Kategorien „dick und fest“, „morsch und weich“, „spröde und brüchig“ sowie „dünn und zerfasert“ zu klassifizieren, die Fasern durch die Adjektive „fein“, „grob“, „mittel“ sowie die Faserdichte durch die Bewertungen „eng“, „mittel“, „weit“, „transparent“, „durchscheinend“ oder „dicht“.

38 Zur Aussagekraft von Faltungen in Papyri u.a. für die literarhistorische Gattungseinordnung, aber auch in der Restaurierungspraxis vgl. Krutzsch 2008, bes. 71. Zur kulturhistorischen Deutung von Knicken und Ritzungen im Papier vgl. auch Kata in diesem Band.

39 So Art der Tinte (Rußtinte, braune Tinte, Mischtinte, rote Tinte), Farbton/Intensität (grau, schwarz, braun, rotbraun), Erscheinungsbild der Tinte (verwischt, ausgelaufen, verblasst, Verlust durch Wurmfraß, abgerieben, Tintenfraß, abgeplatzt, Palimpsest), vgl. Graf 2008.

Für einen dezidiert historischen Ansatz wurde das Beschreibungsformular für Papiere von Caroline Bourlet entworfen:[40] Es ist zugeschnitten auf Aussagen über den Papiergebrauch, sodass auch Inhalt und Datierung der Texte, die Textgattung und paläographische Beobachtungen in die Analyse einbezogen werden. Als zentrales Ergebnis ihrer Fallstudien konnte Bourlet so nachweisen, dass die Wahl von Papier als Beschreibstoff eng mit dem Texttyp verknüpft ist.[41] Dabei werden nicht nur Einzelblätter, sondern auch ‚Kompositobjekte' etwa in Form von Amtsbüchern erfasst und beschrieben; das heißt, auch kodikologische Kategorien wie die Lagenstruktur und der Einband sind berücksichtigt. Ausgehend von der im Archiv erhaltenen Einheit werden zugleich die Wasserzeichen und die Siebstruktur in ihrer räumlichen Stellung sorgfältig und schnell erfassbar dokumentiert,[42] auch hier jedoch mit einem Mehrwert im Vergleich zu anderen Beschreibungsformularen: Bourlet nutzt diese Angaben, um Auskunft über den Zeitraum zwischen Herstellung und Beschriftung des Bogens und damit über die Lagerung von Papier und das Kaufverhalten der Schreiber zu gewinnen.

Caroline Bourlets Beschreibungsformular besticht demnach durch die konsequente Orientierung der Analyse darauf, welche kulturhistorischen Deutungen sich aus den Beobachtungen am Material ableiten lassen. Der „Katalog der Schadensbilder" wie auch Jörg Grafs Restaurierungsprotokoll für Papyri demonstrieren dagegen einen sorgfältigeren und tieferen Blick für die am Material ablesbaren ‚Gebrauchsspuren', als Bourlet und auch die Mehrzahl der Historiker und Archivare sie berücksichtigen. Möglichst viele Perspektiven und Expertisen zusammenzubringen, haben wir uns in unserem Experiment vorgenommen. Wenn im Folgenden an einem konkret umrissenen Bestand im Stuttgarter Hauptstaatsarchiv geprüft werden soll, wie man die Sachüberlieferung in ihrer Materialität zum Ausgangspunkt historischer Erkenntnis machen kann, so muss im nächsten Schritt nach der Vergewisserung über die Werkzeuge und Analysemethoden zumindest ein knapper Exkurs über den historischen Kontext der in Stuttgart von uns untersuchten Papiere folgen.

---

40 Vgl. Fiche de description o. J. und Bourlet 2010.

41 So wurden im Paris des 14. Jahrhunderts Lehensregister vorwiegend auf Papier, Zinsbücher auf Pergament geschrieben.

42 Vorbildcharakter kann hier auch die von Bourlet vorgeschlagene Form der Dokumentation sein: Statt zu versprachlichen, auf welcher Stelle des Bogens das Wasserzeichen platziert ist (zum Beispiel „untere linke Bogenhälfte"), bietet ihr Erfassungsschema sowohl für die Stellung im Gesamtbogen als auch in Bezug auf den gefalteten (Halb-)Bogen verschiedene Skizzen, die der Bearbeiter ankreuzen kann, vgl. dazu Fiche de description o. J., 2.

2 Fallstudie: Frühe Papiere im Hauptstaatsarchiv Stuttgart, Bestand A 602

Bei dem Fallbeispiel, aus dem die Proben für die vorliegende Analyse gewählt wurden, handelt es sich um die frühesten Papierdokumente im Bestand A 602 des Hauptstaatsarchivs Stuttgart.[43] In diesem Fonds ist heute das Gros der Dokumente zusammengeführt, die sich aus Kanzlei und Ämterverwaltung der Grafen von Württemberg erhalten haben. Diese sogenannte altwürttembergische Überlieferung, die etwa 135 Regelmeter füllt und in rund 16.000 Archiveinheiten untergliedert ist, darf im Vergleich zu anderen Adelsarchiven aus dieser Zeit als ausgesprochen gut erhalten gelten.[44]

Trotzdem dürfen die heute darin versammelten Stücke nicht einfach mit dem gräflichen Archiv des späten Mittelalters oder gar der Schriftlichkeit insgesamt gleichgesetzt werden, die den Schreibern und Kanzleimitarbeitern in württembergischen Diensten durch die Hände ging – dies lässt sich bereits am künstlichen Zeitkorridor 1301 bis 1500 erahnen, aus dem die in A 602 versammelten Stücke stammen. Zurückzuführen ist diese Zeitspanne erstens auf die Geschichte des Archivs in der Neuzeit, da es sich unter den Händen von Generationen an Archivaren erheblich wandelte – durch Neustrukturierungen und Verlagerungen, durch Kassationen, aber auch durch spätere Zuwächse. Für die altwürttembergische Überlieferung bis 1500 geschah dies zuletzt im 20. Jahrhundert: Erst nach dem für Teile der Bestände verheerenden Bombenhagel im Zweiten Weltkrieg entschied man, sie aus verschiedenen Depots zentral im Hauptstaatsarchiv zusammenzuführen.[45]

Zweitens ist anzuführen, dass schon ins spätmittelalterliche Archiv der Grafen nur ein sehr geringer Teil der Schriftlichkeit gelangte, die alltäglich benutzt wurde. Die Überlieferungsquote wird im Vergleich zur einst vorhandenen Schriftlichkeit heute sicher im niedrigen einstelligen Bereich liegen. Papiere hatten dabei schon qua Material im Vergleich zum Pergament deutlich schlechtere Archivierungschancen, und auch wenn sie ins Archiv gelangten, wurden sie dort im Zweifelsfall später eher aussortiert. Es stellt sich daher durchaus die Frage, ob Papier in Württemberg nicht

43 Für eine ausführliche Analyse der Papiere im Bestand A 602 vgl. demnächst die Monographie von Meyer in Vorb.

44 Vgl. dazu die Einführung im Online-Findbuch „A 602, Württembergische Regesten (1301–1500)" unter URL: https://www2.landesarchiv-bw.de/ofs21/olf/startbild.php?bestand=3703 (7.4.2014). Zur Bestandsentwicklung s. auch Müller 1937 und Schneider 1903.

45 Als Basis für die Aussonderungen dienten die „Württembergischen Regesten", die bereits im 19. und frühen 20. Jahrhundert die altwürttembergische Original- wie Kopialüberlieferung komplett zusammenzutragen gesucht hatten, vgl. *Württembergische Regesten* 1916–1927, ab sofort abgekürzt als WR plus Regestennummer.

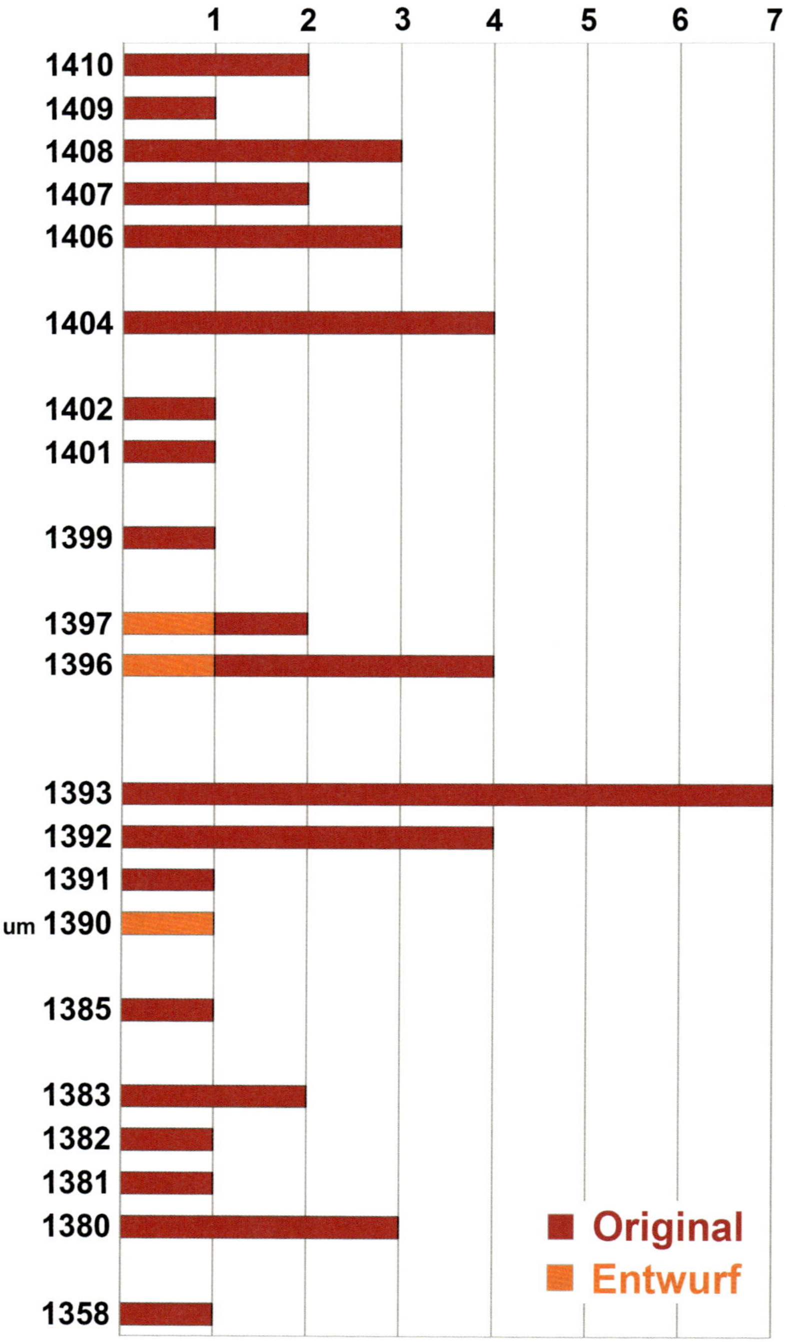

Abb. 5: Untersuchte Originale und Entwürfe im Bestand A 602 (1356–1410), 41 Archiveinheiten: 1 Buch, 47 Einzelblätter

auch schon vor dem späten 14. Jahrhundert, aus dem die ersten überlieferten Stücke bis auf eine frühere Ausnahme heute stammen, zum Einsatz kam.[46]

Drittens ist als Vorbemerkung vorwegzuschicken, dass im spätmittelalterlichen Archiv der Grafen von Württemberg vorrangig nicht die Produktion von Schrifttum der eigenen Kanzlei aufgehoben wurde. Gesammelt wurden vielmehr vor allem Schriftstücke, die von auswärts nach Stuttgart eintrafen; in der für die Analyse getroffenen Auswahl fanden sich daher unter anderem auch Dokumente aus den Reichsstädten Ulm, Gmünd und Rottweil, den württembergischen Orten Kirchheim unter Teck, Gärtringen bei Herrenberg oder Ensisheim im heutigen Frankreich bzw. aus der Kanzlei der fürstlichen Nachbarn etwa in Baden.[47] Die vorgestellte Fallstudie ist damit *nicht* geeignet, den Papiergebrauch einer bestimmten Kanzlei zu untersuchen; es lassen sich darin aber durchaus die Archivierungsgewohnheiten der württembergischen Kanzleimitarbeiter fassen.

Bei den Stücken, die wir für die Fallstudie auswählten, handelt es sich um insgesamt 41 Archiveinheiten, die bis in das Jahr 1410 reichen (vgl. Abb. 5). Ein Stück aus dem Jahr 1380, das Aussteuer-Inventar der Antonia Visconti (*liber iocalium*), ist in Buchform erhalten[48] (andere frühe Amtsbücher auf Papier aus derselben Zeit, vier Lagerbücher Eberhards des Greiners, sind im Zweiten Weltkrieg verbrannt); bei einem weiteren Dokument handelt es sich um ein Libell.[49] In den übrigen 39 Archiveinheiten sind insgesamt 46 Einzelblätter enthalten.[50] 41 Blätter tragen ein oder mehrere Siegel. In der württembergischen Kanzlei hatten besiegelte Papiere also offenbar weitaus bessere Überlieferungschancen als unbesiegelte. Leicht verzerrt wird dieser klare Eindruck freilich durch unsere Entscheidung, nur Originale – das heißt Ausfertigungen – und die (sehr seltenen) Entwürfe[51] in die Auswahl aufzunehmen. Generell nicht berücksichtigt wurden Kopien, da hier in der Regel der Zeitpunkt der Abschrift nicht mehr zweifelsfrei festzustellen ist.[52]

---

46 Vgl. dazu demnächst Meyer in Vorb.

47 Ulm: WR 2217 (25. November 1392), WR 2219 (26. November 1392), WR 2221 (1392 u. 1393), WR 2228f. (beide 27. März 1393), WR 2231 (27. März 1393), WR 11431 (6. Oktober 1406), Gmünd: WR 2250 (28. Juli 1399), WR 2250a (11. November 1399), Rottweil: WR 5352 (um 1390), Gärtringen: WR 9140 (9. Februar 1382), WR 5388, Kirchheim unter Teck: WR 9813 (29. Oktober 1385), Ensisheim: WR 4813 (5. März 1397), Baden: WR 5411 (27. Oktober 1408).

48 WR 32 (1380).

49 WR 5372 (8. August 1397).

50 Bei zwei Archiveinheiten WR 5351 und WR 5352 handelt es sich um fiktive Unterteilungen, da sie sich auf der Vorder- und Rückseite eines einzigen Blattes erhalten haben.

51 Dabei handelt es sich um lediglich drei Blätter: WR 5351 + WR 5352 (beide um 1390), WR 6950 (25. November 1396), WR 5372 (8. August 1397).

52 Auch frühe Dokumente in den heutigen Archivbeständen liegen nicht selten als papierne Abschriften vor; der Großteil wurde jedoch erst in der Neuzeit angefertigt; die wenigen mittelalterlichen stammen nach paläographischen Analysen meistenteils aus dem späteren 15. Jahrhundert, vgl. dazu ausführlicher demnächst Meyer in Vorb.

Es stellt sich die Frage, für welche Inhalte und Gattungen man in dieser frühen Zeit in Württemberg auf papierne Dokumente vertraute. Bei dem frühesten Stück handelt es sich um einen einzelnen Papierbrief aus dem Jahr 1356;[53] er gehört ins Umfeld eines der spektakulären Territorialgewinne Eberhards des Greiners, des Ankaufs der Tübinger Herrschaft wegen der Überschuldung der Tübinger Pfalzgrafen.[54] Der Papierbrief ist nicht das einzige dazu erhaltene Zeugnis; er ist in ein Ensemble an Pergamenturkunden eingebunden und auf eine konkrete Kaufurkunde sogar explizit bezogen. Graf Götz von Tübingen bittet im Papierbrief einen Walther von Geroldseck, mit ihm und anderen Zeugen diesen Kaufbrief zu besiegeln; er stellte den Württembergern also einen weiteren Gewährsmann für den Vertrag, wobei der Brief nicht als Einladung an den Geroldsecker zu verstehen ist, sondern als Zeugnis zur Erinnerung daran, dass Letzterer sich als Bürge zur Verfügung stellte; das mag der Grund sein, weshalb das Stück sich heute in württembergischen Beständen befindet.

Nach dem Dokument von 1356 bricht die papierne Überlieferung im Bestand A 602 für ein Vierteljahrhundert ab, bevor sich um 1380 wieder originale Papierdokumente finden lassen. Die drei ersten unter ihnen stammen aus Mailand; sie waren Teil der Verhandlungen über die Heirat, die der Greiner zwischen seinem Enkel und Antonia, einer Tochter von Bernabò Visconti, plante.[55] Im frühesten Stück berichtet ein württembergischer Gesandter aus Mailand über die Reaktion von Antonias Mutter auf die Werbung.[56] Im zweiten Dokument, einem Brief, informiert Bernabò Visconti seinen Schwiegersohn über die durch einen Stellvertreter in Mailand geschlossene Ehe.[57] Das dritte Dokument ist der bereits erwähnte *liber iocalium*, Antonias Aussteuer-Verzeichnis.[58] Bei den Feierlichkeiten in Württemberg wurde unter den Augen der Mailänder Gäste ein weiteres Verzeichnis angeheftet, mit den württembergischen Einkünften, die Antonia zur Absicherung ihrer Mitgift erhielt. Selbst für solche zentralen rechtserheblichen Schriftstücke sah man im Mailand des späten 14. Jahrhunderts offensichtlich kein Problem, Papier zu benutzen.

In Württemberg blieb man da misstrauischer; dem Papier vertraute man bis zum Ende des gewählten Untersuchungszeitraums 1410 vor allem ephemere Geschäfte an: Beim Gros der in A 602 archivierten Dokumente ab 1391 handelt es sich um Quittungen für Geldzahlungen, es sind aber auch papierne Entwürfe für Urkunden und Verträge zu finden. Nur wenige auf Dauer wichtige Rechtsgeschäfte wurden dem Papier anvertraut. Eine Urkunde von 1385[59] etwa scheint auf Papier nicht sicher genug gewesen zu sein; sie wurde gleich zweimal, einmal zeitnah 1389 und dann nochmals

53 WR 7251 vom 8. April 1358.

54 Vgl. dazu u.a. Mertens 1995, 36f.; Weisert 1981, bes. 52f.; Blessing 1972, 2.

55 Vgl. dazu u.a. Rückert 2005 und Rückert u. Lorenz 2008.

56 WR 30 (1379–1380), vgl. Rückert 2005, Nr. IV.11, 176.

57 WR 31 (2. Juli 1380), vgl. Rückert 2005, Nr. IV.12, 177.

58 WR 32 (1380), vgl. Rückert 2005, Nr. IV.13, 178f. und Nr. V.9, 188f.

59 WR 9813 (29. Oktober 1385).

1423, auf Pergament vidimiert.[60] Papier kam damit offenbar eher die Rolle zu, die pergamentene Schriftlichkeit zu flankieren bzw. das Prozedere von Rechtsgeschäften zu organisieren, wie bereits im Brief von 1356 ersichtlich wurde und wie auch zwei weitere Stücke in der Auswahl belegen: Ein Stück von 1381 klärt die Modalitäten, in der die Kaufsumme für ein andernorts vereinbartes Geschäft gezahlt werden sollte.[61] Im zweiten Dokument aus dem Jahr 1397 verpflichtet ein Schiedsrichter den württembergischen Grafen Eberhard III., er solle die bei ihm von Herzog Leopold hinterlegten Briefe herausgeben, da jener sie im Konflikt mit den Markgrafen von Baden benötigen würde.[62]

3 Autopsie des Materials und seine kulturhistorische Verortung

Tauchen wir ein in die Morphologie des Materials, wobei wir zu Beginn zumindest einige herstellungsbedingte Merkmale und Spuren streifen. Wir haben im Stuttgarter Bestand A 602 handgeschöpfte Hadernbüttenpapiere von durchweg bestechender Qualität gesehen. Die im Durchlicht zu betrachtende vergleichsweise hohe Transparenz der Papiere, ihr gleichmäßiges, kaum wolkenartiges Abbild des Faservlieses ist ein Beleg für eine besonders feingliedrige Zerfaserung der Lumpenfasern (Hadern) im Stampfwerk. Auch das Abbild ihrer Schöpfformen in Gestalt der Kett- und Ripplinien zeichnet sich durch große Gleichmäßigkeit und hohe Maßgenauigkeit aus.

Mehrere technische Merkmale verweisen darauf, dass es sich um frühe Papiere handelt: Die besonders dicken Rippdrähte von bis zu einem Millimeter Breite etwa verweisen darauf, dass die Technik des Drahtziehens erst noch perfektioniert werden musste. Schmale Streifen von Hand abgeflachter dünner Metallplatten wurden bis zur endgültigen Form des Runddrahts sogar gehämmert.[63] Aufgefallen ist uns ferner ein vergleichsweise hoher Abstand der Kettdrähte von durchschnittlich etwa 42 Millimetern. Aus dieser Beobachtung lässt sich folgern, dass es aufgrund physikalischer bzw. hydrostatischer Erfordernis einen Zusammenhang zwischen vergleichsweise dicken Rippdrähten und hohen Kettdrahtabständen an frühen europäischen Siebformen geben muss. Dass die Kettdrähte in Einzelfällen kaum sichtbar sind, mag auf das Konstruktionsprinzip früher Siebe zurückgehen, bei denen die Rippdrähte auf den Stegen lose auflagen und lediglich mit sogenannten Bewindedrähten daran befes-

60 Vidimus vom 14. Februar 1389: WR 9813a, Vidimus vom 27. April 1423: WR 9813b.
61 WR 7263 (4. Mai 1381).
62 WR 4813 (5. März 1397).
63 Vgl. Hunter 1947, 117.

tigt wurden.[64] Einen Kettdraht im späteren Verständnis kannte man in der Frühzeit der europäischen Handpapierherstellung bis ins 14. Jahrhundert hinein offensichtlich noch nicht allerorts. Auch wird von der Verwendung von Rosshaar als Kettdraht berichtet, das man aufgrund seiner geringen Dicke nicht im Abbild der Papiere erkennen kann.[65]

Die Papiere sind kräftig in Klang und Griff – eine Einschätzung, die freilich allein auf umfängliche Seh- und Taktil-Erfahrung zurückgreift, sich kaum genauer spezifizieren lässt und deshalb ein subjektives Urteil bleiben muss. Ihre Materialstärke beträgt durchschnittlich 0,2 Millimeter. Die Beschreibung ihrer Farbigkeit bleibt – der oben geschilderten Problematik geschuldet verallgemeinernd formuliert – gealtert weiß von variierendem Intensitätsgrad. Insgesamt, so lässt sich subsummieren, ist der Erhaltungszustand der Papiere auch nach rund 600 Jahren als exzellent zu bezeichnen. Dies belegt einmal mehr, dass das nach alter europäischer Tradition hergestellte Papier aus Hadern zwar weniger robust ist als Pergament, aber durchaus weitaus langlebiger und dauerhafter, als man gemeinhin auf der Grundlage jüngerer Papiere zu urteilen gewillt ist.[66] So zeigt auch der untersuchte Stuttgarter Bestand: Bei sorgsamem Umgang und klimatisierter Aufbewahrung können wir davon ausgehen, dass seine papierne Substanz um weitere Jahrhunderte gesichert ist.

Betrachtet man nur die losen Einzelblätter, so tragen 27 von ihnen ein Wasserzeichen, 20 von ihnen dagegen keines; dazu kommen Wasserzeichen auf einzelnen Seiten des Buches WR 32 und des Libells WR 5372. 16 dieser Zeichen wurden von Gerhard Piccard bereits in seine Wasserzeichensammlung aufgenommen; 13 kannte er nicht bzw. wollte er nicht berücksichtigen.[67] Zu beobachten sind zehn verschiedene Motivtypen, wobei das am häufigsten, das heißt fast bei der Hälfte der Stücke verwendete Motiv – wie kann es anders sein – der Ochsenkopf war: Schon seit dem frühen 14. Jahrhundert weit verbreitet, konnte er sich nach Gerhard Piccard deshalb als Massenzeichen durchsetzen, da er schon im älteren Gewerbe der Tuchmacherei – wie Piccard unter anderem am Beispiel Biberachs, Ulms und Basels demonstriert – als Schauzeichen der ersten Qualität etabliert war. Aus Rechnungen konnte Piccard den Beleg führen, dass der Ochsenkopf auch im Papierhandel als Gütemarke für besonders gute Ware galt.[68]

Weitere vier Motivtypen finden sich mehrfach: Viermal erscheint das Posthorn, auffälligerweise in vier Urkunden, die alle aus württembergischen Amtsstädten stammen und zeitlich mit den Rahmendaten Februar 1383 bis Oktober 1385 nah

64 Vgl. Weiß 1962, 58.
65 Vgl. Hills 1992, hier 86.
66 Zur hohen Qualität des spätmittelalterlichen Papiers vgl. Barrett 2013.
67 S. dazu unten mehr in Kap. 3.1.
68 Vgl. Piccard 1966, 23f.

beieinanderliegen; es handelt sich jedoch in keinem Fall um identische Marken.[69] Dreimal findet sich als Motiv ein gespannter Bogen, darunter einmal früh auf dem aus Italien mitgebrachten *liber iocalium* der Antonia Visconti, zweimal auf Quittungen um 1400.[70] Je zweimal finden sich die Wasserzeichentypen Glocke[71] und Dreiberg[72]; fünf Motivtypen kommen nur einmal vor.[73] Diese Motivvielfalt – besonders eindrucksvoll in der Archiveinheit WR 2256 mit sieben Blättern, von denen vier Wasserzeichen enthalten und jedes davon einer anderen Motivgruppe angehört – macht deutlich: Auch wenn die Papierqualität, wie oben beschrieben, erstaunlich homogen erscheint, so müssen diese Papiere – obwohl ihre exakte Herkunft nach dem heutigen Forschungsstand nicht zu bestimmen ist[74] – doch erstens aus vielen verschiedenen Mühlen stammen. Dies bedeutet zweitens, dass die verschiedenen Schreiber, deren Papiere heute im Bestand A 602 versammelt sind, auch schon Zugang zu ganz unterschiedlichen Bezugsquellen gehabt haben müssen.

Kommen wir damit zu den noch sichtbaren Gebrauchsspuren, bei denen sich erstens der Beschnitt als besonders aufschlussreich erwiesen hat: Nur zwei Stücke in der Auswahl präsentieren sich heute noch als vollständige, an ihrem umlaufend auftretenden echten Büttenrand erkenntliche Ganzbogen. Ebenso bemerkenswert für die Frage nach dem Gebrauch sind zweitens allgemeine Verschmutzungen, die entweder unmittelbar aus der Handhabung oder aber aus der besonderen Form der Aufbewahrung resultieren. Drittens lohnt sich den Faltungen besondere Aufmerksamkeit zu schenken, die sich von den eher willkürlich zustande gekommenen Knicken und ‚Eselsohren' deutlich abgrenzen. In den Falzungen spiegelt sich damit sowohl der Anspruch des platzsparenden Transportes als auch der einer ökonomisierten Form archivarischer Aufbewahrung.

Wenn wir im Folgenden zu einer konkreteren Vorstellung und Diskussion unserer Beobachtungen an den Stuttgarter Beispielen kommen, so sollen diese nicht etwa Blatt für Blatt präsentiert oder aber anhand der genutzten Werkzeuge und Hilfsmittel – das heißt etwa nach Analysen im Durchlicht, im Auflicht, im Streiflicht – gegliedert werden. Stattdessen sollen die Befunde am Material strukturell auch daraufhin befragt werden, was sie uns über die Entstehung der Schriftstücke und deren spätere Benutzung verraten.

---

69 WR 9140 (Gärtringen, 9.2.1382), WR 9802 (Stuttgart, 24.4.1383), WR 9803 (Stuttgart, 24.4.1383) und WR 9813 (Kirchheim unter Teck, 29.10.1385). Die zwei in der Auswahl erhaltenen Ganzbogen sind beide unter diesen Signaturen.

70 WR 32; WR 2250 und WR 2256.101d.

71 WR 2256.101h und WR 5384.

72 WR 2256.101f. und WR 11431.

73 WR 31 – Blume; WR 2221.83 – Kreis; WR 5372 – Turm; WR 2256.101e – Fisch; WR 2261 – Wappen.

74 Auf diese Problematik weist auch Evamarie Bange in ihrem Beitrag in diesem Band hin.

3.1 Spuren zur Entstehung der Dokumente

An erster Stelle stehen daher Spuren, die auf die Erstellung der Dokumente, das heißt auf den Autor bzw. seinen Schreiber verweisen. Wenn er zu Papier griff statt zu Pergament, dann konnte er sofort mit der eigentlichen Schreibarbeit beginnen. Bei Papier war keine Vorbehandlung nötig wie bei Pergament, das zunächst auf Löcher, fettige Stellen oder Haarreste untersucht und mit Kreide oder Kalk tintenfest gemacht werden musste. Ebenso wenig nahm der Schreiber Rücksicht darauf, ob er auf der Sieb- oder der Filzseite der Papiere schrieb, während man für Dokumente auf Pergament darauf achtete, den Haupttext aufgrund der raueren Oberfläche auf der Fleischseite zu platzieren.[75]

Im 14. Jahrhundert nahm der Schreiber aber nicht einfach ein Blatt vom Stapel und begann zu schreiben, sondern wie bei Pergament griff er zu Messer oder Schere, um das Papier auf die gewünschte Größe zuzuschneiden.[76] Die überwiegende Mehrzahl der Bogen in der Auswahl ist von Hand, in der Regel leicht unregelmäßig und mindestens an zwei Rändern, auf ein Format von durchschnittlich etwa 30 x 20 Zentimetern oder kleiner beschnitten. Einzelne Büttenränder bleiben also dokumentierbar; beim Zuschneiden störte man sich offensichtlich nicht daran, dass Schnittkanten anders aussehen als der originale Büttenrand (vgl. Abb. 6). Ebenso wenig war offenbar relevant, wenn beim Zuschneiden das Wasserzeichen durchtrennt wurde (vgl Abb. 7); unserem Eindruck nach war es demzufolge dem Zufall überlassen, ob es ganz erhalten blieb: Von den 29 in unserer Auswahl nachweisbaren Wasserzeichenmotiven sind nur elf vollständig, 18 dagegen zum Teil stark beschnitten.[77] Ob der Schreiber verschiedene Papierformate etwa für verschiedene Zwecke bzw. Adressaten zur Hand hatte, ist an der untersuchten Auswahl nicht abzulesen. Die beiden einzigen Ganzbogen (beide im Übrigen mit dem Wasserzeichenmotiv Posthorn) entsprechen mit rund 44 Zentimeter in der Breite und 29,5 Zentimeter in der Höhe dem Reçute-For-

---

75 Siehe dazu ausführlich Janzen 1992. Eine umfangreiche Studie zur Typologie der niederländischen Zeichnung des 16. Jahrhunderts auf Papier im Kupferstich-Kabinett Dresden deckte auf, dass die überwiegende Mehrzahl der untersuchten Zeichnungen auf der glatteren Filzseite gezeichnet wurde. Diese Beobachtung dürfte belegen, dass die Verwendung von Papier als Zeichenträger durch die damaligen Künstler durchaus in einem sehr konkreten Bewusstsein für seine Haptik und Oberflächeneigenschaften geschah, vgl. Wintermann 2011, 297.

76 Christina Antenhofer und Jürgen Herold erklären diesen auch aus ihrem Material ersichtlichen Befund mit der Sparsamkeit der Schreiber, vgl. Antenhofer u. Herold 2013, hier 60f.

77 Oben wurde bereits erwähnt, dass von den 29 in der Auswahl dokumentierten Wasserzeichen 16 bei Piccard zu finden sind: Neun von ihnen sind vollständig erhalten, sieben dagegen fragmentarisch. Von den 13 nicht bei Piccard berücksichtigten Wasserzeichen sind dagegen nur zwei vollständig, die anderen elf dagegen fragmentarisch; vielleicht lag im Erhaltungszustand ein Grund, sie bewusst auszusortieren.

Abb. 6: Vergleich des Dokuments WR 2256 im Auflicht (oben) sowie im Durchlicht (unten), Büttenränder rechts und unten, Schnittkanten oben und links, Maßstab in Zentimetern

Abb. 7: Detail aus Abb. 8, Oblatensiegel (links) und durchtrenntes Ochsenkopfwasserzeichen (rechts daneben) am unteren Blattrand des Dokuments WR 2221, im Streiflicht, prägnante Ripplinien der Siebstruktur, Einstich (vom Verso her) sowie Faltungen, Maßstab in Zentimetern

mat, das – wie zuerst auf einer Marmortafel im Bologna des 14. Jahrhunderts statuiert – als kleinstes von insgesamt vier Formaten der italienischen Handpapierherstellung in ganz Europa noch über Jahrhunderte gültig blieb.[78]

Bevor sie die Feder in die Tinte tauchten, markierten die meisten Schreiber mit einem stumpfen Griffel die äußere Begrenzung der Schriftzeilen bzw. des Schriftspiegels (Justifikation) am oberen sowie linken und rechten Textrand durch eine blinde Ritzung, die im flachen Streiflicht betrachtet als ein schwach konkaves Linienrelief sichtbar wird (vgl. Abb. 8). Auf den ersten Blick können diese Ritzungen wie Faltungen im Blatt wirken. Ähnlich wie der Beschnitt scheint diese Gewohnheit von den Schreibern aus dem Umgang mit dem weitaus robusteren Pergament übernommen worden zu sein.

Mit den uns im Archiv verfügbaren Werkzeugen konnten wir nicht zweifelsfrei nachweisen, welche Tinten auf den Papieren im Bestand A 602 verwendet wurden. Zerstörungsfreie Untersuchungsverfahren zur Klassifizierung wie die Infrarotreflektografie mittels Bandpassfilterung oder die Röntgenfluoreszenz sind mit hohem apparativ-technischem sowie Kostenaufwand verbunden, verlangen speziell geschultes

78 Für eine Abb. des Steins und seine Erläuterung vgl. Piccard 1965, 56. Eine erste Inschrift in Bologna wird auf die Zeit um 1308 datiert; die erhaltene Kopie entstand wohl jedoch erst kurz vor 1389, dem Erstellungsdatum der Bologneser Statuten, die darauf Bezug nehmen, s. zu Letzteren oben Anm. 22.

Personal und sind allenfalls in Ausnahmefällen vor Ort im Archiv durchzuführen.[79] Dem Augenschein nach zu urteilen sahen wir vorwiegend Eisengallustinten, die – das scheint uns bemerkenswert – über die Jahrhunderte keinen Tintenfraß provoziert haben. Anders als auf Pergament drang die Tinte beim Schreiben in die Papierfasern ein, wie unter dem Mikroskop gut sichtbar wird. Dieser Befund, kombiniert mit der Tatsache, dass Papier in der Regel dünner als Tierhaut ist, machte es für die Schreiber deutlich schwieriger, Fehler auszuradieren. Im vorliegenden Konvolut haben wir nur ein kleines Beispiel dafür gefunden, dass der Schreiber Buchstaben auszukratzen versuchte.[80] Diese Rasur wird im Durchlicht erkennbar, da die Papiermembran entlang der Schriftkontur ausgedünnt ist (vgl. Abb. 9).

Der paläographische Vergleich macht deutlich, dass die Schreiber auf Papier dieselben Schriften verwendeten wie auf Pergament. Anders dagegen musste man siegeln: Papierblätter sind in der Regel zu schwach, um an ihnen wie an Pergament hängende Siegel anzubringen. Stattdessen verwendete man aufgedrückte Wachssiegel, wie explizit auch in der Corroboratio mancher Dokumente vermerkt ist: So etwa ließ der Markgraf Bernhard von Baden in einem Schriftstück vom 27. Oktober 1408 vermerken, er habe es zur *vrkund diß brieffs [...] mit vnsern vff gedrucktenn Insigel zu ende dirre geschrifft* bestätigen lassen.[81] Abgeplatzte Siegel sind ein gängiges Schadensbild im Archiv. Nicht immer resultieren diese aus einer hohen Frequenz der Benutzung oder gar achtlosem Umgang. Eher ist es die im Gegensatz zum Papier gänzlich unflexible und durch Alterung schnell versprödende Siegelmasse aus pigmentierten Wachs-Harz-Gemischen oder teigartigen Stärkemehl-Massen, die für das hohe Maß an Verlusten verantwortlich ist.[82] Sind die Siegel intakt und ausgeprägt reliefiert, hinterlässt ihr Relief bisweilen einen Negativabdruck auf der Gegenfläche des gefalteten Bogens (vgl. Abb. 10).[83]

In der vorliegenden Auswahl war nur noch bei einem Teil der Siegel die Papieroblate erhalten, die jedoch für den Akt der Besiegelung obligatorisch gewesen sein muss.[84] Sie schützte die Wachsmasse als ‚Deckel/Cover' und beugte so ihrer Brüchigkeit vor, diente eventuell aber auch dazu, dass sie in erhitztem Zustand beim Vorgang des Siegelns nicht in den Vertiefungen und Rillen der Petschaft kleben blieb. Auch ästhetische Gründe mögen ausschlaggebend gewesen sein, da sich das zum Teil stark reliefierte Siegelbild auf der Oblate besser erkennen lässt. Dagegen spricht, dass man für die Oblaten auch ‚Altpapiere' in Form von Makulaturen zweitverwendete, wie sich

79 Vgl. etwa Fuchs 2010.

80 WR 9813.

81 WR 5411 (27. Oktober 1408).

82 Vgl. dazu Stieldorf 2004, 61.

83 WR 12799 (8. Juli 1406) und WR 9803 (24. April 1383).

84 Vgl. Stieldorf 2004, 60, nach der der Papierüberzug auf Wachssiegeln regional unterschiedlich ab dem 14. Jahrhundert bezeugt ist.

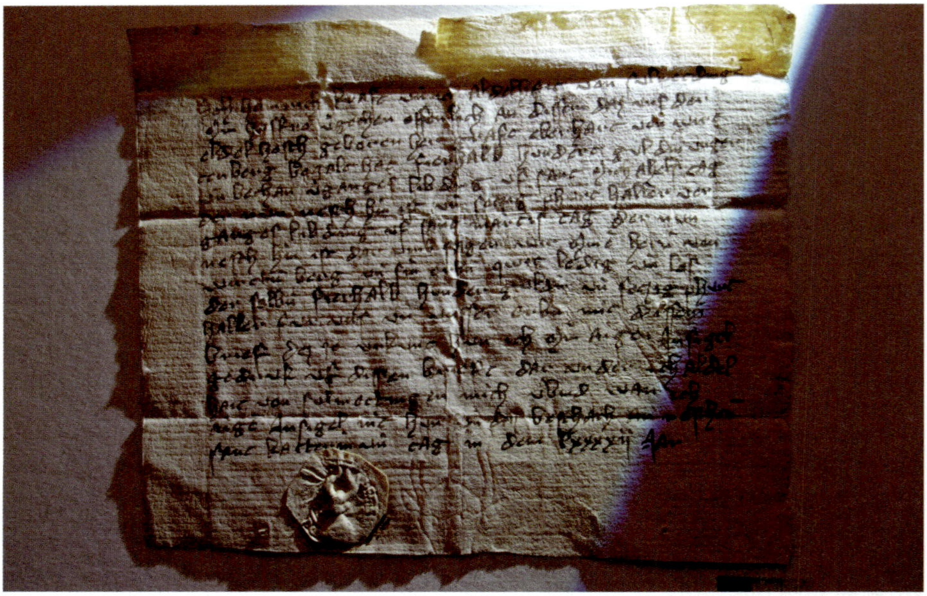

Abb. 8: Dokument WR 2221 im Streiflicht: Papierstruktur, Faltungen, Justifikation, Oblatensiegel, Wasserzeichen, angestoßene und geknickte Blattkanten, Risse, Knicke, Einstich, Maßstab in Zentimetern

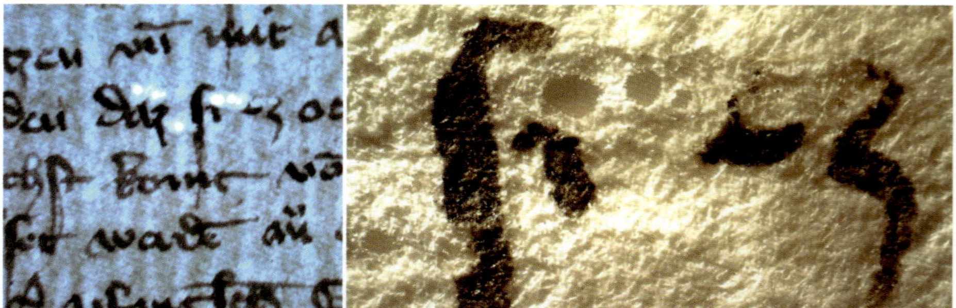

Abb. 9: Rasuren im Text an Dokument WR 9813, links im Durchlicht, rechts im Auflicht, unter mikroskopischer Vergrößerung, Maßstab in Millimetern

Abb. 10: Abgeprägtes Siegelrelief (oben) an aufgefalteter Gegenfläche des Papiers auf Dokument WR 12799, im Streiflicht, Maßstab in Zentimetern

Abb. 11: Verwendung von Makulatur (mit Tintenaufschrift) für die Anfertigung einer papiernen Siegeloblate auf Dokument WR 2221, Nr. 83, im Streiflicht, Maßstab in Zentimetern

Ich hainrich Vot den man nempt Mungs bekenne offenlich mit disem brieff
vnd tun kunt allermenglich daz mich der edel wolerborn min lieber gnadig
herre graue Eberhart von wirtenberg der zinse von den vier hundert vnd zehen
gulden guter vnger vnd behem die er mir schuldig ist vnd der selben zinse er

Abb. 12: „Klecksographie" (oben links und rechts) durch Eintritt einer wässrigen Lösung im gefalteten Zustand auf Dokument WR 2230, Faltungen, gebrochenes Rundsiegel mit vier kreuzförmig angeordneten Punkten aus Siegelwachs, Maßstab in Zentimetern in der vorliegenden Auswahl an einem Beispiel belegen lässt (vgl. Abb. 11).[85] Überhaupt ließ man beim Zuschnitt der Oblate sehr unterschiedliche Sorgfalt walten: Zum Teil scheint dem Siegler ein unregelmäßiger ‚Fetzen' Papier genügt zu haben, zum Teil dagegen legte er durchaus Wert darauf, die Papiertektur exakt und gleichmäßig rund an das Format des Siegels anzupassen.[86]

Bis auf eine Ausnahme sind alle Siegel in der Auswahl von runder Form, jedoch von verschiedenen Größen; bei zwei Beispielen finden sich zusätzlich vier Punkte in Kreuzesform neben das Siegelrund gesetzt (vgl. Abb. 12).[87] Bei der Ausnahme handelt es sich um ein spitz-ovales Siegel, das in der Corroboratio als Beglaubigungsmittel des Stiftskapitels von Stuttgart ausgewiesen ist (vgl. Abb. 10).[88] Dies passt zum Befund der Sphragistik, dass diese Siegelform vor allem bei geistlichen Institutionen bzw. Personen beliebt war.[89]

Bemerkenswert ist, dass für die Besiegelung unterschiedliche Wachsfarben verwendet wurden: Im Durchlicht lässt sich selbst bei solchen Siegeln, die noch Oblaten tragen, zwischen roten und braun-grün-schwarzen Exemplaren unterscheiden. Lange galt in der Sphragistik die Meinung, dass die Farbwahl nur Modeerscheinung sei; Alois Niederstätter hat dagegen 2010 mit einem beeindruckenden Aufsatz über so genannte „Rotwachsfreiheiten" detailliert nachgewiesen, dass es durchaus eine Farbhierarchie mit der Zuordnung rot/fürstlich, grün/adlig und schwarz/bürgerlich gab.[90] Ob die von ihm zusammengestellten normativen Quellen praktisch auch umgesetzt wurden, ist in unserer Auswahl jedoch schon deshalb nur bedingt zu überprüfen, da die dunkleren Wachsfarben nicht immer klar auseinanderzuhalten sind. Am häufigsten wurde grünes Wachs verwendet, gefolgt von braunem, das heißt ungefärbtem. Am eindeutigsten sind die vier roten Siegel zu identifizieren – dreimal handelt es sich hier um Urkunden, die von württembergischen Räten im Auftrag der Grafen ausgestellt wurden,[91] einmal um ein Schreiben des badischen Markgrafen Bernhard.[92] Gegen Alois Niederstätters Thesen spricht freilich, dass Dokumente mit mehreren Siegeln immer in der gleichen Wachsfarbe bestätigt wurden.

Informativ ist auch der Ort, an dem die Siegel angebracht wurden: Die Mehrzahl der untersuchten Stücke ist auf der Recto-Seite unter dem jeweiligen Haupttext gesiegelt; häufig finden sich hier nicht nur ein, sondern bis zu fünf Siegel.[93] Ihr Zweck lag

85 WR 2221, Nr. 83.
86 Für eine nachlässige Siegeltektur vgl. etwa WR 9140, für eine sorgfältig angepasste dagegen WR 5388.
87 WR 2230 und WR 11431.
88 WR 12799 (8. Juli 1406).
89 Vgl. Stieldorf 2004, 61f.
90 Vgl. Niederstätter 2010. S. bestätigend auch Stieldorf 2004, 59.
91 WR 9802 (24. April 1383), WR 9803 (24. April 1383), WR 9813 (29. Oktober 1385).
92 WR 5411 (27. November 1408).
93 Fünf Siegel befinden sich auf den Dokumenten WR 9140 und WR 4813.

Abb. 13: Gebrochenes Verschlusssiegel an Dokument WR 7251, im Streiflicht, Maßstab in Zentimetern

damit eindeutig in der Beglaubigung des im Text dokumentierten Rechtsgeschäfts. Daneben sind jedoch auch Verschlusssiegel zu finden, die vor dem Lesen gebrochen werden mussten (vgl. Abb. 13): Bei diesen Dokumenten handelt es sich um Briefe in unserem heutigen Verständnis, die durch die Versiegelung vor unberechtigten Lesern geschützt werden sollten. Ob ein Schriftstück in unserer modernen Terminologie Brief oder Urkunde war, lässt sich in den hier analysierten Stücken am Inhalt nicht zweifelsfrei ablesen; der Ort des Siegels kann hier also zusätzlicher Hinweis sein.[94]

Neben der Anbringung des Siegels lässt sich hier auch die Faltung der Stücke anführen: Für von Boten übermittelte Briefe hatten sich Ende des 14. Jahrhunderts offenbar je nach Größe verschiedene Falttechniken eingebürgert, wie Christina Antenhofer und Jürgen Herold jüngst am Beispiel des Briefwechsels um die nach Württemberg verheiratete Barbara Gonzaga konstatierten.[95] Die von ihnen für großformatige Briefe beschriebene Faltung, in der zuerst die obere Kante des Dokuments in einem schmalen Streifen nach innen geschlagen wurde, anschließend die rechte Kante über die Blattmitte hinweg umgelegt wurde, um darüber in einem dritten Schritt die linke Kante zu klappen, lässt sich auch rund hundert Jahre vor Barbara Gonzaga beim Visconti-Brief WR 31 beobachten: Auf die so entstandenen drei Lagen, von denen die obere nur etwa drei Viertel der Breite des Briefes einnahm, wurde das Siegel als Verschluss angebracht.

Ebenfalls in Verbindung mit Faltung und Besiegelung sind eventuell auch unsere Beobachtungen am Stück WR 30 zu bringen: Geradlinige Schlitzungen von etwa einem Zentimeter Länge, die mit einem Messer eingestochen wurden, zeigen auf dem entfalteten Dokument eine spiegelsymmetrische Anordnung (vgl. Abb. 14). Diese Anordnung könnte für die Verwendung eines flachen Siegelbandes, des sogenannten Pressels, aus Papier oder Pergament sprechen, welches in das gefaltete Dokument ehedem eingeflochten war.[96] Sie könnte jedoch auch Indiz dafür sein, dass die entsprechenden Papiere einst als *Letterae inclusae* in ein anderes Dokument eingehüllt waren. In diesem Fall könnten sich die Einschnitte, die für die Verschnürung des äußeren, verlorenen Dokuments nötig waren, auch auf den inneren Brief durchgedrückt haben.

---

94 S. ähnliche Überlegungen für die Faltung von Papyri bei Krutzsch 2008, 71. Zum Problem der Klassifikation von Briefen vgl. Antenhofer u. Herold 2013, 55–60.

95 Vgl. ebd., bes. 60f.

96 Zu verschiedenen Varianten des Briefverschlusses vgl. ebd., 61. Vgl. ähnliche Schlitze auf den Dokumenten WR 31 und WR 11431.

Abb. 14: Schmutzränder entlang der Faltungen (links) und Schlitzungen für Pressel (Detail, rechts) an Dokument WR 30, im Durchlicht, Maßstab (links) in Zentimetern

3.2 Spuren späterer Benutzung der Dokumente

Doch die Knicke und Faltungen der Stücke geben nicht nur Auskunft darüber, ob das Schriftstück einst versandt wurde. Nicht selten in Kombination mit dunkelbraunen Schmutzfeldern verweisen sie auch darauf, was später im Archiv mit den Stücken geschah. Schon bei der Eingliederung ins Archiv wurden sie im Normalverfall neu geknickt, um sie auf ein einheitliches Format zu bringen. Dazu wurden sie – so zeigen auch die verschmutzten Flächen, die jeweils die Außenseiten des gefalzten Dokuments anzeigen – auf das in unseren Augen ungewöhnlich kleine Maß von etwa 70 bis 140 Millimetern in der Höhe und 110 Millimetern in der Breite (durchschnittlich am häufigsten gemessen!) geknickt. Die oberflächig aufliegenden Verschmutzungen, von denen insbesondere auch die Blattecken und -ränder betroffen sind, entstanden aufgrund einer mehr oder weniger freien atmosphärischen Bewitterung. Sauerstoff, Licht, Schadgase sowie ubiquitäre Stäube dürften als exogene Alterungsfaktoren dafür hauptverantwortlich sein. Auch die frühesten Dorsalvermerke finden sich aufgrund der Falttechnik, die jene Flächen nach außen stellte, auf diesem verschmutzten Karree. Weitere Spuren zeugen vom turbulenten Leben der Papiere im Archiv: Neben

Abb. 15: Tintenbefleckte Fingerabdrücke auf dem Dokument WR 2262; möglicherweise jene des Schreibers, Maßstab in Zentimetern

Anobienfraß sind etwa Wasserränder zu nennen, die sich auf einigen Dokumenten durch den willkürlichen Eintrag von Flüssigkeiten, entweder Wasser oder Tinte, gebildet haben. Stellen sich diese als spiegelsymmetrische Abklatsche, zufällig entstandene „Klecksographien"[97] dar, ist dies ein Hinweis auf den gefalteten Zustand des Dokuments im Moment des Schadensereignisses (vgl. Abb. 12). Fehlstellen in Form kleiner Löcher, die besonders gut im Durchlicht zu sehen sind, fanden wir besonders oft an den Kreuzungspunkten der Knicke. Hier ist die mechanische Belastung auf das Papiervlies durch das Knicken sowie die stete Bereibung an dieser exponierten Stelle so hoch, dass es zu einem kontinuierlichen Substanzverlust gekommen ist. Diffuse Fingerabdrücke in Form abgegriffener Blattränder sind vielfach zu beobachten. Auf dem Dokument WR 2262 fanden sich verwischte Abdrücke tintenbefleckter Finger, auf denen sogar die Papillarleisten zu erkennen sind; eine Beobachtung, die kriminologische Instinkte des Materialforschers wecken muss (vgl. Abb. 15).[98]

---

97 Der Arzt, Dichter und Schriftsteller Justinus Kerner prägte den Begriff der Klecksographie (heutige Schreibweise) erstmals 1857, vgl. Brandstätter 1998, 5.

98 Zu Fingerabdrücken auf Siegeln – absichtsvollen wie unabsichtlichen – und ihrem heuristischen

Sicher sind diese Spuren späterer Archivbenutzung nur schwer oder sogar gar nicht zu datieren. Weiter führen könnte hier jedoch, wenn man sie konsequent mit den Dorsalvermerken auf den Stücken in Beziehung setzt, die bislang freilich noch nicht systematisch untersucht wurden.[99] Die frühesten stammen wohl bereits aus der Entstehungszeit der Dokumente, wie etwa Heidrun Hofacker für eine Serie von Quittungen aus der Mitte des 15. Jahrhunderts belegt.[100] Erst im letzten Jahrzehnt des 15. Jahrhunderts hielt man es offenbar für nötig, einen hauptberuflichen Registrator für das Archiv anzustellen.[101] In der Mitte des 16. Jahrhunderts nahmen seine Nachfolger die Stücke erneut in die Hand, um sie in das von ihrem Kollegen Jakob Ramminger ab 1504 geschaffene Ordnungssystem einzugliedern und sie damit in der nun schon gewaltig gewachsenen Archivmasse wiederauffindbar zu machen.[102]
Die Schriftspuren führen aber weit über die Frühe Neuzeit hinaus bis ins 20. Jahrhundert: Die blauen Buntstiftnummerierungen etwa müssen entweder aus der Zeit stammen, als ab dem späten 19. Jahrhundert die Württembergischen Regesten entstanden, oder aber von den Archivaren, die die Stücke nach dem Zweiten Weltkrieg für die geschlossene Aufstellung in Stuttgart als Bestand A 602 zusammensuchten. Aber nicht nur die neuen Signaturen zeugen von der Benutzung der Archivalien im 20. Jahrhundert. So waren im Zuge von modernen Restaurierungen zur Stabilisierung aufgebrachte Hinterlegungen aus Japanpapier im Durchlicht als klar abgegrenzte Bereiche von abweichender Opazität und Struktur zu erkennen (vgl. Abb. 16).

Schließlich fanden wir auf der Quittung mit der Signatur WR 2221 weitere, uns zunächst ominös scheinende Ritzungen. Im flachen Streiflicht betrachtet sahen wir parallel zueinander verlaufende eingeprägte Linien, die im gleichen Abstand zueinander mit einer stumpfen Spitze eingedrückt wurden (vgl. Abb. 17). Verändern wir das Licht und lassen es von hinten durch das Dokument scheinen, lesen wir deckungsgleich die Kett- und Ripplinienstruktur des Papiers. Tatsächlich sind wir hier auf eine außergewöhnliche Gebrauchsspur gestoßen. Die Kartei in der Stuttgarter Wasserzeichensammlung von Gerhard Piccard klärt unter der Nummer 21800 auf, dass die „Quittung über ein Leibgeding" aus Ulm von 1393 dort als Beispiel für die Anfertigung einer zeichnerischen Pause für diesen Wasserzeichentypus diente.[103] Diese Ritzungen müssen demnach entstanden sein, als Piccard mit Transparentpapier und Bleistift Musterung und Abstände der Ripplinien dieses Papiers dokumentierte.

Wert vgl. Mitis 1949.

99 Einführende Überlegungen zu den Händen der Kanzleimitarbeiter bei Mehring 1931.

100 Vgl. Hofacker 1984, 51.

101 Vgl. ebd., 45.

102 S. dazu Maurer 1980, 12f. und Schneider 1903, 1.

103 Vgl. Piccard Online unter URL: http://www.piccard-online.de/detailansicht.php?PHPSESSID=&klassi=023.001.001.007&ordnr=21800&sprache= (Stand 14.4. 2014).

Abb. 16: Restaurierungen von Fehlstellen im Blatt durch Hinterlegung mit farblich angepasstem Japanpapier an Dokument WR 9813, im Durchlicht, Maßstab in Zentimetern

4 Resümee

Gebrauchsspuren sind Spuren, die einen Gegenstand von seinem ‚Originalzustand' wegführen, indem sie sichtbar daran auftreten.[104] Streng genommen entstehen sie bereits im ersten Moment der Berührung des noch nackten, unbeschriebenen Papier-

104 Gebrauchsspuren werden dem Verständnis nach oft nicht als Beschädigungen im technischen Sinne verstanden, sondern als etwas, was vor allem auf die Ästhetik des Dokuments einen abwertenden Einfluss nimmt. In diesem Zusammenhang hat Petersen 1991 im Lexikon des gesamten Buchwesens sogar eine „verhandelbare Wertminderung" konstatiert. Aus der Perspektive der modernen Konservierungs- und Restaurierungswissenschaften zählen Spuren aus der Überlieferung hingegen zu den intrinsischen Eigenschaften eines Dokuments, die seinen Wert maßgeblich mitbestimmen. Zu berücksichtigen ist dabei auch (wie etwa im Bereich der modernen Kunst von Hoppmann 2006, 71, oder Schinzel 2012, 62, konstatiert), dass die Bedeutung und Bewertung von Gebrauchsspuren über die Zeit keinesfalls gleich bleibt: In dem Maße, in dem sich über Generationen ‚pendelnd' der Blickwinkel verändert, von dem aus wir auf die Materialsubstanz und den Inhalt des Dokuments schauen, verändert sich kontinuierlich auch der Blickwinkel, von dem aus wir die Gebrauchsspur bewerten. Wird die Gebrauchsspur im Moment ihres Entstehens vielleicht noch als Schaden bewertet, ist sie Jahrzehnte oder Jahrhunderte später Ausdruck von Alter und Geschichte des Dokuments, sie „adelt" es förmlich.

Abb. 17: Ritzungen im Papier des Dokuments WR 2221, im Streiflicht, von Gerhard Piccard zur Übertragung der Ripplinien für seine Wasserzeichenkartei ausgeführt, Maßstab in Zentimetern

blattes. Aus der Entscheidung, es mit einem bestimmten Text zu beschriften oder auch ein Bild darauf zu bannen, bemisst sich zunächst die intendierte Bedeutung des Dokuments. Allerdings besitzt der Hersteller des Dokuments – sei er Autor, Schreiber oder bildender Künstler – nicht zwangsläufig die Deutungshoheit über sein Werk: Auch durch seinen (einmaligen oder mehrfachen) Gebrauch bzw. seine spätere Wiederverwendung in gewandelten Kontexten wird es mit Bedeutung aufgeladen.[105]

Bislang ist die philologische wie buchwissenschaftliche Forschung gewohnt, solche Rezeptionszusammenhänge vor allem über *Texte* – etwa Besitz- oder Dorsalvermerke, Widmungen, Glossen etc. – zu erschließen. Vereinzelt werden auch Gebrauchsspuren als Indizien genutzt: In der Kunstgeschichte etwa werden bei Zeichnungen auf Papier Gebrauchsspuren wie zum Beispiel Quadrierungen oder Punktierungen, die direkt auf ein Übertragungsverfahren hinweisen, angeführt, um das jeweilige Dokument in einen ausgewiesenen Funktionszusammenhang, hier den des Entwurfs oder der Pause, einzuordnen. Auch in den historischen Hilfswissenschaften werden materiale Beobachtungen genutzt, um die Archivalien in Kategorien wie Original/Ausfertigung, Entwurf oder Kopie zu klassifizieren. Zumeist bleibt die Einordnung freilich den Einschätzungen und Erfahrungen des katalogisierenden Forschers überlassen, ohne dass die Gründe hierfür transparent gemacht würden. Implizit ist dieses Vorgehen mit der Vorstellung verbunden, dass Gebrauchsspuren durch die Zeiten hinweg dieselbe Sprache sprechen, also anders als Texte heute problemlos zu dechiffrieren sind.

Schon unsere kurze Fallstudie zu den frühen Papieren im Bestand A 602 hat gezeigt, dass diese Vorstellung falsch ist: Die materielle Gestalt und Verpackung eines Dokuments, die für den zeitgenössischen Empfänger bzw. Rezipienten unmittelbar bereits wichtige Aussagen über Inhalt und Bedeutung der darauf fixierten Texte transportierten, sind heute nicht mehr so einfach und eindeutig zu interpretieren. Dies hat einerseits damit zu tun, dass die späteren Formen der Aufbewahrung mit dem Primärziel der Bewahrung des Textes nicht selten ältere Gebrauchs- und Archivierungskontexte verschleiern bzw. verunklaren.

Andererseits ist dieser Befund darauf zurückzuführen, dass wir die Praktiken der mittelalterlichen Zeitgenossen im Umgang mit Schriftstücken nicht mehr vor Augen

---

105 Texte – so lautet eine der zentralen Hypothesen des nicht nur in den Geschichtswissenschaften virulenten „cultural turn“ – tragen keinen festen, unveränderbaren Sinn in sich; ihre Bedeutung „ereignet sich“ vielmehr in jedem Rezeptionsakt neu, vgl. *SFB-Antrag* 2011, u. a. 23. Dieses Credo wird durch die Leseforschung bestätigt, nicht obwohl, sondern gerade weil die intellektuelle Erkenntnis vom frei flottierenden Sinn unseren pragmatisch-alltäglichen Leseerwartungen widerspricht: Demnach beruht unser Rezeptionsverhalten im Normalfall genau auf der Erwartung, dass es möglich sei, einem bestimmten Text auch einen eindeutigen Sinn zuzuschreiben. Dies gelingt uns aber nur, indem wir in Sekundenbruchteilen verschiedene Wortbedeutungen aktivieren, um ebenso schnell nach Kontext und Erwartungen eine herauszugreifen und so die Mehr- oder Vieldeutigkeit eines Textes zu reduzieren. Vgl. dazu Messerli 2003.

haben. Die Fallstudie wollte testen, inwiefern eine *serielle* Auswertung von Archivalien unter materiellen Gesichtspunkten nicht nur Stoff für eine jeweilige ‚Geschichte des Objekts' zu liefern vermag, sondern auch allgemein eine ‚(Kultur)-Geschichte aus dem Objekt' heraus zu schreiben erlaubt, wie sie von Jan Keupp und Romedio Schmitz-Esser in ihrem 2012 veröffentlichten Plädoyer für eine ‚neue Realienkunde' gefordert wird.[106]

Die Zahl der aus dem Bestand A 602 analysierten Stücke ist sicher zu klein, um an dieser Stelle schon weiterreichende Folgerungen zu wagen. Sichtbar wird jedoch, dass der Einsatz von Papier durch die professionellen Schreiber und Kanzleimitglieder in der Zeit um 1400 noch stark an ihren Gewohnheiten im Umgang mit Pergament orientiert war. Dies schließt an die Analyse der wenigen expliziten Äußerungen zur Verwendung von Schreibmaterial an, die fast ausnahmslos die ältere Tierhaut als adäquates Beschreibmaterial insbesondere für wertvolle Dokumente bevorzugen. Solche dem Papier und seinen Eigenschaften gegenüber skeptischen Quellen brechen interessanterweise auch mit der quantitativen Durchsetzung des Papiers in den folgenden Jahrzehnten nicht ab.[107] Es erscheint daher lohnenswert, diese ungebrochenen Meinungen über Papier mit den materiellen Befunden aus der im 15. Jahrhundert massiv anschwellenden Überlieferung zu kontrastieren. So etwa ließe sich der Frage, ob der routiniertere Umgang mit Papier nicht auch die Praktiken seiner Verwendung veränderte und erweiterte, konkret an einer Stichprobe mit Papieren aus der zweiten Hälfte des 15. Jahrhunderts im Stuttgarter Bestand A 602 nachgehen: Hatte man im späten 15. Jahrhundert zum Beispiel schon erkannt, welche Vorteile die Verwendung der originalen, normierten Papierformate etwa im ästhetischen bzw. archivpraktischen Sinn boten? Lässt sich für diese Zeit bereits der im Vergleich zum Pergament sehr viel leichter zu bewerkstelligende Gebrauch verschiedener Papierqualitäten bzw. Grammaturen für unterschiedliche Zwecke bzw. Gattungen nachweisen? Wie wirkte sich die auf den Papieren um 1400 feststellbare neue Form des ‚aufgedrückten Siegels' auf die Anwendungsbereiche, die Praktiken und Vorstellungen der Authentifizierung bzw. Beglaubigung von Schriftstücken aus?

Antworten auf diese Fragen, das hat die Fallstudie klar bestätigt, sind nur zu finden, wenn man Materialitätsexpertise und kulturhistorische Theoriebildung stärker als bisher miteinander verzahnt, das heißt also, Restaurierungs- und Geschichts- bzw. Buchwissenschaften voneinander lernen lässt. Nur in der interdisziplinären Zusammenarbeit sind die aus unserer Perspektive für künftige Untersuchungen anstehenden Aufgaben zu bewältigen, die am Schluss zusammenfassend in drei Punkten skizziert werden sollen:

Erstens erscheint uns erforderlich, das praktische Instrumentarium für eine Analyse der Gebrauchsspuren in mittelalterlichen Schriftzeugnissen weiter zu ent-

106 Vgl. Keupp u. Schmitz-Esser 2012.
107 S. dazu demnächst ausführlich Meyer in Vorb.

wickeln und zu erproben. Dies betrifft einerseits die weitere Suche nach geeigneten Werkzeugen und Methoden, aber auch die Identifizierung weiterer aussagekräftiger Gebrauchsspuren, war das Augenmerk der Forschung bislang doch vor allem auf die Identifizierung herstellungsbedingter Merkmale gerichtet.[108] Dazu kommt andererseits die Notwendigkeit, die Bearbeiter im Umgang mit den Werkzeugen zu schulen und noch mehr dafür zu sensibilisieren, welche Indizien für den Gebrauch der Dokumente überhaupt wie erfasst und taxiert werden können. Eine Sicherung der bis hier erreichten Ergebnisse könnte über die Entwicklung und das Angebot eines mobilen Labors im Koffer zu erreichen sein, das nicht nur grundlegende Hilfsmittel für die Papieranalyse vor Ort im Archiv oder in der Bibliothek umfasst, sondern zugleich dafür erstellte Bedienungsanleitungen zur Verfügung stellen soll.[109] Nur über solche Angebote kann unseres Erachtens die Erfassung großer Mengen an materialbezogenen Informationen (Big Data) gelingen.

Zweitens muss sowohl interdisziplinär als auch über konkrete Projektgrenzen hinweg weiter die Frage gestellt und diskutiert werden, wie die analysierten Ergebnisse sinnvoll dokumentiert werden können: Möglich wäre einerseits, nach dem Vorbild der IPH-Norm einen verbindlichen Standard für die Beschreibung zu entwerfen, der als übergreifende Grundlage für die Anlage eines Datenbanksystems zu nutzen ist. Aus unseren Erfahrungen heraus erscheint es uns dagegen hilfreicher, statt eines starren Formulars den jeweiligen Bearbeitern einen ‚Leitfaden' an die Hand zu geben, mit dem sie sich je nach gewählten Beständen und Fragestellungen ihre eigenen Kriterienkataloge zusammenstellen können. Vorbildfunktion könnte hier der für die restauratorische Arbeit konzipierte „Katalog der Schadensbilder" gerade auch in seiner handgereichten Form des Fächers entfalten. Eine Neuausrichtung müsste hier im Vergleich nicht nur in Form von anderen inhaltlichen Schwerpunktsetzungen bei der Beschreibung der Phänomene im Papier erfolgen; im Unterschied zum „Katalog der Schadensbilder" müssten die im zu konzipierenden Leitfaden vorgestellten Beobachtungen am Material vielmehr vor allem konsequent mit Anregungen und Wegen zu

108 Die allein auf administratives Schrifttum einer vergleichsweise kurzen Zeitspanne fokussierte, zugleich regional klar beschränkte Fallstudie kann natürlich keinen Anspruch auf Vollständigkeit erheben, identifizierbare Gebrauchsspuren umfassend und vollständig zu charakterisieren. Gerade für den Bereich der Buchkultur wie auch der bildenden Kunst sind viele weitere aussagekräftige Beobachtungen am Material erwartbar; aus den Buchwissenschaften sind hierfür auch bereits Begriffe vorgeprägt; zusammenfassend dazu vgl. Neuheuser 2012, bes. Kap. II, 5–12. Vor allem interessiert ist er freilich an solchen „Spuren, die das Ergebnis einer intellektuellen Beschäftigung waren"; andere „zufällige" bzw. „unwillkürliche" Indizien für den Gebrauch der Bücher wie chemische Papierveränderungen, Verschmutzungen, Knicke und Risse etc. können dagegen seines Erachtens „nicht leicht einer qualifizierten Interpretation zugeführt werden" (ebd., 6) – die in diesem Aufsatz präsentierten Gebrauchsspuren finden bei ihm daher keine weitere Berücksichtigung.

109 Ziel im SFB 933 ist es, einen Koffer mit den nötigen Arbeitsinstrumenten zusammen zu stellen und eine umfassende Gebrauchsanleitung zu verfassen, die in Zukunft auch Dritten die Benutzung ermöglicht.

ihrer kulturhistorischen Deutung und Einordnung verbunden werden. Der Nachteil, anders als bei einem verbindlichen Standard keine Vergleichbarkeit über Projektgrenzen hinaus zu garantieren, ließe sich zumindest in Teilen kompensieren, indem ein solcher „Katalog zur Identifizierung vormoderner Papiere" nicht nur das methodische Vorgehen bei der Analyse erläutert, sondern auch standardisierte Begriffe für die Beschreibung der Beobachtungen anbietet.

Gegen ein allgemeinverbindliches Beschreibungsformular nach dem Vorbild der IPH-Norm spricht aus heutiger Perspektive vor allem die häufig kleinteilige und arbeitsaufwändige Erhebung von Daten am Material, die seriell so bislang kaum zu leisten ist; dazu kommt als weiterer Malus die erhebliche Fehleranfälligkeit von ‚händischen' Datenerhebungen. Einen bislang noch nicht systematisch beschrittenen Weg zur Lösung beider Probleme bietet – so unsere dritte und letzte Überlegung – die Automatisierung von Erhebungen am Material, wie sie durch Methoden der digitalen Bildanalyse ermöglicht werden. Voraussetzung dafür wäre eine Bilddokumentation, die seriell nicht nur Auflicht-, sondern auch Durchlichtbilder zur Verfügung stellt. Technisch ist dies längst möglich: Hervorragende Ergebnisse mit dem Ziel einer 1:1-Erfassung liefern Großformat-Auflicht-Scanner, die zusätzlich mit einer Durchlicht-Einheit ausgestattet sind. Für die Auswertung solcher Scans hat Vlad Atanasiu bereits erste frei verfügbare Software-Angebote geschaffen, die jedoch den Blick wieder auf herstellungsbedingte Merkmale fokussieren.[110] Im Zusammenhang mit forensischen Untersuchungen ist die meiste Arbeit bislang auf dem Feld moderner Papiere geleistet, mit dem Ziel, Fälschungen zu identifizieren; einige der Anwendungen sind auch für historische Fragestellungen zu modifizieren. Generell jedoch ist unseres Erachtens eine sinnvolle Ausweitung digitaler Analyseverfahren nur durch eine Erweiterung der interdisziplinären Kooperation zwischen Material- und Kulturwissenschaften um Experten aus dem Bereich Scientific Computing zu erreichen.

Unsere Mikro-Reihenuntersuchung zeigte einmal mehr: Erst der Blick über wissenschaftlich-technische Grenzziehungen hinweg öffnet den Zugang zu einer ganzheitlichen Rezeption und Deutung materialer Textkulturen.

110 Software AD751 „Laid lines density measurement", einführend dazu s. Atanasiu 2007, 35 und 62, s. ebd. auch Informationen zu seinem Programm „BlueNile" mit dem Ziel des „Imprint structure enhancement".

Bibliographie

Antenhofer u. Herold (2013): Christina Antenhofer u. Jürgen Herold, „Der Briefwechsel um Barbara Gonzaga im Kontext des spätmittelalterlichen Korrespondenzwesens“, in: Christina Antenhofer u.a. (Bearb.), *Barbara Gonzaga. Die Briefe / Le Lettere (1450–1508)*, Stuttgart, 50–78.

Atanasiu (2007): Vlad Atanasiu, *Instructions for cataloging paper structures*, in Zusammenarb. mit Martin Hallrich, Wien, online verfügbar unter http://www.bernstein.oeaw.ac.at/twiki/pub/Main/Tutorial2007Egypt/Tutorial_2007_Booklet.pdf (Stand 17.4.2014).

Bachmann (2011): Bodo Bachmann, *Die Butzbacher Stadtrechnungen im Spätmittelalter 1371–1419*, Bd. I: *Kommentar & Index*, Marburg an der Lahn, 22–40.

Bange (2009): Evamarie Bange, „Wirtschaft und Kompetenz – Wasserzeichen als Quelle zu Handel und Organisation in mittelalterlichen Schreibstuben“, in: Andrea Rapp u. Michael Embach (Hgg.), *Zur Erforschung mittelalterlicher Bibliotheken. Chancen – Entwicklungen – Perspektiven*, Frankfurt am Main, 11–31.

Barrett (2013): Timothy Barrett, „Parchment, Paper and Artisanal Research Techniques“, in: Jonathan Wilcox (Hg.), *Scraped, Stroked, and Bound. Materially engaged Readings of Medieval Manuscripts* (Utrecht Studies in Medieval Literacy 23), Turnhout, 115–127.

Barrett et al. (2012): Timothy Barrett et al., „Paper through Time. Nondestructive Analysis of 14th-through 19th-Century Papers“, The University of Iowa (zuletzt geändert am 17.1.2012), http://paper.lib.uiowa.edu /index.php (Stand 14.4.2014).

Blessing (1972): Elmar Blessing, „Beiwort zur Karte VI,2“, in: Ders. (Hg.), *Historischer Atlas von Baden-Württemberg, Erläuterungen*, Teil 1, Stuttgart.

Bourlet (2010): Caroline Bourlet et al., „L'utilisation du papier comme support de l'écrit de gestion par les établissements ecclésiastiques parisiens au XIVe siècle“, in: Monique Zerdoun Bat-Yehouda et al. (Hgg.), *Matériaux du livre. Actes du colloque du Groupement de recherche (GDR) 2836 „Matériaux du livre médiéval“* (Bibliologia 30), Turnhout, 165–203.

Brandstätter (1998): Horst Brandstätter (Hg.), *Kleksographien – Hadesbilder kleksographisch entstanden und in Versen erläutert von Justinus Kerner*, Weinsberg.

Federici (2004): Carlo Federici, „Sul Fallimento dell'Archeologia del Libro“, *Gazette du Livre Médiéval* 45, 50–55.

Fiche de Description (o. J.): „Fiche de Description des Papiers d'Archives du Groupe de Recherche ‚Les matériaux du livre médiéval, section papier‘“, http://aedilis.irht.cnrs.fr/sites/default/files/fiche-description-papier.pdf (Stand 9.4.2014).

Fuchs (2010): Robert Fuchs, „Analyse von Tinten und Tuschen – Eine archäometrische Herausforderung“, *Praxis der Naturwissenschaften – Chemie in der Schule* 5/59, 27–34.

Gasparinetti (1956): Andrea F. Gasparinetti, „Ein altes Statut von Bologna über die Herstellung und den Handel von Papier“, *Papiergeschichte* 6, Nr. 3, 25–27.

Gasparinetti (1963): Andrea F. Gasparinetti, *Documenti inediti sulla fabbricazione delle carte nell'Emilia*, Mailand.

Graf (2008): Jörg Graf, „Notwendigkeit der Dokumentation – das Leipziger Restaurierungsprotokoll“, in: Ders. und Myriam Krutzsch (Hgg.), *Ägypten lesbar machen – die klassische Konservierung*, Berlin, 84–92.

Hills (1992): Richard L. Hills, „Early Italian Papermaking, A Crucial Technical Revolution“, in: Simonetta Cavaciocchi (Hg.), *Produzione e Commercio della Carta e del Libro, Secc. XIII–XVIII* (Istituto Internazionale di Storia Economica F. Datini Ser. 2, Atti delle „Settimane di Studi“ e altri convegni 23), Florenz, 73–97.

Hofacker (1984): Heidrun Hofacker, *Kanzlei und Regiment in Württemberg im späten Mittelalter*, Tübingen.

Hoppmann (2006): Andreas Hoppmann, „Zeitgenössische Kunst und Restaurierungstheorie. Beitrag zur Podiumsdiskussion der Fachhochschule Köln im Programm der Exponatec Cologne 2006“, in: *Authentizität: Wert, Prozess, Fiktion* (Publikation anlässlich der gleichnamigen Tagung (Berlin, 26.–30. April 2006) im Rahmen des Fachschaftenprogramms des Cusanuswerks – Bischöfliche Studienförderung), Berlin, 71–73.

Hunter (1947): Dard Hunter, *Papermaking – The History and Technique of an Ancient Craft*, New York.

Janzen (1992): Stefan Janzen, „Über das Rasorium – Die Zurichtung von Beschreibstoffen durch mittelalterliche Schreiber“, in: Peter Rück (Hg.), *Mabillons Spur. Zweiundzwanzig Miszellen aus dem Fachgebiet für Historische Hilfswissenschaften der Philipps-Universität Marburg* (zum 80. Geburtstag von Walter Heinemeyer), Marburg, 193–210.

Katalog der Schadensbilder (2012): Beate Dobrusskin u. Elke Mentzel (Hgg.), *Katalog der Schadensbilder. Spuren und Phänomene an Kunst und Kulturgut – Papier. Catalogue of Damage Terminology for Works of Art and Cultural Property – Paper* (Schriftenreihe Konservierung und Restaurierung der HKB), Bern 2012.

Keupp u. Schmitz-Esser (2012): Jan Keupp u. Romedio Schmitz-Esser, „Mundus in gutta – Plädoyer für eine Realienkunde in kulturhistorischer Perspektive“, *Archiv für Kulturgeschichte* 94,1, 1–20.

Klinke (2009): Thomas Klinke, „Die dritte Dimension – Methoden zur Feststellung technologischer Merkmale an historischen Künstlerpapieren und die Relevanz ihrer Erhebung“, *Journal of Paper Conservation* 10,4, 28–37.

Klinke (2013): Thomas Klinke, „Giulio Cesare Bedeschini – Ein Meister des cut & paste?“, in: Thomas Ketelsen (Hg.), *Die Zeichnungen des Giulio Cesare Bedeschini* (Der un/gewisse Blick 13), Köln, 76–86.

Krutzsch (2008): Myriam Krutzsch, „Falttechniken an altägyptischen Handschriften“, in: Jörg Graf und dies. (Hgg.), *Ägypten lesbar machen – die klassische Konservierung*, Berlin, 71–83.

Maurer (1980): Hans-Martin Maurer mit Margareta Bull-Reichenmiller, Herbert Natale u. Wilfried Braunn (Bearb.), *Übersicht über die Bestände des Hauptstaatsarchivs Stuttgart. Sonderbestände. Württembergisches Hausarchiv (G), Selekte (H), Landständisches Archiv (L), Karten, Pläne und Zeichnungen (N), Deposita (P), Nichtstaatliches Archivgut (Q)* (Veröffentlichungen der Staatlichen Archivverwaltung Baden-Württemberg 35), Stuttgart.

Mehring (1931): Gebhard Mehring, *Schrift und Schrifttum. Zur Einführung in archivalische Arbeiten auf dem Gebiet der Orts- und Landesgeschichte* (Schwäbische Volkskunde 7), Stuttgart.

Mertens (1995): Dieter Mertens, „Württemberg“, in: Meinrad Schaab u. Hansmartin Schwarzmaier (Hgg.), *Handbuch der baden-württembergischen Geschichte*, Bd. 2: *Die Territorien im Alten Reich*, Stuttgart, 1–163.

Messerli (2003): Alfred Messerli, „Passives Lesen, aktives Schreiben. Neues aus der Leseforschung, und was den Historiker daran interessieren kann“, *Historische Anthropologie. Kultur, Gesellschaft, Alltag* 11,3, 296–304.

Meyer (in Vorb.): Carla Meyer, *Papierzeit. Ein neuer Beschreibstoff und seine kulturhistorischen Folgen am Beispiel norditalienischer und südwestdeutscher Kanzleien seit dem 13. Jahrhundert* (Habilitationsschrift).

Meyer u. Schultz (2012): Carla Meyer u. Sandra Schultz, „Bericht zum Workshop ‚Paper Biography‘“ *Material Text Culture Blog* 2012.6., http://www.materiale-textkulturen.de/mtc_blog/2012_006_Meyer_Schultz.pdf (Stand 6.5.2014).

Meyer et al. (2013): Carla Meyer, Sandra Schultz, Melanie Trede, Sabine Neumann u. Rebecca Sauer, „Workshopbericht ‚Paper in the Laboratory: Material Science and Conservation of Historical Paper in an Intercultural Comparison‘“, *Material Text Culture Blog* 2013.11, http://www.materiale-textkulturen.de/mtc_blog/2013_007_Meyer_Neumann_Sauer_Schultz_Trede.pdf (Stand 17.4.2014).

Mitis (1949): Oskar Mitis, „Daktyloskopie und Siegelkunde“, *Mikroskopie* 4, 361–367.

Müller (1937): Karl Otto Müller, *Gesamtübersicht über die Bestände der staatlichen Archive Württembergs in planmässiger Einteilung*, Stuttgart.

Neuheuser (2012): Hanns Peter Neuheuser, „Panorama der Spuren. Zur Erfassung und Erforschung von Überlieferungs- und Gebrauchsspuren in Handschriften und Historischen Buchbeständen", in: Ders. (Hg.), *Überlieferungs- und Gebrauchsspuren in historischen Buchbeständen. Symposium in Düsseldorf am 10. November 2009* (Kleine Schriften der Universitäts- und Stadtbibliothek Köln 34), Köln, 1–30.

Niederstätter (2010): Alois Niederstätter, „‚Rotwachsfreiheiten' im Spätmittelalter", *Jahrbuch für Landeskunde von Niederösterreich* N.F., 291–308.

Oltrogge (2008): Doris Oltrogge, „Zerstörungsfreie Farbanalyse mittels Vis-Spektroskopie. Möglichkeiten und Grenzen der Methode bei Gemälden des 19. und frühen 20. Jahrhunderts. Online-Publikation im Rahmen des Forschungsprojektes Maltechnik des Impressionismus und Postimpressionismus (Wallraf-Richartz-Museum & Fondation Corboud / Fachhochschule Köln – CICS)", http://www.museenkoeln.de/ausstellungen/wrm_0802_impressionismus/info.asp (Stand 14.4.2014).

Ornato et al. (2001): Ezio Ornato, Paola Busonero, Paola F. Munafò u. M. Speranza Storace, *La carta occidentale nel tardo medioevo*, Bd. 1: *Problemi metodologici e aspetti qualitativi*, Rom.

Ornato et al. (2002): Ezio Ornato, Paola Busonero, Paola F. Munafò u. M. Speranza Storace, „Dove va la polpa? Irregolarità sistematiche del 'profilo planare' dei fogli nella carta medievale", *Qvinio. International Journal on the History and Conservation of the Book* 2, 103–144.

Petersen (1991): Dag-Ernst Petersen, Stichwort, „Gebrauchsspur", in: Severin Corsten, Günther Pflug u. Friedrich Adolf Schmidt-Künsemüller (Hgg.), *Lexikon des gesamten Buchwesens* III, 112-113, Stuttgart.

Piccard (1965): Gerhard Piccard, „Carta bombycina, carta papyri, pergamena graeca", *Archivalische Zeitschrift* 61, 46–75.

Piccard (1966): Gerhard Piccard, „Sinn und Bedeutung des Ochsenkopfes als Papierzeichen", in: Ders., *Die Ochsenkopfwasserzeichen* (Die Wasserzeichenkartei Piccard im Hauptstaatsarchiv Stuttgart, Findbuch 2), Teil 1, Stuttgart, 22–25.

Qvinio (1999): *Qvinio. International Journal on the History and Conservation of the Book* 1,1.

Rückert (2005): Peter Rückert (Bearb.), *Antonia Visconti (gest. 1405). Ein Schatz im Hause Württemberg. Ausstellungskatalog*, Stuttgart.

Rückert u. Lorenz (2008): Peter Rückert u. Sönke Lorenz (Hgg.), *Die Visconti und der deutsche Südwesten. Kulturtransfer im Spätmittelalter*, Ostfildern.

Schinzel (2012): Hiltrud Schinzel, „‚Schweigendes Wissen' und Kommunikation, Teil 1: Gedanken über ein Fachgebiet im Wandel", *Restauro* 3, 56–63.

Schneider (1903): Eugen Schneider, „Zur Geschichte des württembergischen Staatsarchivs", *Württembergische Vierteljahrshefte* 12, 1–22.

SFB-Antrag (2011): *Geplanter Sonderforschungsbereich 933 „Materiale Textkulturen. Materialität und Präsenz des Geschriebenen in non-typographischen Gesellschaften"*. Ruprecht-Karls-Universität Heidelberg, Finanzierungsantrag 2/2011-2015/1 (unpubl.).

Steinmann (2013): Martin Steinmann, *Handschriften im Mittelalter. Eine Quellensammlung*, Basel.

Stieldorf (2004): Andrea Stieldorf, *Siegelkunde. Basiswissen* (Hahnsche Historische Hilfswissenschaften 2), Hannover.

Tschudin (2012): Peter F. Tschudin, *Grundzüge der Papiergeschichte* (Bibliothek des Buchwesens 12), 2. erg. Aufl. Stuttgart.

Weisert (1981): Hermann Weisert, „Die Städte der Tübinger um den Schönbuch", in: Hansmartin Decker-Hauff (Hg.), *Die Pfalzgrafen von Tübingen. Städtepolitik, Pfalzgrafenamt, Adelsherrschaft im Breisgau*, Sigmaringen, 39–56.

Weiß (1962): Karl Theodor Weiß, *Handbuch der Wasserzeichenkunde*, Leipzig.

Wintermann (2011): Carsten Wintermann, „Übertragungstechniken. Ansätze zu einer Spurensuche auf Zeichnungen", in: Thomas Ketelsen u. Oliver Hahn mit Petra Kuhlmann-Hodick (Hgg.), *Zeichnen im Zeitalter Bruegels. Die niederländischen Zeichnungen des 16. Jahrhunderts im Dresdner Kupferstich-Kabinett. Beiträge zu einer Typologie*, Köln, 295–317.

WR: siehe *Württembergische Regesten*

Württembergische Regesten (1916–1940): *Württembergische Regesten von 1301–1500. I. Altwürttemberg. Erster Teil*, hg. von dem K. Haus- und Staatsarchiv in Stuttgart, 1916; *zweiter Teil*, hg. von dem Württembergischen Staatsarchiv in Stuttgart, 1927; *dritter Teil*, hg. vom Württembergischen Hauptstaatsarchiv in Stuttgart, 1940.

Franz-Josef Arlinghaus

Materialität und Differenzierung der Kommunikation

Zu Funktionen des Pergament- und Papiergebrauchs in der spätmittelalterlichen Ständegesellschaft

1 Einleitung

Die bekannten Kölner Schreinsbücher, in denen die Bürger der Rheinmetropole vom frühen 13. bis zum Ende des 18. Jahrhunderts unterschiedliche Rechtsgeschäfte verzeichnen ließen, waren im Laufe der Zeit einigen Veränderungen unterworfen. Das Schöffenschreinsbuch ‚Sententiarum', Best. 101, Nr. A 479, das von 1329 bis 1363 geführt wurde, besteht aus 156 Blatt Pergament. Die Sprache ist Latein. Im gut hundert Jahre später angelegten Schöffenschreinsbuch ‚Sententiarum' Best. 101, Nr. 482, schrieb man nun zwar die Einträge in der Volkssprache. Als Beschreibstoff wurde jedoch unverändert Pergament benutzt.[1]

Die Kölner Ratsmemorialbücher, die jene Beschlüsse und Begebenheiten festhielten, die der Rat für wichtig genug erachtete, um aufgeschrieben und memoriert zu werden (darunter Ratsurteile, Verwaltungsanordnungen und Verbannungen), wurden wohl in den 1320er Jahren begonnen. Allerdings sind lediglich zwei Hefte, zum Teil mit Abschriften aus einem schon in der frühen Neuzeit verloren gegangenen ersten Buch, im Umfang von 14 und drei Blatt aus den 1350er bzw. 1380er Jahren erhalten.[2] Beide sind in der Volkssprache geschrieben, beide nutzen Pergament als Beschreibstoff. Jedoch scheint schon das verloren gegangene Ratsmemoriale, zwischen 1335 und 1387 benutzt, ebenso wie das erste vollständig überlieferte Buch, das

1 Historisches Archiv der Stadt Köln, Schreinsb. 479, Schöffenschrein, Sententiarum; Historisches Archiv der Stadt Köln, Schreinsb. 482, Schöffenschrein, Sententiarum; Das Schreinsbuch Nr. 482 wurde von 1467–1504 geführt. Zu den Schreinsbüchern grundlegend Militzer 1999; Militzer 1989; Groten 1985. Der Zustand der Dokumente des Kölner Stadtarchivs ist seit dem Einsturz des Archivs 2009 zumindest prekär. Dankenswerterweise war es mir bei meiner Arbeit im Archiv in der Zeit um 2000 erlaubt worden, zahlreiche Aufnahmen zu machen, die jetzt – neben vielen anderen – über das ‚Digitale historische Archiv Köln' verfügbar sind, http://historischesarchivkoeln.de/de/lesesaal. Dort sind auch Aufnahmen der beiden genannten Schreinsbücher hinterlegt.

2 Historisches Archiv der Stadt Köln, V + V 30, C 2; ebd., V + V 30, C 26. Zu dieser Quellengattung siehe Huiskes 1990, XXXIII–XXXVII. Auch diese Bücher finden sich als Digitalisat unter http://historischesarchivkoeln.de/de/lesesaal.

zwischen 1396 und 1439 geführt wurde, aus Papier bestanden zu haben.[3] Wechsel zur Volkssprache, aber Beibehaltung des Beschreibstoffes bei den Schreinsbüchern, Kontinuität im Sprachgebrauch, aber ein Oszillieren im Gebrauch von Pergament und Papier bei den Ratsmemorialbüchern und ihren frühen Abschriften, so lässt sich der bisherige Befund zusammenfassen.[4]

2 Theoretische Überlegungen, Thesen

Die Verfügbarkeit über den preiswerten Beschreibstoff ‚Papier' eröffnete im Spätmittelalter, nach Jahrhunderten teuren Materials, und vor allem: nach Jahrhunderten des Fehlens einer wirklichen Alternative zum Pergament, sicherlich neue Möglichkeiten der Schriftnutzung. Größere Kreise der Bevölkerung hatten nun die Gelegenheit, selbst zu schreiben, und Schriftlichkeit prägte mehr und mehr den Alltag. ‚Papier' – eine Erfolgsgeschichte, sicherlich, und eine faszinierende dazu.[5] Allerdings scheint dies nur die halbe Geschichte zu sein. Denn was bedeutet es eigentlich, wenn im Spätmittelalter neben einem etablierten und bewährten Beschreibstoff ein neuer hinzutrat? Was veränderte sich dadurch? Zunächst einmal, so eine einfache Feststellung, hatte man jetzt eine Wahl, eine Alternative. Aber nach welchen Kategorien wurde diese Auswahl getroffen? Die eingangs genannten Quellen deuten bereits darauf hin, dass im Spätmittelalter (und vielleicht nicht nur in dieser Zeit) keine vornehmlich oder gar alleinigen Zweck-Nutzen-Abwägungen die Hinwendung zu dem ein oder anderen Stoff anleitete. Man wird nach anderen Kategorien Ausschau halten müssen, wenn der Gebrauch von Pergament und Papier einer Erklärung zugänglich gemacht werden soll. Heute wird ein Automobilhersteller beim Einkauf von Kugellagern oder Stoßdämpfern Qualität und Preis gegeneinander stellen und entsprechend auswählen. Aber schon für den Autokäufer sind diese eng zweckrationalen Kategorien nur zwei von vielen: Neben Farbe und Design spielen das durch die Marke transportierte Prestige und die ‚Botschaft' des gewählten Modells eine wichtige Rolle. Die bekannten Studien Pierre Bourdieus stellen solche Beobachtungen für die Moderne auf eine theoretische Grundlage, indem sie den Kauf und die Verwendung von bestimmten

3 Über das verloren gegangene Ratsmemoriale informiert ein Eintrag im Kanzleiinventar aus der Zeit um 1500: *Primo eyn alt memoriailboich angehaven imme jaire 1335 ind sluyst anno 1387, papiren*; zitiert nach Stein 1893, CVIII; Historisches Archiv der Stadt Köln, Rm 10-1 (erstes Ratsmemorialbuch); s. dazu die Literatur in Anm. 2.

4 Für den parallelen Gebrauch von Pergament und Papier vgl. auch für die Greifswalder Stadtbücher van Huis und für die Überlieferung der Stadt Duisburg Hawicks in diesem Band. Die Verwendung von Pergament für den frühen Buchdruck untersucht Needham in diesem Band.

5 Luzide und facettenreich Müller 2012; vgl. auch Neddermeyer 1998; Giesecke 1998.

Gütern eng mit dem Habitus eines bestimmten Milieus verbinden, in den sich der Einzelne damit einschreibt.[6]

Der Münchener Soziologe Armin Nassehi hat dieses Phänomen gewissermaßen radikalisiert – und vor allem: historisiert. Er betont, dass die Vormoderne ihre Ordnungskategorien *primär* nicht aus der Sach-, sondern aus der Sozialdimension gewann. Natürlich ging es auch im Mittelalter um Kosten-Nutzen-Abwägungen. Aber letztlich wurden diese überformt durch ständische Kategorien, durch Hierarchisierungen und soziale Zuordnungen zu bestimmten Verbänden und Gruppen.[7] Gerade die Wahl von Gebrauchsgegenständen gehorchte vorrangig diesen und weniger funktionalen-sachorientierten Kategorien. Kleider- und Sitzordnungen, die in den letzten Jahren intensiv erforscht wurden, sind dafür ein sinnfälliges Beispiel.[8] Aber dies scheint selbst für den ökonomisch-juristischen Bereich zu gelten, der im Spätmittelalter schon vermeintlich sehr moderne, rationale Züge annahm. So stellt – um nur einen Hinweis zu geben – Giacomo Todeschini heraus, dass es etwa bei Fragen des Wuchers nicht primär darum ging, *wie hoch* der Zins war, der genommen wurde, und welche ökonomischen Folgen das haben konnte, sondern *wer* diesen Zins einforderte. Kirchliche Institutionen konnten beispielsweise – und hier vereinfache ich – per definitionem keinen Wucher betreiben; bei Juden war das Umgekehrte der Fall.[9]

Sicherlich, um die Unterschiede zu unterstreichen, finden sich *ähnlich* gelagerte Phänomene – auf Bourdieus Arbeiten wurde bereits verwiesen – auch in der Moderne. Die entscheidende Differenz besteht darin, dass das Primat der Sozialdimension bei allen Handlungen in der Vormoderne untrennbar mit den Grundstrukturen dieser Gesellschaft verbunden wurde, während die Moderne – sehr vorsichtig formuliert – großen Raum für die Nutzung anderer, etwa funktionaler Kategorien vorsieht, die die Sozialdimension in die zweite Reihe schieben können (und dies zumeist auch tun).

Die Wahl des Beschreibstoffes, so mein Eindruck, scheint in der Vormoderne der genannten Leitdifferenz zu folgen. Pergament und Papier wurden zwar auch

---

6 Bourdieu 1979.

7 „Die wesentliche Leitdifferenz, nach der Information innerhalb des [vormodernen] Gesellschaftssystems verarbeitet wird und anhand derer sich die Einheit des Systems darstellen läßt, wird anhand der Unterscheidung *oben/unten* codiert. Das bedeutet, daß alles, was in einer solchen stratifizierten Gesellschaft geschieht, daß alle sozialen Phänomene, Zurechnungen von Kommunikationen, Anschlußfähigkeit von Sinn und Entscheidungslagen in Interaktionen danach geregelt werden, wie sich die Folgen und Nebenfolgen dieser Ereignisse in der hierarchischen Ordnung der Gesellschaft auswirken. Das heißt etwa, daß einer solchen Gesellschaft der Traum des Konsensmechanismus durch einen exklusiven *zwanglosen Zwang des besseren Arguments* (Habermas) semantisch noch gar nicht zur Verfügung stehen kann, weil nicht die Sach-, sondern allein die Sozialdimension darüber zu entscheiden hat, was entschieden wird"; Nassehi 2008, 261.

8 Vgl. allgemein Stollberg-Rilinger 2001; jüngst Keupp 2010; dazu auch Arlinghaus 2005.

9 Es ging auch den gelehrten Juristen, so Todeschini, nie darum, abstrakte Konzepte zur illegitimen Zinsnahme zu entwickeln, sondern „to separate fidelity from infidelity, reliability from untrustworthiness, citizens from foreigners"; Todeschini 2012, 119–130, Zitat S. 126.

nach Kriterien wie ‚Rechtssicherheit' und ‚Wirtschaftlichkeit' ausgewählt. Dies aber kann nicht die Heterogenität erklären, die sich für die Verwendung dieses oder jenes Materials im Spätmittelalter beobachten lässt. Vielmehr scheint es ganz wesentlich darum gegangen zu sein, dem Schriftstück *auch* über das verwendete Schreibmaterial einen bestimmten Status zuzuweisen, den ihm Schreiber und Auftraggeber vor dem Hintergrund einer stratifikatorisch-segmentären Gesellschaft zuweisen wollten. Wichtiger noch: Wenn es zwei Stoffe gibt, die mehr oder weniger die gleiche Funktion erfüllen konnten, aber als deutlich distinkt wahrgenommen wurden, dann ergibt sich daraus eine bestimmte Relation zwischen diesen Stoffen, die wiederum ihre Verwendung beeinflusste. Die Wahl einer der beiden Beschreibstoffe hat dann noch eine ganz andere Aussagekraft, als beispielsweise verschiedene Qualitätsstufen des ein oder anderen Beschreibstoffes zu verwenden, um damit Distinktion zu erreichen. Pergament und Papier wurden, so legen die folgenden Beobachtungen nahe, als von grundsätzlich anderer ‚Qualität' wahrgenommen. Diese ‚Qualitäten' und die sich daraus entwickelnden Relationen in der Verwendung der beiden Stoffe sind, wie könnte es anders sein, dann wieder in die übergeordneten ständischen und gruppenspezifischen Kategorisierungen der vormodernen Gesellschaft eingebettet. Allerdings wäre es natürlich unsinnig, mechanische Zuordnungen von Beschreibstoff zu Stand oder sozialer Gruppe vorzunehmen. Die Verwendung von Pergament und Papier ist wesentlich vielschichtiger, setzt sich aber fast immer mit den vorgestellten Prinzipien (ständische-soziale Grundierung und der jeweiligen Relationierung der beiden Stoffe) auseinander – allerdings mit unterschiedlichen Ergebnissen.

Der Wahl und der Nutzung des einen oder anderen Beschreibstoffs wird im Folgenden eine besondere Bedeutung zugewiesen. Meines Erachtens würde man jedoch fehl gehen, aus Pergament und Papier Akteure im Sinne Bruno Latours zu machen.[10] Im Kern – und das mag bei manchen der folgenden Formulierungen vielleicht nicht deutlich genug hervortreten – geht es um Wertigkeiten, die bestimmte Gruppen und Individuen den Stoffen zuschreiben, und um das spezifische soziale und kulturelle Koordinatensystem, in das diese Wertigkeiten eingebettet sind. So wichtig das Materielle auch ist, ist es doch das Soziale und sind es bestimmte Strukturen des Sozialen, die seine Verwendung mit Sinn ausstatten.

3 Interpretationsversuche: Pergament und Papier im Kontext spätmittelalterlicher Schriftlichkeit

Zurück zu den Kölner Schriftstücken des 14. und 15. Jahrhunderts. Die erwähnten Schreinsbücher, die seit den 1220er Jahren die Schreinskarten ablösten, verzeichneten

10 Latour 2010, vgl. jüngst kritisch dazu Epple 2013, 10–14.

meist Fälle der freiwilligen Gerichtsbarkeit, also zum Beispiel Erbschaftssachen und Immobilienverkäufe, aber hin und wieder auch Zivilgerichtsentscheidungen.[11] Fast jede der zahlreichen Kölner Sondergemeinden[12] legte ein solches Buch an. Daneben gab es sozusagen gemeindeübergreifend das Schreinsbuch der Hochgerichtsschöffen, in dem theoretisch Einträge aus ganz Köln vermerkt werden konnten.[13] Der Wechsel zur Volkssprache erfolgte in den Schreinsbüchern ab 1395,[14] während Pergament als Beschreibstoff beibehalten wurde. Dieser Befund kontrastiert, wie erwähnt, mit der Verwendung von Papier bei den Ratsmemorialbüchern ab und vielleicht schon vor dieser Zeit.[15]

Warum war das so? Unterschiedliche Gewichtung insbesondere hinsichtlich der Rechtsverbindlichkeit und -wichtigkeit der beiden Gattungen ‚Schreinsbuch' und ‚Ratsmemoriale' anzunehmen, ist sicherlich nicht falsch. Aber das erklärt die Unterschiede nur unzureichend. Zunächst einmal darf man annehmen, dass der Preis des Materials kaum eine Rolle gespielt haben dürfte: Selbst heute noch könnte sich die Stadt Köln wohl ein Pergamentbuch leisten, zumal wenn dies, wie damals üblich, über 40 Jahre geführt würde, also nur alle vier Jahrzehnte Kosten anfielen. Natürlich wird man die unterschiedliche juristische Funktion von Schreinsbuch und Ratsmemoriale bei der Interpretation mit berücksichtigen. Aber der Wechsel von Pergament zu Papier zeigt mehr an als das: Er markiert, dass das Schreiben im Memorialbuch anderen Regeln folgt als das Schreiben im Schreinsbuch. Das fängt an bei der Verantwortlichkeit für die Bücher: Für die zahlreichen Schreinsbücher waren entweder die Schreinsmeister der jeweiligen Sondergemeinden in Köln verantwortlich oder – für das Buch des Schöffenschreins – die Schreinsmeister der Schöffen des Hochgerichts. Diese Schreinsmeister waren keine Schreiber im eigentlichen Sinne oder gar Notare, sondern gewählte Amtsträger der jeweiligen Sondergemeinden. Die tatsächlichen Schreiber der Notate waren häufig für mehrere Sondergemeinden zuständig und wechselten oft.[16] Die Einträge im Ratsmemoriale wurden dagegen von den Stadtschreibern auf Anordnung des Rates vorgenommen. Auch der Umgang mit den Büchern war unterschiedlich: Streichungen und Schwärzungen kommen in den Ratsmemorialbüchern häufig vor – und zwar gerade auch weil die Einträge von Bedeutung waren –, in den Schreinsbüchern sind sie wesentlich seltener. Die Zugänglichkeit war

11 Vgl. die Editionen ausgewählter Einträge aus verschiedenen Schreinsbüchern bei Planitz u. Buyken 1937.

12 Zu den Sondergemeinden in Köln vgl. Groten 2004 (mit Literatur).

13 Zu den Einträgen des Schöffenschreins vgl. etwa das Stichwort „Scabinorum" im Inhaltsverzeichnis bei Planitz u. Buyken 1937.

14 Militzer 1999, 165.

15 Beschlüsse 1, XXXIV (Beschreibung des Ratsmemorialbuchs 1) und XXXVI (Beschreibung der auf Pergament gefertigten Abschriften des 14. Jahrhunderts der verlorenen gegangenen Ratsmemorialbücher).

16 Buyken u. Conrad 1936, 38*f.; Beyerle 1929/30, 102f.

ebenfalls anders geregelt: Begehrte jemand Auskunft aus dem Schreinsbuch, wurde eine Abschrift des betreffenden Eintrags angefertigt und lediglich diese Abschrift ausgehändigt. Das Schreinsbuch selbst bekam der Antragsteller nicht zu sehen; Zugang zu diesem hatten allein die Schreinsbuchmeister. Dagegen wurde das Ratsmemoriale, so erforderlich, während der Ratssitzung hinzugezogen und die für relevant erachteten Einträge unmittelbar verlesen.[17]

Neben diesen unterschiedlichen Gebrauchskontexten der beiden Amtsbuchgattungen ist die Schriftnutzung in Köln (damit die Verwendung unterschiedlicher Beschreibstoffe) auch mit der allgemeinen politischen Situation der Stadt in Kontakt zu bringen. Die Umwälzungen, die 1396 mit dem ‚Verbundbrief' eine ‚Verfassung' hervorbrachten, die die Herrschaft der Geschlechter beendete,[18] korrespondierten zunächst einmal zeitlich mit dem Wechsel von Latein zur Volkssprache in den Schreinsbüchern und der durchgängigen Verwendung von Papier bei den Ratsmemorialbüchern. Statt hier jedoch einfache Kausalbeziehungen zu postulieren (etwa: Zunftherrschaft = Volkssprache und Papiergebrauch), möchte ich eher relationale Bezüge annehmen, die zunächst im Bereich der Schriftlichkeit selbst anzusiedeln und erst in einem zweiten Schritt mit sozial-politischen Konstellationen in Verbindung zu bringen sind. Nehmen die Schreinsbücher mit der Hinwendung zum Ripuarischen eine Angleichung an die Memorialbücher vor, so bedeutet ihr Bestehen auf Pergamentgebrauch eine – nun deutliche – Kontrastierung. Vorsichtig würde ich an dieser Stelle nur festhalten wollen, dass im Ergebnis so eine Andersartigkeit von Schreinsbuch und Ratsmemorialbuch – ob bewusst oder unbewusst – herausgestellt wurde.

Eine andere kölnische Quelle scheint auf den ersten Blick vor allem die Verbindung zwischen juristischer Funktion und Pergament zu stärken. Das um 1415 angelegte Amtsbuch der Zunft der Sarwörter oder Harnischmacher beginnt mit dem vom Kölner Rat bestätigten ‚Amtsbrief', also quasi den von der kommunalen Obrigkeit autorisierten Zunftstatuten.[19] Allerdings handelt es sich hier nicht um das mit Siegeln versehene Original, sondern um eine in einem Heft der Zunft niedergeschriebene Kopie. Der juristische Status dieser Kopie ist zumindest prekär. Nichtsdestotrotz hat die Zunft den Text auf Pergament schreiben lassen, und zwar in einer sehr sorgfältig ausgeführten Schrift. Das Heft oder ‚Amtsbuch' nimmt über die nächsten 170 Jahre dann noch weitere Notate ganz unterschiedlicher Qualität auf. Die Hinwendung zum Pergament scheint dennoch nicht grundlos erfolgt zu sein, ging es doch auch darum, den Status der Zunft als anerkannte Genossenschaft innerhalb der Stadt noch diesseits von Rechtsstreitigkeiten nach innen und nach außen herausstellen zu können.

---

17 Stein 1893, 218, Nr. 63 nach 24. Juni 1400.

18 Der Verbundbrief hat immer wieder Aufmerksamkeit gefunden; eine kommentierte Edition mit Auswahlliteratur gibt Huiskes 1996, 1–28.

19 Historisches Archiv der Stadt Köln, Zunft A 334; Edition des Amtsbriefs bei von Loesch 1907, 105f.; allgemein dazu Militzer 1996.

Der Griff zum Beschreibstoff Pergament scheint vor dem Hintergrund der in der städtischen Verwaltung weit verbreiteten Verwendung von Papier insofern opportun, als in Relation zum üblichen Kanzleipapier damit zugleich die Bedeutung des Textes unterstrichen wurde.

Geradezu in die entgegengesetzte Richtung weist das ‚Geheimbuch' des italienischen Handelshauses Francesco Datini/Toro di Berto, das von 1367 bis 1373 bestand. Das Buch enthält den Gründungs- und Verlängerungs- sowie den Auflösungsvertrag dieser Handelsgesellschaft. Dazwischen sind jeweils Bilanzen platziert. Diesem 40 Blatt umfassenden Papierheft, von dem lediglich 17 beschrieben sind, kam eine klar rechtssichernde Funktion zu. So ließ man den Auflösungsvertrag von zwei von den beiden Gesellschaftern gewählten ‚Schiedsrichtern' mit unterschreiben. Arigo di ser Piero und Nastagio di Tommaso bestätigten in den von ihnen mit eigener Hand (*di mia mano*) geschriebenen Einträgen, dass sie zugegen waren, als Datini und di Berto den Auflösungsvertrag niederschrieben.[20] Im Gegensatz zu den Kölner Harnischmachern, die für ihr juristisch nicht sehr ‚wasserdichtes' Amtsbuch Pergament kauften, blieben die beiden Kaufleute, obwohl sie auf Rechtssicherung größten Wert legten, beim Papier. Dabei hätte ein bisschen Pergament ihrem Geldbeutel sicher kaum geschadet. So aber blieben der Vertrag und seine Beglaubigung Teil der Schriftkultur italienischer Kaufleute dieser Zeit, die bereits in großen Massen und für alle möglichen Zwecke Papierbücher anlegten. Und die Art der Rechtssicherung – zwei, so darf man vermuten, befreundete Kaufleute fungieren als ‚Schiedsrichter' – war ebenfalls Teil dieser Kultur, die eben auch solche rechtssichernden Maßnahmen einschloss. Den beiden italienischen Kaufleuten ging es weniger darum, das Geheimbuch über einen besonderen Beschreibstoff von den übrigen Rechnungsbüchern abzugrenzen. Sie signalisierten vielmehr, dass es Teil der Buchhaltung und der merkantilen italienischen Schriftlichkeit war, für die solche ‚Sicherungssysteme' längst üblich waren. Distinktion dort, Integration hier – so könnte man die (unbewusste) Motivlage bei der Verwendung der Beschreibstoffe bei der Kölner Zunft und den italienischen Händlern auf den Punkt bringen.

Vielleicht darf man – mit aller Vorsicht – ähnliche Relationen und Anknüpfungen durch die Verwendung von Papier und Pergament auch für die Kaufleute des deutschsprachigen Raumes annehmen. Um 1540 schrieb der Augsburger Kaufmann Lucas Rem seine autobiographischen Notizen, in der er über seine Kindheit und Ausbildung berichtete, die Geburt seiner Kinder vermerkte, seine vielen Geschäftsreisen erwähnte und Gewinne aus bestimmten Geschäften verzeichnete, in ein Pergamentheft (vgl. Abb. 1).[21] Das Buch insgesamt ist, sieht man vom Beschreibstoff ab, wenig auffällig gestaltet und kommt fast wie ein ‚normales' Rechnungsbuch daher.

20 Zu diesem Buch ausführlicher Arlinghaus 2000, 280–317.

21 Für eine Edition vgl. Greiff 1861. Ausschnitte mit kurzer Einordnung schon bei Wenzel 1980, 102–135. Vgl. auch Völker-Rasor 1996, 11f.

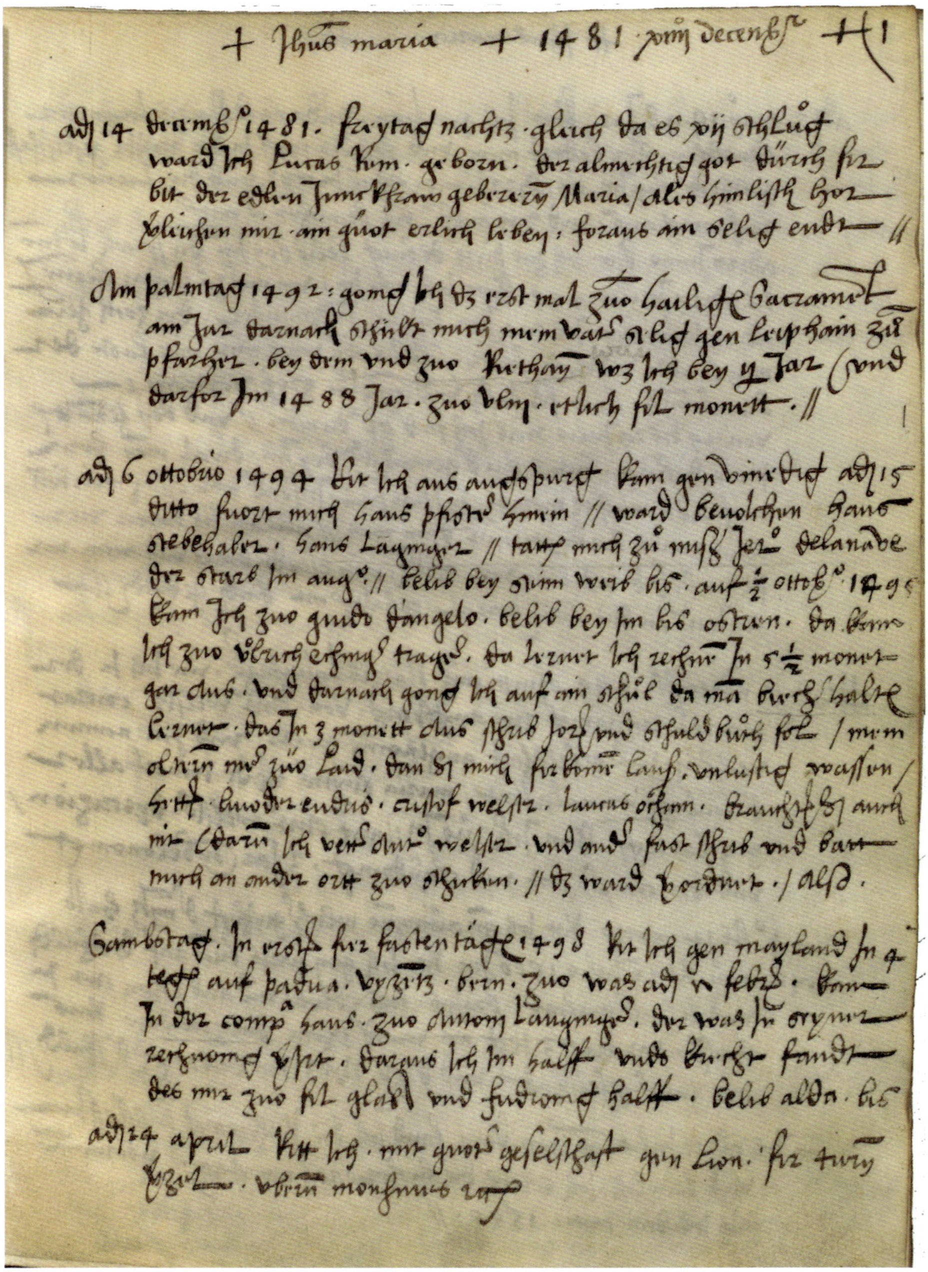

Abb. 1: ‚Tagebuch' des Lucas Rem, fol. 1r. Pergament. Der erste Eintrag lautet: *Adj. 14. decemb° 1481 freytag nachtz, gleich da es XII schluog, ward ich Lucas Rem geboren*; Staats- und Stadtbibliothek Augsburg, 4 Cod H 13-1. Ich danke dem Bibliotheksdirektor Dr. Reinhard Laube für das schnelle und unbürokratische Zugänglichmachen des Digitalisats. Die Textwiedergabe nach Greiff 1861, 5.

Abb. 2: Warenzeichen der Firma aus den Jahren 1370 und 1382 im Ehrenbuch der Fugger (1546–1550), Papier, aus Burkhardt 2004, 12f. (fol. 2v/3r).

Ganz anders präsentiert sich dagegen das nur wenige Jahre später angelegte Ehrenbuch der Fugger (vgl. Abb. 2).[22] Es besteht zwar aus Papier; die Zeichnungen von Wappen und Halbfigurenportraits sind jedoch aufwendig gestaltet. Das Buch gleicht zudem einer ‚Ahnengalerie', die den Aufstieg der Familie dokumentiert.[23] Das Dargestellte scheint dabei an einigen Stellen die Normen städtischer Ordnungen bewusst zu übertreten,Die andererseits aber darum bemüht zu sein, die Familie in das kommunale Gefüge Augsburgs einzuordnen. Dies ist etwa bei der Darstellung der Kleidung, insbesondere des Schmucks zu beobachten.[24] Darin könnte die insgesamt ambivalente Stellung der Familie gespiegelt sein, die zwischen der Welt des Adels und der Kommune anzusiedeln ist, sich letztlich aber doch dem Augsburger Bürgertum verbunden fühlte.[25] Die Verwendung des Papiers lässt sich so in die Gesamtaussage des Ehrenbuches einfügen. Lukas Rem hingegen musste mit der Verwendung von Per-

---

22 Hierzu und zum Folgenden: Rohmann 2004.

23 So die Überschrift zu Kapitel 3; ebd., 42.

24 Vgl. etwa die Erläuterungen zu den den dargestellten Figuren beigegebenen Goldketten; ebd., 54–60. (Kleidung) und besonders 60–63 (Schmuck, insbesondere die Goldketten).

25 „[T]rotz der Würde eines kaiserlichen Rats, des Grafendiploms und der Grundlegung des künftigament eine fast notwendige Auszeichnung seines Buches vornehmen, wiesen doch Inhalt und Aufbau des Textes eine nur geringe Distanz zu den Rechnungsbüchern auf, auf die der Kaufmann täglich zurückgriff.

4 Schluss

Zusammenfassend kann man sagen, dass die Wahl des Beschreibstoffes ein wichtiges Mittel war, das Schriftstück und seinen Auftraggeber in einen bestimmten Diskursraum, in ein bestimmtes soziales Gefüge einzuordnen. Pergament und Papier waren wie der Einband, die Handschrift und die Einrichtung der Seite nicht in erster Linie Mittel zum Zweck, sondern Bedeutungsträger, die auf je unterschiedliche Weise Bezüge zu den dominierenden gesellschaftlichen Kategorien der Zeit herstellten. Zwar führten die beiden genannten Beschreibstoffe ‚von Haus aus' bestimmte Konnotationen mit sich (kostbar/weniger kostbar, eher Recht und Religion/eher Alltag und Ökonomie verpflichtet, eher dem Adel/eher dem Bürgertum zuzuordnen etc.) und ihr konkreter Gebrauch wurde davon beeinflusst. Jedoch ging die Verwendung der beiden Stoffe keineswegs in diesen Oppositionen auf. Vielmehr entwickelte jeder Schreiber bzw. jeder Auftraggeber vor dem Hintergrund gruppenspezifischer Schreibkulturen individuelle Strategien, über die Wahl des Beschreibstoffes die Aussage des Textes zu modulieren. Der benutzte Beschreibstoff tritt damit zugleich in Beziehung zum Inhalt des Schriftstücks und ergänzt, verstärkt, relativiert oder unterläuft dessen Aussage. Ob ein Text sich dem Pergamant oder dem Papier anvertraut, wird im hermeneutischen Verfahren zu berücksichtigen sein, will man nicht wertvolle Informationen verschenken.

Sich dem zu entziehen, das heißt dem Beschreibstoff als Bedeutungsträger keine Beachtung zu schenken, war im hier betrachteten Zeitraum kaum möglich. Hält die Schreibkultur prominent zwei als distinkt wahrgenommene Materialien bereit, muss der Gebrauch des Einen zwangsläufig als Verzicht oder Hintanstellung des Anderen gelesen werden. Die intrinsische Bezogenheit der beiden Stoffe aufeinander, wie sie im Untersuchungszeitraum vorlag, ließ die mit Einführung des Papiers offerierte *Möglichkeit*, das Material zu einem Bestandteil der Sinnproduktion des Schriftstücks werden zu lassen, zur *Notwendigkeit* werden, sich darüber zu verständigen, was mit der Verwendung dieses oder jenes Stoffes mitkommuniziert werden würde.

---

gen Herrschaftsbesitzes im Raum um Kirchberg blieb sein [Jakob Fugger ‚der Reiche'] sozialer Standort der des Augsburger Bürgers"; Kellenbenz 1989, 1010–1012.

Bibliographie

Arlinghaus (2000): Franz-Josef Arlinghaus, *Zwischen Notiz und Bilanz. Zur Eigendynamik des Schriftgebrauchs in der kaufmännischen Buchführung am Beispiel der Datini/di Berto Handelsgesellschaft in Avignon (1367–1373)* (Gesellschaft, Kultur und Schrift – Mediävistische Beiträge 8), Frankfurt am Main.

Arlinghaus (2005): Franz-Josef Arlinghaus, „Gesten, Kleidung und die Etablierung von Diskursräumen im städtischen Gerichtswesen (1350 bis 1650)", in: Johannes Burkhardt u. Christine Werkstetter (Hgg.), *Kommunikation und Medien in der Frühen Neuzeit* (Historische Zeitschrift Beiheft 41), München, 461–498.

Beschlüsse des Rates der Stadt Köln 1320–1550, Bd. 1: Die Ratsmemoriale und ergänzende Überlieferung 1320–1543, hg. von Manfred Huiskes (Publikationen der Gesellschaft für Rheinische Geschichtskunde 65), Düsseldorf 1990.

Beyerle (1929/30): Konrad Beyerle, „Die Pfarrverbände der Stadt Köln im Mittelalter und ihre Funktionen im Dienst des weltlichen Rechts", *Jahresberichte der Görresgesellschaft*, 95–106.

Bourdieu (1979): Pierre Bourdieu, *La distinction. Critique sociale du jugement*, Paris.

Burkhardt (2004): Johannes Burkhardt, *Das Ehrenbuch der Fugger. Die Babenhausener Handschrift*, Bd. 2 (Veröffentlichungen der schwäbischen Forschungsgemeinschaft 4, 30/2; Studien zur Fuggergeschichte 39/2), Augsburg.

Buyken u. Conrad (1936): Thea Buyken u. Hermann Conrad (Hgg.), *Amtleutebücher der Kölnischen Sondergemeinden* (Publikationen der Gesellschaft für Rheinische Geschichtskunde 45), Weimar.

Epple (2013): Angelika Epple, „Lokalität und die Dimensionen des Globalen. Eine Frage der Relationen", *Historische Anthropologie* 21, 4–25.

Giesecke (1998): Michael Giesecke, *Der Buchdruck in der frühen Neuzeit. Eine historische Fallstudie über die Durchsetzung neuer Informations- und Kommunikationstechnologien*, 2. Aufl. Frankfurt am Main.

Greiff (1861): Benedikt Greiff, „Tagebuch des Lucas Rem aus den Jahren 1494–1541. Ein Beitrag zur Handelsgeschichte der Stadt Augsburg", *Sechsundzwanzigster Jahres-Bericht des historischen Kreis-Vereins im Regierungsbezirke von Schwaben und Neuburg für das Jahr 1860 Augsburg*, 1–110.

Groten (1985): Manfred Groten, „Die Anfänge des Kölner Schreinswesens", *Jahrbuch des Kölnischen Geschichtsvereins* 56, 1–21.

Groten (2004): Manfred Groten, „Entstehung und Frühzeit der Kölner Sondergemeinden", in: Peter Johanek (Hg.), *Sondergemeinden und Sonderbezirke in der Stadt der Vormoderne*, (Städteforschung A 59) Köln/Weimar, 53–77.

Huiskes (1990): Manfred Huiskes, „Einleitung", in: Ders. (Hg.), *Beschlüsse des Rates der Stadt Köln 1320–1550, Bd. 1: Die Ratsmemoriale und ergänzende Überlieferung 1320–1543* (Publikationen der Gesellschaft für Rheinische Geschichtskunde 65), Düsseldorf, I–LIX.

Huiskes (1996): Manfred Huiskes, „Kölns Verfassung für 400 Jahre: Der Verbundbrief vom 14. September 1396", in: Joachim Deeters u. Johannes Helmrath (Hgg.), *Quellen zur Geschichte der Stadt Köln, Bd. 2: Spätes Mittelalter und Frühe Neuzeit (1396–1794)*, Köln, 1–28.

Kellenbenz (1989): Hermann Kellenbenz, „Art. Fugger", in: *Lexikon des Mittelalters 4*, Stuttgart u.a., 1010–1012.

Keupp (2010): Jan Keupp, *Die Wahl des Gewandes. Mode, Macht und Möglichkeitssinn in Gesellschaft und Politik des Mittelalters* (Mittelalter-Forschungen 33), Ostfildern.

Latour (2010): Latour Bruno, *Eine neue Soziologie für eine neue Gesellschaft. Einführung in die Akteur-Netzwerk-Theorie*, Frankfurt am Main.

von Loesch (1907): Heinrich von Loesch (Hg.), *Die Kölner Zunfturkunden nebst anderen Kölner Gewerbeurkunden bis zum Jahre 1500, 2 Bde., Bd. 1: Allgemeiner Teil* (Publikationen der Gesellschaft für Rheinische Geschichtskunde 22), Bonn.
Militzer (1989): Klaus Militzer, „Schreinseintragungen und Notariatsinstrumente in Köln", in: *Notariado público y documento privado: de los orígines al siglo XIV* (Actas del VII Congreso Internacional de Diplomática. Valencia 1986), Valencia, 1195–1224.
Militzer (1996): Klaus Militzer, „Gaffeln, Ämter, Zünfte. Handwerker und Handel vor 600 Jahren", *Jahrbuch des Kölnischen Geschichtsvereins* 67, 41–59.
Militzer (1999): Klaus Militzer, „Das topographische Gedächtnis: Schreinskarten und Schreinsbücher", in: Wolfgang Rosen u. Lars Wirtler (Hgg.), *Quellen zur Geschichte der Stadt Köln, Bd. 1: Antike und Mittelalter von den Anfängen bis 1396/97*, Köln, 165–168.
Müller (2012): Lothar Müller, *Weiße Magie. Die Epoche des Papiers*, München.
Nassehi (2008): Armin Nassehi, *Die Zeit der Gesellschaft. Auf dem Weg zu einer soziologischen Theorie der Zeit*, 2. Aufl. Wiesbaden.
Neddermeyer (1998): Uwe Neddermeyer, *Von der Handschrift zum gedruckten Buch. Schriftlichkeit und Leseinteresse im Mittelalter und in der frühen Neuzeit, quantitative und qualitative Aspekte, Bd. 1: Texte*, 2 Bde. (Buchwissenschaftliche Beiträge aus dem Deutschen Bucharchiv München 61), Wiesbaden.
Planitz u. Buyken (1937): Hans Planitz u. Thea Buyken (Hgg.), *Die Kölner Schreinsbücher des 13. und 14. Jahrhunderts* (Publikationen der Gesellschaft für Rheinische Geschichtskunde 46), Weimar.
Rohmann (2004): Gregor Rohmann, *Das Ehrenbuch der Fugger. Darstellung – Transkription – Kommentar, 2 Bde.*, Augsburg.
Stein (1893): Walther Stein (Hg.), *Akten zur Geschichte der Verfassung und Verwaltung der Stadt Köln im 14. und 15. Jahrhundert, Bd. 1*, 2 Bde. (Publikationen der Gesellschaft für Rheinische Geschichtskunde 10), Bonn.
Stollberg-Rilinger (2001): Barbara Stollberg-Rilinger, „Rang vor Gericht. Zur Verrechtlichung sozialer Rangkonflikte in der frühen Neuzeit", *Zeitschrift für historische Forschung* 28, 385–418.
Todeschini (2012): Giacomo Todeschini, „Usury in Christian Middle Ages. A Reconsideration of the Historiographical Tradition (1949–2010)", in: Francesco Ammannati (Hg.), *Religione e istituzioni religiose nell'economia europea 1000–1800 / Religion and religious institutions in the european economy 1000–1800* (Fondazione Istituto Internazionale di Storia Economica „F. Datini" Prato, Serie II: Atti delle „Settimane di Studi" e altri Convegni 43), Florenz, 119–130.
Völker-Rasor (1996): Anette Völker-Rasor, „Arbeitsam, obgleich etwas verschlafen ... – Die Autobiographie des 16. Jahrhunderts als Ego-Dokument", in: Winfried Schulze (Hg.), *Ego-Dokumente. Annäherungen an den Menschen in der Geschichte* (Selbstzeugnisse der Neuzeit 2), Berlin, 107–120.
Wenzel (1980): Horst Wenzel, *Die Autobiographie des späten Mittelalters und der frühen Neuzeit, Bd. 2: Die Selbstdeutung des Stadtbürgertums* (Spätmittelalterliche Texte 4), München.

Hendrik van Huis

Papier- und Pergamentgebrauch in den Stadtbüchern von Greifswald

Im Laufe der letzten Jahrzehnte haben Historiker wie Hans Patze oder Ernst Schubert immer wieder betont, welchen Einfluss das Papier als Beschreibstoff darauf hatte, dass nicht nur in den fürstlichen, sondern auch in den städtischen Kanzleien eine Entwicklung von Herrschaft zu Verwaltung stattfinden konnte.[1] Diese Überlegungen erscheinen auf den ersten Blick nicht unschlüssig, dürfte doch das Wissen um den Siegeszug des „Zauberstoffes Papier“[2] oder um die „weiße Magie“[3], wie Lothar Müller es bezeichnet, als Allgemeinwissen gelten. Bei näherem Hinsehen wird jedoch deutlich, dass zu dem genauen Vorgang und der Art dieser Veränderung der Herrschaftsstile bisher keine empirischen Beweise vorgelegt worden sind. Oft genügte es, recht allgemein gehaltene Fakten anzuführen. Hans Patze stellte fest, dass „das Bürgertum die Bedeutung des Papiers für Handel und Verwaltung schnell erkannt hat“[4], eine Aussage, die er mit der Verwendung von Papier in städtischen Kanzleien seit dem 14. Jahrhundert belegt und damit, dass „in nicht wenigen Stadtkanzleien [...] das erste Amtsbuch, das wir kennen, aus Papier [besteht]“[5]. Verwendeten also Handelsstädte tatsächlich eher Papier in der Verwaltung als andere Städte und stellt sich die Situation in Städten anders dar, in denen das erste Stadtbuch nicht auf Papier, sondern auf Pergament geschrieben wurde?

Nach meinen Untersuchungen zu den Hansestädten Hamburg und Greifswald[6] kann man nicht davon sprechen, dass Papier sofort und uneingeschränkt in der Verwaltung akzeptiert wurde. Gerade im städtischen Bereich wurde Papier offenbar mit einer größeren Skepsis begegnet, als gemeinhin suggeriert wird. Im Folgenden wird ein besonderer Schwerpunkt auf die Stadtbücher gelegt, anhand derer man beispielhaft erkennen kann, wie und ab wann in welchem Umfang Papier verwendet wurde. Zunächst muss die Überlieferungslage in Greifswald dargestellt werden, bevor die Besonderheiten der Stadtbücher als Quellengattung dargelegt werden, um im nächsten Schritt auf die Entwicklung der schriftlichen Verwaltung in Greifswald genauer einzugehen. Daran anschließend werden die frühesten Papierquellen und die am

1 Vgl. Patze 1970, 60; Schubert 1996, 30; Schubert 1999, 228f.; Schubert 2001, 59.
2 Vgl. Franzke u. Stromer 1990.
3 Müller 2012.
4 Patze 1970, 61.
5 Ebd.
6 Die hier dargestellten Untersuchungen sind Teil meines Dissertationsprojektes, das sich mit der Verwendung der Beschreibstoffe Pergament und Papier in den städtischen Kanzleien in norddeutschen Hansestädten auseinandersetzt.

längsten genutzten Pergamentquellen im Bereich der verschiedenen Stadtbücher aus Greifswald vorgestellt, bevor im Rahmen der Schlussbetrachtungen ein vergleichender Blick auf die Entwicklungen in Hamburg geworfen wird.

1 Die Überlieferungslage

In Greifswald stellt die Überlieferungslage den Historiker heute vor einige Probleme. Dies gilt nicht nur für die Untersuchung der Aufgaben, die die städtische Kanzlei wahrnahm, sondern insbesondere für die Rekonstruktion, auf welchen Beschreibstoffen diese Verwaltungsakte durchgeführt wurden. Es ist zusätzlich zu berücksichtigen, dass durch mehrere Naturkatastrophen die Quellen, auf die wir heute zurückgreifen können, nicht mehr im ursprünglichen Umfang vorhanden sind. In Greifswald gab es in den Jahren 1713 und 1736 Brände im Rathaus, die auch Bestände des Archivs zerstörten, das sich zu dem Zeitpunkt dort befunden hat.[7] Während man auf der Suche nach den Inhalten der verlorenen Zeugnisse in einigen Fällen noch auf erhaltene Abschriften zurückgreifen kann, so hat man es doch dabei nicht für nötig befunden, die Eigenschaften der Beschreibstoffe festzuhalten. Auch wenn es für den Großteil des betrachteten Zeitraums eine Fülle von erhaltenen Quellen gibt, muss von Anfang an klar sein, dass eine vollständige Betrachtung niemals durchgeführt werden kann, weil davon ausgegangen werden muss, dass für diese Arbeit wichtige Quellen bei den Bränden zerstört wurden. Die Stadtbücher Greifswalds sind in den meisten Fällen lückenlos überliefert und es lässt sich an ihnen gut die belegen, wie groß die Konkurrenz zwischen den Beschreibstoffen Pergament und Papier noch bis zum 17. Jahrhundert war. Doch gerade bei den Steuerbüchern, die mit dem *Liber censuum civitatis* (dem Kämmereibuch) im Zeitraum von 1361 bis 1411 das erste Stadtbuch auf Papier stellten, fehlen die Folgebücher bis 1518. Es ist somit an dieser Stelle nicht festzustellen, ob man für diesen Zeitraum Papier oder vielleicht gar Pergament verwendete.

2 Die Quellengattung der Stadtbücher

Die Bezeichnung „Stadtbuch" bzw. synonym dazu die Termini „Amtsbuch" oder „Ratsbuch" sind in der Forschung als Sammelbegriff für Aufzeichnungen aus den städtischen Kanzleien etabliert, die in Buchform festgehalten wurden. Der Begriff umfasst damit eine Quellengattung, die sowohl inhaltlich als auch in ihren zeitgenössischen Bezeichnungen sehr heterogen ausfällt.

7 Vgl. dazu Baier et al. 1995, 405.

In Hamburg finden wir zum Beispiel ein *Liber resignatione* (*Liber actorum coram consulibus in resignatione hereditatum*) von 1248, in dem hauptsächlich Protokolle von Grundstücks- und Rentenlassungen zu finden sind.[8] In Lübeck wurde das erste Stadtbuch anhand eines Eintrages von 1262 als *Liber civitatis* bezeichnet,[9] ein Titel, der auch für das älteste Stadtbuch Greifswalds verwendet wurde.[10] Wie dieser Name schon andeutet, wurden in diesen Büchern vornehmlich Geschäfte der Bürger beurkundet, im Besonderen Erbe- und Rentenlassungen, allerdings beschränkte sich das im Lübecker Fall nicht darauf, sondern beinhaltete zum Beispiel auch eine Ratsverordnung und verschiedene Akte der Stadtverwaltung.[11] Findet man hier zufällig eine Übereinstimmung im Namen, so ist die Bandbreite an unterschiedlichen Arten von Stadtbüchern so groß, dass eine einheitliche Einteilung, Klassifizierung und Definition für Stadtbücher, Ratsbücher oder Amtsbücher in der Forschung bisher noch nicht gefunden werden konnte, ein Problem, das es schwierig macht, die verschiedenen Formen der Stadtbücher im deutschsprachigen Raum miteinander zu vergleichen.[12]

Warum die Entstehung der Stadtbücher für die schriftliche Verwaltung in den Städten von so herausragender Bedeutung ist, ergibt sich daraus, dass es sich hierbei um eine vollkommen neue Form des offiziellen Schriftgutes handelte. Fanden Urkunden schon seit vielen Jahrhunderten Verwendung und waren sie etablierte Formen der Rechtssicherung, so waren sie doch recht unhandlich. Daher ist es verständlich, dass sich als eine der ersten Formen von Stadtbüchern die Urkunden- und Privilegienbücher etablierten,[13] in denen Kopien der städtischen Rechte und Privilegien zu finden sind, um diese leichter zugänglich zu machen und übersichtlicher zu gestalten.[14] Als Ausgangsform für diese spezialisierte Form der Stadtbücher sind die vermischten ältesten Rats- und Stadtbücher anzusehen, deren Einträge sich keiner bestimmten Kategorie zuordnen lassen und Bereiche wie zum Beispiel Erb- und Rentenlassungen, Rechtsverhandlungen oder die Niederschrift von Statuten beinhalten,[15] kurz: „in denen man alles aufzuschreiben pflegt, was vor den Ratsherren verhandelt wird“[16]. Als ältestes vermischtes Stadtbuch und als das einzige, das in der ersten Hälfte des 13. Jahrhunderts begonnen wurde, gilt das schon erwähnte Lübecker Stadtbuch aus dem Jahre 1227, es folgten 1258 Rostock, 1264 Kiel und 1270 Stralsund.[17] Diese Stadt-

8 Vgl. ebd., 112.
9 Vgl. Rehme 1895, 3.
10 Vgl. Stadtarchiv Greifswald, Rep. 3, Nr. 14.
11 Vgl. Rehme 1895, 2.
12 Vgl. Petter 2002, 195.
13 Das erste Privilegien- und Urkundenbuch Greifswalds mit dem Titel *Dat Bok, dar unse Privilegia inne stan copieret* wurde 1327 angelegt, Stadtarchiv Greifswald, Rep. 3, lib. 1.
14 Vgl. Steinführer 2007, 16.
15 Für Greifswald vgl. Poeck 2000, passim.
16 Engel 2005, 71, zitiert nach dem Ältesten Stralsunder Stadtbuch, Seite 4.
17 Vgl. ebd., 71.

bücher besaßen lange Zeit aber wohl eher eine erinnernde Funktion; der Rechtscharakter dieser Bücher bildete sich erst gegen Ende des 13. Jahrhunderts heraus.[18] Die vergleichsweise frühe und differenzierte Entwicklung von Schriftlichkeit in der städtischen Verwaltung in norddeutschen Gebieten führt Evamaria Engel darauf zurück, dass das kaufmännische Schriftwesen im hansischen Raum sehr viel ausgeprägter war als in den älteren Städten des Reiches und eben dieselben Kaufleute auch Ratstätigkeiten übernahmen.[19]

Erst im Laufe des 14. Jahrhunderts entstanden aus diesen allgemeinen Stadtbüchern spezialisierte Amtsbücher wie zum Beispiel Privilegien- und Urkundenbücher, Statutenbücher oder Finanzbücher.[20] Nicht nur aus dem Aufkommen von diesen unterschiedlichen Stadtbüchern ist ersichtlich, dass sich die Einstellung gegenüber dem Gebrauch von Schrift allgemein verändert haben muss, sondern auch in der Sorgfalt bei der Niederschrift: Während die Anlage dieser Bücher in Form repräsentativer Handschriften zu Beginn noch von einem aufwändigen und sorgfältigen Umgang mit administrativer Schriftlichkeit zeugt, ist zunehmend eine oftmals „nüchterne Haltung gegenüber der Schrift als Hilfsmittel der Verwaltung“[21] zu beobachten, die schon wenige Jahre nach Beginn der Aufzeichnungen einsetzte.[22] Dies kann als wichtiger Hinweis darauf gelesen werden, dass der Umgang mit Schrift in der städtischen Verwaltung zur Normalität wurde und nicht notwendigerweise eines besonderen Aufwands bedurfte, um als rechtsgültig angesehen zu werden.

Wenn im Folgenden der Fokus auf die Greifswalder Stadtbücher verengt wird, so sollen sie nach ihren Inhalten in Stadterbebücher (4.1), Steuerbücher (4.2), Privilegien- und Urkundenbücher (4.3), Statutenbücher (4.4), Rechts- bzw. Gerichtsbücher (4.5) und Matrikel (4.6) unterschieden werden. Zuerst soll jedoch in die städtische Verwaltungsstruktur Greifswalds ab dem 13. Jahrhundert eingeführt werden.

3 Die Herausbildung der städtischen Verwaltungsstruktur in Greifswald

Der Beginn der schriftlichen Verwaltung in der Stadt Greifswald muss vor dem Jahr 1291 angesetzt werden, das heißt vor dem Jahr, in dem das älteste erhalten geblie-

---

18 Vgl. Tandecki 2006, 4.

19 Vgl. Engel 2005, 71.

20 Dies sind die Bezeichnungen, die für die Amtsbücher Greifswalds Verwendung gefunden haben, vgl. dazu Biederstedt 1966, 38f.

21 Steinführer 2007, 16 bezieht sich hier auf das Zwickauer Stadtrechtsbuch *de anno 1348* und auf das Freiberger Rechtsbuch (um 1300). Dies sind Beobachtungen, die sich ohne weiteres auch auf Greifswald und Hamburg übertragen lassen.

22 Vgl. ebd., 16.

bene Stadtbuch Greifswalds – der *Liber civitatis* – erstmalig geführt wurde: Im *Liber civitatis* selbst hat sich nämlich der Hinweis auf ein älteres Buch erhalten, das dieselben Funktionen erfüllte, jedoch lassen sich aus dieser Stelle keine Schlüsse über den Beginn dieses älteren Buches oder dessen Umfang ziehen.[23] Das unweit gelegene Stralsund führte bereits 1270 ein derartiges Stadtbuch; es kann also davon ausgegangen werden, dass die Form des Stadtbuches auch in Greifswald durchaus bekannt war. Seit dem Beginn der Aufzeichnungen im *Liber civitatis* bestanden anscheinend keine festen Richtlinien für die Einträge und bis zum Ende des Buches im Jahre 1332 können eine Vielzahl an unterschiedlichen Einträgen gefunden werden. Waren die später angelegten Amtsbücher der Stadt für fest umrissene Bereiche zuständig, wurden im *Liber civitatis* nicht nur städtische, sondern auch private Rechtsgeschäfte festgehalten, darüber hinaus noch Renten-, Schuld- und Erbsachen sowie Statuten.[24]

Mit der Hilfe des *Liber civitatis* lassen sich die Anfänge der schriftlichen Verwaltung in Greifswald gut rekonstruieren. Es lässt sich nicht nur erkennen, welche rechtlichen Akte zur Zeit der Anlage als relevant angesehen wurden, sondern auch die Führung des Stadtbuches durch die Stadtschreiber ist ansatzweise nachvollziehbar.[25] In der Forschung nimmt man an, dass sich die Schreibstube im Rathaus befand,[26] das jedoch erst 1349 an der heutigen Stelle nachgewiesen werden kann.[27] Zuvor muss für die Tätigkeit der Stadtschreiber also ein anderer Ort in Betracht gezogen werden. Hierfür kommt am ehesten das Haus der Kompanie der Ratsmitglieder (*companye proconsulum*) in Betracht, zu der sich die 24 (ab 1451 nur noch 20) Mitglieder des Rates zusammenschlossen. Dieses Haus befand sich auf dem Eckgrundstück am Markt und in der Knopfstraße. Über die Aufgaben dieser Kompanie ist sich die Forschung bis heute nicht einig. Eine im 19. Jahrhundert geäußerte These von Theodor Pyl setzt sie in Verbindung mit den Hochzeitsbräuchen der Stadt. Diese Ansicht hat Kattinger jedoch angefochten, der die Funktion der Kompanie im Zusammenhang mit der Ausübung der frühen Marktgerechtigkeit sieht.[28] Diese These verweist auf die administrative Bedeutung der Kompanie, weshalb ihr Haus auch für andere Verwaltungstätigkeiten wie die Niederschrift der kommunalen Stadtbücher genutzt worden

---

23 Vgl. Poeck 2000, xii.
24 Vgl. Kattinger 2000, 54.
25 Der erste namentlich erwähnte Stadtschreiber ist 1309 ein gewisser Conrad, von 1309 bis 1321 kann das erhaltene Schrifttum der Hand des Stadtschreibers Gottfried zugeordnet werden. Weitere bekannte Stadtschreiber im 14. Jahrhundert sind Heino Wrunke und Johannes, vgl. dazu Poeck 2000, xxii.
26 Vgl. ebd., xii.
27 1349 wurde das Gebäude als *Kophus* bezeichnet, erst 1551 wurde es als „Radhus" geführt, das Gebäude selbst existierte jedoch seit Mitte des 13. Jahrhunderts, vgl. dazu Baier et al. 1973, 50; Baier et al. 1995, 405f.; Kiesow u. Grundner 2004, 52.
28 Vgl. Kattinger 2000, 53.

sein könnte. Darüber, ob tatsächlich vor 1349 ein älteres Rathaus existierte, kann die Forschung heute nur Vermutungen anstellen.[29]

Während der Beginn der schriftlichen Verwaltung in der heutigen Überlieferung erst um das Jahr 1291 greifbar wird, lässt sich über normative Quellen deren Einsetzen bereits auf das Jahr 1250 zurückführen. Mit der Übertragung des Lübischen Rechts durch Wartislaw III. wurde der Stadt in diesem Jahr erlaubt, einen eigenen Rat zu konstituieren. Dieser städtische Rat war allgemein für die inneren Angelegenheiten der Stadt zuständig, wozu die Durchführung von Gerichtsverfahren, die Regelung des Handwerks, die Zoll- und Gewerbeaufsicht und allen voran die Finanzangelegenheiten zu zählen sind.[30] Von allen Aufgaben des Rates war die Regelung des städtischen Haushalts der Punkt, der für die Öffentlichkeit von größtem Interesse war, da die finanzielle Lage der Stadt das Leben aller Einwohner direkt beeinflusste. So kam es nicht selten zu Unruhen in mittelalterlichen Städten, die hervorgerufen durch Misswirtschaft direkt gegen den städtischen Rat gerichtet waren.[31] Letztere Krisen traten erst ab der zweiten Hälfte des 14. Jahrhunderts auf und sind besonders für das 15. Jahrhundert festzustellen. Diesem Faktor kann somit ein hoher Einfluss auf die Entwicklung der schriftlichen Verwaltung in der Stadt zugesprochen werden.[32]

Für das städtische Finanzwesen in Greifswald nimmt das 14. Jahrhundert eine wichtige Stellung ein, da in diesem Jahrhundert die wesentlichen Grundlagen für die kommenden Jahrhunderte geschaffen wurden. Die Einnahmen durch den so genannten *Schoß*, der die regelmäßige Steuereinnahme der Stadt darstellte, können ab 1380 vollständig nachvollzogen werden. Es ist davon auszugehen, dass diese Steuer zwar schon vor diesem Jahr entrichtet werden musste, die Höhe bleibt dabei jedoch unklar. Für die Zeit ab 1380 wird aber offensichtlich, dass diese Steuer nicht von allen Einwohnern der Stadt zu zahlen war, unter die „Befreiten" konnten sowohl einzelne Bürger als auch Adlige, Geistliche, Juden, Stadtdiener (die dafür allerdings weniger Lohn erhielten) sowie materiell und finanziell Minderbemittelte fallen; darüber hinaus war es möglich, sich von der Abgabe des *Schoßes* loszukaufen.[33] Abgesehen vom *Schoß*, der am ehesten mit der heutigen Vermögenssteuer gleichzusetzen ist, verfügte die Stadt über eine Vielzahl von weiteren regelmäßigen und somit auch vorhersehbaren Einnahmequellen. Dazu zählten Zinserträge von städtischen Häusern, Miet- und Pachterträge von Buden und Grundstücken innerhalb und außerhalb der Stadt, Zolleinkünfte oder Erträge aus dem Bier- und Weinausschank. Unter unregelmäßige Einnahmen fielen darüber hinaus das Bürgergeld, das von Neubürgern einmalig zu

29 Vgl. Igel 2010, 99.
30 Vgl. Kattinger 2000, 53.
31 Vgl. ebd., 54.
32 Das Finanzwesen der Stadt Greifswald im Mittelalter wurde durch Fengler 1936 bereits ansatzweise untersucht, es fehlen jedoch neuere Studien, die das Bild für das weitere 15. Jahrhundert bis zum Ende der Frühen Neuzeit vervollständigen.
33 Vgl. Kattinger 2000, 54f.

zahlen war, oder auch Strafgelder, die zum Beispiel von der Gewerbeaufsicht erhoben werden konnten.[34]

Noch vielfältiger als die Einnahmen gestalteten sich die Ausgaben, angefangen bei den Aufwendungen für die Instandhaltung städtischer Bauten und Befestigungsanlagen durch Materialkosten und die Löhne der Arbeiter über die Entlohnung der Bediensteten in den städtischen Ämtern bis hin zu den Kosten, die aus den diplomatischen Verpflichtungen Greifswalds als Mitglied der Hanse und im Reichsverband entstanden.[35]

Dass die Finanzgeschäfte Greifswalds im Spätmittelalter so gut nachvollzogen werden können, ist in erster Linie dem *Liber censuum civitatis* oder *Liber camerariorum* zu verdanken. Dieses Buch gewährt für den Zeitraum von 1361 bis 1411 auf 361 Blättern erstmalig einen umfassenden Einblick in den Haushalt Greifswalds. Frühere Bücher wie das *Registrum de redditibus civitatis*, das von 1349 bis 1351 die Einnahmen innerhalb und außerhalb der Stadtmauern verzeichnete, können nur ansatzweise ähnliche Einblicke bieten, da wir hier auf nur wenigen Seiten die städtischen Einkünfte *intra muros* von Häusern, Buden und Gewerken (folio 1) sowie *extra muros* von Wiesen, Gärten und den Stadtgütern finden (folio 2); folio 4–8 sind unbeschrieben.[36] Vor allem lässt sich innerhalb des *Liber censuum civitatis* – zum Beispiel durch die Einführung des Schoßes – die zunehmende Komplexität des Finanzwesens in dieser Zeit beweisen. Zwar können durch den bereits erwähnten Brand im Rathaus die Einnahmen und Ausgaben der Stadt über einen Zeitraum von 109 Jahren heute nur noch lückenhaft nachvollzogen werden, aber auch hier lässt sich – ähnlich wie bei dem ältesten Stadtbuch Greifswalds – eine Spezialisierung beobachten, die zur Entstehung weiterer Steuerbücher führte. Hierzu zählt das Haferbederegister (begonnen 1399, geführt bis 1549) oder auch das gesonderte Steuerregister, das ab 1499 geführt wurde. Besonders auffällig ist diese Spezialisierung für das 16. Jahrhundert, das in einem nicht unerheblichen Umfang zum Anstieg der Verwendung von Papier in der städtischen Verwaltung beitrug.

Kann vom 13. bis 14. Jahrhundert die Kirche als wichtigstes Vorbild für die Entstehung und Ausdifferenzierung von pragmatischem Schriftgut in der städtischen Kanzlei Greifswalds gesehen werden, so darf aus zweierlei Gründen diese Rolle ab dem 15. Jahrhundert der Universität zugesprochen werden: Erstens drängten durch das Studium immer mehr Laien in den Beruf des Stadtschreibers hinein und lösten damit die Geistlichen ab, die bisher ausschließlich dieses Amt inne hielten.[37] Zweitens ist es erst den Bemühungen der Universität Greifswald zu verdanken, dass im

34 Vgl. ebd., 55f.
35 Vgl. ebd., 56f.
36 Vgl. Pyl 1870, XIX; Kattinger 2000, 54.
37 Vgl. Schmitt 1966, 352; Hesse 2002, passim; Steinführer 2007, 17.

16. Jahrhundert in der näheren Umgebung Papiermühlen entstanden, wie im Folgenden zu sehen sein wird.

Schon von Anfang an bestand eine enge Verbindung zwischen der Stadt Greifswald und ihrer Universität, immerhin ist dem Bürgermeister Heinrich Rubenow, der erster Rektor der Universität wurde, ein großer Anteil an ihrer Gründung zuzusprechen.[38] Doch obwohl diese Verbindung zwischen Stadt und der Hochschule bestand, darf man nicht davon ausgehen, dass damit das Universitätsstudium von vornherein als eine zwingende Voraussetzung für den Beruf des Schreibers gesehen wurde.[39] Vielmehr stellte das Studium zunächst lediglich eine gute Empfehlung für diesen Beruf dar, der nicht nur in der Stadt, sondern auch in der fürstlichen und königlichen Verwaltung immer mehr an Bedeutung gewann.[40] Die Universitätsabsolventen, die den Beruf des Schreibers ausübten, stammten häufig aus stadtbürgerlichem Elternhaus und studierten entweder besonders die Artes oder Jura.[41] Genauere Untersuchungen über den Bildungswerdegang der Schreiber in der städtischen Kanzlei Greifswald wurden bisher noch nicht vorgenommen, aber möglicherweise könnten diese Beobachtungen näheren Aufschluss darüber geben, ob es eventuell einen engen Zusammenhang zwischen der Systematisierung des pragmatischen Schriftguts und den Inhalten gibt, die an der Universität gelehrt wurden.

Die Universität Greifswald zeigte sich durch die Gründung eigener Papiermühlen zudem dafür verantwortlich, dass in der direkten Nähe von Greifswald Papier produziert wurde. Das konkrete Gründungsdatum der eigenen Papiermühle ist zwar unbekannt, es ist jedoch davon auszugehen, dass sie bereits vor 1581 existierte, da die Universität bei der Gründung der universitätseigenen Druckerei im Jahr 1581 dem Buchdrucker Augustin Faber „Druckpapier von ihren Papiermühlen zu nicht höherem Preise als zu dem in Grabow in Me[c]klenburg üblichen“[42] anbot. Damit ist die Papiermühle in Kemnitzerhagen zwar nicht die erste Papiermühle, die in Pommern gegründet worden ist,[43] allerdings hat Greifswald damit sehr viel früher eine eigene Papiermühle besessen als zum Beispiel die Universität Rostock. Darauf weist eine Klage vom 9. Oktober 1585 in den Konzilsakten der Universität hin, in der sich der akademische Buchdrucker der Universität Rostock über das Fehlen einer Papiermühle in unmittelbarer Nähe der Stadt beschwerte.[44] Der Standort der Mühle kann auf der Grundlage

38 Vgl. Schmidt 1999, passim.
39 Ähnliches ist für Bayern-Landshut, Hessen, Sachsen und Württemberg festgestellt worden, vgl. Hesse 2002, 257–267.
40 Vgl. Schubert 1996, 28f.
41 Vgl. Hesse 2002, 246 u. 257.
42 Kosegarten 1857, 215.
43 Die erste Papiermühle in Pommern muss wohl die Papiermühle in Damm, gegründet 1528, gewesen sein, vgl. Hössle 1922b, 1433.
44 Vgl. Kohlfeld 1920, 269; zu den mecklenburgischen Papiermühlen im Allgemeinen vgl. Eberlein 1957/1958, passim.

der Universitätsakten erschlossen werden. Es handelte sich demnach nicht um einen Neubau, sondern vielmehr um den Umbau einer schon um 1300 von den Mönchen des Klosters Eldena gegründeten Kornmühle, die sich am Brandmühlengraben in der Ortsmitte von Kemnitzerhagen befand.[45] Abgesehen von vier Jahren während des Dreißigjährigen Krieges war die Papiermühle durchgehend bis 1856 in Betrieb, als die Universität die Papierproduktion aufgab. Was diese Papiermühle besonders auszeichnete, war die verhältnismäßig hohe Qualität, auf die die Universität seit Beginn der eigenen Herstellung von Papier achtete.[46] Nur verwiesen sei darauf, dass 1750 in Hanshagen eine weitere universitätseigene Papiermühle entstand, die im selben Jahr wie die Papiermühle in Kemnitzerhagen geschlossen wurde. Die Papiermühle in Kemnitzerhagen nutzte anfänglich als Wasserzeichen den Greifen mit der Unterschrift „ACAD GWD", mit der Gründung der zweiten Papiermühle nutzten beide gemeinschaftlich ein Doppelwasserzeichen aus einem Greifen mit der Unterschrift „AKAD GWD" und einer Blume.[47]

Die Gründung einer eigenen Papiermühle wird wohl finanzielle Gründe gehabt haben, gleichzeitig konnte die Universität sehr viel eigenständiger agieren und war nicht mehr von den Papierpreisen der Händler abhängig.

Im Folgenden werden die einzelnen Stadtbücher daraufhin untersucht, bis wann jeweils Pergament und ab wann Papier genutzt wurde.

4 Pergament und Papier in der städtischen Verwaltung Greifswalds

4.1 Die Stadterbebücher

Die Erb- und Rentenlassungen der Stadt wurden in den Stadterbebüchern festgehalten. Das älteste erhaltene Buch ist der bereits erwähnte *Liber civitatis* von 1291.[48] Heute ist dieses Buch nicht mehr vollständig erhalten und enthält nur noch Aufzeichnungen bis zum Jahr 1332; aufgrund des abrupten Abbruchs eines Eintrags ging Pyl davon aus, dass das Buch einst Einträge bis etwa 1348/49 umfasst haben musste, was er damit belegt, dass die nächstfolgenden Stadtbücher erst 1349 und 1351 beginnen. Handfeste Beweise gibt es für diese Behauptung aber nicht.[49]

45 Der Umbau bereits existierender Mühlen zu Papiermühlen war offenbar eine weit verbreitete Praxis, vgl. Schultz u. Follmer und Van Wegens in diesem Band.

46 Vgl. Hössle 1922c, 1690.

47 Vgl. ebd., 1692.

48 Vgl. Stadtarchiv Greifswald, Rep. 3, lib. 14.

49 Vgl. Pyl 1870, XVI.

Ab der Mitte des 14. Jahrhunderts lässt sich im Bereich der Stadterbebücher eine erste Differenzierung erkennen, da es nun nicht mehr ein Buch gab, welches gleichzeitig als Buch der Rentenlassungen, Stadtrentenbuch und Stadterbebuch fungierte, sondern zwei. In dem *Liber de hereditatum resignatione*[50] (1351–1451) sind Einträge enthalten, die auf die Grundstücke in der Stadt direkt bezogen waren.[51] Im *Liber de obligationum resignatione*[52] (1349–1442) finden sich dagegen Einträge, die sich auf Geldgeschäfte, Verpfändungen und Lassungen von Renten beziehen, die auf Grundstücken lasteten. Zusätzlich sind dort auch Vergleiche, Erbverträge und andere Rechtsverhandlungen enthalten.[53] Auch bei diesen beiden Büchern muss man davon ausgehen, dass der Seitenumfang anfänglich größer gewesen sein muss, da ein großer zeitlicher Abschnitt fehlt, bis wieder neue Aufzeichnungen in der Form des neuen Stadterbebuches vorgenommen wurden.[54]

Die Zweiteilung der Stadterbebücher wurde mit dem Beginn des neuen *Liber civitatis, liber de hereditatum resignatione* im Jahre 1460 aufgegeben, in dem wieder Eintragungen aus allen Bereichen enthalten sind. Diese Eintragungen können heute bis zum Jahr 1676 nachvollzogen werden. Für die Jahre von 1676 bis 1683 fehlen Aufzeichnungen, was allerdings auf der letzten Seite vermerkt ist und ein zeitgenössischer Eintrag zu sein scheint. Somit galt dieses Buch über 200 Jahre, noch länger als die älteren Stadterbebücher, als zentraler Aufzeichnungsort für Erblassungen, Rentenlassungen und damit zusammenhängende Rechtsverhandlungen.[55] Hier haben wir es bei dem Beschreibstoff bislang nur mit Pergament zu tun, erst 1683 wurde vollständig auf die Verwendung von Papier umgestellt.[56]

4.2 Steuerbücher

Das erste Stadtbuch in Greifswald, das auf Papier geschrieben worden ist und das sich sicher datieren lässt, ist ein Steuerbuch, das ab 1361 als *Liber censuum civitatis* geführt worden ist. Das Buch besteht aus 361 Blättern, die bei der Neuordnung des Stadtarchivs 1822–1829 neu in Franzband gebunden wurden und die auf der Vorder- und Rückseite beschrieben sind.[57] Nicht immer handelt es sich um Bögen im Folioformat, sondern teilweise auch um gebrochene Einzelblätter in einem kleineren Format (häufig nur halbe Seiten, in einigen Fällen können diese Einzelblätter höchstens als

50 Vgl. Stadtarchiv Greifswald, Rep. 3, lib. 15.
51 Vgl. Pyl 1870, XVIII.
52 Vgl. Stadtarchiv Greifswald, Rep. 3, lib. 16.
53 Pyl 1870, XVII.
54 Vgl. ebd., XVIIf.
55 Vgl. ebd., XVIIIf.
56 Vgl. Stadtarchiv Greifswald, Rep. 3, lib. 18.
57 Vgl. Pyl 1870, XIX und Fabricius et al. 1896, 70; inhaltlich dazu siehe auch Fengler 1936, passim.

„Schnipsel" bezeichnet werden), die zwischen die Foliobögen geheftet wurden. Aufgrund seiner Bedeutung als frühestes erhaltenes Papierbuch in Greifswald ist es von großem Interesse, die Herkunft des Papiers zu untersuchen. Hierzu mussten die Wasserzeichen der Papierbögen identifiziert werden, wobei festgestellt werden konnte, dass in den 19 Bogenheften, aus denen das Buch besteht, acht Wasserzeichen am häufigsten vorkommen und die schon erwähnten Einzelblätter grundsätzlich Wasserzeichen besitzen, die von den Hauptwasserzeichen abweichen.[58] Da der *Liber censuum civitatis* nicht mehr im Originaleinband ist, war es nicht klar, in welcher Form das Steuerbuch zur Zeit der Verwendung vorlag. Man kann davon ausgehen, dass die Bogenhefte einzeln beschrieben wurden, bevor man sie in einem Buch bündelte. Der Großteil des Papiers dürfte um 1360 zusammen angekauft worden sein, hierauf weisen die Datierungen der Wasserzeichen Fisch,[59] Hund,[60] Streitaxt,[61] Pfeil und Bogen,[62] zwei Kreise mit Stange[63] und Buchstabe P[64] hin, für die äquivalente Wasserzeichen in der zweiten Hälfte des 14. Jahrhunderts gefunden werden konnten.[65] Die Wasserzeichen Armbrust[66], Glocke[67] und Halbmond mit Stern[68] lassen vermuten, dass während der Beschriftung des Steuerbuches auch neue Papierbögen erworben wurden, obwohl die bisherigen noch nicht aufgebraucht waren. Dies lässt sich aus der Auflistung der Wasserzeichen in der Reihenfolge ihrer Verwendung nachvollziehen. Daraus wird erkennbar, dass der Großteil des Papiers tatsächlich zusammen gekauft wurde, jedoch nicht chronologisch aneinander gebunden wurde. Nur so ist zu erklären, dass Wasserzeichen wie die Streitaxt, Pfeil & Bogen oder der Buchstabe P in der gleichen Form über das gesamte Buch verteilt vorkommen, dazwischen aber jüngere Wasserzeichen festzustellen sind.[69]

58 Vgl. Stadtarchiv Greifswald, Rep. 3, lib. 33.
59 Vgl. Piccard-Online, Nr. 44521.
60 Vgl. Piccard 1987, 232.
61 Vgl. Piccard-Online, Nr. 123301.
62 Vgl. Piccard-Online, Nr. 123445.
63 Vgl. Piccard-Online, Nr. 161646.
64 Vgl. Piccard 1977b, 20.
65 Zu der Problematik der Datierung von Wasserzeichen vgl. zum Beispiel Haidinger 2004, 16–18, und Mackert 2007, 92.
66 Obwohl das Wasserzeichen Armbrust keines der acht häufigsten Wasserzeichen ist, wurde es hier herausgegriffen, da es mit der Hilfe von Piccards Findbüchern gut zurückverfolgt werden konnte. Auffallend ist dabei, dass die meisten Vergleichswasserzeichen für die Armbrust auf die 20er Jahre des 15. Jahrhunderts hinweisen. Somit wäre es durchaus im Bereich des Möglichen, dass diese Seiten sehr viel später nachträglich eingefügt worden sind, vgl. Piccard 1980b, 265.
67 Vgl. Piccard-Online, Nr. 160202.
68 Vgl. Piccard-Online, Nr. 41468.
69 Eine äußerst heterogene Zusammenstellung von Wasserzeichen und damit Papieren in städtischen Büchern aus dem 14. Jahrhundert konnte Evamarie Bange auch für die Stadt Luxemburg feststellen, vgl. Bange in diesem Band.

Bei der Herkunft des Papiers wurde vor allem Italien als Ursprungsland ausgemacht – abgesehen von dem Buchstaben P, welcher auf Troyes[70] hinweist, und der Armbrust, die auf Nordostfrankreich zurückzuführen ist.[71] Bei den Wasserzeichen Fisch, Halbmond mit Stern, Glocke und zwei Kreise mit Stange konnte die Herkunft nicht ermittelt werden, da dafür keine Bestimmungsbücher erschienen sind.

Für das 14. Jahrhundert lässt sich abgesehen von dem *Liber censuum civitatis* keine weitere Nutzung von Papier für Stadtbücher in Greifswald belegen. Unglücklicherweise fehlen die Steuerbücher (mit Ausnahme des Haferbederegisters und einem Buch über die Erhebung der Stadtgüter – beide sind auf Papier geschrieben) aus dem 15. Jahrhundert aufgrund der Rathausbrände aus dem 18. Jahrhundert beinahe völlig. Daher ist nicht nachweisbar, in welchem Umfang Papier in Greifswald zu dieser Zeit verfügbar war und genutzt wurde, ein Umstand, der auf die Untersuchungsergebnisse verfälschend einwirkt.

Von allen erhaltenen Stadtbüchern nimmt der Bereich der Steuerbücher den weitaus größten Teil in dem untersuchten Zeitraum bis 1700 ein und darf daher bei der Suche nach dem Einfluss der Beschreibstoffe auf die schriftliche Verwaltung nicht unterschätzt werden, immerhin sind alle diese Greifswalder Steuerbücher – soweit sie heute noch vorhanden sind – auf Papier geschrieben worden.[72] Mag dies leicht als Vorzeichen für den „Siegeszug“ des Papiers interpretiert werden, so könnte die gleichzeitige Verwendung von Pergament dafür sprechen, dass die beiden Beschreibstoffe bewusst als Schriftträger in bestimmten Bereichen der städtischen Verwaltung gewählt worden ist. In der zweiten Hälfte des 14. Jahrhunderts war es in Greifswald anscheinend nicht so schwierig, Papier zu erwerben. Dennoch wurde Pergament in vielen Bereichen der schriftlichen Verwaltung gewählt. Am Zweck der Aufzeichnungen lässt sich durchaus erkennen, warum dies der Fall war: Schon bei den Stadterbebüchern konnte beobachtet werden, dass immer dann Pergament gewählt wurde, wenn die darin enthaltenen Einträge über viele Jahre Bestand haben sollten. Bei den Steuerbüchern war dies sehr viel weniger der Fall, da sie in erster Linie Aufzeichnungen enthielten, die nur in dem jeweiligen und dem darauf folgenden Steuerjahr als Mittel der Kontrolle von Bedeutung gewesen sein müssten und somit als kurzfristige Aufzeichnungen zu kategorisieren sind.

---

70 Durch das Kreuz auf dem Buchstaben kann das Papier eindeutig auf Troyes zurückgeführt werden, vgl. Piccard 1977a, 12. Somit müssen die Untersuchungsergebnisse von Maria Zaar-Görgens ergänzt werden. Zaar-Görgens führt in ihrer Karte zum Absatz und zur Verbreitung von Papier aus Troyes bis 1600 Greifswald nicht mit auf, vgl. Zaar-Görgens 2004, Karte 7.

71 Vgl. Piccard 1980a, 13.

72 Vgl. dazu auch die hier nicht weiter untersuchten Steuerbücher, die vereinzelt spezielle Steuern wie die Hanseatische Steuer oder die so genannte „Türkensteuer“ umfassten, aber auch Übersichten der Straßen der Stadt sowie über die Einkünfte der Stadt enthielten: Stadtarchiv Greifswald, Rep. 3, lib. 11, 12, 35–44, 47, 57–65, 70, 72, 74f–79, 82, 84, 85, alle sind auf Papier geschrieben.

4.3 Die Privilegien- und Urkundenbücher

Die Privilegien- und Urkundenbücher Greifswalds stellen nach den Einzelurkunden die wichtigsten Zeugnisse für die Rechte der Stadt dar, da in ihnen rechtskräftige Kopien älterer Urkunden verzeichnet sind. Das älteste dieser Bücher mit dem Titel *Dat Bok, dar unse Privilegia inne stan copieret*[73] stammt aus dem 14. Jahrhundert und konnte durch einen Handschriftenvergleich mit der eindeutiger zu datierenden *Descriptio de Gryphisvaldensium in Rugiano rebus gestis*[74] auf die Zeit um 1327 datiert werden.[75] Das jüngste darin eingetragene Privileg kommt aus dem Jahre 1524. Damit war das Buch knapp 200 Jahre in Verwendung.

Auch das Buch über den Rügischen Erbfolgekrieg wurde als Privilegien- und Urkundenbuch geführt und besteht aus neun Pergamentbögen, die zusätzlich zu der Beschreibung des Krieges auch Abschriften aus dem 16. Jahrhundert über den Stettiner Erbfolgestreit beinhalten.[76] Hiermit ist dies wieder ein Fall, in dem ein Stadtbuch über einen langen Zeitraum genutzt wurde. Gleichzeitig wurde damit das Pergament dieses Buches vollständig beschrieben und nicht verschwendet.

Ab der Reformation löste das *neue Diplomatar*[77], das auf Papier geführt wurde, das alte pergamentene Privilegienbuch ab. Es ersetzte das alte Privilegienbuch nicht nur für Neueintragungen, sondern auch die alten Urkunden wurden in diesem Buch erneut aufgezeichnet. Der Großteil der darin enthaltenen Urkunden sind daher Kopien aus dem alten Diplomatar. Ein wesentlicher Unterschied zwischen den beiden Bänden besteht darin, dass die Urkunden im neuen Diplomatar chronologisch angeordnet wurden, wohingegen das alte thematisch eingeteilt war.[78] Dieses Buch fand bis 1659 Verwendung und wurde nicht vollständig gefüllt; die Aufzeichnung brechen bei Seite 114 ab, obwohl das Buch aus 192 Blättern besteht. Zu den Urkunden- und Privilegienbüchern sind noch weitere Codices zu zählen, die aber nur deshalb in diesem Zusammenhang interessant sind, weil sie allesamt auf Papier geschrieben worden sind. Auch diese Bücher enthalten ältere Urkundenabschriften.[79]

Für die Privilegien- und Urkundenbücher Greifswalds kann somit vermerkt werden, dass der Umschwung von Pergament auf Papier im 16. Jahrhundert einsetzte und sich ein merklicher Unterschied im Umgang mit den Beschreibstoffen vollzog:

---

73 Stadtarchiv Greifswald, Rep. 3, lib. 1.

74 Der vollständige Titel lautet *Descriptio de Gryphisvaldensium in bello Rugiano rebus gestis, quae publica auctoritate est consignata*, Stadtarchiv Greifswald, Rep. 3, lib. 3.

75 Vgl. Pyl 1870, XI.

76 Vgl. ebd., XIII.

77 Stadtarchiv Greifswald, Rep. 3, lib. 2.

78 Das älteste Privilegienbuch ist in drei größere Abschnitte eingeteilt: 1. Privilegien der Herzöge von Pommern, 2. Privilegien der Fürsten von Rügen; 3. Privilegien der Äbte von Eldena, vgl. Pyl 1870, XIf.

79 Stadtarchiv Greifswald, Rep. 3, lib. 7–9, 11.

Während die Bücher aus Pergament vollständig beschrieben wurden, wurde mit Papier sehr viel großzügiger umgegangen, und man findet Papierbände, die nicht vollständig genutzt wurden.

4.4 Die Statutenbücher

Anders stellte sich die Verwendung von Pergament und Papier in den Statutenbüchern dar, die zu einem wesentlichen Teil aus Pergament bestehen. Diese Bücher sind in Greifswald bis zum 16. Jahrhundert vom Rat direkt verfasst worden.[80] Ab dem 16. Jahrhundert können unter den Statutenbüchern zwei Papierbücher gefunden werden.[81] Das erste stammt aus dem Jahr 1556 und das zweite aus dem Folgejahr. Es enthält verschiedene Rezesse und Inventarien.[82] Trotzdem brach die Kette an pergamentenen Bänden nicht ab: Augenmerk ist bei den Statutenbüchern auf die *Statuta senatus de 1651*[83] zu richten. Es handelt sich dabei um das jüngste der Stadtbücher in der Verwaltung Greifswalds, das Pergament als Beschreibstoff hat. Stellt der bereits erwähnte *Liber civitatis, liber de hereditatum resignatione*[84] das Stadtbuch dar, bei dem mit 216 Jahren am längsten Pergament verwendet wurde, finden wir im 17. Jahrhundert mit der Ausnahme der *Statuta senatus de 1651* keinen weiteren Beleg einer Pergamentnutzung in den Greifswalder Stadtbüchern. Möglicherweise ist der Grund für die Nutzung von Pergament auf den Aspekt der Tradition zurückzuführen: So wie bereits 200 Jahre zuvor die Rubenowsche Stadtverfassung auf Pergament niedergeschrieben worden war, wäre es denkbar, dass Pergament hier bewusst gewählt wurde, um einerseits auch dieses für die Stadt wichtige Dokument auf einem repräsentativen und teuren Beschreibstoff vorliegen zu haben, andererseits wurde mit der Verwendung von Pergament hier gleichzeitig Kontinuität geschaffen. Bei den *Statuta senatus de 1651* sollte es sich nicht um eine volle Neuschöpfung der Stadtverfassung handeln. Vielmehr waren sie eine Überarbeitung, die den Bezug zur ursprünglichen Fassung aus der Zeit von Heinrich Rubenows nicht verlieren sollten. Die wesentlichen Neuerungen betrafen neben der Sprache, die nun hochdeutsch war, die Berücksichtigung der neuen kirchlichen und staatsrechtlichen Veränderungen sowie die städti-

80 Dies war nicht immer der Regelfall, da in anderen Städten diese Aufgaben schon früher in der Hand von Bevollmächtigten der Bürgerschaft lagen. Vgl. Kosegarten 1834, 129.

81 Stadtarchiv Greifswald, Rep. 3, lib. 73.

82 Bei Pyl 1870, XV werden unter den Statutenbüchern noch weitere Bücher aufgezählt, diese beziehen sich aber vornehmlich auf die Administration der Kirchen und Klöster und der wohltätigen Stiftungen, nicht direkt auf die Stadt, weshalb diese hier nicht weiter berücksichtigt werden.

83 Pyl 1867, 7f. weist auf dieses Stadtbuch hin, im Stadtarchiv scheint es heute jedoch nicht mehr zu existieren, zumindest ließ sich auch mit der Hilfe des Archivpersonals dieses Buch nicht auffinden.

84 Stadtarchiv Greifswald, Rep. 3, lib. 17.

sche Vermögensverwaltung.[85] Da dafür Pergament eingesetzt wurde, wird nicht nur eine inhaltliche, sondern auch eine äußerliche Stringenz zwischen diesen beiden Stadtverfassungen hergestellt.

Für die Statutenbücher lässt sich letztendlich festhalten, dass Pergament hier noch lange Zeit eine bestimmende Rolle spielte, mehr als es in anderen Bereichen der Fall war. Dies ist jedoch nicht überraschend, wurde doch mit diesen Niederschriften die Selbstverwaltung der Stadt detailliert geregelt. Dabei handelte es sich nicht um Aufzeichnungen, die für einen kurzen Zeitraum von Bedeutung waren, sondern die über lange Zeit Gültigkeit haben sollten. Verständlicherweise wurde dafür auch ein Beschreibstoff verwendet, der wie kein anderer als Inbegriff für Beständigkeit galt, nämlich das Pergament.

4.5 Rechtsbücher

Auch wenn sie eigentlich zu den Gerichtsbüchern der Stadt Greifswalds zu zählen sind, findet man unter der Bezeichnung „Rechtsbücher" nach den Angaben der Rubenowschen Stadtverfassung das *Denkelbok*[86] und das *Lübesche Buch*, letzteres ist leider nicht mehr erhalten.[87] Der wesentliche Inhalt des *Denkelboks* besteht aus den vom Rat publizierten Urteilen und Mandaten, gerichtlichen Verträgen, Vergleichen, Zeugnissen, Vereidigungen, Vollmachten und einer Übersicht der Kriminalgerichtsbarkeit und der Gefängnisse, im Großen und Ganzen allem, was mit der Gerichtsbarkeit in der Stadt in Verbindung stand. Dies führte dazu, dass viele der hierin enthaltenen Rechtsverhandlungen auch in den Stadterbebüchern wiederzufinden sind.[88] Das *Denkelbok* wurde auf außergewöhnlich dickem Papier geschrieben und möglicherweise um 1351 angelegt, als die systematische Führung der beiden Stadterbebücher 1349 und 1351 begann. Eine genaue Datierung ist schwierig, da in diesem Buch Wasserzeichen fehlen und der erste Eintrag, der sicher datierbar ist, aus dem Jahre 1383 stammt. Dies ist der Grund dafür, dass der *Liber censuum civitatis* hier als älteste Papierquelle geführt wird und nicht das *Denkelbok*. Dieses Buch wurde bis 1526 genutzt.[89]

Zusätzlich zu diesem Buch wurde 1493 ein weiteres *Denkelbok*, jetzt als *Liber judicialis*[90], angelegt, welches speziell für die Aufzeichnungen aller Rechtsverhandlun-

---

85 Vgl. Pyl 1867, 7; Biederstedt 1966, 18.
86 Vgl. Stadtarchiv Greifswald, Rep. 3, lib. 21.
87 Vgl. Pyl 1870, XXI.
88 Dies stiftete anscheinend selbst in der Zeit der Führung dieses Buches Verwirrung, da der *liber de obligationum resignatione, Liber de redditum res* an einer Stelle irrtümlich als *Denkelbok* bezeichnet worden ist, vgl. Pyl 1870, XVII.
89 Vgl. Pyl 1891, 49f.
90 Vgl. Stadtarchiv Greifswald, Rep. 3, lib. 19.

gen angelegt und bis 1566 verwendet wurde. Für die folgenden Jahrzehnte tut sich hier eine große Lücke auf, die zwar ab 1599 von den Ratsprotokollen zumindest teilweise gefüllt wird,[91] die aber erst 1650 durch neuere Rechtsbücher wieder geschlossen werden kann.[92] Auch diese wurden auf Papier geschrieben.[93]

Somit zeichnet sich bei den Gerichtsbüchern von Anfang an ein eindeutiges Bild bei der Verwendung von Beschreibstoffen ab, da sie ausschließlich auf Papier stehen. Die Inhalte, die längerfristigen rechtlichen Charakter besaßen, waren zu diesem Zeitpunkt bereits auf Pergament in den Stadterbebüchern verzeichnet worden und deshalb ist bei den Rechtsbüchern möglicherweise von vornherein auf eine Nutzung von Pergament verzichtet worden.

4.6 Die Matrikel

Als letzte zu den Stadtbüchern gehörende Codices sind kurz die Matrikel der Stadt zu betrachten. Die *Matricula consulum Gryphisvaldensium*[94] sind vermischt mit dem *Denkelbok*; sie enthalten das Verzeichnis der Ratsmitglieder, die von 1382 bis 1655 ernannt wurden.[95] Ebenfalls zu den Matrikelbüchern zu zählen sind eine Sammlung von Bestallungsbriefen[96] und die *Matricula civium Gryphisvaldensium*.[97] Das erste Buch der *Matricula civium Gryphisvaldensium*, in dem die Neu-Bürger von 1531 bis 1711 festgehalten sind, besteht im Gegensatz zu den anderen Matrikeln aus Pergament. Es beinhaltet allerdings am Ende einige Lagen Papier, auf denen die Einträge des Zeitraums von 1702 bis 1711 dokumentiert wurden.[98]

5 Schlussbetrachtung

Die hier dargelegten Befunde zu Greifswald lassen sich weiter einordnen, vergleicht man sie mit den Entwicklungen der Hamburger Verwaltung, wo wir auf ähnliche Probleme bei der Quellenlage stoßen wie in Greifswald, da hier ein Brand 1842 einen Verlust an Archivalien zur Folge hatte.[99] Auch dort kann wie in Greifswald eine Erst-

91 Vgl. Pyl 1870, XXII.
92 Vgl. Stadtarchiv Greifswald, Rep. 3, lib. 20–25, 27.
93 Vgl. Pyl 1870, XXII.
94 Vgl. Stadtarchiv Greifswald, Rep. 3, lib. 21.
95 Vgl. Pyl 1870, XXIIf.
96 Vgl. Stadtarchiv Greifswald, Rep. 3, lib. 10.
97 Vgl. Stadtarchiv Greifswald, Rep. 3, lib. 28f.
98 Vgl. Pyl 1870, XXIII.
99 Vgl. Reetz 1958, 98.

verwendung von Papier bei den Stadtbüchern in der zweiten Hälfte des 14. Jahrhunderts ausgemacht werden; die frühesten Papiere in Buchform haben sich in Form des *Pfundzollbuchs von 1369* erhalten.[100] Hamburg zeigt im Gegensatz zu Greifswald aber ein noch stärkeres Festhalten an dem Beschreibstoff Pergament in der städtischen Verwaltung. Das wird ersichtlich, wenn man sich anschaut, wie lange Pergament zum Beispiel in den Renten- und Erbebüchern verwendet worden ist: In Greifswald werden diese Bücher im 17. Jahrhundert, in Hamburg erst im 19. Jahrhundert auf Papier geschrieben. Die frühesten Beispiele für die endgültige Umstellung sind das Rentenbuch von St. Petri und die Renten- und Erbebücher von St. Nicolai, die allesamt aus dem Jahr 1835 stammen.[101] In dem Erbebuch von St. Petri findet man diese Umstellung sogar erst acht Jahre später.[102] Bis spätestens 1844 folgten dann auch die Renten- und Erbebücher der weiteren Kirchenspiele: Sowohl die Rentenbücher von St. Jacobi als auch von St. Michaelis standen ab 1836 auf Papier.[103] Die beiden jeweiligen Erbebücher folgten 1837.[104] In dem Rentenbuch von St. Catharina finden wir ab 1839 Papier, aber im Erbebuch erst ab 1844.[105]

Über den Anlass, warum die Stadt Hamburg erst zu einem so späten Zeitpunkt von Pergament zu Papier gewechselt ist, haben sich keine expliziten Quellen erhalten, außer einem Hinweis von Christian Daniel Anderson aus dem Jahre 1784, bei dem ersichtlich wird, dass die Kopien auf Papier in erster Linie zum Nachschlagen gedacht waren und die Originale auf Pergament verfasst wurden.[106] Als naheliegender Grund wäre einerseits der Aspekt der Tradition heranzuführen: Seitdem die Renten- und Erbebücher geführt worden sind, wurden sie auf Pergament geschrieben. Zudem konnten die Zeitgenossen berechtigte Zweifel an der Qualität und Haltbarkeit des verfügbaren Papiers haben: Dies war besonders zu Beginn des 19. Jahrhunderts zu beobachten, da die durch die neuen Produktionstechniken provozierte Übersäuerung in dieser Zeit zu einer geringen Haltbarkeit des Papiers führte.[107] Zusätzlich könnte auch der Prestigefaktor eine Rolle gespielt haben, da die Hansestadt mit der Verwendung des teureren Pergaments ihren Reichtum zeigen konnte.

Es konnte anhand dieses Beitrages aufgezeigt werden, dass die Verwendung von Pergament in den städtischen Verwaltungen der Hansestädte Hamburg und Greifswald eine tiefer verwurzelte und länger anhaltende Tradition hat, als dies die gängige

100 Vgl. Staatsarchiv Hamburg, 311-1, I 276, Bd. 1.

101 Für St. Petri vgl. Staatsarchiv Hamburg, 231-1, II 10, Bd. 13 (II 10, Bd. 12 öffentlich nur noch als Microfilm zugänglich). Für St. Nicolai vgl. Staatsarchiv Hamburg, 231-1, III 8, Bd. 89 und Staatsarchiv Hamburg, 231-1, III 5, Bd. 26.

102 Vgl. Staatsarchiv Hamburg, 231-1, II 5, Bd. 30.

103 Vgl. Staatsarchiv Hamburg, 231-1, V 8, Bd. 109 und Staatsarchiv Hamburg, 231-1, VI 8, Bd. 223.

104 Vgl. Staatsarchiv Hamburg, 231-1, V 5, Bd. 40 und Staatsarchiv Hamburg, 231-1, VI 5, Bd. 49.

105 Vgl. Staatsarchiv Hamburg, 231-1, IV 8, Bd. 97 und Staatsarchiv Hamburg, 231-1, IV 5, Bd. 33.

106 Vgl. Anderson 1784, 403.

107 Vgl. Anders 2000, 98-100; Zeisler et al. 1991, 9-13.

Fachliteratur zum Thema Papier für Städte des Reiches grundsätzlich immer wieder postuliert. Dies ist im Falle Greifswalds an dem beschriebenen Beispiel des *Liber civitatis* erkennbar, das 1460 angelegt worden ist und dessen letzter Eintrag aus dem Jahr 1676 stammt. Damit stellt dies das Greifswalder Stadtbuch auf Pergament dar, das am längsten in Benutzung war. Möglicherweise ist diese lange Nutzung aus finanziellen Gründen erfolgt und man wollte das teure Pergament vollständig nutzen. Gleichzeitig hatte das Papier in Greifswald schon einen festen Platz in der städtischen Kanzlei gefunden, was anhand der Papiernutzung ab dem 14. Jahrhundert im Bereich der Steuerbücher belegt werden kann. Das Hamburger Beispiel hat darüber hinaus zeigen können, dass der traditionelle Beschreibstoff Pergament selbst im 19. Jahrhundert noch nicht in Vergessenheit geraten war.[108]

Auf der Basis des aktuellen Forschungsstandes muss Spekulation bleiben, ob diese Ergebnisse auch auf andere Hansestädte oder gar die Städte des Reiches insgesamt übertragen werden können. Dies liegt in erster Linie daran, dass die Beschreibstoffe in den städtischen Verwaltungen bislang kaum systematisch untersucht wurden und in Studien zu Kanzlei- und Archivgeschichte meist nur am Rande Berücksichtigung gefunden haben.

Anhand der Stadtbücher ist zum einen der Übergang von der Mündlichkeit zur Schriftlichkeit zu beobachten und zum anderen wird der Weg nachvollziehbar, wie die Verwaltung im Laufe der Jahrhunderte immer umfangreicher und differenzierter wurde. Im Falle der Stadtbücher in Greifswald ist die Komplexität anhand der weiteren Unterteilung der Stadtbücher im 14. und 15. Jahrhundert aufgezeigt worden. Ohne die Beschreibstoffe Papier und Pergament hätten die neuen Anforderungen an die Regierung und Verwaltung der Städte möglicherweise nicht bewältigt werden können, aber ob gerade nur das günstigere Papier im nächsten Schritt den Weg in das „Aktenzeitalter" geebnet hat, dem das Mittelalter in der Forschung oft als „Urkundenzeitalter" gegenübergestellt wird, bedarf noch intensiverer Untersuchungen. Dies ist besonders deshalb der Fall, weil generell der Übergang zwischen der „Pergament-" und „Papierzeit" nicht so leicht zu ziehen ist, wie häufig angenommen wird.[109] Dies konnte auch anhand der Verwendung des Pergaments in den Stadtbüchern der Stadt Hamburg belegt werden.

Mittlerweile wird versucht, den großen Papierbergen in der Verwaltung mit Digitalisierung zu begegnen,[110] das ist eine Beobachtung, die auch im Alltag gemacht werden kann. Im Laufe der letzten Jahre gab es zwar einen regelrechten Boom von e-Books, aber wenn man Verkaufszahlen aus den USA analysiert, in dem „eReader"

108 Zur Frage, welche Gründe außer rational ökonomischen Kosten-Nutzen-Abwägungen zu der Nutzung von Pergament führen konnten, vgl. die instruktiven Überlegungen von Arlinghaus in diesem Band.

109 Vgl. Meyer u. Schneidmüller, im Druck.

110 Vgl. Öchsner 2012.

wie zum Beispiel der Kindle noch weiter verbreitet sind als in Deutschland, so ist für 2013 schon zu beobachten gewesen, dass ihr Absatz abgenommen hat, während zum Beispiel der Absatz von Hardcover-Büchern im selben Zeitraum gestiegen ist.[111] Bevor es also zu einer Verwaltung oder einem Alltag ohne Papier kommt, scheint es demnach noch ein langer Weg zu sein. Es wird also erst in der Zukunft möglich sein zu bewerten, ob das Papier sich gegen seine Ablösung durch die digitalen Medien ebenso erfolgreich viele Jahrhunderte lang verteidigen können wird wie einst das Pergament ihm selbst gegenüber.

111 Vgl. Furness 2014.

Bibliographie

Anders (2000): Manfred Anders, *Untersuchungen zur Papieralterung und zur Konservierung geschädigter Papiere durch Entsäuerung und Festigung*, Stuttgart.

Anderson (1784): Christian Daniel Anderson, *Hamburgisches Privatrecht, Bd. 2*, Hamburg.

Baier et al. (1973): Gerd Baier, Horst Ende u. Renate Krüger, *Die Denkmale des Kreises Greifswald* (Die Denkmale im Bezirk Rostock), Leipzig.

Baier et al. (1995): Gerd Baier, Horst Ende, Beatrix Dräger, Dirk Handorf u. Brigitte Oltmanns, *Vorpommersche Küstenregion. Mit Stralsund, Greifswald, Rügen und Usedom* (Die Bau- und Kunstdenkmale in Mecklenburg-Vorpommern), Berlin.

Biederstedt (1966): Rudolf Biederstedt, *Übersicht über die Bestände des Stadtarchives Greifswald und archivalischer Quellennachweis zur Geschichte der örtlichen Arbeiterbewegung* (Quellen zur vorpommerschen Regionalgeschichte), Greifswald.

Biederstedt (2000): Rudolf Biederstedt, „Von der Reformation bis zum Verlust der Selbständigkeit", in: Horst Wernicke (Hg.), *Greifswald. Geschichte der Stadt*, Schwerin, 61–84.

Eberlein (1957/1958): Alfred Eberlein, „Papier, Papiermacher, Papiermühlen in Mecklenburg", *Wissenschaftliche Zeitschrift der Universität Rostock, Gesellschafts- und Sprachwissenschaftliche Reihe* I 7, 133–147.

Engel (2005): Evamaria Engel, *Die deutsche Stadt im Mittelalter*, Düsseldorf.

Fabricius et al. (1896): Ferdinand Fabricius, Paul Manke, Theodor Pyl u. Martin Wehrmann, „Die erhaltenen mittelalterlichen Stadtbücher Pommerns (bis 1500), in: *Baltische Studien* 46, 45–102.

Fengler (1936): Georg Fengler, *Untersuchungen zu den Einnahmen und Ausgaben der Stadt Greifswald im 14. und beginnenden 15. Jahrhundert, besonders nach dem Kämmereibuch von 1361–1411* (Greifswalder Abhandlungen zur Geschichte des Mittelalters 7), Greifswald.

Franzke u. Stromer (1990): Jürgen Franzke u. Wolfgang von Stromer (Hgg.), *Zauberstoff Papier. Sechs Jahrhunderte Papier in Deutschland. Begleitbuch zur gleichnamigen Ausstellung im Schloß Faber-Castell in Stein bei Nürnberg anläßlich des sechshundertjährigen Jubiläums der Papierherstellung in Deutschland*, München/Nürnberg.

Furness (2014): Hannah Furness, „Waterstones founder: e-book revolution will soon go into decline", http://www.telegraph.co.uk/culture/books/10733708/Waterstones-founder-e-book-revolution-will-soon-go-into-decline.html (Stand 1.4.2014)

Haidinger (2004): Alois Haidinger, „Datieren mittelalterlicher Handschriften mittels ihrer Wasserzeichen", *Österreichische Akademie der Wissenschaften, Anzeiger der philosophisch-historischen Klasse*, 139, 5–31.

Hesse (2002): Christian Hesse, „Qualifikation durch Studium? Die Bedeutung des Universitätsbesuchs in der lokalen Verwaltung spätmittelalterlicher Territorien im Alten Reich", in: Günther Schulz (Hg.), *Sozialer Aufstieg. Funktionseliten im Spätmittelalter und in der frühen Neuzeit* (Deutsche Führungsschichten in der Neuzeit 25), München, 243–268.

Hochedlinger (2009): Michael Hochedlinger: *Aktenkunde. Urkunden- und Aktenlehre der Neuzeit* (Historische Hilfswissenschaften), Wien/München.

Hössle (1922a): Friedrich von Hössle, „Papiermühle Mönchhagen (Amt Ribnitz). Alte Papiermühlen der deutschen Küstenländer", *Der Papier-Fabrikant* 20, 162–163.

Hössle (1922b): Friedrich von Hössle, „Die Papiermühlen im ehemaligen Herzogtum, der späteren preußischen Provinz Pommern", *Der Papier-Fabrikant* 20, 1433–1438.

Hössle (1922c): Friedrich von Hössle, „Zwei Papiermühlen der Universität Greifswald. Papiermühlen der deutschen Küstenländer", *Der Papier-Fabrikant* 20, 1690–1693.

Hössle (1923): Friedrich von Hössle, „Die Universitätspapiermühle Kemnitzerhagen bei Greifswald. Alte Papiermühlen der deutschen Küstenländer", *Der Papier-Fabrikant* 21, 546.

Igel (2010): Karsten Igel, *Zwischen Bürgerhaus und Frauenhaus. Stadtgestalt, Grundbesitz und Sozialstruktur im spätmittelalterlichen Greifswald* (Städteforschung 71), Köln/Weimar/Wien.

Kattinger (2000): Detlef Kattinger, „Die Stadtentwicklung vom Ende des 13. Jahrhunderts bis 1500", in: Horst Wernicke (Hg.), *Greifswald. Geschichte der Stadt*, Schwerin, 33–60.

Kiesow u. Grundner (2004): Gottfried Kiesow u. Thomas Grundner, *Backsteingotik in Mecklenburg-Vorpommern* (Edition Kulturlandschaft Mecklenburg-Vorpommern), Rostock.

Kohlfeld (1920): Gustav Kohlfeld, „Die Universität Rostock und die mecklenburgischen Papiermühlen", *Der Papier-Fabrikant* 18, 269–270.

Kosegarten (1834): Johann Gottfried Ludwig Kosegarten, *Alte historische Berichte und Urkunden welche die Geschichte Pommerns und Rügens betreffen* (Pommersche Geschichtsdenkmäler 1), Greifswald.

Kosegarten (1857): Johann Gottfried Ludwig Kosegarten, *Geschichte der Universität Greifswald. Mit urkundlichen Beilagen. Erster Abschnitt, die Zeit der Pommerschen Herzöge*, Greifswald.

Lehe (1950): Erich von Lehe, *Überblick über die Geschichte der hamburgischen Verwaltung vom Mittelalter zur Neuzeit*, Hamburg.

Mackert (2007): Christoph Mackert, „Wasserzeichenkunde und Handschriftenforschung. Vom wissenschaftlichen Nutzen publizierter Wasserzeichensammlungen. Beispiele aus der Universitätsbibliothek Leipzig", in: Peter Rückert, Jeanette Godau u. Gerald Maier (Hgg.), *Piccard-Online. Digitale Präsentationen von Wasserzeichen und ihre Nutzung* (Werkhefte der staatlichen Archivverwaltung Baden-Württemberg, Serie A Heft 19), Stuttgart, 91–119.

Meyer u. Schneidmüller (2015): Carla Meyer u. Bernd Schneidmüller, „Zwischen Pergament und Papier", in: Thomas Meier, Michael Ott u. Rebecca Sauer (Hgg.), *Materiale Textkulturen. Konzepte – Materialien – Praktiken* (Materiale Textkulturen 1), Berlin/München/Boston (im Druck).

Müller (2012): Lothar Müller, *Weiße Magie: Die Epoche des Papiers*, München.

Öchsner (2012): Thomas Öchsner, „Arbeitsagenturen schaffen Papier-Akten ab", http://www.sueddeutsche.de/wirtschaft/digitalisierung-arbeitsagenturen-schaffen-papier-akten-ab-1.1393397 (Stand 12.3.2014).

Patze (1970): Hans Patze, „Neue Typen des Geschäftsschriftgutes im 14. Jahrhundert", in: Ders. (Hg.), *Der deutsche Territorialstaat im 14. Jahrhundert*, Bd. I (Vorträge und Forschungen 13), Sigmaringen, 9–64.

Petter (2002): Andreas Petter, „Mittelalterliche Stadtbücher und ihre Erschließung. Grundlagen und Gestaltung quellenkundlicher Arbeit zur mitteldeutschen Überlieferung", in: *Sachsen und Anhalt* 24, 189–245.

Piccard (1977a): Gerhard Piccard, *Wasserzeichen Buchstabe P* (Die Wasserzeichenkartei Piccard im Hauptarchiv Stuttgart, Findbuch 4), Teil 1, Stuttgart.

Piccard (1977b): Gerhard Piccard, *Wasserzeichen Buchstabe P* (Die Wasserzeichenkartei Piccard im Hauptarchiv Stuttgart, Findbuch 4), Teil 2, Stuttgart.

Piccard (1980a): Gerhard Piccard, *Wasserzeichen Werkzeug und Waffen* (Die Wasserzeichenkartei Piccard im Hauptarchiv Stuttgart, Findbuch 9), Teil 1, Stuttgart.

Piccard (1980b): Gerhard Piccard, *Wasserzeichen Werkzeug und Waffen* (Die Wasserzeichenkartei Piccard im Hauptarchiv Stuttgart, Findbuch 9), Teil 2, Stuttgart.

Piccard (1987): Gerhard Piccard, *Wasserzeichen verschiedene Vierfüssler* (Die Wasserzeichenkartei Piccard im Hauptarchiv Stuttgart, Findbuch 15), Stuttgart.

Piccard-Online: Wasserzeichensammlung Piccard (Hauptstaatsarchiv Stuttgart, J 340), http://www.piccard-online.de (Stand 3.7.2014).

Poeck (2000): Dietrich W. Poeck, *Das älteste Greifswalder Stadtbuch* (1291–1332) (Veröffentlichungen der Historischen Kommission für Pommern: Reihe 4, Quellen zur pommerschen Geschichte 14), Köln/Weimar/Berlin.

Pyl (1867): Theodor Pyl, *Pommersche und Rügische Geschichtsdenkmäler oder alte historische Berichte und Urkunden, welche die Geschichte Pommerns und Rügens betreffen* (Pommersche Geschichtsdenkmäler 2), Greifswald.

Pyl (1870): Theodor Pyl, *Heinrich Rubenows Leben und die Geschichte seiner Vorfahren: mit urkundlichen Beilagen und einer Beschreibung der Stadt Greifswald im fünfzehnten Jahrhundert* (Pommersche Geschichtsdenkmäler 3), Greifswald.

Pyl (1889): Theodor Pyl, „Heinrich Rubenow", in: *Allgemeine Deutsche Biographie* 29, Leipzig, 417–423.

Pyl (1891): Theodor Pyl, *Die Verwaltung und die Gerichtsbarkeit des Greifswalder Rathes nach den urkundlichen Quellen des Greifswalder Archivs* (Beiträge zur Pommerschen Rechtsgeschichte 2), Greifswald.

Reetz (1957): Jürgen Reetz, „Hamburgs mittelalterliche Stadtbücher", in: *Zeitschrift des Vereins für Hamburgische Geschichte* 44, 95–139.

Rehme (1895): Paul Rehme, *Das Lübecker Ober-Stadtbuch. Ein Beitrag zur Geschichte der Rechtsquellen und des Liegenschaftsrechtes. Mit einem Urkundenbuch*, Hannover.

Schmidt (1999): Roderich Schmidt, „Heinrich Rubenow und die Gründung der Universität Greifswald 1456", in: Sönke Lorenz (Hg.), *Attempto – oder wie stiftet man eine Universität: die Universitätsgründungen der sogenannten zweiten Gründungswelle im Vergleich* (Contubernium: Tübinger Beiträge zur Universitäts- und Wissenschaftsgeschichte 50), Stuttgart.

Schmitt (1966): Ludwig Erich Schmitt, *Untersuchungen zur Entstehung der „neuhochdeutschen Schriftsprache", Bd. 1: Sprachgeschichte des Thüringisch-Obersächsischen im Spätmittelalter. Die Geschäftssprache 1300 bis 1500* (Mitteldeutsche Forschungen 36, 1), Köln/Wien.

Schubert (1996): Ernst Schubert, *Fürstliche Herrschaft und Territorium im späten Mittelalter* (Enzyklopädie Deutscher Geschichte 35), München.

Schubert (1999): Ernst Schubert, „Die Umformung spätmittelalterlicher Fürstenherrschaft im 16. Jahrhundert", *Rheinische Vierteljahrsblätter* 63, 204–263.

Schubert (2001): Ernst Schubert, „Vom Gebot zur Landesordnung. Der Wandel fürstlicher Herrschaft vom 15. zum 16. Jahrhundert", in: Thomas A. Brady (Hg.), *Die deutsche Reformation zwischen Spätmittelalter und Früher Neuzeit* (Schriften des Historischen Kollegs. Kolloquien 50), München, 19–61.

Steinführer (2007): Henning Steinführer, „Stadtverwaltung und Schriftlichkeit. Zur Entwicklung des administrativen Schriftwesens sächsischer Städte im späten Mittelalter", in: Jörg Oberste (Hg.), *Kommunikation in mittelalterlichen Städten* (Studien/Forum Mittelalter B3), Regensburg, 11–20.

Tandecki (2006): Janusz Tandecki, „Die Verwaltungsschriftlichkeit in den Städten des südlichen Hanseraums im späten Mittelalter", in: Jürgen Sarnowsky (Hg.), *Verwaltung und Schriftlichkeit in den Hansestädten* (Hansische Studien 16), Trier, 1–17.

Zaar-Görgens (2004): Maria Zaar-Görgens, *Champagne – Bar – Lothringen: Papierproduktion und Papierabsatz vom 14. bis zum Ende des 16. Jahrhunderts* (Beiträge zur Landes- und Kulturgeschichte 3), Trier.

Zeisler et al. (1991): Peter Zeisler, Udo Hamm u. Lothar Göttsching: *Sicherung vom Zerfall bedrohten Schriftgutes in Archiven und Bibliotheken*, Darmstadt.

Heike Hawicks

Situativer Pergament- und Papiergebrauch im späten Mittelalter

Eine Fallstudie anhand der Bestände des Stadtarchivs Duisburg und des Universitätsarchivs Heidelberg

1 Einleitung

Papier ist im deutschen Raum seit dem 14. Jahrhundert nachweislich im Einsatz. Es sollte trotzdem Jahrhunderte dauern, bis es den Gebrauch von Pergament endgültig ersetzte. Als Forschungsdesiderat stellt sich die Frage, wie man die unterschiedlichen Funktionen von Papier und Pergament auch aus interdisziplinärer Perspektive erfassen kann. Der folgende Beitrag soll hierzu exemplarisch eine Übersicht über die Bestände zweier Archive unter dem Blickwinkel der dort im späten Mittelalter verwendeten Beschreibstoffe bieten. Ausgewählt wurden mit der Stadt Duisburg und der Universität Heidelberg zwei unterschiedliche mittelalterliche Schreiborte, deren Prägung als alte Reichsstadt und Handelsknotenpunkt einerseits und landesherrliche Bildungsinstitution andererseits eine differenzierte Betrachtung der jeweiligen Ablösungsprozesse und Verwendungsformen von traditionellem Pergament im Vergleich zum neuen Beschreibstoff Papier erlaubt.

Ergänzend werden Erfahrungen aus dem Fachgebiet der historischen Linguistik eingebracht, wobei im speziellen Fall Aspekte der Sozio- und Varietätenlinguistik mit historisch-grundwissenschaftlichen Fragestellungen verknüpft werden. Konkret geht es dabei um den Themenkomplex der situativen Variation, welcher in den neunziger Jahren ein Teilaspekt des an der Universität Duisburg durchgeführten DFG-Projekts *Niederrheinische Sprachgeschichte* unter der Leitung von Arend Mihm auf der Basis Duisburger Archivmaterials war.[1] Im Rahmen einer Magisterarbeit wurde im Jahre 1993 untersucht, inwiefern Konzept und Ausfertigung einer Stadtrechnung des Rechnungsjahres 1416/17 sich sprachlich, das heißt graphematisch unterscheiden.[2] Wesentlich für den hier im Zentrum stehenden Aspekt ist dabei, dass die beiden Versionen derselben Textsorte Stadtrechnung für dasselbe Jahr unterschiedliche Beschreibstoffe aufweisen: Während sich das Konzept in einer Kladde aus Papier findet, ist die Ausfertigung, welche für den öffentlichen Akt der Rechnungslegung

---

1 Vgl. beispielsweise mit weiterführender Literatur Elmentaler 2001; Elmentaler 2003; Weber 2003; Mihm 2007; Mihm u. Mihm 2007 und 2008.

2 Hawicks 1993.

angelegt wurde, als Pergamentrolle überliefert. Der auch auf der Tagung diskutierte Aspekt der möglichen Abhängigkeit des Beschreibstoffes von der Textsorte kann hier auf das situative Moment hin erweitert werden.

Der Befund, dass die Duisburger Stadtrechnungen seit 1412 in Konzeptform auf Papier gefertigt wurden, der offizielle Rechnungstext jedoch weiterhin auf Pergamentrolle, ist zunächst in den Kontext des grundsätzlichen Gebrauchs von Beschreibstoffen im spätmittelalterlichen Duisburg einzuordnen, bevor sich der Blick speziell auf die Rechnungen richtet, die im Zentrum dieser Untersuchung stehen sollen.

2 Pergament- und Papiergebrauch in der mittelalterlichen Stadt Duisburg

Nimmt man das 1998 erschienene Urkundenbuch der Stadt Duisburg über den Zeitraum von 1350 bis 1400 zur Hand, findet sich darin für das Jahr 1358 der erste Beleg für Papiergebrauch. Es handelt sich dabei um eine Quittung, in welcher *Peter Calcheym*, ein in den Rechnungen von 1356 bis 1376 genannter Schutzherr respektive Beauftragter des Grafen von Berg, der Stadt Duisburg den Empfang von 12 Mark und 6 brabantischen Schillingen quittiert. Allerdings fehlt in der Datierung das Jahrhundert, konkret ist nur die Angabe *dey ghegeven is in dem echt und vunftzichsten jare up unser lever frouwen avend, dat sie geboren wart* vorhanden.[3] Die Stadtrechnungen ermöglichen jedoch die Identifizierung dieser Person und ihre eindeutige Zuordnung in das 14. Jahrhundert.[4]

Vermutlich aus dem Jahr 1379 stammt ein auf Papier abgefasstes und als Brief gefaltetes Schreiben des Grafen Engelbert von der Mark. In besagtem Dokument wandte sich dieser an Rat und Bürgermeister der Stadt Duisburg, aber leider ist auch hier die Zeitangabe unvollständig, da nur der Tag dokumentiert ist: *datum Westhoven, feria quinta post dominicam letare*.[5]

Im Jahre 1389 erhielt die Stadt eine papierene Quittung von *Johann von Volden*, dem Komtur des Johanniterordens, welcher häufiger in städtischem Auftrag reiste.[6] Mit dichter werdendem Abstand folgen die nächsten Belege für diesen Beschreibstoff: Im Jahre 1390 sicherte Erzbischof Friedrich von Köln in einer auf Papier verfassten Urkunde Duisburger Kaufleuten freies Geleit zu.[7] Weiterhin findet sich für 1391 eine

3 Milz 1998, Nr. 38.
4 Mihm u. Mihm 2008, 82.
5 Stadtarchiv Duisburg 1, Nr. 43IV; Milz 1998, Nr. 151.
6 Stadtarchiv Duisburg 1, Nr. 304 VC; Milz 1998, Nr. 202; Mihm u. Mihm 2007, 162.
7 Milz 1998, Nr. 204.

Quittung von zwei Nonnen des Klosters Duissern.[8] Im Jahre 1393 schließlich wandte sich ein Mainzer Bürger an Bürgermeister und Rat der Stadt Duisburg.[9] Alle genannten Stücke sind Originale und tragen Reste von Siegeln.

Da das Duisburger Urkundenbuch „entgegen dem Trend der letzten Jahrzehnte" nicht als Fondpublikation angelegt ist, sondern eher traditionell „der Intention nach alle auf die Stadt bezüglichen Stücke enthält"[10], lässt sich auf dieser Quellenbasis konstatieren, dass die Stadt bis zum Ende des 14. Jahrhunderts überwiegend Empfängerin von Papierdokumenten gewesen zu sein scheint. Diese stammen einerseits von benachbarten weltlichen und geistlichen Territorialherren wie dem Grafen von Berg und dem Kölner Erzbischof, andererseits von Personen aus dem städtischen Umfeld. In einem Fall war der Absender ein Bürger der Stadt Mainz.

Der früheste aus der städtischen Kanzlei stammende Original-Beleg für Papiergebrauch findet sich erst in einem internen Konzept, das aufgrund der Amtszeit des dort erwähnten Schultheißen in die Zeit zwischen 1397 und 1415 eingeordnet werden kann.[11] Im Urkunden-Bestand des Archivs ist für die Zeit ab 1400 ein Schreiben aus der Feder eines ehemaligen Bürgermeisters überliefert, welcher in Geldforderungssachen für die derzeitigen Bürgermeister unterwegs war.[12] Leider haben einige der frühen Stücke auf Papier, die aus dem näheren Umfeld des Duisburger Magistrats stammen, kein Datum,[13] so auch jenes, das aus inhaltlichen Gründen dem Jahr 1407 zugeordnet wird. Aus einer nicht genauer eingrenzbaren Zeit vor 1417 stammt zudem das Konzept einer Antwort der Stadt Duisburg an den Grafen zu Moers.[14] Auch das offenbar erste offizielle Schreiben des Magistrats, das auf Papier verfasst an einen auswärtigen Empfänger adressiert war, trägt kein Jahresdatum.[15] Es wird ebenfalls den Urkunden aus dem ersten Viertel des 15. Jahrhunderts zugeordnet.

Der erste auf Papier verfasste Vertrag zwischen Bürgermeister und Rat mit einem auswärtigen Empfänger, welcher kein Konzept und daher eindeutig datierbar ist, stammt aus dem Jahr 1444, trägt aber offenbar kein Siegel.[16] Empfänger war Armbrustmeister *Hans Weidiger* von *Nygerstad* in Österreich, was sich inhaltlich möglicherweise mit den Entwicklungen rund um die Soester Fehde in Verbindung bringen

8 Milz 1998, Nr. 208.
9 Milz 1998, Nr. 222.
10 Milz 1989, 2.
11 Milz 1998, Nr. 235.
12 Stadtarchiv Duisburg 1, Nr. 34.
13 Stadtarchiv Duisburg 1, Nr. 54 VII, 54 VIII.
14 Stadtarchiv Duisburg 1, Nr. 54 VA.
15 Stadtarchiv Duisburg 1, Nr. 61.
16 Stadtarchiv Duisburg 1, Nr. 70 II.

lässt.[17] Besagter Armbrustmacher lässt sich auch in den Stadtrechnungen der Jahre 1443 bis 1445 ausmachen.[18]

Bei dem wohl ältesten in Duisburg erhaltenen Papierfragment handelt es sich um ein Einzelblatt mit Urkundenkopien: Dieses nach Aussage des Findbuches „sehr verwitterte" Stück Papier im Groß-Folio-Format, das als ein „Blatt aus einem alten Stadtbuche" verzeichnet ist,[19] überliefert mehrere Abschriften, wobei das älteste Original, auf das Bezug genommen wird, aus dem Jahre 1273 stammt (Abb. 1).[20] Weiterhin finden sich dort Kopien von Urkunden aus den Jahren 1278, 1319 und 1324.[21] Das genaue Alter dieses ‚verwitterten' Stücks Papier lässt sich paläographisch eingrenzen, indem man sich die älteste erhaltene Stadtrechnungsrolle ansieht, welche – auf Pergament verfasst – aus dem Rechnungsjahr 1349/50 stammt. Hier deckt sich die Hand des Schreibers L1, welcher bis 1350 tätig war,[22] mit jener des Schreibers, der die Abschriften auf dem ältesten Duisburger Papierfragment angefertigt hat. Es ist definitiv nicht die Hand des ihm nachfolgenden Schreibers L2, der in seinem Hauptberuf Arzt war und daher auch als Physikus I bezeichnet wird. Er verfasste die Rechnungen von 1351–1354.[23] Damit ist eine recht genaue zeitliche Zuordnung des frühesten internen Papiergebrauchs der Stadt Duisburg in die Mitte des 14. Jahrhunderts möglich geworden. Besonders günstig für die Datierung ist dabei, dass nach Ausweis der Rechnungen bereits ab 1351 ein anderer Schreiber tätig ist, so dass sich mit dem Jahr 1350 ein *terminus ante quem* für den frühesten Papiergebrauch durch den für die Stadt Duisburg tätigen Schreiber erhärten lässt. Damit wird es auch wahrscheinlich, dass eine einzelne auf Papier gefasste Kopie einer Urkunde aus dem Jahr 1360[24] zeitgenössisch gewesen sein kann.

Der Fund eines Einzelblattes aus einem alten Stadtbuch führt zu dem frühen erhaltenen mittelalterlichen Verwaltungsschriftgut der Stadt Duisburg insgesamt. Bei den überlieferten Amtsbüchern trifft man zunächst auf Sonderregistraturen, in denen neben den pergamentenen Stadtrechnungsrollen[25] auch die Walderbenbücher erfasst sind. Das 1350/51 begonnene ältere Walderbenbuch, welches Eintragungen bis zum Ende des 15. Jahrhunderts beinhaltet, wurde noch auf Pergament angelegt.[26]

17 Mihm 2007, 69–71.
18 Vgl. Mihm 2008, 170, und zu den Auswertungsmöglichkeiten der Duisburger Stadtrechnungen bereits Runde 1997, passim.
19 Stadtarchiv Duisburg 1, Nr, 7II.
20 Milz 1989, Nr. 80.
21 Stadtarchiv Duisburg 1, Nr. 9B und Milz 1989, Nr. 91 (1278); Stadtarchiv Duisburg 1, Nr. 24 II und Milz 1989, Nr. 203 (1319); Stadtarchiv Duisburg 1, Nr. 25B und Milz 1989, Nr. 219 (1324).
22 Vgl. Mihm 2007, 44.
23 Vgl. ebd.
24 Stadtarchiv Duisburg 1, Nr. 33B.
25 Stadtarchiv Duisburg 1, II. Stadtkämmerei-Sachen, 1. Rechnungsablagen.
26 Stadtarchiv Duisburg 10, A/301.

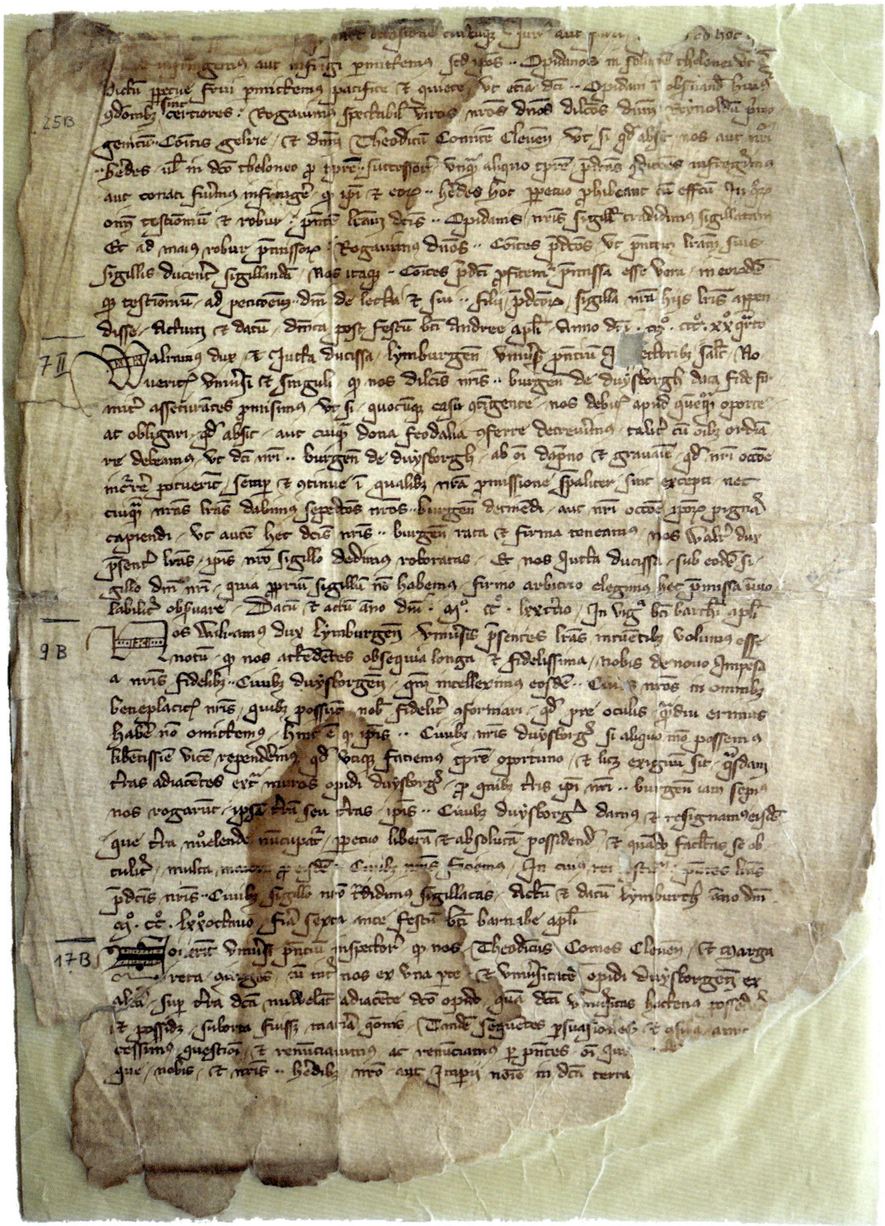

Abb. 1: Papierfragment mit Urkundenabschriften um 1350 (Stadtarchiv Duisburg 1, Nr. 7II, 9B, 17B, Foto Verf.).[27]

27 An dieser Stelle sei Dr. Volker Thewalt herzlich für die drucktechnische Optimierung der Bildvorlagen gedankt.

Das seinem Aufbau nach viel altertümlicher wirkende, jedoch spätere Stadtlagerbuch, das als Mischbuch zu bezeichnen ist, kann als eines der ältesten kanzleiinternen Codices der Stadt angesehen werden. Es wurde als Großfolio-Handschrift angelegtund umfasst 524 Papier-Seiten.[28] Das Stadtlagerbuch enthält ab 1378 Kören[29] sowie ab 1408 Verzeichnisse von Leib- und Erbrenten, Einbürgerungslisten, Urkundenabschriften, Rechtsauskünfte des Oberhofs Aachen, Zunfturkunden und Statuten, Grenzweistümer sowie Anstellungsverträge städtischer Bediensteter. Es ist das früheste vollständig erhaltene Papierzeugnis aus dem Bereich der Verwaltung.

Ein Papierheft überliefert in Kopie ein Verzeichnis der Friedensbedingungen und Privilegien von 1365 bis 1524, welche der Hanse von verschiedenen Königen Dänemarks, Norwegens und Schwedens zugestanden werden.[30] Für den Zeitraum von 1381 bis 1535 finden sich schließlich Auszüge auf Papier aus alten Pergament-Stadtrechnungsrollen über das von der Stadt ehemals geübte peinliche Gerichtsverfahren.

Zu diesen Sammelhandschriften, welche über einen kürzeren oder längeren Zeitraum fortgeführt wurden, treten im 15. Jahrhundert nach einzelnen Gerichten getrennt geführte Protokollbücher und Protokolle über Verpachtungen und Verkäufe der Stadtgüter. Im Einzelnen wären hier aus dem Beginn des 15. Jahrhunderts das ab 1400 geführte Protokollbuch des Holz- und Stapeldings[31] und das Protokollbuch des Schöffengerichtes für die Zeit ab 1413[32] zu nennen, welche beide aus Papier hergestellt waren. Auch die weiteren Handschriften des Gerichtswesens aus dem 15. und 16. Jahrhundert finden sich auf Papier.[33] Als weitere relativ frühe Belege für Papierverwendung in der städtischen Verwaltung seien die ab 1470 überlieferten Brandzettel für den Schweineauftrieb genannt, eine Papierhandschrift von 27 Blatt,[34] sowie das Anschreibebuch für die Mahlakzise, welches um 1483 angelegt wurde.[35]

Einen anderen Eindruck vermittelt ein Blick auf die in den Findbüchern verzeichneten Schriftstücke, welche die kirchlichen Einrichtungen in Duisburg betreffen. In dem Verzeichnis der Besitzungen und Einkünfte des Katharinenklosters um 1400[36] ist eine Mischung von Pergament und Papier enthalten, und das Verzeichnis der Besitzungen und Einkünfte der geistlichen Institutionen in Duisburg (Kirchen, Altäre, Gilden) aus der Zeit ab 1481 findet sich ebenfalls vollständig auf Pergamentblättern.[37]

28 Stadtarchiv Duisburg 10, A/101.
29 Mihm u. Mihm 2008, 352: „*koer* ... städtische Rechtssetzung".
30 Stadtarchiv Duisburg 1, Nr. 35B.
31 Stadtarchiv Duisburg 10A, Nr. 155.
32 Stadtarchiv Duisburg 10A, Nr. 152.
33 Stadtarchiv Duisburg 10A, Nr. 151, 153, 154.
34 Stadtarchiv Duisburg 10A, Nr. 309.
35 Stadtarchiv Duisburg 10A, Nr. 201.
36 Stadtarchiv Duisburg 10A, Nr. 352.
37 Stadtarchiv Duisburg 10A, Nr. 351.

Ab dem 16. Jahrhundert ist sämtliches erhaltenes Verwaltungsschriftgut der Stadt auf Papier geschrieben. Als prominente Beispiele seien eine über die Jahre 1474 bis 1517 verfasste Chronik der Stadt aus der Feder des Johann Wassenberch[38] sowie aus dem Bereich der allgemeinen Verwaltung das Statutenbuch (*Körbuch*) von 1518,[39] die Walderbenbücher ab 1519,[40] aus dem Bereich der Rats- und Ausschussprotokolle das *Verdragsbuch* aus den Jahren 1532 bis 1538 nebst anschließenden Ratsprotokollen ab 1538[41] sowie die Protokolle des Notgerichts ebenfalls ab 1537/38[42] genannt.

Bei den Urkunden dagegen ist eine langfristigere Beharrungskraft in Pergament-Traditionen zu verzeichnen. Im Urkundenbestand lassen sich Pergamenturkunden bis ins 17. Jahrhundert hinein finden; eine letzte stammt aus dem frühen 18. Jahrhundert und wurde von König Friedrich Wilhelm I. ausgestellt.[43] Insgesamt könnte hier noch eine genauere Analyse nach Absender und Empfänger und dem Gegenstand des jeweiligen Schriftstückes fruchtbar sein, doch muss dies ausführlicheren Studien vorbehalten bleiben.

Aus der Gesamtschau des mittelalterlichen Duisburger Schriftgutes seit der Mitte des 14. Jahrhunderts ergibt sich folgender Befund: Wie dargelegt konnte bis in das 15. Jahrhundert hinein kein regelmäßiger Gebrauch von Papier im auswärtigen Schriftverkehr festgestellt werden. Früheste (meist unzureichend datierte) Stücke sind oft Quittungen, Berichte oder Mitteilungen. Seit Beginn des 15. Jahrhunderts gibt es immerhin Ansätze in Form von Urkunden-Konzepten für die Amtszeit des Schultheißen Heinrich Paul.[44] Zögerlicher war die Stadt offensichtlich bei dem Versand von papierenen Stücken an auswärtige Empfänger. Dagegen war sie selbst bereits seit dem letzten Viertel des 14. Jahrhunderts Empfängerin von Papierdokumenten auswärtiger Absender.

Anders stellt sich die Sachlage in Bezug auf einen regelhaften Papiergebrauch beim Verwaltungsschriftgut dar. Wird dieser in Ansätzen erstmals um 1349 und 1360 anhand von Einzelstücken mit Urkundenkopien erkennbar, können ab 1378 fortlaufende Eintragungen in das Stadtlagerbuch konstatiert werden. Die eingangs erwähnten Stadtrechnungskonzepte in Form von Papierkladden sind ab 1412/13 fortlaufend und regelmäßig überliefert (Abb. 2).[45] Papier eignet sich demnach zur Buchführung und zur Dokumentation, ja um 1440 sogar zur Fixierung eines Gesetzbuches der Stadt

---

38 Edition Mihm 1981.
39 Stadtarchiv Duisburg 10A, Nr. 102.
40 Stadtarchiv Duisburg 10A, Nr. 302f. (erste Niederschrift und Reinschrift).
41 Stadtarchiv Duisburg 10A, Nr. 2.
42 Stadtarchiv Duisburg 10A, Nr. 153; Edition Mihm 1994.
43 Stadtarchiv Duisburg 1, Nr. 188.
44 Stadtarchiv Duisburg 1, Nr. 235.
45 Stadtarchiv Duisburg 10, Nr. 3211ff.

Abb. 2: Die Duisburger Stadtrechnung von 1416/17 in Form einer Kladde und Rechnungsrolle (Stadtarchiv Duisburg 1, Nr. 229 und 10, Nr. 3212; Foto Verf.).

in elf Tafeln.[46] Im 15. Jahrhundert scheint in Duisburg nach Sichtung der überlieferten Bestände der diesbezügliche Paradigmenwechsel beim internen Schriftgut weitgehend, im 16. Jahrhundert vollständig vollzogen zu sein.

3 Pergament und Papier als Rechnungsposten in den Duisburger Stadtrechnungen

Für den kanzleiinternen Gebrauch von Beschreibstoffen in Duisburg gibt es neben einer äußeren Analyse der erhaltenen Archivalien weitere Möglichkeiten der Recherche. So ist zu erwarten, dass in den Stadtrechnungen, welche bis 1564/65 in den beiden Varianten Haushaltsjournal (Papierkladde) und Rechenschaftsbericht (Pergamentrolle) überliefert sind,[47] auch die Posten Pergament und Papier auftauchen, da sie je nach Gebrauchsintensität entsprechende Kosten verursacht haben werden.

46 Stadtarchiv Duisburg 10A, Nr. 104.
47 Vgl. die Edition von Mihm u. Mihm 2007, 29 mit Anm. 2.

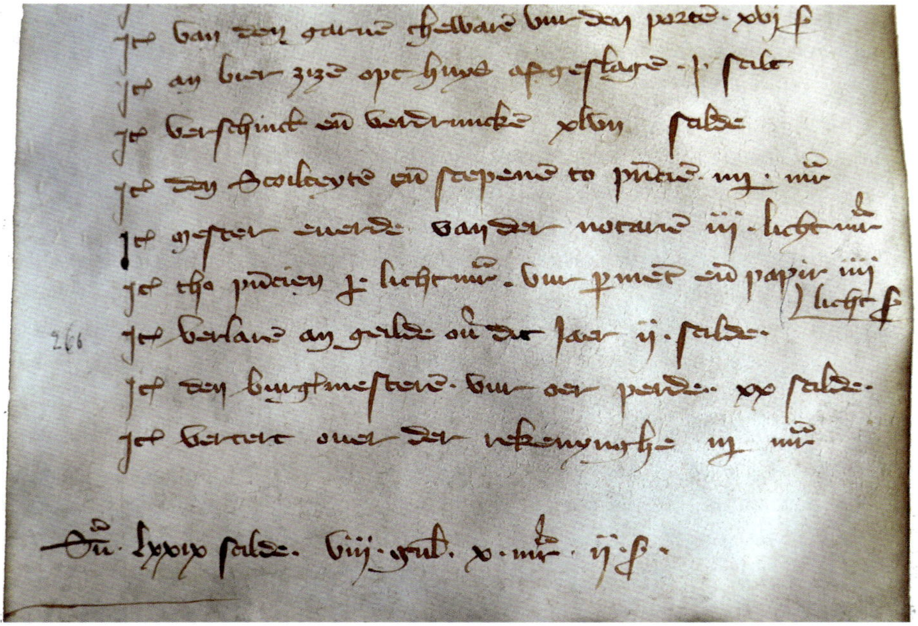

Abb. 3: Ersterwähnung von Papier in der Duisburger Stadtrechnung von 1380/81 (Stadtarchiv Duisburg 1, Nr. 212; Foto Verf.).

Tatsächlich ist von dem Kostenpunkt Pergament in den Rechnungen von 1352/53, 1353/54, 1360/61, 1364/65, 1368/69 und 1376/77 die Rede.[48] Die entsprechende Erwähnung ist jedes Mal äußerst knapp, so 1352/53: *Item 3 mar michi de notaria 4 sol* [*solidi*] *pro pergameno*.[49] Der genannte Betrag von 4 *sol* (*Solidi*) bleibt dabei von 1352/53 bis 1368/69 gleich. Der Schilling (*sol* oder *ß*) bildete sich aus 12 Pfennigen (*denarii*); 12 Schillinge ergaben 1 Mark (*mar*).[50] Erst 1376/77 ändert sich die Formulierung: *Item vur permynt 4 licht ß* [Schillinge].[51] Man erkennt hier einen anderen Schreiber, Everhardus von Essen, welcher sich ab 1377 der deutschen Sprache bediente und entsprechend als Schreiber D1 bezeichnet wird, während er in der Zeit, in welcher er noch Latein schrieb (1374 bis 1376), als Schreiber L4 bezeichnet wird.[52] Im nächsten überlieferten Rechnungsjahr 1380/81 erscheint im selben Rechnungsposten auch Papier:

48 Mihm u. Mihm 2007, 174, 181, 196, 200, 206.

49 Mihm u. Mihm 2007, 174.

50 Mihm u. Mihm 2008, 182; vgl. zur Bedeutung der Stadtrechnungen für die Ermittlung von Währungsrelationen Runde 1997, 69.

51 Mihm u. Mihm 2007, 224.

52 Mihm u. Mihm 2007, 53; vgl. zur Bedeutung Everhards von Essen für die Umstellung auf deutschsprachige Rechnungen unten Anm. 119.

vur perment end papir 4 licht ß (Abb. 3).[53] Bedenkt man, dass ein regelmäßig fortlaufender Papiergebrauch offenbar mit dem Stadtlagerbuch um 1378 einsetzt, eine Rechnung aus 1378/79 fehlt und die von 1376/77 noch kein Papier erwähnte, deckt sich die Ersterwähnung des Beschreibstoffes Papier in frappierender Weise mit dem ersten Auftauchen dieses Rechnungspostens in der nächstfolgenden Stadtrechnung von 1380/81. Damit stimmt die Überlieferungssituation des Archivs mit den inhaltlichen Aussagen der Rechnungen überein, was auch im Falle der Forschung nach Papier- und Pergamentverwendung die vielseitige und verlässliche Aussagekraft dieses Quellentyps demonstriert.

Weiter kann an der Ersterwähnung von Papier in einer Stadtrechnung aufgezeigt werden, dass sich dadurch die Gesamtausgabe für den Posten Beschreibstoff nicht verändert hat. Im Rechnungsjahr 1383/84 bleibt dies so: *Item mester Evert van der notarien 18 ß, Item vur Perment end papijr 2 ß*.[54] An späterer Stelle kommt Papier noch einmal in einem weiteren Kontext vor: *Item um papijr end roetwas tho den talien 2 ß*.[55] Roetwas bezeichnet rotes Wachs zur Herstellung von Amtsmarken, *roetwas tho den talien* soviel wie Siegelwachs zur Zertifizierung von Berechtigungsmarken zum Bezug von Holz.[56] Erstmals werden hier differenzierte Verwendungszwecke von Papier erkennbar, wobei die entrichtete Gesamtsumme für Beschreibstoffe im Vergleich zu den Jahren zuvor jedoch die gleiche bleibt. Die nächste Rechnung aus dem Jahr 1384/85 führt lediglich den gemeinsamen Posten für Pergament und Papier mit *2 ß* als insgesamt dafür verausgabte Summe auf.[57]

Im Jahre 1391 erscheinen die Posten Papier und Pergament in einem etwas umfangreicheren Kontext und entsprechend mit insgesamt höheren Kosten von *5 mar 6 ß 6 1/2 d*. An besagter Stelle heißt es: *Item op die kamer an segelwas end toe talienwas an eyner karren myt kaelen an fruet an kersen an broediken an gebackenen krude do Wanthoff des avents hir op war end papijr end perment*.[58] Offenbar wurden, als der – in den Jahren 1388 bis 1394 erwähnte – Rechtsberater namens *Wanthoff*[59] an jenem Abend vor Ort war, neben Siegelwachs, Talienwachs, Kohle und Kerzen, auch (eingemachte) Früchte, Brötchen und gebackenes Gemüse mit einem Karren angeliefert. Zusammen ergibt diese Lieferung, welche möglicherweise der Versorgung während einer längeren Sitzung des Rechtsberaters mit dem Schreiber anlässlich der Besiegelung diverser Berechtigungsmarken diente, den genannten Gesamtbetrag.[60]

---

53 Mihm u. Mihm 2007, 234.
54 Mihm u. Mihm 2007, 240.
55 Mihm u. Mihm 2007, 241.
56 Vgl. Mihm u. Mihm 2008, 366 und 374.
57 Mihm u. Mihm 2007, 248.
58 Mihm u. Mihm 2007, 265.
59 Vgl. Mihm u. Mihm 2008, 170.
60 Vgl. zu Rechnungsposten für Verköstigungen bei städtischen Angelegenheiten Runde 1997, 67f.

In den Jahren 1392/93 und 1393/94 erscheint in einem ähnlichen Sammel-Kontext nur noch der Posten Papier, wobei die Kosten stark schwanken und nicht gesagt werden kann, welchen Anteil das Papier daran hat.[61] Im Jahr 1399 werden Papier und Pergament vollständig voneinander getrennt aufgeführt. Während Papier weiterhin im Zusammenhang mit Früchten, Siegelwachs, Kohlen und anderen Waren genannt wird, erscheint Pergament gesondert im Kontext von Notariatstätigkeiten, also dem Ausstellen von Urkunden, und damit verbundenen Zuwendungen: *Item an notarie percament end presencien my 23 ß*.[62] Diese Trennung in Sammelposten, welche einerseits Papier mit Verbrauchs- und Verzehrgütern vereinen und andererseits Pergament im Zusammenhang mit dem Notariat und Geldzuwendungen an den städtischen Schreiber erwähnen, bleibt auch in den Folgejahren 1400/01 und 1401/02, 1403/04, 1404/05 sowie 1405/06 und 1406/07 bestehen.[63]

Unter dem auf *Everhardus* folgenden Schreiber *Egbertus*, welcher ab 1407 in das Amt des Stadtschreibers eintrat, wurde diese Aufteilung zunächst fortgeführt, wie die Rechnung von 1407/08 ausweist.[64] Erst die Rechnung von 1409/10 listet nur noch Papier und Siegelwachs gemeinsam auf, was einen Kostenpunkt von *2 marc* und *1 ß* ausmacht; der Posten Pergament entfällt hier. Die Verbrauchsgüter *opper kamer*, also im Ratssaal, werden gesondert aufgeführt: Item *opper kamer End auerden talyen maken verdroncken ix schilde*.[65] Dies zeigt, dass das Ausstellen der Berechtigungsmarken nach wie vor im Ratssaal stattfand und mit Verzehr verbunden war, nun aber die entsprechenden Aufwendungen für Verzehr und Material voneinander getrennt verrechnet wurden.

Diese Praxis wurde jedoch schnell wieder aufgegeben, denn in der Pergamentrolle des Rechnungsjahres 1412/13 findet sich wieder die zuvor übliche Vermischung von Papier, Tinte, Siegelwachs, Kerzen, Früchten, Brot, Holz und Kohlen,[66] so dass eine isolierte Errechnung von Kosten für das verbrauchte Papier wiederum nicht möglich ist. Allerdings ergibt sich aus jenem Rechnungsjahr, das uns erstmals getrennt Konzept (Haushaltsjournal) und Rechnungsrolle überliefert, ein interessantes Detail. Nur noch die Rechnungsrolle erwähnt als Einzel-Posten *perment* (Pergament) mit einem Kostenvolumen von *xxiii ß*, wohingegen in der Kladde nur Papier Erwähnung findet: *Item omb papijr ii wit d* [Albus/Weißpfennig als Duisburger Rechenwährung]. *Item noch to gerlaich omb papijr und was XVII ß iiii d*.[67] Dies entspricht in gewisser Weise dem jeweiligen Beschreibstoff der Rechnungen selbst,

61 Mihm u. Mihm 2007, 271 und 286.

62 Mihm u. Mihm 2007, 296.

63 Mihm u. Mihm 2007, 308 (1400/01), 318 (1401/02), 327 (1403/04 ohne Pergament), 337 (1404/05), 345 (1405/06) und 354 (1406/07).

64 Mihm u. Mihm 2007, 360.

65 Mihm u. Mihm 2007, 368.

66 Mihm u. Mihm 2007, 378.

67 Mihm u. Mihm 2007, 400.

werden die Konzepte wie erwähnt in Papierkladden geführt und die zur Rechnungslegung ausgefertigten Rechenschaftsberichte ausschließlich auf Pergament fixiert. Eine Neuerung ist die Separierung in unterschiedliche Rubriken, unter welchen die beiden Posten nun zu finden sind: Taucht Pergament unter der Überschrift *Item der Staits dienren* auf, erscheint Papier unter dem Titel: *Item vutgeuen opper kamer.*[68] Es wird also inzwischen (wieder) zwischen den Ausgaben für die Stadtbediensteten (Notariat?) und den Ausgaben für Aktivitäten im Ratssaal (Talien) getrennt, wobei ersteres den Pergamentverbrauch dokumentiert, letzteres den Papierverbrauch. Dies ist für den Aspekt der unten näher beschriebenen Situativität eine wichtige Differenzierung.

Von dem Schreiber *Egbertus* gingen wesentliche Impulse auf das Verwaltungsschriftgut und auch auf die Steuergesetzgebung aus. Die Systematisierung des Haushaltsjournals (Kladde) sowie die Vervollständigung des Rechenschaftsberichtes (Rolle) zu einem autonomen Text ist ebenfalls ihm zu verdanken. Ob die damit verbundene Zunahme des Verwaltungsschriftgutes zu einer Trennung der zuvor in ihm vereinigten Ämter des Rektors der Lateinschule und des Stadtschreibers führte, kann nur vermutet werden. Die Trennung erfolgte 1412/13, jenem Jahr, in dem Haushaltsjournal und Rolle erstmals als getrennte Texte überliefert sind. Bald nach 1414 hat *Egbertus* die Stadt wohl verlassen und ihm folgte ab 1415 für über 50 Jahre bis 1468 ein anderer Stadtsekretär namens Jacob Ludger.[69]

Die letzte Rechnung aus der Feder Egberts aus dem Jahr 1413/14 erwähnt Pergament und Papier im Journal gemeinsam unter der Rubrik *Vutgeuen opper kameren.*[70] Diese erneute Zusammenführung beider Beschreibstoffe in eine Rubrik bleibt für die folgenden Jahre übliche Praxis.[71] Allerdings vermitteln uns die Erläuterungen zu den Einzelposten ein noch differenzierteres Bild als in den Jahren zuvor. So tauchen im Rechnungsjahr 1413/14 einzelne Namen auf, beispielsweise von einem Steuerpächter namens *Gerlach (Kruyzebol)*, zu dessen Haus man offensichtlich 6 ½ *boec papijrs* zu einem Preis von *elc boec v Engelsche*, also insgesamt 16 ½ *wit d* (Weißpfennige) brachte. Es ist die Rede davon, dass man für vier Pergamenthäute 5 Schillinge (*v ß*) verausgabte und an *Katrin Gans* 2 ½ Schillinge für Papier entfielen, ein Posten, der um Tinte (*ynck*), Papier und Siegelwachs von *Drude Cremers* ergänzt wurde, wofür nochmals 7 Schillinge und 8 Denare (*vij ß viij d*) bezahlt wurden.[72] Hier sieht man, dass die Anschaffungskosten für Papier insgesamt auch nach Abzug der Kosten für Tinte und Siegelwachs diejenigen für das Pergament wohl überstiegen haben dürften.

---

68 Mihm u. Mihm 2007, 373 und 378.

69 Vgl. Mihm u. Mihm 2007, 27f. und 53f.

70 Mihm u. Mihm 2007, 436.

71 Nach diesem von *Egbertus* entworfenen Muster verfuhr auch der nachfolgende Schreiber Jacob Ludger. In den folgenden Jahren erscheinen stets unter der Rubrik *Opper kamer/Op die kamer verdruncken* oder ähnlichen Formulierungen die Angaben über die Anschaffung respektive den Verbrauch von Papier und Pergament (beispielsweise Mihm u. Mihm 2007, 455 und 485).

72 Mihm u. Mihm 2007, 436.

Für die Einordnung der Mengenangabe von vier Häuten fehlen uns leider entsprechende Vergleichsangaben aus anderen Jahren. Erstmals lassen die Ausführungen des Stadtschreibers also erkennen, dass der Handel mit Papier und weiterem Zubehör über Duisburger Krämer und Kaufleute, die namentlich genannt werden, abgewickelt wurde. Die ausführlichen Formulierungen der Rechnung in Bezug auf die Preise für das angekaufte Papier werfen ein Licht auf den Marktwert des Papiers um 1412/13.[73]

Wichtige Hinweise liefert das Haushaltsjournal von 1427/28 (aus diesem Jahr ist keine Rolle überliefert). Darin finden sich Ausgaben für Papier in Höhe von circa 30 Albus, für Pergament hingegen für insgesamt 8 1/2 Albus. Von letzteren entfielen allein 7,5 Albus auf *permeth thon Rullen*, also auf Pergament zur Herstellung der (Rechnungs-)Rolle.[74] Spätestens zu diesem Zeitpunkt scheint die Bedeutung des Papiers jene des Pergaments weit hinter sich gelassen zu haben. In der Rechnung von 1434/35 taucht Pergament schließlich nur noch im Zusammenhang mit der Rolle auf,[75] desgleichen in den Jahren 1444/45[76] und 1448/49.[77] Im Jahr 1437/38 ist gar von drei Rollen die Rede – ein Beleg für die deutliche Zunahme der Verwaltungsschriftlichkeit in diesem Zeitraum: *Item Ewald tack* (Bürgermeister etc.) *van drien rollen die Rekenschap te leggen*.[78]

Die Rechnung des Jahres 1428/29 gibt uns einen Hinweis auf die Herkunft des in Duisburg zu jenem Zeitpunkt verwendeten Papiers: *Item Meyster Clais toe Straizburg omb papyr j gulden ij albus*.[79] Meister *Clais* war Schieferdachdecker (*Leydecker*) und reiste zwischen 1427 und 1429 dreimal in städtischer Mission.[80] Sein Weg führte ihn also auch nach Straßburg, wo er offensichtlich Papier für die städtische Kanzlei erwarb. Die Zeitstellung passt zu den in der Literatur immer wieder zitierten Fakten der frühen Papierherstellung, denn im Falle von Straßburg wird für das frühe 15. Jahrhundert eine Papiermühle angenommen.[81] Zwar gibt es schriftliche Belege für Straßburger Papiermühlen erst gegen Mitte des 15. Jahrhunderts, doch bezeugt ein von 1421 bis 1426 nachweisbares Wasserzeichen „ohne allen Zweifel ein hiesiges [Straßburger] Produkt".[82] Bedenkt man, dass ein solches Produkt auf dem Papiermarkt erst bekannt werden musste und bei Papier zudem die Mög-

73 Vgl. zur lediglich bruchstückhaft aufgearbeiteten „Analyse der Papierpreise und ihrer Entwicklung, der Transportkosten und der Gewinne im Papierhandel" Irsigler 2006, 348.

74 Mihm u. Mihm 2007, 559.

75 Mihm u. Mihm 2007, 619.

76 Mihm u. Mihm 2007, 756.

77 Mihm u. Mihm 2007, 792.

78 Mihm u. Mihm 2007, 659.

79 Mihm u. Mihm 2007, 575.

80 Vgl. Mihm u. Mihm 2008, 86 und 96.

81 Vgl. Stahlberg 2003, 173. Die älteste Papiermühle im heutigen Deutschland wurde um 1390 in Nürnberg gegründet; vgl. Bartels 2011, 44; Müller 2012, 47; Tschudin 2012, 109.

82 Schmidt 1883, S. 38.

Abb. 4: Die ältesten erhaltenen Duisburger Stadtrechnungen 1348 bis 1349 (Stadtarchiv Duisburg 1, Nr. 207), 1352 (Stadtarchiv Duisburg 1, Nr. 208) und 1368 bis 1369 (Stadtarchiv Duisburg 1, Nr. 206); Foto Verf.

lichkeit längerer Lagerzeiten vor seiner Verwendung zu berücksichtigen ist,[83] weist die Zeitstellung des Duisburger Papiererwerbs von 1428/29 in genau jene Zeit einer durch die Wasserzeichen möglichen Straßburger Papierproduktion.[84]

Auf die enorme Bedeutung des gesamten lothringischen Raums und des Vogesenraums als Papierproduktionsort seit dem 15. Jahrhundert haben Franz Irsigler und Maria Zaar-Görgens bereits hingewiesen. Die wichtigsten Abnehmer des dort produzierten Papiers waren Kanzleien und Verwaltungen im Raum an Rhein, Maas und Schelde. Vor allem Köln war ein riesiger Absatzmarkt für Papier, was durch die Universitätsgründung von 1388 noch verstärkt wurde.[85] Das zuvor im 14. Jahrhundert in

83 Vgl. Tschudin 2012, 48.

84 Ein Straßburger Händler wird in diesem Kontext ebenso wenig wie eine Mühle genannt. Da für Duisburg in den Rechnungen zuvor mit Papier handelnde Personen namentlich aufgeführt wurden, das im Zusammenhang mit Straßburg aber nicht der Fall ist, kann aus der Rechnungsmitteilung kein konkreter Händlerkontakt abgeleitet werden. Es wäre aber sicher interessant zu prüfen, ob sich die Mitteilungen der Duisburger Stadtrechnungen ab Mitte des Jahrhunderts, für das Straßburger Mühlen auch schriftlich nachweisbar sind, dahingehend ändern bzw. konkretisieren.

85 Vgl. Irsigler 2012, 125; Zaar-Görgens 2004 und zu den starken Nachfrageimpulsen, die von der Kölner Universität ausgingen, Irsigler 2006, 338.

Duisburg verwendete Papier dürfte wohl aus Italien gekommen sein, wofür die ersten Wasserzeichen-Belege sprechen.[86]

Als Zwischenfazit bleibt festzuhalten, dass in Duisburg von 1349 bis zum endgültigen Übergang der Rechnungslegung auf Papier im Jahre 1566, das heißt also über gut 200 Jahre, rechtsgültige Rechenschaftsberichte für den Akt der Rechnungslegung auf Pergament zusammengefasst wurden (Abb. 4), während man die sukzessive im täglichen Gebrauch erstellten Haushaltsjournale ab 1412 in Papierkladden eintrug. In den frühen Rechnungen bis 1407/08 wurde eine Trennung in der Verwendung von Pergament und Papier in dem Sinne erkennbar, dass Pergament für das Notariat verwendet wurde, Papier für Tätigkeiten im Ratssaal.[87] Nach der Trennung von bisher in Personalunion ausgeübtem Notariat und Schulrektorenamt sowie der Konzentration sämtlicher Schreiberaktivitäten bei einer Person, dem Stadtschreiber als städtischem Bediensteten, erscheinen beide Beschreibstoffe im Zusammenhang mit der *kamer*, dem Ratssaal. Der Begriff *notaria* entfällt seitdem. Eine Gegenüberstellung der Kosten, welche die beiden Beschreibstoffe erzeugten, war in Einzelfällen möglich. Was nicht gelingt, ist eine diachronische Gegenüberstellung des Preisaspekts, da die Beschreibstoffe in der Zuordnung zu den Rubriken je nach Schreiber schwanken und auch Sammelposten auftauchen, die eine Einzelberechnung unmöglich machen. Erschwerend kommen Währungsveränderungen und Geldentwertung hinzu, so dass auch hier mehrere Orte mit gleichwertiger Überlieferungslage und editorischer Erschließung verglichen werden müssten, um generalisierende Aussagen möglich zu machen.[88]

Weiterhin kann parallel zu der Entwicklung einer nordalpinen Produktion von Papier ab Beginn des 15. Jahrhunderts eine zunehmende Verwendung von Papier in der Duisburger Verwaltungsschriftlichkeit für Konzepte und Kopien festgestellt werden. Dies passt dazu, dass auch die Rechnungen ab 1412 zunächst als Journale geführt und in dieser Form fortlaufend in Papierkladden eingetragen wurden, bevor man sie zur Rechnungslegung in eine Pergamentrolle überführte. Die Nennung von Kaufleuten, die mit der Ware Papier handelten, belegt zudem, dass der Absatz dieses Beschreibstoffes an die städtische Kanzlei einen entsprechenden Markt vor Ort entstehen ließ. Als Bezugsort wird 1428/29 in einem Fall Straßburg genannt, während ein

---

86 Vgl. das Motiv aus zwei Kreisen und einem Kreuz bei Briquet 1966a, Nr. 3155-90.

87 Hier sei auf das Verbot Friedrichs II. von 1231 bezüglich der Verwendung des minderwertigen Papiers für Notariats(!)urkunden verwiesen. Das damals benutzte Papier war wohl gegenüber Mikroben und Insekten sehr anfällig, so dass das Verbot mit entsprechenden Erfahrungen zu begründen ist, wobei bereits Urkunden von Papier auf Pergament übertragen werden mussten (vgl. Vogtherr 2008, 44; Stahlberg 2003, 172).

88 „Leider geben städtische Rechnungen nicht durchgehend an, woher welche Sorte Papier zu welchem Preis bezogen wurde, aber auch die sporadischen Belege vermitteln ein interessantes Bild, lassen Preisreihen erstellen, Transportkosten berechnen, und sie erlauben Aussagen über die führenden Papierlandschaften und die großen Verteilerzentren" (Irsigler 2006, 314).

im Lagerbuch aufgefundenes Wasserzeichen für das 14. Jahrhundert auf italienische Herkunft des verwendeten Papiers schließen lässt.

Dieser direkt aus der hierfür einschlägigsten Quellensorte geschöpfte Einblick in die Gepflogenheiten der Verwendung von Papier und Pergament in der städtischen Kanzlei der spätmittelalterlichen Stadt Duisburg über einen Zeitraum von hundert Jahren vermag viele interessante Informationen ans Tageslicht zu befördern, die uns verschlossen blieben, würde man nur generell auf den Beschreibstoff schauen, auf dem einzelne Quellen(-gattungen) überliefert sind. Dabei ist evident, dass insbesondere die Quellengattung Rechnung dafür geeignet ist, aus ihr speziell auf die Fragestellung ausgerichtete Informationen zu extrahieren.[89]

4 Der situative Aspekt

Schließlich bleibt noch die Überlegung, was das situative Moment ausmacht, das als Verwendungsgrund für Papier respektive Pergament zumindest in der Zeit des Aufkommens des Ersteren angenommen wird.[90] Der Begriff der situativen Variation in der geschriebenen und gesprochenen Sprache wird in mehreren Teilgebieten der Linguistik diskutiert.[91] Dabei ist die Situation, die eine Varietät hervorbringen kann, keine in sich geschlossene, homogene Größe. Sie konstituiert sich vielmehr aus mehreren Komponenten, die hier kurz skizziert werden sollen.

Wichtige Situationskomponenten des hier untersuchten Schriftgutes sind identisch. So handelt es sich bei allen Beispielen um Texte desselben Kommunikationsortes, ja sogar derselben Schreibstätte, nämlich der städtischen Kanzlei, deren schriftliche Angelegenheiten zumeist von einem Schreiber abgewickelt wurden.[92] Über einen großen Teil des hier betrachteten Gesamtzeitraumes von hundert Jahren – nämlich 34 Jahre – ist der Verfasser ein und derselbe Stadtschreiber. Das Thema ist bei allen Textsorten durch den städtischen Gegenstand ähnlich, bei zwei Versionen der Rechnungen in Form von Konzept und Reinschrift gar identisch.

Urkunden, Protokolle und Stadtrechte zählen ebenso wie die Stadtrechnungen gleichermaßen zu den juristischen Verwaltungstexten.[93] Darunter bildeten die

89 Dieser Zugang wurde beispielsweise bereits von Hans Kälin 1974 für die Basler Rechnungsbücher gewählt.

90 Zum Begriff der situativen Variation ausführlich Hawicks 1993, 2–14.

91 Er ist Gegenstand der Varietätenlinguistik, der Soziolinguistik und der Dialektologie. Auch bei sprachhistorischen Studien, die sich nur auf geschriebenes Ausgangsmaterial stützen können, wird diese Form der sprachlichen Variation berücksichtigt. Ein wesentlicher Aspekt ist dabei auch die Untersuchung diasituativer Dimensionen.

92 Vgl. zu gruppensoziologischen Strukturen an verschiedenen Schreibstätten eines Schreibortes beispielsweise Kettmann 1968, 366.

93 Vgl. Hawicks 1993, 12f.; Hyldgaard-Jensen 1985, passim.

Rechnungen einen stark formalisierten Stil aus, was daran erkennbar ist, dass sie im Bereich der Syntax kaum Hauptsätze, sondern meist Partizipialkonstruktionen aufweisen.[94] Im Gegensatz zu den meisten genannten Textsorten zeichnen sich die Rechnungen nicht nur durch dasselbe Thema, sondern auch durch eine identische Funktion aus.

Unterschiede ergeben sich bei Öffentlichkeit und Formalität, was wiederum Rückwirkung auf die Komponenten Adressat und Medium hat.[95] Wie die anfangs genannten Urkundenkonzepte sind auch die später als Vorlage dienenden Haushaltsjournale der Rechnungskladden kanzleiinterne Aufzeichnungen. Diese sind ebenso wie einfache Abschriften informelle Schriftstücke und unterscheiden sich von Ausfertigungen im Grad der Formalität. Urkunden werden mit ihrer Besiegelung rechtsgültig, Stadtrechnungen erhalten mit ihrer Verlesung diese Rechtsgültigkeit und können daher gleichermaßen als offizielle Dokumente betrachtet werden.[96] Auch der Öffentlichkeitsgrad ist ein wesentlicher Faktor unter den Situationskomponenten. Mit ihm ändert sich auch sekundär der Adressatenkreis, der wiederum durch seine Anzahl von Personen das Medium determiniert.[97] Der Text einer Rechnungsrolle wurde beispielsweise am Tag der Rechnungslegung vor Ratsherren und Vertretern der Duisburger Bürgerschaft verlesen.[98] Die in diesem Fall große Anzahl von Personen bedingte wiederum das Medium, nämlich die gesprochene Sprache. Es gibt unterschiedliche Grade der Öffentlichkeit, denn ist die zuhörende Personenzahl im vorliegenden Fall zwar groß, so ist die Rechnungslegung dennoch eine innerstädtische Angelegenheit, deren Öffentlichkeitsgrad durch die Orientierung auf den unmittelbaren Lebensraum andererseits doch eingeschränkt ist.[99] Im Falle der Urkunden ist dies nahezu entgegengesetzt. Zwar kann der Radius ihrer Wirkung je nach Adressat ungleich größer sein, so ist der sie in der Regel lesend rezipierende Personenkreis meist deutlich kleiner.

In diesem Zusammenhang können unterschiedliche sprachliche Stilniveaus erwartet werden. Hierzu sei ein Beispiel angeführt. Der Anfang der beiden Rechnungsversionen des Jahres 1416/17 lässt Unterschiede erkennen. Die Kladde beginnt mit den Worten: *Anno Domini Millesimo quadringentesimo decimo sexto in die laurencii Burgermeistere gekaeren Jan tack ind jan tybus.* Die Rolle hingegen wird folgendermaßen eingeleitet: *In nomine Domini Amen. Rekenschap Jans tack Janssoen und Jan tijbus Burgermeister In oirn affgancge In den yair onss hern Dusent vierhondert*

94 Vgl. Hawicks 1993, 19.
95 Vgl. ebd., 12f.
96 Vgl. ebd., 13.
97 Vgl. zum Grad der Öffentlichkeit als situationsdefinierender Faktor Mattheier 1980, 96.
98 An dieser Form der Rechnungslegung mit der Verlesung einer eigens für diesen Akt erstellten Pergamentrolle scheint man festgehalten zu haben. Dies hängt mit der Beweiskraft zusammen, die mit dem Akt der öffentlichen Rechnungslegung verbunden war.
99 Vgl. Hawicks 1993, 13.

ind Seventijn. Die Einleitung *In nomine Domini Amen* verweist auf die Bedeutung des Dokuments; sie spiegelt eindeutig den hohen Formalitätsgrad der *Rekenschap*, das heißt der Rechnungslegung, wider.[100] Der Wechsel vom Lateinischen zum Deutschen in der Datumsangabe verweist auf die Praxis, den Rollentext bei der Rechnungslegung mündlich vorzutragen. Den Ratsherren und Vertretern der Bürgerschaft wird die deutsche Version leichter verständlich gewesen sein.[101] Hinsichtlich dieses Details scheint der Kladdentext konservativer gewesen zu sein, was wahrscheinlich darauf zurückzuführen ist, dass er ausschließlich in der Schriftlichkeit verhaftet ist.

Gleichwohl enthält der Rollentext weiterhin zahlreiche lateinische *termini technici*.[102] Insbesondere einzelne Begriffe, zum Beispiel *habet*, *quo inhabitat*, sowie manche Datierungen (beispielsweise *die penthecoste*), Währungsbezeichnungen (*mauros*, *albus*) und die Summierungen (*summa summarum*) erfolgen in lateinischer Sprache. Sie erinnern daran, dass man die Rechnungen ursprünglich komplett in lateinischer Sprache verfasste und erst im Laufe der Zeit zur Verwendung der Volksprache, hier der rheinmaasländischen Ausprägung des Niederdeutschen, überging.[103] Auf den Aspekt der Verwendung der Volkssprache wird unten noch einzugehen sein.

Die Stichproben zeigen bereits, dass sich zwischen Kladde und Rolle ein und desselben Jahres zwei Stilebenen beziehungsweise Schreiblagen innerhalb der Textsorte Stadtrechnung unterscheiden lassen, die in erster Linie auf eine Veränderung der Situation (hier der Komponenten Formalität und Öffentlichkeit) zurückzuführen sind.[104]

Denselben Siutationskomponenten ist eine variierende Ziffernschreibung zuzuschreiben. So erfolgten alle Angaben von Geldbeträgen mit römischen Ziffern, wohingegen bei Maßbezeichnungen und Datumsangaben auch arabische Ziffern bezeugt sind: Die römischen Ziffern besaßen im Gegensatz zu den arabischen gerichtliche Beweiskraft,[105] so dass sie bei der Rechnungslegung unumgänglich waren. Im praktischen Gebrauch waren die arabischen Zahlen in Duisburg bereits seit 1353/54, also schon in der Anfangsphase der seit 1348/49 überlieferten Rechnungsrollen, wie eine nachträglich ausgestrichene Ausgabensumme belegt.[106] Auch im Jahre 1427/28 können Additionen mit arabischen Ziffern belegt werden. Typisch ist eine klare Scheidung von Mengenangaben in arabischen Ziffern und ihnen folgenden Geldbe-

---

100 Vgl. Hawicks 1993, 18.

101 Vgl. ebd.

102 In Band 2 der bereits eingangs zitierten Untersuchung (Hawicks 1993) wurden diese auf den Seiten 307 bis 313 einzeln mit jeweiliger Häufigkeit und Zeilenangabe aufgelistet. Für den Kladdentext füllte die Liste lateinischer Begriffe die Seiten 124 bis 129. Der Umfang ist also bei beiden Versionen mit jeweils fünf Listenseiten vergleichbar.

103 Vgl. ebd., 17.

104 Vgl. ebd., 19.

105 Vgl. Mihm u. Mihm 2007, 146, sowie Kirchgässner 1977, 29.

106 Stadtarchiv Duisburg 1, Nr. 201; vgl. Lux 1991, 135; Runde 1997, 44f. mit Anm. 35.

trägen in römischen Ziffern, wie sie in der Rechnung von 1434/35 zu beobachten ist.[107] Schlussendlich ist nochmals auf die variierende materielle Unterlage hinzuweisen, und zwar in der Form, dass informelle Texte wie die Haushaltsjournale in ein *bock papyers* eingetragen werden, während die formelle Textausfertigung auf einer Pergamentrolle fixiert wird. Ein entsprechendes Bild ergibt sich bei den auf Papier angefertigten Konzepten für Urkunden beziehungsweise bei deren späteren Abschriften.[108]

Im eingangs erwähnten DFG-Projekt zur Niederrheinischen Sprachgeschichte[109] wurde unter anderem der Arbeitshypothese nachgegangen, ob situative Variation im Bereich der Graphematik nachzuweisen ist. Die graphematische Analyse eines Texkorpus beginnt mit einer paläographischen Differenzierung der Schreiberhände.[110] Im nächsten Arbeitsgang werden die ermittelten Graphien (Schreibungen) mit dem rekonstruierten westgermanischen Lautsystem als einem Metasystem in Beziehung gesetzt.

Daran schließt sich die Frage an, ob mögliche Bindungen bestimmter Graphien an bestimmte Lautpositionen beziehungsweise – in einer Zeit noch nicht vollzogener orthographischer Festigkeit – deren mögliche Variabilität in Abhängigkeit von der Entstehungsstufe einer spezifischen Textsorte zu beobachten sind.

Es ergab sich bei zwei Pilotstudien keine nennenswerte situative Variation aufgrund von Textsorte oder Bearbeitungsstufe im Rahmen des graphematischen Systems.[111] Gleichwohl konnten gerade bei der Studie über die Variation zwischen Rechnungskonzept und Reinschrift einige erwähnenswerte Ergebnisse festgehalten werden. Auffällig war im direkten Vergleich das Phänomen der Variantenreduktion, das mit der Formalität des Rollentextes in Verbindung zu bringen ist. Der formelle, auf Pergament verfasste und letztendlich rechtsgültige Rollentext unterlag offenbar strengeren Maßstäben des Schreibers. Konkret wurde zum einen konsequentere Durchsetzung einheitlicher Schreibungen vorgefunden, zum anderen auch eine zunehmende Konsequenz bei der Wahl überregionaler Formen, die offenbar für moderner gehalten wurden. Interessanterweise war dies gerade beim Lexem Papier der Fall, das in der Kladde mit *papir* oder *papyer* wiedergegeben wurde, in der Rolle mit der hochdeutschen Form *papier*, um nur ein Beispiel zu nennen.[112] Ein überraschender Befund war das Vorhandensein einer verstärkt phonetisch orientierten Schreibung, was bei einem höheren Öffentlichkeitsgrad eines Textes eher ungewöhnlich ist, weil bei ihm dialektal-sprechsprachige Einflüsse in der Regel eher zurückgedrängt werden. Eine Erklärung für das gegenteilige Phänomen kann hier nur der Aspekt der Mündlichkeit

107 Vgl. Mihm u. Mihm 2007, 146, Anm. 3.

108 Vgl. Hawicks 1993, 13 und 192 sowie zu Systemen der Artikulation abhängig von der materiellen Unterlage allgemein Löffler 1985, 98.

109 Vgl. Elmentaler 2003, 49–51.

110 Vgl. zur Methodik Hawicks 1993, 25–29.

111 Vgl. Elmentaler 2003, 75.

112 Vgl. Hawicks 1993, 192.

sein, der dazu geführt haben könnte, dass der Schreiber eine mehr an der Lautung orientierte Schreibung in den bei der Rechnungslegung mündlich vorzutragenden Rollentext einfließen ließ. Dann wäre der Situationsfaktor Öffentlichkeit, der wiederum den Adressatenkreis und das Medium beeinflusst, als Ursache für die phonetischere Schreibung zu betrachten.[113] Das Medium, das sich bei der ausschließlich schriftlichen Kladde und der mündlich vorgetragenen Rolle unterscheidet, hat offenbar Einfluss auf die graphische Wiedergabe ausgeübt.

5 Volkssprache und Beschreibstoff

Vielversprechend scheint schließlich auch die Frage nach einem möglichen Zusammenhang von Verwendung der Volkssprache und Fixierung auf den jeweiligen Beschreibstoff. Die Volkssprache hat ab 1302 in Urkunden, die Duisburg von auswärtigen Ausstellern empfangen hat, Eingang gefunden. Erste Duisburg betreffende Urkunden stammen von König Albrecht und Erzbischof Wikbold und datieren aus dem Jahre 1302.[114] Sie sind ebenso wie die älteste volkssprachige Urkunde, die 1317 Richter, Bürgermeister, Schöffen, Rat und gemeine Bürger der Stadt Duisburg nennt, Kölner Herkunft.[115]

Ebenso ist die 1358 auf Papier abgefasste und an die Stadt Duisburg gerichtete Quittung in der Volkssprache geschrieben, noch bevor anhand der Rechnungen seit 1376/77[116] und seit 1377 bei den von Duisburger Schöffen ausgestellten Urkunden eine Umstellung der städtischen Schriftlichkeit von der lateinischen Sprache auf die Volkssprache sichtbar wird.[117]

Dazu passt der Befund, dass das ebenfalls oben beschriebene älteste erhaltene papierene Stadtlagerbuch volkssprachliche Kören ab 1378 enthält. Der Schreibsprachenwechsel in der Duisburger Kanzlei erfolgte nach diesem Befund um 1377.[118] Dabei ist es ein bemerkenswertes und nicht zu unterschätzendes Faktum, dass in Duisburg die Durchsetzung der Volkssprache im Jahre 1377 als Verwaltungsschriftsprache mit der oben ausführlich dargestellten Einführung des Papiers in das Verwaltungsschriftgut zum nämlichen Zeitpunkt zusammenfällt.

---

113 Dafür sprechen auch weitere Änderungen der Vokalqualität (zum Beispiel Dehnungsneigung), was als Hinweis auf die Lautung verstanden werden kann.

114 Milz 1989, Nr. 149 und 150.

115 Milz 1989, Nr. 192; vgl. Weber 2003, 33 und zu Köln grundlegend Hoffmann 1980, 129f.

116 Gleichwohl muss berücksichtigt werden, dass in Teilbereichen der Schreibsprachenwechsel nicht abrupt und vollständig vonstatten ging. Wie oben gezeigt, blieben in den Stadtrechnungen gewisse lateinische Termini technici erhalten. Wie und über welchen Zeitraum sich bei diesem speziellen Wortschatz ein Wandel vollzogen hat, bliebe einer lexemspezifischen Untersuchung vorbehalten.

117 Dazu ausführlich Weber 2003, 33.

118 Vgl. auch Mihm u. Mihm 2007, 4.

Zwar wurde in Duisburg Papier bereits vor Einführung der Volkssprache eingesetzt, aber nur in dem singulären Fall des oben beschriebenen verwitterten Einzelblattes, welches für Urkundenkopien Verwendung fand (sowie bei einer einzigen weiteren Urkundenkopie aus dem Jahre 1360, die aber nicht zwingend zeitgenössisch gewesen sein muss). Seit 1377 ist jedoch zunehmend regelmäßiger Papiergebrauch zu beobachten, welcher zeitgleich auch in den Stadtrechnungen als Posten sichtbar wird, und alle papierenen wie auch Pergament-Urkunden der folgenden Jahre werden in der Volkssprache abgefasst. Vereinzelte lateinische Schriftstücke sind weiterhin auf Pergament zu finden, während lateinische Texte auf Papier nur bei Urkundenabschriften zu verzeichnen sind. Es ist daher eine gewisse Bindung von Volkssprache und Papiergebrauch unverkennbar, wenngleich Pergament noch länger lateinisch beschrieben wird, auch wenn die Volkssprache sich bei diesem Beschreibstoff ebenfalls zwischenzeitlich durchgesetzt hat.

Im vorliegenden Fall ist noch die Besonderheit zu berücksichtigen, dass der Duisburger Stadtschreiber Everhardus, unter welchem sich der Wechsel zur Volkssprache vollzog, kurz zuvor, und zwar 1375, aus Essen in die Stadt am Rhein gekommen war.[119] In der östlichen Nachbarstadt waren die Rechnungen schon seit 1350 durchgängig in der Volkssprache abgefasst und auf große Quartblätter geschrieben worden. Duisburg folgte daher offenbar durch Vermittlung des Stadtschreibers der Essener Tradition.[120] Im nördlicher gelegenen Wesel wechselte die Sprache erst im Jahre 1384, in westlich und südlich angrenzenden Schreibregionen indessen merklich früher.[121]

Früher kann im Süden auch eine Tendenz zum Papiergebrauch beobachtet werden, wo die relative Nähe zu den italienischen Produktionsstätten von Papier dessen Einsatz begünstigt haben dürfte.[122] So verwendete die Kanzlei der Herzöge von Österreich seit 1313 Papier und die Kanzlei Kaiser Ludwigs des Bayern führte Papierregister.[123] Nachdem auch die Kanzlei Karls IV. gut 100 Jahre nach dem Papier-Verbot Friedrichs II. für Notariatsurkunden[124] nun Briefe, teilweise Patente, aber auch Urkundenreinschriften auf Papier anfertigte,[125] kann man in den Städten ebenfalls einen zunehmenden Gebrauch von Papier feststellen. Frühe Beispiele sind 1312 ein Frankfurter Bürgerbuch und das älteste Mainzer Stadtbuch von 1359 sowie die folgenden Schöffen-, Rats- und Stadtrechnungsbücher.[126]

---

119 Vgl. bereits Runde, 1997, 70f. sowie Elmentaler 2003, 71; Mihm u. Mihm 2007, 45–47.

120 Vgl. Runde 1997, 44f.; Lux 1991, 135.

121 Vgl. Lux 1991, 135; Weber 2003, 28f.

122 Im Norden des Reiches hätte der lange Transportweg die Kosten für Papier wohl unverhältnismäßig verteuert, so dass eine Einfuhr in größeren Mengen kaum wirtschaftlich gewesen wäre.

123 Vgl. Stahlberg 2003, 172.

124 Siehe oben Anm. 87.

125 Vgl. Vogtherr 2008, 44.

126 Vgl. Stahlberg 2003, 173.

Da beide Aspekte, der Schreibsprachenwechsel sowie die Benutzung von Papier als Beschreibstoff, im Süden früher zu beobachten sind, wäre es interessant, vor dem Hintergrund des am Beispiel der Stadt Duisburg beobachteten Zusammenspiels beider Phänomene auch dort etwaige Zusammenhänge zwischen Verwendung der Volkssprache und (situativ orientierter) Nutzung des Beschreibstoffes großflächiger zu überprüfen.[127]

6 Die mittelalterliche Papierüberlieferung des Universitätsarchivs Heidelberg

Beide Aspekte, Papiergebrauch und Verwendung der Volkssprache sollen daher abschließend ansatzweise am Beispiel der ältesten Universität auf dem Gebiet des heutigen Deutschland überprüft werden.[128] Da die Lehrenden der Universität im 14. Jahrhundert Kleriker waren, also geistlichem Umfeld entstammten, dürften sie der lateinischen Sprache deutlich mehr zugeneigt gewesen sein, als dies in weltlichen Kanzleien zu erwarten ist.

Tatsächlich wurden die seit der Gründung der Universität im Jahre 1386 geführten Fakultätsakten (*Acta Facultatis Artium, Acta Facultatis Theologicae, Acta Facultatis Iuridiciae*) bis ins 16. beziehungsweise 17. Jahrhundert hinein überwiegend lateinisch und auf Pergament geschrieben. Dabei ist hervorzuheben, dass der erste Papierband aus der Reihe der Fakultätsakten aus der Theologischen Fakultät stammt, die mit Band II im Jahre 1558[129] zu Papier überging. Bei den Artisten erfolgte dieser Übergang erst mit Band VI im Jahre 1674, wobei zwischen den Jahren 1620 und 1674[130] eine Überlieferungslücke zu verzeichnen ist.[131] Für die *Acta* der Juristischen Fakultät können keine vergleichbaren Aussagen getroffen werden, da der zweite (Pergament-)Band Aufzeichnungen bis zum Jahr 1580 enthält, danach aber eine Überlieferungslücke bis zum 19. Jahrhundert klafft, an die ab 1805/06 papierene Überlieferung anschließt.[132]

---

127 Ohne diesem Zusammenhang eigens nachzugehen, stellt Bansa 1968 für die Kanzlei Ludwigs des Bayern fest, dass in 46 % der Urkunden Deutsch gebraucht wurde, in den die Städte des Herzogtums Bayern betreffenden Urkunden (mit Ausnahme der Reichsstadt Regensburg) sogar ausschließlich. Korrelationen mit dem jeweiligen Beschreibstoff könnten hier aufschlussreich sein.

128 Die Überlieferung des Universitätsarchivs wurde eigens für diesen Beitrag auf diesen Aspekt hin gesichtet, da die Verzeichnisse leider keinerlei Hinweise auf Beschreibstoff und die verwendete Sprache aufweisen.

129 Universitätsarchiv Heidelberg, Theol Fak. 2.

130 Universitätsarchiv Heidelberg, H-IV, 101/6.

131 Zu den kriegerischen Auseinandersetzungen dieser Zeit mit ihren Auswirkungen auf die Universität vgl. Wolgast 1986, 51–66; Cser 2007, 67–83 und 97–105; Runde 2013a, 51–54.

132 Universitätsarchiv Heidelberg, H-II, 100/2.

Als frühestes Beispiel für die Nutzung von Papier konnten die als *Acta Universitatis* verzeichneten und als Universitätsannalen bekannten Amtsbücher des Rektors ausgemacht werden. Sie wurden seit der Universitätsgründung geführt, wobei der älteste Band heute leider verschollen ist. Sein ursprünglicher Titel ist jedoch überliefert: *Antiquus liber papireus per magistrum Marsilium scriptus in principio.*[133] Im Gegensatz zu den Fakultäten befleißigte sich der Gründungsrektor Marsilius von Inghen bei seinen Notizen also von Beginn an des Papiergebrauchs, was auch mit seiner Vergangenheit als Dozent und Rektor in Paris zusammenhängen mag, wo nicht zuletzt aufgrund der Nachfrageimpulse durch die Universität „schon um 1320 ein schwunghafter Handel mit Skripten nachweisbar“[134] ist.

Die dem ersten Band folgende Reihe der Amtsbücher ist bis in das 17. Jahrhundert hinein vollständig und nach einer kriegsbedingten Lücke auch darüber hinaus mit einer Laufzeit bis 1919 auf Papier erhalten.[135] Der Inhalt des ersten verlorenen Bandes findet sich im ersten Band der Juristischen Fakultät tradiert, da der *liber papireus* des Marsilius von Inghen dessen Dekan offensichtlich als Hauptquelle diente.[136] So kam es zu der Konstellation, dass ein papierenes Original auf Pergament kopiert wurde.[137] Derselbe Umstand ist bei dem Kopialbuch der Universität zu beachten, welches Urkundenkopien – auch aus den Universitätsakten – über einen Zeitraum von 1386 bis 1477 enthält. Es ist ebenso wie die frühen Bände der Fakultätsakten auf Pergament geschrieben.[138]

Die Überlieferungslage ist in gewisser Weise mit den bei den Stadtrechnungen gemachten Erfahrungen vergleichbar. Die rektoratsinternen Notizen befinden sich in papierenen Akten, der in Form von Übernahmen für die Überlieferung ausgewählte Extrakt in einer Pergamenthandschrift (hier in Buchform). Insbesondere bei dem Kopialbuch hätte der ihm später zugewiesene Titel dies nicht unbedingt erwarten lassen. Situative Aspekte für die Wahl des jeweiligen Beschreibstoffes dürften auch hier ausschlaggebend gewesen sein, denn wie im Falle der Rechnungen, welche die mitteilenswerten Informationen aus dem Papier-Konzept filterten und auf Pergament fixierten, wurde auch in diesem Fall etwas aus den Notizen für die eigene Fakultät extrahiert, was längerfristigen und grundsätzlichen Bestand haben sollte, was man also sprichwörtlich „in Stein meißeln wollte“. Freilich musste bei den Amtsbüchern respektive Fakultätsakten keinerlei Rechenschaft abgelegt werden. Detailliertere

---

133 Toepke 1884, 624.

134 Irsigler 2006, 338.

135 Universitätsarchiv Heidelberg, RA 654 (1421–1451), 655 (1451–1503), 565 (1504–1520), 657 (1521–1533), 568 (1534–1548), 659 (1549–1560), 660 (1560–1567) etc.

136 Universitätsarchiv Heidelberg, RA 653 (1385–1491); vgl. Miethke 1986–1999, 6.

137 Im Gegensatz dazu finden sich die *Acta Collegii Artistarum* mit einer Laufzeit von 1435 bis 1554 (1567) auf Papier (Universitätsarchiv Heidelberg, RA 6903). In besagtem Band befinden sich auch Abschriften älterer Urkunden von 1381 bis 1427.

138 Universitätsarchiv Heidelberg, RA 1306.

Untersuchungen zu dem Quellentyp Amtsbuch/Fakultätsakte müssten die Frage klären, warum man den möglichen Aspekt der Dauerhaftigkeit oder der Traditionsbindung in den Fakultäten höher einschätzte als beim Rektorat, das letztlich offenbar eher als Verwaltungsinstitution verstanden wurde. Schließlich wurden die Rektoren nur für eine gewisse Zeit aus den Fakultäten rekrutiert, aber nicht von der Zugehörigkeit zu ihnen gelöst. Für das Bildungsbewusstein der Universitätsangehörigen spricht die bis auf einige Ausnahmen – meist in Form von Zitaten volksprachlicher Urkunden der Kurfürsten – durchgehende Anwendung der lateinischen Sprache in den Amtsbüchern und Fakultätsakten.[139]

Richtungsweisend ist sicher die Tatsache, dass das Amtsbuch der Collectoren für die Einnahmen der Rheinzölle zu Kaiserswerth und Bacharach sowie von Pfründen in Neustadt auf Papier geschrieben ist. Die darin enthaltenen Eintragungen über die Zolleinnahmen dokumentieren eine wichtige Finanzierungsgrundlage der Heidelberger Universität. Das Amtsbuch wurde um 1418 angelegt und enthält Einträge über die Zeit von 1393 bis 1557.[140] Hinzu kommt in den Heidelberger Rechnungsbeständen eine (stark wassergeschädigte) Papier-Kladde der Einkünfte der Universität aus dem Bacharacher Zoll und deren Verteilung 1474 bis 1479.[141]

Diese Befunde entsprechen der Zeitstellung, in der man beispielsweise in Duisburg die papierenen Haushaltsjournale führte, so dass sich das Rechnungswesen an beiden hier näher untersuchten Orten als relativ einheitlich papier-affin darstellt. Dies passt zu den parallel in Essen und Xanten erhobenen Befunden, bei denen Rechnungen städtischer und stiftischer Provenienz einen vergleichbares Gesamtbild vermitteln.[142]

Ein Heidelberger Rotulus aus dem Jahre 1401, der viele Personennamen und Angaben über Pfründen enthält, ist wie der Name unschwer zu erkennen gibt, als Pergamentrolle gefasst.[143] Der im 15. Jahrhundert angelegte *Liber Statutorum Bursae Realium*[144] mit Eintragungen von 1486 bis 1601 ist ebenso eine Pergamenthandschrift wie die um 1500 angelegten *Statuta et Fundationes Domus Dionysii* mit einer

139 Vgl. beispielsweise die Edition der ersten beiden Amtsbücher des Rektors: Miethke 1986–1999 und 2001–2003. Zum Inhalt sei hier kurz angemerkt, dass der Bericht des Gründungsrektors Marsilius von Inghen im ersten Band der Amtsbücher auch den ersten Beleg für die Existenz einer Archivkiste der Heidelberger Universität im Jahre 1388 und damit die frühen Wurzeln des Universitätsarchivs liefert (Universitätsarchiv Heidelberg, RA 653, fol. 41r; Miethke 1986–1999, 172; vgl. zuletzt Runde 2013a, 47f.).

140 Universitätsarchiv Heidelberg, RA 5147.

141 Universitätsarchiv Heidelberg, RA 1139.

142 Die aus Platzgründen hier gekürzte Gesamtstudie erscheint mit Berücksichtigung dieser genannten Orte und ihrer Rechnungsüberlieferung an anderer Stelle.

143 Universitätsarchiv Heidelberg, XII,2 Nr. 33; zum Rotulus mit Abbildungen vgl. zuletzt Zimmermann 2013, 245f. Er gleicht mit seinem Listencharakter beispielweise den Xantener Pachtrotuli der Kellnerei, welche konsequent auf Pergament fixiert wurden.

144 Universitätsarchiv Heidelberg, RA 5131.

vergleichbaren Laufzeit bis 1603.[145] Die wenig später um 1530 angelegten *Matricula Domus Dionysii*[146] erfolgen hingegen auf Papier. Darin werden ab 1530 fortlaufend die Stipendiaten des Dionysianums geführt.

Im Vergleich zu den Matrikelbänden der Universität ist dies ein verhältnismäßig früher Übergang zum Beschreibstoff Papier, denn dort sind die ersten vier Matrikelbände bis 1662 Pergamenthandschriften. Erst 1704 setzt nach einer Überlieferungslücke der fünfte Band als Papierhandschrift ein. Mit Blick auf die Fakultätsakten ist dies wiederum ein sehr später Wechsel des Beschreibstoffes, der analog zum urkundlichen Bestand die starke Bindung dieser Textsorte an den traditionellen Beschreibstoff dokumentiert.[147] Es bleibt zu bedenken, ob die Rechtskraft von Dokumenten, also die gewollte Betonung der dauerhaften Verbindlichkeit, hier die Wahl des Beschreibstoffes bedingte. Aspekte wie Tradition, Repräsentativität sowie die Würde der Institution dürften auch eine Rolle gespielt haben, wenn man sich die zum Teil opulente Ausschmückung der Matrikelbücher mit Wappen der Immatrikulierten näher ansieht.[148]

Abschließend soll daher noch ein Blick auf die urkundliche Überlieferung des Universitätsarchivs Heidelberg geworfen werden, welches den in Hinsicht auf die frühe Papierverwendung zur Disposition stehenden Zeitraum von der Mitte des 14. Jahrhunderts an mit seinen Beständen ebenfalls abzudecken vermag. Dies liegt daran, dass letztere aufgrund der Übernahme von Urkunden (in den Jahren 1550–53) inkorporierter Klöster bis in die erste Hälfte des 13. Jahrhunderts zurückreichen.[149] Papierene Originalurkunden sind jedoch erst im 15. Jahrhundert überliefert. Die älteste, die sich bei einer aktuellen Durchsicht der Bestände fand, stammt aus dem Jahre 1412 (Abb. 5). Ursprünglich klösterlicher Provenienz ist sie in lateinischer Sprache geschrieben, trägt den Abdruck eines verlorenen spitzovalen Siegels und weist als Wasserzeichen einen Ochsenkopf mit Augen und Nasenlöchern sowie darüber einem einkonturigen Stern auf (Abb. 6). Dieses häufige Wasserzeichen ist in der vorliegenden Ausgestal-

---

145 Universitätsarchiv Heidelberg, RA 5065. Dieser Quellentyp erinnert an die Xantener Statutenbücher (*Liber albus*; *Liber ruber*), die, wenngleich früher, ebenfalls auf Pergament geschrieben wurden (Hawicks 2007, 12).

146 Universitätsarchiv Heidelberg, RA 5086.

147 Universitätsarchiv Heidelberg, M 1 (1386–1432), M 2 (1432–1515), M 3 (1515–1579), M 4 (1579–1662), M 5 (1704–1712, Papier) etc. Im 17. Jahrhundert hat sich in nahezu allen Bereichen der Verwaltungsschriftlichkeit Papier endgültig durchgesetzt.

148 Beispielsweise für die Jahre 1579 bis 1662 Universitätsarchiv Heidelberg, M 4; als Digitalisat unter http://digi.ub.uni-heidelberg.de/diglit/uah_m4.

149 Winkelmann 1886, Urkunden, Nr. 183–190. Das Urkundenbuch der Universität Heidelberg beginnt hingegen erst mit dem Bericht über ihre Gründungsphase 1385/86 und versammelt vergleichbar mit dem Urkundenbuch alle Heidelberg betreffenden Nachrichten in Auswahl, wobei der Fokus auf das gelegt wurde, was für die Geschichte der Universität von zentraler Bedeutung war (Winkelmann 1886, Urkunden, X).

Abb. 5: Älteste Original-Papierurkunde von 1412 aus dem Universitätsarchiv Heidelberg (Universitätsarchiv Heidelberg, XII,1 Nr. 118; Foto: Universitätsarchiv Heidelberg).

tung für Freiburg im Breisgau belegt.[150] Ein ganz ähnliches, wenngleich etwas größeres Wasserzeichen findet sich auf einem Vidimus aus dem Jahr 1418 über ein ebenfalls in kirchlichem Kontext getätigtes Gütergeschäft des Jahres 1380.[151]

150 Universitätsarchiv Heidelberg, XII,1 Nr. 118. Das Wasserzeichen entspricht mit einer Höhe 61 mm und einer Breite von 29 mm Hauptstaatarchiv Stuttgart, Bestand J 340, Wasserzeichensammlung Piccard, Nr. 76293, Freiburg im Breisgau 1440 (http://www.wasserzeichen-online.de/wzis/struktur.php?po=76293).

151 Universitätsarchiv Heidelberg, XII,1 Nr. 92. Es handelt sich um eine von den Richtern des Bischofs von Speyer angefertigte wortgetreue Abschrift eines Güterverkaufs.

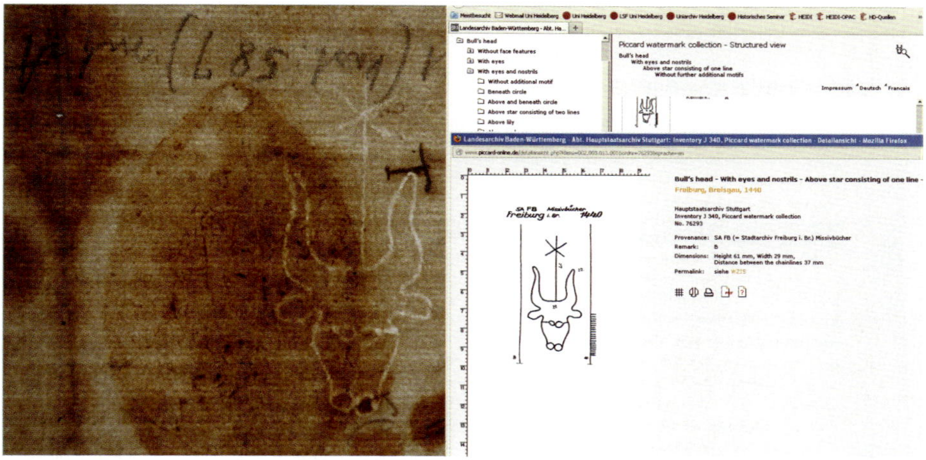

Abb. 6: Abgleich des Ochsenkopf-Wasserzeichens mit dem Wasserzeichen-Infosystem des Landesarchivs Baden-Württemberg (www.wasserzeichen-online.de).

Die nächsten Papierbelege im Urkundenbestand stammen aus der zweiten Hälfte des 15. Jahrhunderts. Beim ersten Beispiel handelt es sich angesichts fehlender Beglaubigungszeichen und vorhandener Korrekturen wohl um eine zeitgleiche oder zeitnahe Abschrift beziehungsweise deutsche Übersetzung eines päpstlichen Schreibens,[152] welches Pius II. am 26. August 1459 in Mantua verfasste, wohin er nach Abfassung seiner Kreuzzugsbulle die christlichen Herrscher zu einem Kongress berufen hatte, um den Vormarsch der Türken in Europa aufzuhalten.[153] Grundsätzlich wäre ein in deutscher Sprache abgefasstes Schreiben aus der Feder dieses Papstes oder seines Umfeldes denkbar gewesen, da er vor seiner Berufung zum Papst Propst des Xantener Viktorstiftes war.[154] Die in Heidelberg befindliche Niederschrift zeigt aber, dass es sich wie oben beschrieben nicht um eine Originalausfertigung gehandelt haben kann.

Ein weiterer Papier-Beleg findet sich bei einer Pergamenturkunde des Jahres 1404 und stammt aus dem Jahr 1463. Der besondere Reiz dieses Exemplars liegt darin, dass das kleine Stückchen Papier an die Original-Urkunde angenäht wurde (Abb. 7). Dies ist in situativer Hinsicht geradezu sinnfällig für den im späten Mittelalter überwiegenden Verwendungszweck von Papier, da es sich um eine ergänzende Mitteilung zu dem eigentlichen Urkunden-Inhalt handelt. Es geht darum, dass ein Wohnsitz (*gesesz*) in Dienheim nicht mehr den seinerzeit vereinbarten Preis erzielen konnte, da er infolge des Krieges niedergebrannt worden sei: *Disz gesesz zu dienu(m) ist ve(r)bra(n)t*

152 Universitätsarchiv Heidelberg, XII,1 Nr. 16/9.

153 Vgl. Kelly 1998, 265.

154 Vgl. zu den Piccolominis in Xanten Hawicks 2007, 523–533.

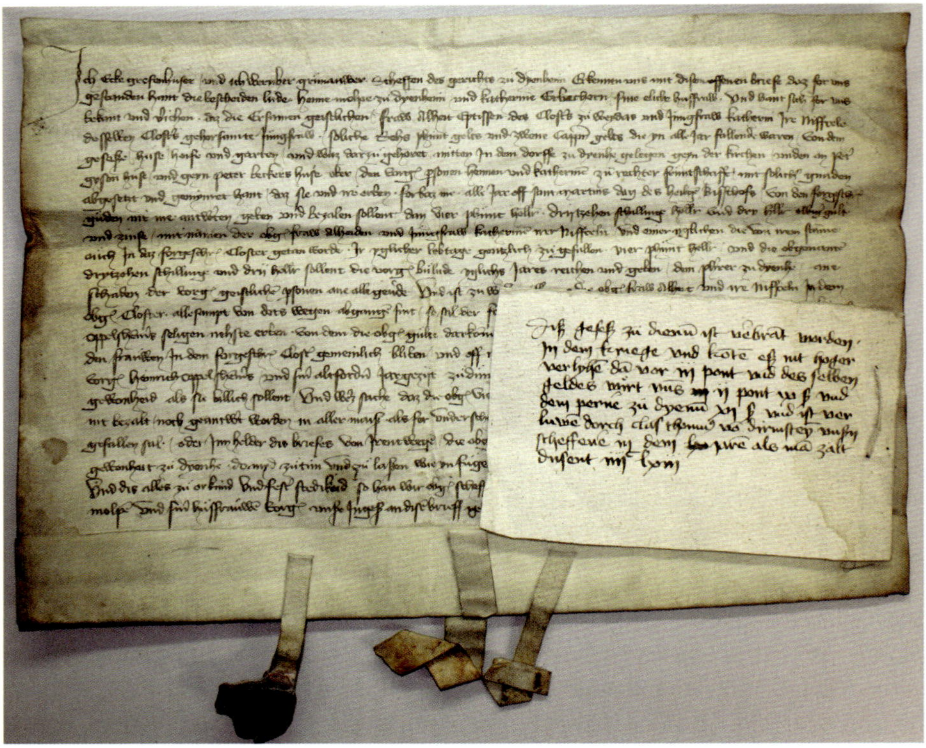

Abb. 7: Pergamenturkunde von 1404 mit aufgenähter Papier-Mitteilung aus dem Jahre 1463 (Universitätsarchiv Heidelberg, XII,2 Nr. 243, Foto: Universitätsarchiv Heidelberg).

worden in dem kriege vnd ko(n)te(n) esz nit hoger verlyhe(n) da(n) vor iij pont.[155] Es handelt sich um ein besonders schönes Beispiel für das im 15./16. Jahrhundert einsetzende Aufkommen aktenmäßiger Mitteilungen und Aufzeichnungen, bei dem „die Urkunden, die ursprünglich das einzige schriftliche Zeugnis der Rechtshandlung

155 Universitätsarchiv Heidelberg, XII,2 Nr. 243. An dieser Stelle ist die auch als Badisch-Pfälzischer Krieg bekannte Mainzer Erzstiftsfehde gemeint. Bei diesem kriegerischen Konflikt in den Jahren 1461/62 ging es um den Stuhl des Mainzer Erzbischofs. Er wurde mit der Entscheidungsschlacht von Seckenheim am 27. Juni 1462 zugunsten der Pfälzer beendet. Die Schlacht führte zur Legendenbildung und veranlasste Gustav Schwab zu seiner Ballade „Das Mahl zu Heidelberg". In den Kontext der Urkunde passt insb. Strophe 13: „Sie sprangen von den Stühlen, Und blickten in das Land, Da rauchten alle Mühlen, Rings von des Krieges Brand; Kein Hof ist da zu schauen, Wo nicht die Scheune dampft, Von Rosses Huf' und Klauen, Ist alles Feld zerstampft" (Gustav Schwab, *Gedichte, Erster Band*, Stuttgart/Tübingen 1828, 227–231, hier 230).

darstellen, mehr und mehr in einen zusammenhängenden Dokumentationsvorgang eingebettet" werden.[156]

Den offensichtlich vorhandenen Wertunterschied zwischen Papier und Pergament belegt ein Stück aus dem Heidelberger Universitätsarchiv aus dem Jahre 1474, in welchem unter anderem das Heidelberger Dionysianum, die bereits erwähnte Armenburse, begünstigt wird. Sozusagen nach dem Motto „Das geht auf keine Kuhhaut" wird in diesem Testament ausdrücklich mit Bezug auf die Wahl des Beschreibstoffes festgehalten, dass aufgrund der Länge des Textes in Buch- beziehungsweise Heftform gebundenes Papier verwendet werde, um Pergament zu sparen: *So han ich die vorgeschrieben vier bletter mit myner hantd geschrieben alhye vnderschrieben zu warer Vrkunde vnd gezugnisz bin auch wie sich geburt daruber erfordert vnd gebetten vnd dwile esz soviel schrifft vnd gar eynen langen permenten brieff hette geben so ist esz perment zu sparen auch geschicklicheit haht der Insiegel vff diese bappiren bletter In buches wise gesatzt.*[157]

Zunächst ist bei diesen wenigen Beispielen von Papiergebrauch in urkundlichen Kontexten festzuhalten, dass auch hier deutsche Niederschriften überwiegen und nur das älteste Stück, ein Original kirchlicher Provenienz, lateinisch geschrieben ist. Die deutschen Exemplare sind wie im Falle des Vidimus beglaubigte Kopien von Verkaufsgeschäften in kirchlichem Kontext beziehungsweise Übersetzungen (Brief Pius II.) oder stammen aus weltlichem Kontext (*gesesz* in Dienheim). Das oben zitierte Testament eines Esslinger Pfarrers erinnert an ein frühes Testament-Konzept eines Xantener Vikars von 1359, das im Xantener Stiftsarchiv als frühes Belegexemplar für Papiergebrauch anzutreffen ist.[158] Gleichwohl zeigt sich mit der hier vorliegenden Besiegelung, dass gut 100 Jahre später eine offizielle Testament-Ausfertigung auf Papier möglich ist.

Dieses letzte Beispiel aus den Heidelberger Beständen führt abschließend noch einmal zu dem Kostenargument, das gerne als ein wesentlicher Beweggrund für die Nutzung von Papier ins Feld geführt wird.[159] „Seit etwa dem Anfang des 15. Jahrhunderts einigermaßen billig produziert, stand Papier zu dem teuren Pergament in einem Kostenverhältnis von etwa 1:10"[160] Diese Aussage E. Isenmanns deckt sich mit den in dieser Fallstudie gemachten Erfahrungen, die ein Ansteigen des Papiergebrauchs seit Beginn des 15. Jahrhunderts erkennen ließen – eine Entwicklung, die mit der Einrich-

156 Schmid 2003, 75.

157 Universitätsarchiv Heidelberg, XII,2 Nr. 413.

158 Wilkes 1952, Nr. 530.

159 „Eine wesentliche Voraussetzung für die Extensivierung der Schriftlichkeit im Zusammenhang mit der Intensivierung der Verwaltungstätigkeit war der seit dem 13. Jahrhundert bekannte, von den städtischen Kanzleien seit dem 14. Jahrhundert benutzte Beschreibstoff Papier" (Isenmann 2014, 441).

160 Isenmann 2014, 441 mit dem Hinweis, dass bei der Wahl des Beschreibstoffes im Schriftverkehr bereits der Rang des Adressaten zum Ausdruck gebracht werden konnte.

tung nordalpiner Papiermühlen seit 1390 Hand in Hand geht.[161] Die frühen Papiere des 14. Jahrhunderts mussten hingegen aus Italien importiert werden und hatten zunächst einen relativ hohen Preis.[162] Dass Papier im Verhältnis zum 15. Jahrhundert an den untersuchten Orten noch verhältnismäßig zurückhaltender eingesetzt wurde, dürfte neben dem nachzuweisenden situativen Gebrauch dieses Beschreibstoffes wohl auch den Transportkosten geschuldet sein, die das Papier verteuerten, welches bald zu den regelmäßig deklarierten Zollgütern gehörte.[163] Da die städtischen Kanzleien für den eigenen Bedarf Papier vornehmlich dort kauften, „wo es am günstigsten zu bekommen war"[164], ist beispielsweise für Ravensburg, Memmingen oder Metz auch ein regionaler oder gar lokaler Verbrauch des dort produzierten Papiers zu beobachten, während der Nordwesten über den Kölner Markt auf Papier aus Lothringen zurückgriff, um „durch die guten Transportbedingen auf Mosel und Rhein sowie die geringere Zahl der Zollstellen im Vergleich zu den Lieferungen aus dem oberdeutsch-schweizerischen Raum"[165] an günstigere Ware zu gelangen. „Mit diesem Trend zur Regionalisierung der Absatzräume von Papierzentren"[166] ist erklärlich, warum Papier im oberdeutschen Raum grundsätzlich früher in größerem Umfang eingesetzt werden konnte. Die Stadt Duisburg konnte diesem Trend erst im Laufe des 15. Jahrhunderts folgen. Insgesamt setzte sich Papier allmählich als Massenbeschreibstoff flächendeckend durch, blieb dabei jedoch zu verzollendes Handelsgut und war nicht, wie in unseren Zeiten, Wegwerfware, so dass Restbogen und Schnipsel beim Verbraucher für längere Zeit bis zu deren Verwendung aufbewahrt wurden.[167]

7 Fazit

Die in dieser kleinen Fallstudie gewonnenen Eindrücke könnten zukünftigen Untersuchungen als Anregung dienen, die hier erarbeiteten Aspekte einzubeziehen. Die Suche nach den jeweiligen Bedingungen für Pergament- und Papiergebrauch wirft weitere Fragen auf. So ist nicht nur nach Alter und Herkunft der betreffenden Schrift-

161 Vgl. Stahlberg 2003, 173. Die von Ulman Stromeir „in der Gleißmühle produzierten Papiere wurden in den Kanzleien von Nürnberg, Ulm, Nördlingen, Esslingen und Frankfurt verwendet. Vorher scheint man viel italienische Papiere benutzt zu haben" (Patze 1970, 61f.).

162 Vgl. Tschudin 2012, 103–110; Patze 1970, 62.

163 Vgl. Stahlberg 2003, 173; Volk 1998, 565 und 747 und beispielsweise Scholz-Babisch 1971, 411 und 481f. sowie zur wirtschaftlichen Bedeutung der Rheinzölle zuletzt mit Literatur Runde 2013b, 63–66.

164 Irsigler 2006, 318.

165 Ebd., 329: „Es mag auch eine Rolle gespielt haben, daß bei der um 1500 noch sehr geringen Zahl an Papiermühlen im niederrheinisch-niederländischen Raum die Leinenlumpen billig waren und in großen Mengen als Rückfracht in den lothringischen Raum verbracht werden konnten."

166 Ebd., 348.

167 Tschudin 2012, 48.

stücke zu fragen, sondern auch nach der Textsorte und vor allem dem situativen Aspekt. Dazu sind optimalerweise die Bearbeitungsstufen einzelner Textsorten einer Schreibstätte gegeneinander zu halten, wenn dies die Überlieferungslage erlaubt. So sind bei den Urkunden auch die oft undatierten Konzepte oder späteren Abschriften von großem Interesse, die in der Regel weniger Beachtung finden als eindeutig datierte Originalausfertigungen.[168]

Wichtig ist neben dem diasituativen Zugang auch eine diatopisch sowie diachronisch ausgerichtete Betrachtungsweise, denn nur sie kann eingedenk der mittelalterlichen Bezugsorte und Transportwege eine Einschätzung der sich dadurch verändernden Kosten des Beschreibstoffes und damit seiner Gebrauchshäufigkeit ermöglichen. Nicht zuletzt bleibt nach dem hier ermittelten Befund am Beispiel der Stadt Duisburg die zeitliche Verbindung zwischen dem Anschwellen der Schriftlichkeit insgesamt, dem Gebrauch der Volkssprache und der Verwendung des Beschreibstoffes Papier genauer an weiteren Beispielen zu prüfen.[169] Auch die Vernetzung der Schreiber beziehungsweise ihre jeweilige Herkunft ist zu berücksichtigen wie das Beispiel des von Essen nach Duisburg gekommenen Schreibers und die von ihm ausgehende Einführung der Volkssprache zeigen konnte. In der tieferen Durchdringung dieser möglichen Wechselwirkungen könnte ein großes Forschungspotential liegen, wie der vorliegende Beitrag aufzuzeigen suchte.

168 Vgl. Weber 1987, 133; Hawicks 1993, 11.
169 Vgl. Patze 1970, 63 Anm. 207 und 61 Anm. 196 zu dem Beispiel Nürnberg.

Bibliographie

Bansa (1968): Helmut Bansa, *Studien zur Kanzlei Kaiser Ludwigs des Bayern vom Tag der Wahl bis zur Rückkehr aus Italien (1314–1329)* (Münchener historische Studien: Abteilung Geschichtliche Hilfswissenschaften/Philosophische Fakultät 5), Kallmünz.

Bartels (2011): Klaus B. Bartels, *Papierherstellung in Deutschland. Von der Gründung der ersten Papierfabriken in Berlin und Brandenburg bis heute*, Berlin.

Briquet (1966): Charles-Moïse Briquet, *Les filigranes. Dictionnaire historique des marques du papier dès leur apparition vers 1282 jusqu'en 1600, Tome premier: A–Ch*, Nachdr. der 2. Aufl. Leipzig 1923, New York.

Cser (2007): Andreas Cser, *Kleine Geschichte der Stadt und Universität Heidelberg*, Karlsruhe.

Elmentaler (2001): Michael Elmentaler, „Der Erkenntniswert der schreibsprachlichen Variation für die Sprachgeschichte. Überlegungen zu den Ergebnissen eines Duisburger Graphematikprojektes", *Rheinische Vierteljahrsblätter* 65, 290–314.

Elmentaler (2003): Michael Elmentaler, *Struktur und Wandel moderner Schreibsprachen* (Studia Linguistica Germanica 71), Berlin/New York.

Hawicks (1993): Heike Hawicks, *Untersuchungen zur situativen Variation spätmittelalterlicher Schreibsprachen. Dargestellt am Vokalismus des Duisburger Stadtschreibers Jacob Ludger*, 2 Bde., masch. Magisterarbeit im Fach Germanistik der Gerhard-Mercator-Universität Duisburg.

Hawicks (2007): Heike Hawicks, *Xanten im späten Mittelalter. Stift und Stadt im Spannungsfeld zwischen Köln und Kleve* (Rheinisches Archiv 150), Köln/Weimar/Wien.

Hoffmann (1980): Walter Hoffmann, „Deutsch und Latein im spätmittelalterlichen Köln. Zur äußeren Sprachgeschichte des Kölner Geschäftsschrifttums im 14. Jahrhundert", *Rheinische Vierteljahrsblätter* 44, 1980, 117–147.

Hoffmann (1983): Walter Hoffmann, „Zum Verhältnis von Schreibschichtung und Sprachwandel im spätmittelalterlichen Köln", in: Thomas Cramer (Hg.), *Literatur und Sprache im historischen Prozeß. Vorträge des deutschen Germanistentages Aachen 1982. Band 2: Sprache*, Tübingen, 101–113.

Hyldgaard-Jensen (1985): Karl Hyldgaard-Jensen, „Die Textsorten im Mittelniederdeutschen", in: Werner Besch, Oskar Reichmann u. Stefan Sonderegger (Hgg.), *Sprachgeschichte. Ein Handbuch zur Geschichte der deutschen Sprache und ihrer Erforschung, 2. Halbband*, Berlin/New York, 1247–1251.

Irsigler (2006): Franz Irsigler, „Papierhandel in Mitteleuropa, 14.–16. Jahrhundert", in: Volker Henn, Rudolf Holbach, Michel Pauly u. Wolfgang Schmid (Hgg.), *Miscellanea Franz Irsigler. Festgabe zum 65. Geburtstag*, Trier, 309–348.

Irsigler (2012): Franz Irsigler, „An der Wiege der Massenmedien. Papier, Buchdruck, Holzschnitt und Kupferstich", in: Klaus Herbers u. Florian Schuller (Hgg.), *Europa im 15. Jahrhundert. Herbst des Mittelalters – Frühling der Neuzeit?*, Regensburg, 122–135.

Isenmann (^{2}2014): Eberhard Isenmann, *Die deutsche Stadt im Mittelalter: 1150–1550. Stadtgestalt, Recht, Verfassung, Stadtregiment, Kirche, Gesellschaft, Wirtschaft*, 2. durchges. Aufl. Köln/Weimar/Wien.

Kälin (1974): Hans Kälin, *Papier in Basel bis 1500*, Basel.

Kelly (1998): John Norman Davidson Kelly, *Reclams Lexikon der Päpste*, aus dem Englischen über setzt von Hans-Christian Oeser, Stuttgart.

Kirchgässner (1977): Bernhard Kirchgässner, „Zur Frühgeschichte des modernen Haushalts, vor allem nach den Quellen der Reichsstädte Esslingen und Konstanz", in: Erich Maschke u. Jürgen Sydow (Hgg.), *Städtisches Haushalts- und Rechnungswesen* (Stadt in der Geschichte 2), 9–44.

Löffler (1985): Heinrich Löffler, *Germanistische Soziolinguistik* (Grundlagen der Germanistik 28), Berlin.

Lux (1991): Thomas Lux, „Stadtrechnungen im Ruhrgebiet: Duisburg 1377", in: Ferdinand Seibt, Gudrun Gleba, Heinrich T. Grütter, Herbert Lorenz, Jürgen Müller u. Ludger Tewes (Hgg.), *Vergessene Zeiten. Mittelalter im Ruhrgebiet, Band 2*, Essen, 135–138.

Mattheier (1980): Klaus J. Mattheier, *Pragmatik und Soziologie der Dialekte, Einführung in die kommunikative Dialektologie des Deutschen*, Heidelberg.

Miethke (1986–1999): Jürgen Miethke (Hg.), *Die Rektorbücher der Universität Heidelberg, Band 1: 1386–1410*, bearb. von Heiner Lutzmann u. Hermann Weisert (Libri actorum Universitatis Heidelbergensis, Series A, Reihe A I.1–3), Heidelberg.

Miethke (2001–2003): Jürgen Miethke (Hg.), *Die Rektorbücher der Universität Heidelberg, Band 2: 1421–1451*, bearb. von Heiner Lutzmann (Libri actorum Universitatis Heidelbergensis, Series A, Reihe A II.1–2), Heidelberg.

Mihm (1981): Arend Mihm (Hg.), *Die Chronik des Johann Wassenberch*, Duisburg.

Mihm (2007): Arend Mihm, *Sprachwandel im Spiegel der Schriftlichkeit. Studien zum Zeugniswert der historischen Schreibsprachen des 11. bis 17. Jahrhunderts*, hg. von Michael Elmentaler, Jürgen Biehl, Beate Henn-Memmesheimer u. Jürgen-Matthias Springer, Frankfurt am Main.

Mihm (1994): Margret Mihm (Hg.), *Die Protokolle des Duisburger Notgerichts 1537–1545. Mit einer Einführung und einem Glossar* (Duisburger Geschichtsquellen 10), Duisburg.

Mihm u. Mihm (2007): Margret Mihm u. Arend Mihm (Hgg.), *Mittelalterliche Stadtrechnungen im historischen Prozess. Die älteste Duisburger Überlieferung (1348–1449). Bd. 1: Untersuchungen und Texte*, Köln/Weimar/Wien.

Mihm u. Mihm (2008): Margret Mihm u. Arend Mihm (Hgg.), *Mittelalterliche Stadtrechnungen im historischen Prozess. Die älteste Duisburger Überlieferung (1348–1449). Bd. 2: Register, Materialien, Glossar*, Köln, Weimar, Wien.

Milz (1989): Joseph Milz (Bearb.), *Urkundenbuch der Stadt Duisburg, Band 1: 904–1350* (Duisburger Geschichtsquellen 8, Publikationen der Gesellschaft für Rheinische Geschichtskunde 67), Düsseldorf.

Milz (1998): Joseph Milz (Bearb.), *Urkundenbuch der Stadt Duisburg, Band 2: 1350–1400* (Duisburger Geschichtsquellen 11, Publikationen der Gesellschaft für Rheinische Geschichtskunde 67), Düsseldorf.

Milz u. von Roden (1993): Joseph Milz u. Günter von Roden, *Duisburg im Jahre 1566. Der Stadtplan des Johannes Corputius* (Duisburger Forschungen 40), neu bearb. und erg. Aufl., Duisburg.

Müller (2012): Lothar Müller, *Weiße Magie. Die Epoche des Papiers*, München.

Patze (1970): Hans Patze, „Neue Typen des Geschäftsschriftgutes im 14. Jahrhundert", in: Ders. (Hg.), *Der Territorialstaat im 14. Jahrhundert, Band 1*, Sigmaringen, 9–64.

Runde (1997): Ingo Runde, „Die Duisburger Stadtrechnungen von 1348/49 bis 1407. Ansätze zu einer interdisziplinären Quellenauswertung", *Annalen des Historischen Vereins für den Niederrhein* 200, 39–74.

Runde (2013a): Ingo Runde, „Das Universitätsarchiv Heidelberg. Von der parva archella zum modernen Archivbetrieb", in: Ders. (Hg.), *Universitätsarchive in Südwestdeutschland. Geschichte – Bestände – Projekte. Tagung anlässlich des 625-jährigen Jubiläums der Ersterwähnung einer Archiv kiste der Universität Heidelberg zum 8. Februar 1388* (Heidelberger Schriften zur Uni versitätsgeschichte 1), Heidelberg, 47–71.

Runde (2013b): Ingo Runde, „Der Rhein als Wirtschafts- und Verkehrsachse", in: Jörg Peltzer, Bernd Schneidmüller u. Stefan Weinfurter (Hgg.), *Die Wittelsbacher und die Kurpfalz im Mittelalter. Eine Erfolgsgeschichte?*, Regensburg, 51–66.

Schmid (2003): Gerhard Schmid, „Akten", in: Friedrich Beck u. Eckart Henning (Hgg.), *Die archivalischen Quellen. Mit einer Einführung in die Historischen Hilfswissenschaften*, 3. Aufl. Köln/Weimar/Wien, 74–110.

Schmidt (1882): Charles Schmidt, *Zur Geschichte der ältesten Bibliotheken und der ersten Buchdrucker zu Strassburg*, Strassburg [Ndr. London 2013].

Scholz-Babisch (1971): Marie Scholz-Babisch, *Quellen zur Geschichte des klevischen Rheinzollwesens vom 11. bis 18. Jahrhundert, Erste Hälfte* (Deutsche Handelsakten des Mittelalters und der Neuzeit XII; Deutsche Zolltarife des Mittelalters und der Neuzeit III), Wiesbaden.

Stahlberg (2003): Ilka Stahlberg, „Schriftträger und Schreibmaterialien", in: Friedrich Beck u. Eckart Henning (Hgg.), *Die archivalischen Quellen. Mit einer Einführung in die Historischen Hilfswissenschaften*, 3. Aufl. Köln/Weimar/Wien, 169–177.

Toepke (1884): Gustav Toepke (Hg.), *Die Matrikel der Universität Heidelberg von 1386 bis 1662. Erster Teil von 1386 bis 1553*, Heidelberg.

Tschudin ([2]2012): Peter F. Tschudin, *Grundzüge der Papiergeschichte* (Bibliothek des Buchwesens 23), 2. Aufl., Stuttgart.

Vogtherr (2008): Thomas Vogtherr, *Urkundenlehre* (Hahnsche Historische Hilfswissenschaften 3), Hannover.

Volk (1998): Otto Volk, *Wirtschaft und Gesellschaft am Mittelrhein vom 12. bis zum 16. Jahrhundert*, Wiesbaden.

Weber (2003): Hildegard Weber, *Venlo – Duisburg – Essen. Diatopische Untersuchungen zu den historischen Stadtsprachen im 14. Jahrhundert* (Arbeiten aus dem Duisburger Graphematikprojekt 1, Germanistische Bibliothek 14), Heidelberg.

Weber (1987): Ulrich Weber, „Zur frühmittelniederdeutschen Urkundensprache Osnabrücks. Variablenlinguistische Untersuchung einer ostwestfälischen Stadtsprache", *Niederdeutsches Wort* 27, 131–162.

Wilkes (1952): Carl Wilkes (Bearb.), *Inventar der Urkunden des Stiftsarchivs Xanten, Erster Band: 1119–1449* (Inventare nicht staatlicher Archive 2), Köln.

Winkelmann (1886): Eduard Winkelmann (Hg.), *Urkundenbuch der Universität Heidelberg, Erster Band: Urkunden, Zweiter Band: Regesten*, Heidelberg.

Wolgast (1986): Eike Wolgast, *Die Universität Heidelberg 1386–1986*, Berlin/Heidelberg.

Zaar-Görgens (2004): Maria Zaar-Görgens, *Champagne – Bar – Lothringen: Papierproduktion und Papierabsatz vom 14. bis zum Ende des 16. Jahrhunderts* (Beiträge zur Landes- und Kulturgeschichte 3), Trier.

Zimmermann (2013): Karin Zimmermann, „Objektbeschreibung B 7.03: An Papst Bonifaz IX. gerichteter Supplikenrotolus", in: Alfried Wieczorek, Bernd Schneidmüller, Alexander Schubert u. Stefan Weinfurter (Hgg.), *Die Wittelsbacher am Rhein. Die Kurpfalz und Europa, Katalog-Band 1: Mittelalter* (Publikationen der Reiss-Engelhorn-Museen Mannheim 60), Regensburg, 245f.

Paul Needham

Book Production on Paper and Vellum in the fourteenth and fifteenth centuries[1]

From the earliest years of Johann Gutenberg's mid-fifteenth century invention of typography, printing was done on both vellum and paper, in just the way that, for well over a century before, books and documents could be and were written on both vellum and paper.[2] The decision to use one or the other support – occasionally both together – depended on various considerations, especially of price and purpose, but also of tradition. Gutenberg's quarto edition of the *Sibyllenbuch* [is00492500], a rhymed prophecy on the return to life of Frederick Barbarossa and possibly the earliest surviving example of typography (c. 1452?), survives in only half of a single paper leaf. Conversely, fragments of the *Ars minor* of Donatus [id00314700, id00314750, id00314800], printed in the same primitive state of Gutenberg's first type as the *Sibyllenbuch*, are on vellum. Indeed, all the many early Mainz printings of Donatus survive only as vellum fragments. In both instances, the support material of the printed editions corresponds to the support material of the preceding manuscript tradition of the respective texts. The reason for the difference must be, on the one hand, that the *Sibyllenbuch* was a literary occasional piece in a less than high genre. Vernacular readers would have had no use, and created no demand, for vellum copies, whether from the standpoint of wanting to own a copy of higher dignity, or of longer permanence of preservation extending from one generation to the next. All the early manuscripts of the *Sibyllenbuch*, from roughly the first decade of the fifteenth century onward, were written on paper. As for the customers of the printed Donatus editions, they were schoolmasters who used the copies incessantly, day after day, and needed sturdy copies that would stand up to heavy handling. And so, just as in the fourteenth and fifteenth centuries

1 I am greatly indebted to Dr. Eric Marshall White for much useful information and advice, going well beyond what is mentioned in the notes; and to Dr. Falk Eisermann for sending extracted records of incunables in the GW (Gesamtkatalog der Wiegendrucke) database for which copies on "Perg." are noted. Incunable editions are uniformly cited in-text by their ISTC (Incunabula Short Title Catalogue) numbers, in the form [ib00526000]. The ISTC online entries include links to the GW online entries, both of which should be consulted for all incunables. Their website addresses are: http://www.bl.uk/catalogues/istc/index.html, and http://www.gesamtkatalogderwiegendrucke.de/.

2 I use the word vellum as a synonym for parchment, and not as an indicator of a particular quality or source of parchment; this corresponds to the traditional vocabulary of the Anglo-French book world, as attested for instance in the titles of J. B. Van Praet, *Catalogue des livres imprimés sur vélin* (Van Praet 1822) and R. C. Alston and B. S. Hill, *Books printed on vellum in the collections of the British Library* (Alston and Hill 1996).

Donatuses were typically written on vellum, so were the early typographic Donatuses printed on vellum.

Other early Mainz productions, up to roughly the early 1470s, demonstrate that their producers, Johann Gutenberg and – with a much more substantial publishing program – Johann Fust and Peter Schöffer, were well aware of the uses of both vellum and paper, and made conscious decisions in selecting them. The two printings of the *Cyprus Indulgence* of Pope Nicholas V in late 1454 (Gutenberg) [ic00422600] and early 1455 (Fust and Schöffer) [ic00422400] survive only in vellum copies. The tradition that indulgences would be written on vellum was strong but not invariable: of twenty hand-written examples of the same indulgence, executed between January 1454 and April 1455, fifteen are on vellum and five on paper. But beyond that, these "new" printed versions, created in large number, were clearly intended to be documents of desirable dignity, carefully laid out and sharply printed, much neater and more elegant than any of the surviving handwritten examples, some of which were directly but rapidly copied from the printed forms.

Small pamphlets from Gutenberg's shop such as the *Türkenkalender*, late 1454 [it00503500], and the Latin and German editions of the *Bulla Calixti*, later 1455 [ic00060000, ic00060100], survive in unique paper copies. The same is true of Gutenberg's broadside *German Cisianus* [ic00699680] and, in the same format, his Latin bloodletting calendar calculated on the New and Full Moons of 1457 [ia00051700]. It is notable, by contrast, that a more elaborate German astronomical calendar, or Planet Table, printed by Gutenberg about 1458 [ip00749500], was issued on vellum. Only a fragment survived to modern times. It was brought to light in Wiesbaden in 1901, then lost or destroyed in World War II. The fragment comprised the front and back pastedowns of a folio paper manuscript from the Benedictine abbey of Schönau (Nassau). When joined together the two pastedowns, with the loss of one line at the join, formed a single column of the months January–February–March–April. The total column height with margins would have been about 70 centimeters; and the width of this wall calendar – for such it must have been – would have been about 80 centimeters and possibly more. It is hard, in fact, to visualize how the entire text was printed. Almost the only possibility would have been to print separately three tall (70 centimeters), but relatively narrow (c. 25–30 centimeters) vellum strips, to be assembled side by side to display the whole year. No paper made would have accommodated these dimensional requirements, so perhaps the very design of this Planet Table was premised on vellum printing.

To be able to speak clearly about the use of paper in the late Middle Ages, a few words must be said about the different sizes of fourteenth- and fifteenth-century European paper. In 1389 a statute of the commune of Bologna required that a standard stone, displaying the required dimensions for four sizes of paper, should be set up in the market, the increasing sizes being named as Reçute – Meçane – Realle –

Inperialle.[3] A standard stone corresponding to the 1389 statute is preserved in the Museo Civico of Bologna, from which the dimensions of each size can be taken, and Briquet so recorded them. For our purposes it is useful to keep, with slight modification, the size-names, but to record the dimensions as actually found in fifteenth-century paper. It is also useful to record both full-sheet dimensions and those of a half-sheet, folded once in parallel with the shorter sides. Reams, the fundamental unit of sale, were constructed of quires of folded sheets; and folio codices, if uncut, have just those dimensions:

Chancery (Reçute): c. 31–32 × 45–46 cm || half-sheet 31–32 × 22.5–23 cm
Median (Meçane): c. 34–35 × 51–52 cm || half-sheet 34–35 × 25.5–26 cm
Royal (Realle): c. 41–42 × 62 cm || half-sheet 41–42 × 31 cm
Imperial (Inperialle): c. 48–49 × 72 cm || half-sheet 48–49 × 36 cm

The "c." is important, for in the late fourteenth and fifteenth centuries, parallel with an increase in paper consumption, new paper mills were set up in various centers north of the Alps, and though the size names continued in use with various adaptations to the different vernaculars (except Reçute, which died out: in the fifteenth century Italian stationers called this size Comune), the exact dimensions on the Bologna stone were not necessarily transmitted to new mills. In particular, it seems that Chancery papers from the region Champagne – Bar – Lorraine, as used in many printing shops of the Lower Rhine, Low Countries, Paris and England, were slightly smaller in dimension than the Bologna standard required.[4] Uncut, they may have had short dimensions of only 30 centimeters, or even less.

Another complication is to be kept in mind. The 1389 Bologna statute names and defines four sizes, but in the fifteenth century four other less common sizes have been identified: Half-Median (perhaps made only for a few years in the mid to late 1470s at the request of one or more Venetian printers), Super-Chancery, Super-Median, and Super-Royal. This is not the place to discuss in detail these "new sizes" beyond stating that in every case we can point to specific early printed editions using these sizes. In the case of Super-Royal, its use in Italy for folio manuscripts, particularly texts and commentaries of civil and canon law, goes back to a generation or more before the invention of printing. The Bologna statute and corresponding standard stone are historically significant, but their evidence is secondary. The primary evidence for the study of paper sizes in any period is uncut sheets of paper.

It follows that all paper codices (as also broadsides, which will not concern us here except in passing) can be defined by a combination of format (the ratio of a full sheet occupied by a leaf of the codex or by the entire broadside) and paper size, and when we have these two factors in mind, we see the codices through essentially the

3 Briquet 1907/1968, I, 2–3; Gasparinetti 1956.
4 Zaar-Görgens 2004, 93–96; Kälin 1974, 357, 359, 384.

same eyes as those of their original makers, whether printers or scribes, who obviously knew well the sizes and formats they were handling.[5] Unfortunately, neither manuscript nor incunable catalogues record both factors consistently. Only a minority of incunable catalogues record leaf dimensions, though essentially all identify format (sometimes with errors). The only German incunable catalogue I am aware of that records leaf dimensions is that of the Universitätsbibliothek Heidelberg, whose editors agreed with a recommendation I made some years ago as their project was underway.[6] Manuscript catalogues much more frequently record leaf dimensions, yet almost never identify the format of paper manuscripts. A noteworthy and commendable exception is the series *Manoscritti Datati d'Italia*, inaugurated in 1996 under the general editiorship of Stefano Zamponi.[7]

Returning to the early Mainz printing shops and their productions, it is noteworthy that, in addition to the numerous editions of Donatus, all the major productions of both shops were marketed in vellum copies. Either the entire edition was on vellum, or there were separate issues: one, more expensive, on vellum, the other on paper.[8] For example: we find separate vellum and paper issues of the Gutenberg(-Fust) Latin Bible of 1455 (Royal folio) [ib00526000], where the vellum issue amounted to a quarter or more of the print run of 158 or 180 copies; for the 1460 edition (Gutenberg) of the *Catholicon* of Johannes Balbi (Royal folio) [ib00020000], where the surviving copies of the first printing divide almost evenly between vellum and paper; and for the 14 August 1462 Latin Bible of Fust and Schöffer (Royal folio) [ib00529000], of which more vellum copies were printed than paper. Similarly, more vellum than paper copies were printed of Fust and Schöffer's folio editions of Cicero *De officiis*, 1465 and 4 February 1466 (Chancery folio) [ic00575000, ic00576000].

Moreover, Fust and Schöffer printed a group of finely produced large format editions that were issued entirely, or almost entirely, on vellum. This includes the Psalters of 14 August 1457 (Royal folio) [ip01036000] and 29 August 1459 (Imperial folio) [ip01062000]; Durandus, *Rationale divinorum officiorum*, 6 October 1459 (Royal folio) [id00403000]; the *Constitutiones* of Pope Clement V, 25 June 1460 (Imperial folio) [ic00710000]; and the *Liber sextus* of Pope Boniface VIII, 17 December 1465 (Royal folio) [ib00976000]. After Fust's death Peter Schöffer reprinted the *Constitutiones* of Clement, 8 October 1467 [ic00711000], this time in Royal folio rather than Imperial folio format. Of twenty-one surviving copies of the 1467 edition, only two are known to be on paper. A similar situation is found in Schöffer's reprint of the *Liber sextus* of

5 Needham 2014.

6 The Bodleian incunable catalogue (Bod-inc) did the same.

7 On this continuing project see the website http://www.manoscrittidatati.it/.

8 It is hard to find direct contemporary information on the relative prices of vellum against paper. See Needham 2000, 34 n. 15 for comparanda in the 1476 inventory of a Florentine cartolaio, suggesting that in this time and place the per-sheet cost of vellum was between eleven and thirteen times that of a sheet of paper in equivalent size.

Bonifacius, 17 April 1470 (Royal folio) [ib00968000]: of seventeen surviving copies, at least thirteen are definitely on vellum. In the well-known book *L'Apparition du livre*, the authors wrote that without paper, printing could not have been successful.[9] To the actual inventors of printing, this would have been a puzzling remark.

Two subsidiary points must be addressed. First, one might ask, how is it even meaningful to refer to books that were printed entirely on vellum as being, like the 1457 and 1459 Psalters, Royal folio and Imperial folio, thus associating them with paper sizes even though paper was not a constituent of the editions? Yet it is meaningful and necessary to do so, for although we have no early documents to make the point, the early printers clearly ordered and purchased vellum sheets in sizes that corresponded closely to the standard paper sizes. Thus, even when it was not used, paper determined the sizes of early printed books.

There is one exception whose uniqueness emphasizes the strength of the general rule: the two folio editions by Fust and Schöffer of Cicero's *De officiis*, 1465 and 4 February 1466. The 1465 edition was probably printed late in the year, for a number of copies are recorded with mixed sheets of the two editions. Just over one hundred copies of the two editions together have been recorded, of which almost three-fifths are vellum, and just over two-fifths are paper. However, no copy survives with an expected leaf height of 30 centimeters, or approaching that height: unusually tall copies, whether on paper or vellum, have heights of about 26 centimeters.[10] The explanation must be that the vellum sheets used by Fust and Schöffer were prepared to their specification to a measure of about 26 × 36 centimeters. The paper copies, printed on ordinary Chancery paper, were cut down to equivalent dimensions, probably before printing began. This reflects a conscious decision by the printers to produce an elegant "small" folio book which nonetheless, because of the artificially small type area (154 × 86 millimeters, which would fit very comfortably on Chancery quarto pages), would show luxuriously ample margins.

A second point is that with all these early printings on vellum, whether entirely or in substantial number, at the proofing stage cheaper paper would have been used, not vellum. The clearest example of this is the Bayerische Staatsbibliothek's copy of the 6 October 1459 *Durandus* (BSB-Ink D-324), this being the only copy recorded on paper, although it includes a few vellum leaves. When Dr. Lotte Hellinga examined it, she found that the paper leaves were to be seen as proof sheets, some with correction markings and some not.[11] The proofing sheets must have been set aside as printing progressed, then gathered to make up a saleable copy, with just a few vellum leaves

9 Febvre and Martin 1958, 26–27: "L'invention de l'imprimerie eût été inopérante si un nouveau support ... le papier, ... n'avait fait son apparition en Europe." At the same place they state, against all evidence, that only uterine vellum would have been "supple" enough to be easily printed upon.

10 Needham 1994, 127.

11 Hellinga 1986.

brought in to supply lacunae. The only known proof of the Gutenberg-Fust Bible, a portion of one leaf preserved as a binding wrapper, is also on paper.[12] Even in the case of an early incunable printed entirely on paper, Mentelin's Latin Bible (Strasbourg, not after 1460, Royal folio [ib00528000]), less expensive Chancery paper was used for proofing, one sheet per leaf of the edition. As with the paper 1459 *Durandus* in Munich, after printing was completed, the proof sheets were gathered to make up a saleable copy.[13] We see this also in the famous "Cracow proofs", waste material that must have come, through preservation in an unidentified binding, from Gutenberg's first printing shop in Mainz. These are partial leaves taken from the account book of a Mainz cloth merchant of the 1390s, very possibly an ancestor of Gutenberg's. The printed material on the recycled paper leaves consists of proofs of the already mentioned Planet Table, which as noted was issued on vellum; of a *Donatus,* which would have been issued on vellum [id00314650]; and of a 40-line Bible, apparently never completed, of which a partial issue on vellum would have been expected [ib00526500].[14] In the case of the 40-line Bible, the breadth and height of the double columns shows that what was planned was almost certainly an Imperial folio – larger, that is, than the format of the Gutenberg-Fust Bible, which was printed with a somewhat smaller type.

It must be noted that Gutenberg's original printing type, the so-called DK (*Donatus-und Kalender*) type found in the *Sibyllenbuch* and all his other printing up through 1458 including the Cracow proofs, was used to print a Latin Bible in Royal folio format, but with the columns reduced to 36 lines per page to allow proper margins on the smaller sheet. This is the so-called B36, an unsigned Bible produced in Bamberg by Albrecht Pfister at the costs of the bishop of Bamberg, Georg von Schaumburg, completed not after 1461 [ib00527000]. Here too there was a vellum issue, but a hidden one. The fourteen substantially surviving copies are all on paper.[15] We only know of the vellum issue through the channel of recycled binding waste fragments. Based on varying rubrication styles, Dr. Eric White suggests that these many fragments can be grouped into four original copies, one of which was in the Jesuit college of Munich where it was broken up in the early seventeenth century.[16] The situation flirts with paradox: it is the paper copies that have endured, while the vellum copies proved ephemeral.

In the first half of the 1470s Peter Schöffer's large vellum issues of his major publications began to diminish. New printing shops in Strasbourg were successfully competing for some of his market with editions issued only on paper. The earliest

12 Meckelnborg 1991.

13 Needham 1986.

14 Wehmer 1948.

15 White 2013.

16 For a "raw" list of B36 vellum fragments see Freys and Nickel 1975; private communication with Dr. White. At least two paper copies of B36 similarly survive only as binding waste.

reflection of this change in the market came with Schöffer's 6 March 1467 Royal folio edition of the *Secunda secundae* of Aquinas's *Summa theologica* [it00209000]. The vellum issue was in notably smaller proportion than for other of the recent Mainz editions: of seventy-two recorded copies, twelve are vellum, sixty paper. In this case, Schöffer's was a second edition. Johann Mentelin in Strasbourg had printed the first edition in 1463 [it00208000], all its fifty-five recorded copies being on paper. With so many copies already having been sold, Schöffer presumably calculated that the potential market for expensive vellum copies had become constricted.

The same factor was probably in action in the case of another Schöffer (presumed) second edition, that of Gratian's *Decretum*, 13 August 1472, an Imperial folio [ig00362000], coming a year after Heinrich Eggestein's first edition, Strasbourg, 1471, likewise an Imperial folio [ig00360000]. More than forty copies survive of Eggestein's edition, none on vellum. Eggestein produced another edition in 1472 [ig00361000], though whether before or after Schöffer's is uncertain, of which about sixty copies survive, again none on vellum. Of Schöffer's edition some ninety-five copies are known, twenty on vellum: a significant but not preponderant proportion, for many buyers had already shown themselves to be happy enough with Eggestein's paper copies of the *Decretum*. It is worth noting that in all three editions of Gratian of 1471–1472, the Imperial paper used was strong, substantial, and of high quality.

The diminishing role of vellum issues in Schöffer's publishing program is similarly highlighted in his successive editions of the *Institutiones* of Justinian: 24 May 1468 [ij00506000], 29 October 1472 [ij00508000], and 23 May 1476 [ij00512000], all Royal folios. Of the first edition, apparently all thirty-two surviving copies are on vellum. Of his 1472 reprint, thirty paper and four vellum copies are recorded. Of his 1476 reprint, all sixty-three recorded copies are on paper. Just a few weeks before Schöffer's second edition, Heinrich Eggestein in Strasbourg completed a Royal folio edition, 15 September 1472, of which thirty-six copies are recorded on paper against a single copy on vellum [ij00507000].

A rare business document relating to Schöffer's enterprise confirms what the copy censuses tell us: the role of vellum issues was diminishing in the early 1470s. On 28 April 1477 Schöffer and his brother-in-law Johann Fust (son of the late Johann) agreed by contract that they held equal shares in Schöffer's edition of the *Decretales* of Gregory IX, an Imperial folio with colophon date 23 November 1473 [ISTC ig00447000], each share being calculated at 180 paper and 20 vellum copies: thus a total edition of 400 copies, ten percent of which was a vellum issue.[17] Because they were all offered in essentially the same market, it seems likely that the already-mentioned *Institutiones* of Justinian, 29 October 1472, and the third edition of the *Liber sextus* of Boniface, 5 April 1473 [ISTC ib00981000], had similar edition runs and similar vellum-issue proportions; and this may well be the case also of Schöffer's above-mentioned *Decretum*

---

17 Köhler, *Ehren-Rettung Johann Gutenbergs*, ed. Halle and Eck 2000, 99–100; Ruppel 1937, 39.

of Gratian, 13 August 1472. A broadside advertisement survives in which Schöffer announced jointly the *Decretum* and the *Decretales*, the former apparently already completed, and the latter well under way (*decretales ... iampridie incepti*) [ISTC is00320970].

A noteworthy curiosity appears in two of Schöffer's canon law editions of 1473, the *Liber sextus* of Boniface of 5 April, and the *Decretales* of Gregory IX of 23 November. For both, and apparently only these, editions, a few copies survive with mixed quires of vellum and paper, of just the same make-up as a substantial number of handwritten codices of the late fourteenth and fifteenth centuries (on which more below). That is, for each quire the outermost and innermost bifolia are vellum, "sandwiching" three (usually) bifolia of paper.[18] Therefore, these two canon law books saw three different issues at increasing sale prices: a paper issue, a mixed vellum-paper issue, and a full vellum issue.

Schöffer's decision in the early 1470s to cut back on extensive vellum issues marks the end of a defining feature of the first two decades of printing in Mainz. From this time onward, in Mainz and the many other printing towns of a rapidly expanding trade, printed books were primarily produced on paper. Substantial, and sometimes, possibly, entire vellum issues became almost entirely reserved for liturgical books (primarily Missals, Breviaries and Psalters in folio format) and personal prayer books (Books of Hours, Psalters in smaller formats). In both classes, there existed a long-established tradition of hand-written copies on vellum. But even in these two categories there were, concurrently, many printed editions that were primarily or exclusively on paper. The same may be said of broadsides, where Indulgences and Letters of confraternity were often printed, for greater dignity, on vellum, and yet where many other similar editions were on paper.

Regarding printed Missals, special notice must be given to the Canon of the Mass, the core of prayers surrounding the Consecration that are the focal point of every mass, making the Canon by far the most frequently handled section of a Missal. In 1458 (dated by typographical evidence) Fust and Schöffer printed on vellum, in Royal folio format, a Canon of the Mass of twelve leaves in a single quire [im00736000].[19] The hoped-for market would have been religious houses whose long-used large-format manuscript Missals would benefit from being given a fresh, clean Canon. Sales must have been gradual. In a broadside advertisement of c. 1470 Peter Schöffer listed copies as still available, as were also the 1459 Psalter and the 1462 Bible.

18 Of the Boniface VIII, mixed-quire copies are recorded in the Hunterian collection at the University of Glasgow, the Bodleian Library, the Bibliothèque nationale de France, and the former Martin Schøyen copy sold at Sotheby's New York, 12 December 1991, lot 15 (in contemporary Viennese binding). Of the Gregory IX, mixed-quire copies are recorded at the Universitätsbibliothek Graz, the Landesbibliothek Stuttgart, the Library of Congress, and the former Doheny – St. Mary's of the Barrens copy, sold at Christie's New York, 14 December 2001, lot 32.
19 Falk and Wallau 1904; Masson 1954.

The same year copies of all three works, *twe bibulen, veffteyn psalter unde twintich canones* gedrucket, were sent from Lübeck over Hanseatic trade routes to the eastern Baltic, Reval (Tallinn), and Riga.[20] Of the three surviving integral copies of the *Canon Missae*, the copy in Vienna must have been part of the original marketing, being the Canon of a fourteenth-century Salzburg Missal from Wiener Neustadt.[21] The other two copies, at Columbia University Library and at the Bodleian Library (Bod-inc M-284), stayed in Schöffer's shop for a long time. The Columbia copy is the Canon in a copy of Schöffer's Royal folio *Missale Cracoviense*, 10 November 1484 [im00658000]. The Bodleian copy, now separated, was the Canon in a copy of Schöffer's Royal folio *Missale Moguntinum*, 3 April 1493 [im00674500].

Other early printers also understood the purpose of printing the Canon on vellum even for Missals otherwise on paper. Examples include the *Eichstätt Missal* printed in Eichstätt by Michael Reyser, 19 February 1489 [im00659500] (Cambridge University Library copy); the *Freising Missal* printed in Augsburg by Erhard Ratdolt, 17 March 1492 [im00660300] (two copies at the Bayerische Staatsbibiothek with the Canon on vellum, another with the Canon on paper); and the *Brixen Missal* from the same press, 17 August 1493 [im00653000] (the Bibliothèque nationale de France copy with the Canon on vellum, the Morgan Library copy entirely on vellum).[22] In 1488 and 1489 Peter Drach in Speyer commissioned Johann Sensenschmidt in Bamberg to print two folio Missals, of Olomouc and Prague use respectively [im00677000, im00685000]. In his day book he recorded details of both commissions: 400 copies on paper but with the Canon on vellum, and twenty more copies entirely on vellum.[23] In Nuremberg in the 1490s Georg Stuchs, who printed many liturgical books, produced two editions of what were probably the Canon of the Mass only, on vellum and both with crucifixion woodcuts on fol. 1v facing the *Te igitur* beginning on fol. 2r [im00731850, im00736300]; as each survives out of context in a single copy, we cannot be entirely certain of the original form of publication.

The large vellum issues marketed by Fust and Schöffer, and then by Schöffer alone stand in strong contrast with the practice of other printing enterprises of the 1460s and early 1470s: Johann Mentelin and Heinrich Eggestein in Strasbourg, Ulrich Zel in Cologne, and Conrad Sweynheym and Arnold Pannartz, in Subiaco then in Rome. In Strasbourg, none of Mentelin's book editions had vellum issues, although a recently discovered Indulgence broadside that he printed in 1461 was, as one would expect, on vellum.[24] The other major early shop of Strasbourg, that of Heinrich Eggestein,

---

20 Falk and Wallau 1904, 38.

21 Holter 1938.

22 Stevenson 1967, 292, note VI 34. The online incunables repertories ISTC and GW do not consistently provide this level of copy-specific information.

23 Geldner 1962, 76–77; see also 77, recording that the cost of a paper copy was 5 Hungarian gulden, and of a vellum copy 20 Hungarian gulden.

24 Hägele 2014.

produced vellum copies of only three editions, in each case with a very limited issue: two Vulgate Bibles [ib00530000, ib00531000] and the already-noted civil law *Institutiones*. In Cologne, between 1466 and 1472, Ulrich Zel printed nearly one hundred Chancery quarto tractates, of which only one, Augustine, *Enchiridion de fide, spe et caritate*, datable to 1467 [ia01265000], had a modest vellum issue: three surviving copies against thirty-two on paper. Sweynheym and Pannartz printed only four editions with known vellum issues, all in Rome between 1468 and 1470, these combined producing a total of six surviving vellum copies against about 180 paper copies. Of one other Sweynheym and Pannartz edition, the 1468 *Speculum vitae humanae* of Cardinal Rodericus Zamorensis [ir00214000], three copies are known with just the first sheet printed on vellum.[25] In this instance we may feel sure that this was done at the request of the cardinal himself, who wanted a vellum major page for illumination in a certain number of copies: one of the three is his presentation copy to Pope Paul II, the other two bear his coat of arms.[26] Two years later Rodericus's *Historia Hispanica compendiosa* was printed by Ulrich Han in Rome [ir00211000], and here too at least two copies have the "major sheet", with the beginning of the text, on vellum. It should be noted, however, as we see even with the Gutenberg-Fust Bible, that, on the one hand, paper copies could, though of cheaper price, still be supplied with handsome and relatively expensive illumination (Scheide Library, Cambridge University Library, Keio University Library), and on the other, the purchasers of expensive vellum copies did not invariably take on the additional cost of having them richly illuminated, being content with less expensive rubrication in red and blue (Library of Congress; British Library G.1226).

Incunable liturgical books and private prayer books with vellum issues jointly amount to something over five hundred editions. These apart, in the years between roughly 1470 and 1500 we find some five hundred other codex editions of all types of which vellum issues are attested. Something over fifty are the Latin grammar of Donatus or similar grammatical guides, yet many Donatus editions were also printed on paper. For the rest, there is a great variety of texts of no predictable pattern. For a number of editions, such as those published by Antoine Vérard in Paris in the 1490s, the vellum issues clearly were intended to be luxury books, comparable in some degree with commissioned manuscripts written on vellum and, like them, inviting the addition of fine illumination.[27] But a large number of the editions, perhaps the majority, cannot be considered luxurious even in their vellum form. For instance, in 1492 in Cologne, Heinrich Quentell printed in Chancery quarto format the *Promptuarium argumentorum*, a (here anonymous) scholastic tract of Heymericus de Campo in defence of Albertism against Thomism [ih00010550], the focus of lively controversy at

25 Goff 1966.
26 Information from Martin C. Davies, to whom I am indebted.
27 Winn 1997.

Cologne's university. Something over two dozen copies of the *Promptuarium* survive on paper and a single copy on vellum. Yet even on vellum it is a very ordinary item of printing, enlivened only by a *Magister cum discipulis* cut on the title. Its *raison d'être* is unclear.

It is probable that in a large number of instances, these vellum issues were not part of the marketing proper of the editions, that is, aimed at general customers who could decide between two different prices; but instead were off the market, reserved for particular parties including such figures as dedicatees and silent investors in the costs of the edition. This is surely the case with the vellum-printed books owned by Petrus Ugelheimer, a native of Frankfurt am Main who migrated to Italy and prospered as a merchant in Venice, becoming a major investor in the printing enterprises of Nicolas Jenson (of whose estate he was executor), Johannes de Colonia and Johannes Herbort. Ugelheimer's copies, often splendidly bound and illuminated, survive of thirteen editions produced by these presses; in the majority of cases his is the only vellum copy known.[28] We must suppose that they were made at his commission, and in similar cases we may suspect the same even when we have no clue to the identities of recipients.

In the last decade of the fifteenth century, a generation after the primal years of printing, Johann Tritheim, abbot of Sponheim, famously wrote in *De laude scriptorum* (Mainz, 1494 [it00442000]), that printing was a "paper thing" (*res papirea*), implying that the hand-written book was in its nature a "vellum thing." His argument, addressed primarily to Benedictine monks of the Bursfeld reform congregation, was that even in these days when printed books were everywhere, and could be gotten at modest prices, there remained strong reason to write texts on vellum for their longer preservation. If a paper book, he wrote, subsisted for two hundred years it would be a great event, whereas a manuscript book on vellum could easily subsist for a thousand. In fact, to achieve longevity of texts it made good sense to copy out on vellum even printed books (*a studio suo scriptor deuotus nequaquam deberet desistere: sed etiam impressos vtiles per scripturam perpetuare*).[29]

Few figures of his time had a broader, more knowledgeable, and more passionate relationship with books both printed and hand-written than Tritheim, an assiduous author and a bibliophile. One of his chief concerns was to strengthen the library at Sponheim, which was pitifully inadequate when he took on the abbacy in 1483. Yet in *De laude scriptorum* he was writing to so constricted a brief, attempting to maintain a modern rationale for the ancient Benedictine tradition of scribal labor, that unvoiced qualifications and ironies abound within his argument. One of these is that Tritheim believed deeply in printing, as witnessed not least by his having *De laude scriptorum* circulated in print. Between about 1493 and 1500 the small Mainz printing

28 Haebler 1924, 30–39 passim; Hobson 1989, 38–41, 50–57; Nuovo 2013, 31–33.
29 *De laude scriptorum* 1494, b2r; Trithemius, *De laude scriptorum*, ed. Arnold 1973, 62–64.

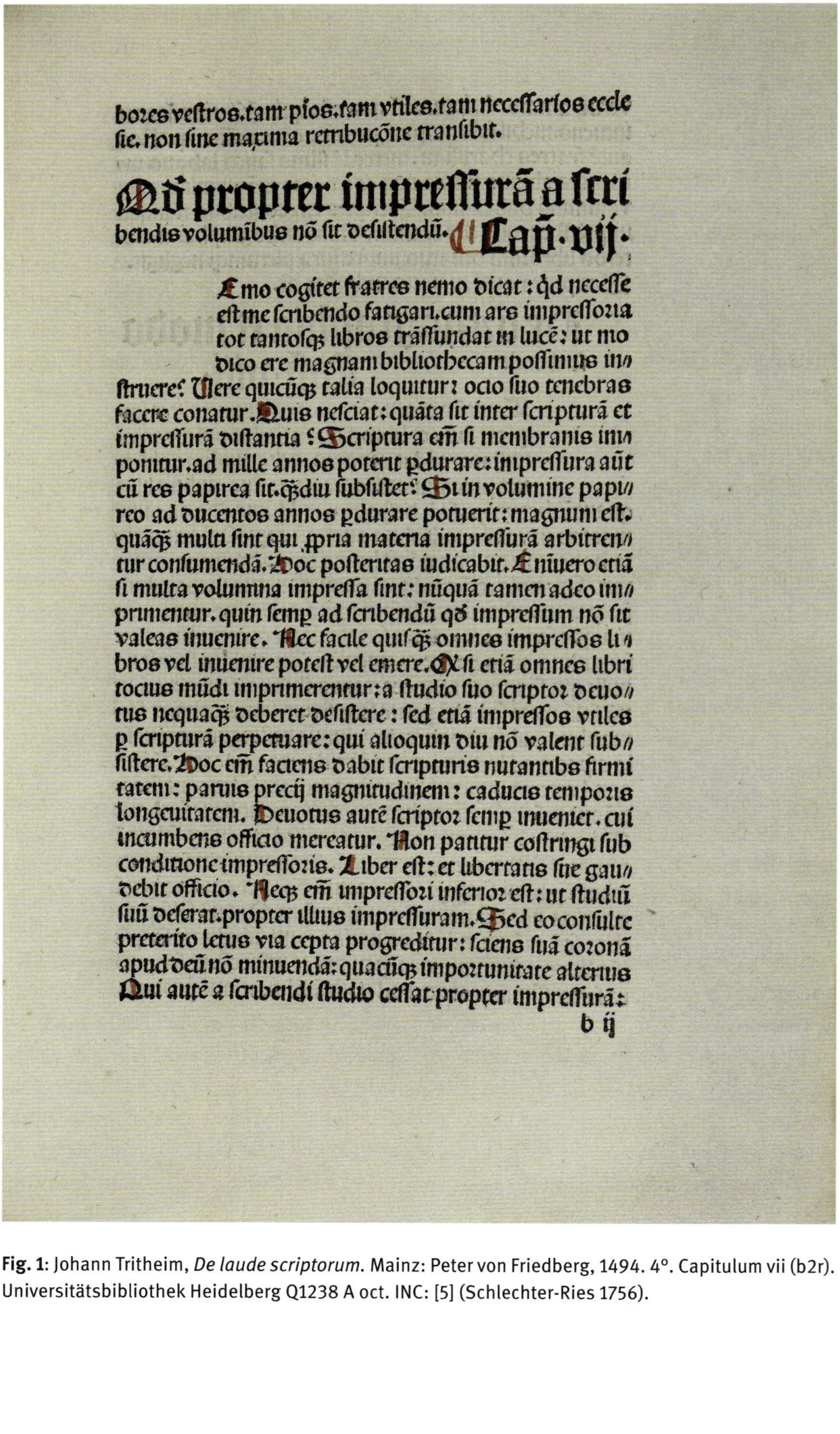

bores vestros.tam pios.tam vtiles.tam necessarios eccle
sie. non sine maxima retribucõne transibit.

Nõ propter impressurã a scri
bendis volumibus nõ sit desistendũ. Cap̃·vij·

Emo cogitet fratres nemo dicat: q̃d necesse
est me scribendo fatigari.cum ars impressoria
tot tantosq; libros trãsfundat in lucẽ: ut mo
dico ere magnam bibliothecam possimus in/
struere? Vere quicũq; talia loquitur: ocio suo tenebras
facere conatur. Quis nesciat: quãta sit inter scripturã et
impressurã distantia? Scriptura eñ si membranis im/
ponitur.ad mille annos poterit pdurare: impressura aũt
cũ res papirea sit.q̃diu subsistet? Si in volumine papi/
reo ad ducentos annos pdurare potuerit: magnum est.
quãq; multi sint qui pria materia impressurã arbitren/
tur consumendã. Hoc posteritas iudicabit. Eniuero etiã
si multa volumina impressa sint: nũquã tamen adeo im/
primentur. quin semp ad scribendũ qđ impressum nõ sit
valeas inuenire. Nec facile quisq; omnes impressos li/
bros vel inuenire potest vel emere. Et si etiã omnes libri
tocius mũdi imprimerentur: a studio suo scriptor deuo/
tus nequaq; deberet desistere: sed etiã impressos vtiles
p scripturã perpetuare: qui alioquin diu nõ valent sub/
sistere. Hoc eñ faciens dabit scripturis nutantibs firmi
tatem: paruis precij magnitudinem: caducis temporis
longeuitatem. Deuotus autẽ scriptor semp inueniet. cui
incumbens officio mereatur. Non patitur costringi sub
conditione impressoris. Liber est: et libertatis sue gau/
debit officio. Neq; eñ impressori inferior est: ut studiũ
suũ deserat.propter illius impressuram. Sed eo consulte
preterito letus via cepta progreditur: sciens suã coronã
apud deũ nõ minuendã: quacũq; importunitate alterius
Qui autẽ a scribendi studio cessat propter impressurã:
b ij

Fig. 1: Johann Tritheim, *De laude scriptorum*. Mainz: Peter von Friedberg, 1494. 4°. Capitulum vii (b2r). Universitätsbibliothek Heidelberg Q1238 A oct. INC: [5] (Schlechter-Ries 1756).

shop of Peter von Friedberg produced fourteen different programmatic writings of Tritheim in nineteen distinct editions, whose chief audience was the monks of the Bursfeld observance: all Chancery quartos, ranging in extent from ten to ninety-eight leaves.[30] Various other of Friedberg's publications were produced within Tritheim's ambit, including works by his friends Jacob Wimpfeling and Dietrich Gresemund the younger. Setting aside Friedberg's several broadside almanacs and other single-leaf printings, more than half of his publications show a connection with Tritheim; Friedberg was essentially "house printer" for Tritheim and the Bursfeld congregation.

Tritheim also knew about, and believed in, the value of printing, and not just writing, on vellum. Of his Mainz quarto tractates, just mentioned, vellum copies are attested of nine of the editions. The situation fits the common pattern of most printing on vellum outside the categories of liturgical and private prayer books: a highly limited issue that presumably lay outside the usual marketing system. Of this entire group of Tritheim tracts, some 770 copies are recorded, of which fourteen are on vellum. This small figure reflects an even smaller number of survival paths: five of the fourteen, at the Morgan Library, are in one *Sammelband;* three more at the Morgan Library, now separate, were probably once in a *Sammelband;* two, at the Universitätsbibliothek of Frankfurt am Main, are in a *Sammelband* with other paper copies of Tritheim and related tracts. As the vellum issues of the nine recorded editions were obviously very small, it is possible that other of the editions also had vellum issues that have not survived. In any case, the printing of a few copies on vellum of these tracts has not helped significantly in assuring the physical survival of Tritheim's writings.

Of *De laude scriptorum* itself, thirty-five copies are known, none on vellum. Two manuscript copies of this tract, in Kiel and Berlin, are in a version preceding its final printed form.[31] Tritheim dedicated his tract to Gerlach von Breitbach, abbot of Deutz. These two early versions are in scribal hands, but with corrections by Tritheim. In the Kiel codex the dedicatory letter to Gerlach is dated to the 4th nones of October 1492 (reduced to just the year in the printed edition), and this is in fact the copy Tritheim sent to Gerlach. Its Chancery quarto *Sammelband* contains two other tracts by Tritheim in manuscript, and seven of the Tritheim tracts printed by Peter von Friedberg. The Berlin codex contains *De laude scriptorum* along with four other writings by Tritheim, and is almost certainly a volume from the library of Sponheim. The significant feature relating to our immediate point is that both were written on paper.

Similarly, we may consider Tritheim's magnum opus of the 1490s, his *De scriptoribus ecclesiasticis*, listing the Latin writings of nearly nine hundred authors, including many still living. In terms of both length of text and potential audience, this

30 Needham 1994, 138–140: Appendix II, The Tritheim Vellums. In the present study I have updated the counts of surviving copies according to the current records of ISTC Online and GW Online.

31 Kiel Universitätsbibliothek Ink. 50 (item 8); Berlin SBPK cod. lat. 410; see Trithemius, *De laude scriptorium*, ed. Arnold 1973, 22–23.

work was beyond the capabilities of Peter von Friedberg. Through Jacob Wimpfeling, Tritheim offered his work to the major Basel printer-publisher Johan Amerbach, who published it in the last months of 1494 [it00452000]: a Chancery folio of 74 sheets, buttressed front and back with a commendatory letter by Johannes de Lapide and laudatory couplets by Sebastian Brant (both of whom were included in the text). Some two hundred fifty copies survive of this edition, none on vellum. It should be noted that Tritheim's dedication manuscript of *De scriptoribus ecclesiasticis,* presented to Johann von Dalberg, Bishop of Worms, survives, though its current location is unstated.[32] This manuscript, with a dedication dated 26 April 1492, is an earlier version of the text, which Tritheim expanded considerably for Amerbach's edition. Another copy of this version of the text is in the Berlin manuscript mentioned above (note 31) as containing also a copy of *De laude scriptorum* of the same year: that is, the Sponheim abbey's own copy. Thus, just as with *De laude scriptorum,* two more or less official copies of *De scriptoribus ecclesiasticis* were executed directly under Tritheim's aegis, and again both were written on paper, not vellum, except that in the presentation copy, the dedicatory letter is written separately on a vellum leaf.

To underline Tritheim's own acquiescence in paper, we may further note a paper manuscript from the Sponheim library written at his instance in 1487: a collection of the *Epistolarium* and other writings of Hildegard of Bingen, transcribed from the famous "Riesencodex" of Hildegard's writings written in her lifetime at her convent of Rupertsberg near Bingen and now preserved in the Landesbibliothek Wiesbaden.[33] Other paper manuscripts from Sponheim written by or for Tritheim include the letters of St. Boniface transcribed in 1497 from an ancient manuscript in Mainz, and a collection of Greek texts, including the fables of Aesop in both Greek and Latin, written by Tritheim himself, *ad usum meum ac fratrum grecitancium.*[34]

To summarize: *De laude scriptorum* urges that monks should copy texts, even already-printed texts, on vellum, because of the millennial durability of that material. This argument emphasizes just one facet of the multi-faceted reality of books in later fifteenth-century Europe: books were written by hand on both paper and vellum;

32 Arnold 1991, 119 (but not at Yale University, as stated); Lehmann-Haupt 1957. The manuscript has been for many years in an anonymous private collection. We may hope that its owner will not keep it permanently walled off from the world of scholarship, for Lehmann-Haupt's brief survey shows that a collation with the Amerbach printed edition will reveal much about how Tritheim formed his text.

33 London British Library Ms. Add. 15102, paper Chancery folio (Embach and Wallner 2013 no. 153, 26.8 × 19.5 centimeters); Tritheim's autograph colophon is quoted by Embach 2003, 480 n. 3: *de quo* ["Riesencodex"] *hee omnes que sequuntur epistole licet cum festinacione scripte sunt ... per quendam monachum sancti Benedicti de cenobio Spanheim iubente me eiusdem monasterii abbate licet indigno.*

34 Munich, Bayerische Staatsbibliothek Clm 830, and Copenhagen, Kongelige Bibliotek Ms. Ny kgl. S. 212b, see Lehmann 1961, 34 and 31 respectively. He describes other paper manuscripts written at Sponheim by or for Tritheim, and in other cases is not explicit about whether the codices in question are vellum or paper.

books were printed by typography on both paper and vellum; printed books were copied from both hand-written books and other printed books; hand-written books were copied from both other hand-written books and from printed books. All these variations must be considered in forming an understanding of the way of the book world in the fifteenth century, and especially of the second half of the century, when the "printed" feature arises. If someone living in the late fifteenth century were to have been deputed to write from personal knowledge on all these sides of bookmaking and book use in the period, few would have been better qualified for the task than Tritheim himself. But a multifaceted picture was not his remit in his treatise of 1492.

As for Tritheim's general argument that there is purpose in hand-copying printed books onto vellum, this undoubtedly happened frequently. Or, to state the situation somewhat more comprehensively, there are undoubtedly a large number of instances in the later fifteenth century when new books were made by transcribing the texts of printed books, and in some proportion of those instances, the writing support was vellum.[35] At least two examples are connected with Tritheim. Although there was no printed vellum issue of Tritheim's *De scriptoribus ecclesiasticis*, there survives a vellum manuscript directly copied from Amerbach's 1494 printed edition. This is Ghent Universiteitsbibliotheek Ms. 67, one of the substantial group of vellum manuscripts made for the abbey of St. Bavon in Ghent by its abbot Raphael de Marcatellis, bastard son of Philip the Good.[36] The same volume also contains Richard de Bury's *Philobiblon*, and Latin versions of several tractates of St. John Chrysostom. These too were copied from printed editions. As Albert Derolez has noted, a high proportion of the texts in the manuscripts commissioned by Marcatellis must have been copied from printed editions. It is even conceivable that the printed books serving as exemplars were already in the library of St. Bavon; but in any case, as the manuscripts were written in Bruges, the printed books underlying them were presumably available in that city.

There is no reason to suppose that Tritheim knew of the copy of *De scriptoribus ecclesiasticis* commissioned by Marcatellis, though he would have approved the impulse. He certainly was the instigator of a finely written but imperfect vellum manuscript in large format (38 × 26 centimeters), preserved in the Universitätsbibliothek Würzburg, which contains copies of twelve of his fourteen tracts as printed by Peter von Friedberg.[37] The tracts are followed by eight leaves of Tritheim's liturgical and devotional services for the feast of S. Anna, and other miscellaneous prayers to saints, these last items with internal dates of 1503. The texts must have been written by a professional scribe engaged by Tritheim (whose autograph corrections appear

35 For a good general orientation see Bühler 1960, 32–39.

36 Derolez 1979, no. 35, its format essentially equivalent to Royal folio: 41 × 29.5 centimeters; cf. ibid., 305–306.

37 Würzburg UB M. p. th. f. 64b: Thurn 1973, 88–92; cf. Lehmann 1961, 51–52 and Trithemius, *De laude scriptorum*, ed. Arnold 1973, 21–23.

on several pages) while he was still abbot of Sponheim, and perhaps were taken by him to Würzburg in 1506 when he was elected abbot of the Scottish Benedictine house of that city. Arnold has suggested that the book was intended eventually as a fine dedication copy, but was never completed, and lacunae may have arisen when it was brought together and bound in the seventeenth century. It is also possible that Tritheim commissioned the work as a personal memorial of his literary activity.

Tritheim was not alone in seeing the value of writing out copies on vellum even of printed books, although it is by the nature of things rare that the circumstances of production should lead the scribe to signal that this is the case, or to give a reason for doing so. Exceptional, therefore, is a manuscript of the *Orationes* of Cicero written in France with a colophon date of 4 August 1483 (British Library Ms. Harl. 2681), which concludes with elegiac couplets, "the gist of which is that great works of literature should be preserved on parchment: perishable papers suits the grating utterances of tedious casuists."[38] The scribe's exemplar was a copy of Sweynheym and Pannartz's 1471 edition [ic00541000], a Royal folio of which no vellum copies are known.

An unusually elaborate example is a large-format (51 × 36 centimeters) vellum manuscript at the Bodleian Library consisting of the Vulgate Pentateuch with the commentary of Hugh of St Cher, bound in five volumes and totaling some 1,073 leaves, or about 535 sheets.[39] This giant work was commissioned by a well-off Italian cleric, Guichardus de Papia, alias de Rovedis, who held several benefices within the diocese of Lyons. The project extended over five full years, 1507–1511. The first two volumes were written in Brescia by a French scribe, Henricus de Bello Orto (Henri de Beaujardin, of Amiens). He died in 1510 before finishing the third volume, and his work was continued by another French scribe, Johannes Broquet. Illuminations were supplied by an artist from Lyons, Petrus Vanyer. At the end of the first volume, Beaujardin explained the motive: Guichardus saw that a great many copies of Hugh of St Cher's work had appeared in modern times, but these were miserably produced on paper, and could not last long (*sed in papiro pauperrim[e] reduct[i]: ... ipsa volumina ... perducari non possent multo tempore*). Guichardus decided, therefore, to have a copy made not on paper but on good parchment, and not with types, but with gold and silver letters. Doing so would perpetuate the name of God and His works (*Ut in hoc perpetuetur nomen dei omnipotentis et opera eius*).

The printed edition referred to is the Median folio corpus of the complete Bible commentaries of Hugh, a massive undertaking printed in seven volumes by Johann Amerbach in Basel at the costs of Anton Koberger, 1498 to 1502 [ib00610000]. However, Guichardus's two scribes and illuminator, over five years, did not copy all of the Amerbach-Koberger edition of nearly two thousand five hundred text-crammed leaves. They copied only the Pentateuch portion: the first 186 leaves only of the first

38 Reeve 1983, 12: a study to be highly recommended.
39 Watson 1984 no. 150, pl. 810.

volume, Genesis-Job. A commission for a manuscript copy, at this degree of luxury, of the entire printed edition would have required twelve times the labor of the five-year Pentateuch-only project. Scribes, illuminators and parchminers would have been happy to help, but the cost would have been enormous. It should be said, moreover, that although Guichardus saw the production quality of Amerbach's printing as meager, this edition is in fact very clearly printed and efficiently laid out. To judge from the reproductions in Watson 1984, the scribal hands fell short of what good types can produce.

We do not know whether Guichardus knew Tritheim's *De laude scriptorum*, but his doubt about the durability of paper is in exact parallel with Tritheim's. As Tritheim wrote, posterity will decide, and more than a half-millennium later, posterity has made its decision: fifteenth-century paper is strikingly durable, and at least on this time scale, the fifteenth-century printers produced books for the ages. In fact, generally speaking, fifteenth-century paper survives today in much better condition than the great majority of book papers manufactured in the twentieth century. And, the "posterity" of today has an additional answer to the broader worries of Guichardus and Tritheim – worries that still should concern us today – about the preservation of the world's literary heritage. That answer is, that the invention of typographic printing in Europe has made an immense contribution toward the preservation of this heritage. There are indeed a large number of early printed editions that have disappeared entirely, or whose strand of survival is so thin, in the form of a single copy or even a fragment of a single copy, that we must suppose many more similar editions to have disappeared without trace. But early printed editions that were aimed for sale to religious institutions, or to learned readers who might bequeath them to such institutions, tend not to be rare at all.[40] As already noted, of the quarto tracts of Tritheim printed by Peter von Friedberg in the 1490s, more than seven hundred fifty copies can be traced today; of his folio *De scriptoribus ecclesiasticis*, about two hundred fifty copies are preserved. Of the Amerbach-Koberger edition of Hugh of St Cher's Bible commentary, which Guichardus worried would prove ephemeral, more than two hundred twenty-five copies are preserved. If the larger goal is preservation, we can say that the "strategy" of hand-copying printed books on vellum is itself ephemeral. That is, it satisfied the short-term wishes of those who did it or had it done, but did not affect the long-term calculus of survival of the texts in question.

A sense that the value of individual copies of books, however fine, in individual libraries was being overwhelmed in effect by the new invention of printing must have been felt by many learned book users of the later fifteenth and early sixteenth centuries. This sense can be detected in Tritheim, despite, and even within, his own defense of hand-copying on vellum. It was very clearly expressed by Polydore Vergil in his *De*

40 On the survival paths of early printed books, see Needham 2004; on survival of printed fragments as binding waste, Needham 1996.

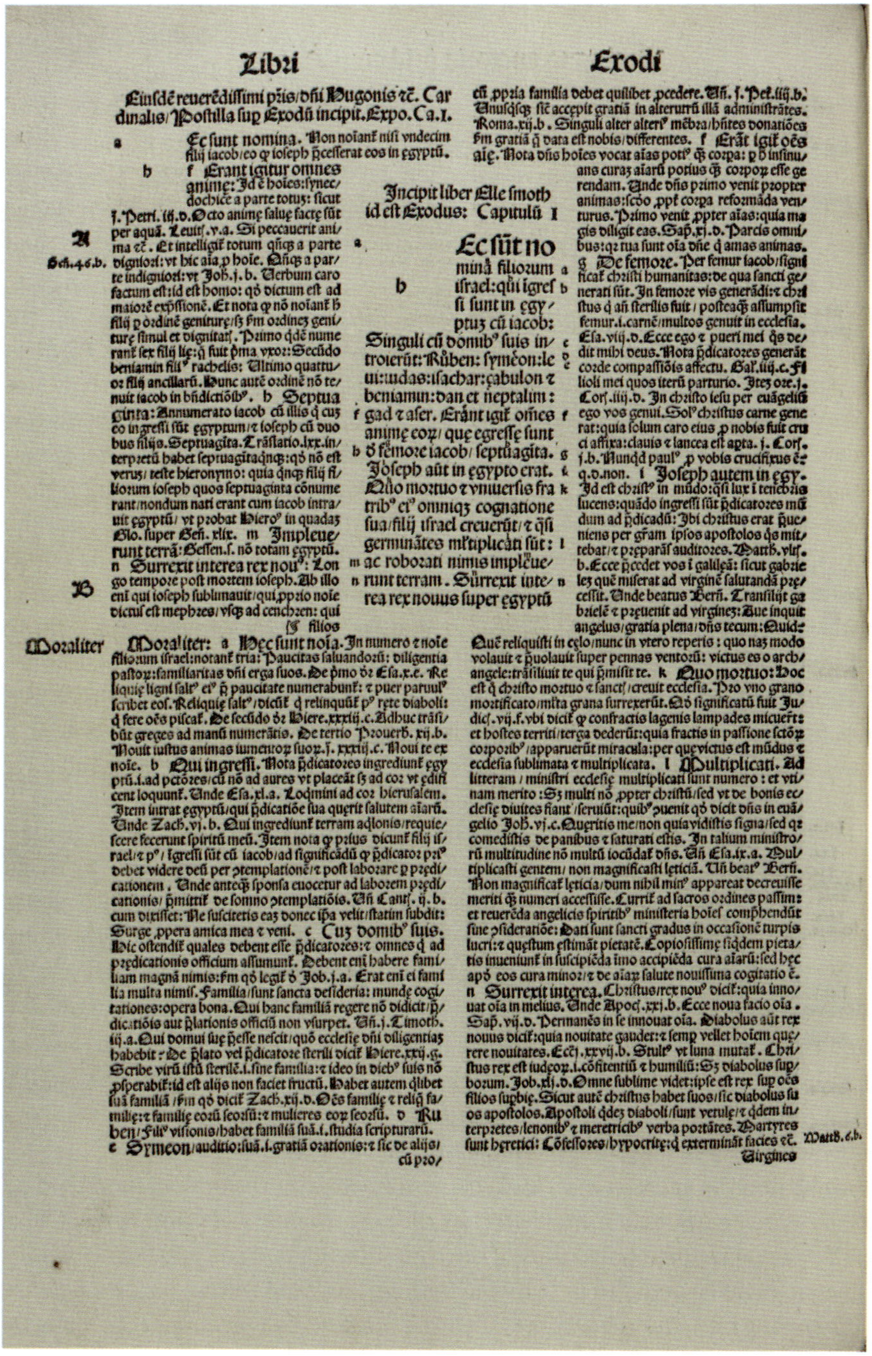

Fig. 2: *Biblia latina* (cum postillis Hugonis de Sancto Caro), Pars I. [Basel]: Johann Amerbach for Anton Koberger, [after 29 October 1498]. F°. Exodus (m1v). Universitätsbibliothek Heidelberg Q539-8 B fol. INC (Schlechter-Ries 322).

inventoribus rerum, first printed in Venice, 31 August 1499, by Christophorus de Pensis, Chancery quarto [iv00146000], whose remarks amount to a partial and surely unconscious argument against Tritheim's viewpoint. In chapter 7 of liber II, Polydore praised the library of the Duke of Urbino, Federico di Montefeltre (d. 1482), continued by his son Guidobaldo: by common judgment it was the finest in Italy. This library, largely preserved now within the Vatican Library by seventeenth-century purchase, is famous for the statement made of it by Vespasiano da Bisticci, the Florentine stationer who supplied a major share of the contents: all the books were beautifully written and illuminated on vellum; the duke would have been ashamed to include a printed book – a statement not literally true yet not a pure fabrication.[41] Polydore composed the *De inventoribus* in Urbino, and used the ducal library; he appears to have held some salaried position at the Urbino court. His first publication, of the preceding year, *Proverbiorum libellus* [iv00147000], was dedicated to Duke Guidobaldo, of whom he styled himself a "client". *De inventoribus* was dedicated to Ludovico Odasio, a Paduan humanist who had been Guidolbaldo's tutor. Despite this close connection with the Urbino library, Polydore wrote, almost indelicately, that however great a gift to civilization the ducal library was, it could in no way be compared with (fol. 5r: *sed nequaquam conferendum*) the gift brought by the recent invention of printing, whereby as much could be printed in a single day as could be written in an entire year, and which assured the survival of many precious texts, hitherto in peril of loss.

A final point remains to be made with regard to Tritheim's defence of the scribe. He wrote that printing was a paper thing (*res papirea sit*). Roughly speaking, that is, with many hundreds of exceptions, that was true. As for the ephemerality of paper, Tritheim's discouraging remarks were prophetic, not actual: they fit best the period of the mid-nineteenth century and after, when wood-pulp papers containing acid residues from processing the pulp show rapid deterioration; they are self-destructive. One could say that the secret of making bad paper was finally discovered in the nineteenth century.

But in any case, with regard to fifteenth-century manuscript books, it is necessary to emphasize that they are not inherently a vellum thing, *res membranacea,* in contrast with printed books. As noted in greater detail below, a substantial majority of the manuscript books written in the fifteenth century used paper as the support material, with vellum manuscript books being, though very far from insignificant, in the minority. As several examples cited above show, Tritheim himself was very well acquainted with paper manuscripts, and had no reluctance in making and using them.

The use of paper for writing codex books – books in the broadest sense of literary materials as distinguished from documents, private notebooks, and loose

41 From the massive literature on the Urbino library may be cited the articles de la Mare 1986 and Michelini Tocci 1986 in Cerboni Baiardi 1986.

memoranda – developed slowly but, in the aggregate, steadily in the course of the fourteenth century. The most active center of European papermaking in its first half-century or more, from roughly 1275 onward, was Fabriano, whose papers were sold through long-distance trading routes across western Europe, even to the remote island of Britain, not later than 1310; and also across the Adriatic into Byzantium. It may well be that until c. 1360 and after, more Byzantine paper books survive than western European.[42] Within western Europe, the encroachment of paper on vellum as the support material of manuscript books became especially noticeable in the last quarter of the fourteenth century and grew throughout the fifteenth (see Tab. 2). A concise and elegant study by J. P. Gumbert made a first sounding on this topic, as well as on the dimensions and proportions of both vellum and paper books, based on about 2,400 records in the Dated Manuscripts volumes covering the Bibliothèque nationale de France and the Österreichische Nationalbibliothek. Gumbert noted especially, in this sample, the falling off in number of dated manuscripts in the last quarter of the fifteenth century: "the retreat of the hand-written book."[43]

With the growing number of Dated Manuscripts volumes, covering medieval and early modern manuscripts in libraries of Germany, Austria, Switzerland, Sweden, the Netherlands, Belgium, France, Great Britain, Italy and the Vatican, we now have descriptions and reproductions of many thousands of dated manuscripts: that is, essentially, manuscripts with colophons stating a completion date, as also, frequently, the name of the scribe(s) (who might also sign manuscripts without dating them), and sometimes the place of work.[44] The elaborate Pentateuch with gloss of Hugh of St Cher commissioned by Guichardus de Papia, cited above, is an uncommonly elaborate example. Dated manuscripts are probably not in direct correlation with the considerably larger number of undated manuscripts written in the same years, for it is likely that a fashion for adding scribal colophons developed and increased over the fourteenth and fifteenth centuries, before which period they are decidedly rare.[45] Nonetheless, there must be a reasonably close positive correlation, for no one could argue that a larger number of recorded dated manuscripts over, say, a five-year period

---

42 For Byzantine books using Fabriano paper see especially, among his numerous studies touching on the topic, Irigoin 1950 and 1958. The paper stocks of a large number of Byzantine books are reproduced and analyzed by Harlfinger and Harlfinger 1974; unfortunately, there is no chronological index of the manuscripts examined. Early western European paper books have been studied by Kwakkel 2003 with a sample list of 84 fourteenth-century paper examples (as represented in five volumes of the Dated Manuscripts series), a number that can be very considerably enlarged. Kwakkel also supplies references to many detailed studies of early European paper use (paper both European and "Arab") in Europe. For early importation of paper into England, see briefly Needham 2007, 311–312.

43 Gumbert 1980, 285.

44 The volumes published under the rubric of the Dated Manuscripts/Catalogues de manuscrits datés project are listed on the website of the Comité international de paléographie: www.palaeographia.org.

45 Derolez 1995 (and many other essays in this conference publication); and with a slightly different outlook Overgaauw 1999.

in fact reflects a smaller total number of manuscripts from that period, compared to the period before or after it.

Keeping in mind this penumbra of uncertainty, useful information can be drawn from two tables derived from the records of a large number of Dated Manuscripts volumes. First, a table of 11,458 fifteenth-century dated manuscripts (omitting the year 1500), gathered in three-year intervals:[46]

Tab. 1: Dated Manuscripts 1401–1500

Years	Dated Manuscripts	Years	Dated Manuscripts
1401–1403	116	1476–1478	399
1404–1406	127	1479–1481	402
1407–1409	158	1482–1484	260
1410–1412	168	1485–1487	218
1413–1415	169	1488–1490	221
1416–1418	192	1491–1493	202
1419–1421	191	1494–1496	181
1422–1424	207	1497–1499	198
1425–1427	244		
1428–1430	250		
1431–1433	293		
1434–1436	344		
1437–1439	384		
1440–1442	361		
1443–1445	390		
1446–1448	446		
1449–1451	472		
1452–1454	502		
1455–1457	581		
1458–1460	649		
1461–1463	655		
1464–1466	673		
1467–1469	673		
1470–1472	651		
1473–1475	478		

46 The figures are compiled from the chronological indexes of nearly all the Dated Manuscripts volumes, except a few recently published.

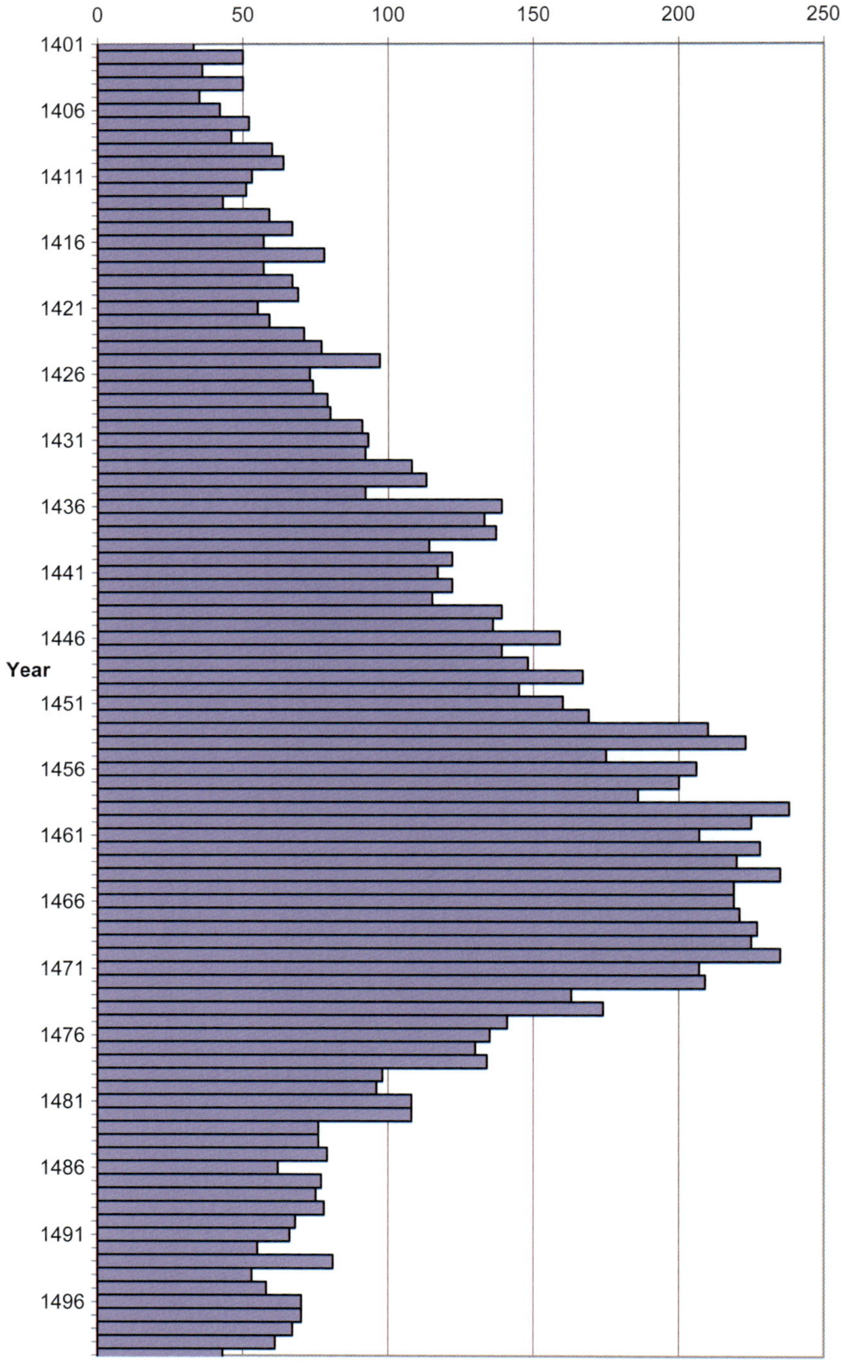

Fig. 3: 11,501 Dated Manuscripts 1401–1500

The "retreat" of the hand-written book in the last quarter of the fifteenth century is self-evident. If one disbelieves this, one must believe rather that the fashion for dating manuscripts fell off dramatically in the 1470s and after.

Second, a table of 5,371 dated manuscripts of the fourteenth and fifteenth centuries, separated into vellum and paper copies (including in the latter count some 250 manuscripts with mixed quires having outer, or outer plus inner bifolia of vellum, sandwiching paper bifolia), gathered in five-year intervals[47]:

Tab. 2: Vellum and Paper Dated Manuscripts 1301–1500

Years	Vellum	Paper	Vellum + Paper
1301–1305	10	1	11
1306–1310	10	1	11
1311–1315	20	0	20
1316–1320	16	1	17
1321–1325	15	0	15
1326–1330	26	1	27
1331–1335	13	1	14
1336–1340	24	2	26
1341–1345	22	3	25
1346–1350	15	5	20
1351–1355	14	3	17
1356–1360	16	5	21
1361–1365	5	8	13
1366–1370	18	5	23
1371–1375	22	6	28
1376–1380	22	18	40
1381–1385	24	25	49
1386–1390	29	34	63
1391–1395	25	36	61
1396–1400	37	39	76
1401–1405	33	32	65
1406–1410	42	53	95
1411–1415	38	59	97
1416–1420	39	68	107
1421–1425	50	81	131
1426–1430	46	105	151
1431–1435	64	119	183
1436–1440	77	148	225
1441–1445	71	187	258

47 The figures are compiled from the Dated Manuscripts volumes for Great Britain, Belgium, the Netherlands, and Italy plus the Vatican; France is only partially included. Germany (6 volumes of individual collections) is not included, nor is Austria. The omission of Austria, with a very high proportion of paper manuscripts, may result in an underestimate of the overall ratio of paper to vellum.

Years	Vellum	Paper	Vellum + Paper
1446–1450	122	223	345
1451–1455	158	258	416
1456–1460	139	312	451
1461–1465	147	377	524
1466–1470	127	383	510
1471–1475	106	297	403
1476–1480	62	177	239
1481–1485	69	123	192
1486–1490	52	106	158
1491–1495	52	72	124
1496–1500	34	86	120
Totals:	1911	3460	5371

Here we see the "advance of the hand-written paper book", which becomes very evident from the last quarter of the fourteenth century and after. The same data, consolidated to quarter centuries, can be expressed as percentages of vellum versus paper manuscripts:

1376–1400: vellum, 47% – paper, 53%
1401–1425: vellum, 41% – paper, 59%
1426–1450: vellum, 33% – paper, 67%
1451–1475: vellum, 29% – paper, 71%
1476–1500: vellum, 32% – paper, 68%

The use of vellum does not diminish dramatically, and we would not expect it to, as liturgical books, Books of Hours, and luxurious books, such as for presentations, continued to be written primarily on vellum. And yet manuscripts on paper predominate from the first quarter of the fifteenth century onward.

With regard to the first table, it is hard not to notice that the "retreat" of hand-written books, beginning even in the narrow interval of the years 1473–1475 compared to 1470–1472, is in close correlation with the expansion in these same years of the printed-book trade. The motive force of the retreat becomes clear. In the second half of the fifteenth century, as in centuries before, books were written when someone, or some corporate body, wanted a particular text. A necessary condition was finding an existing exemplar of that text to copy from. Typographic books simplified the process, for an exemplar, good or bad, became the source of several hundred copies, which then could be widely distributed. The printed-book trade expanded rapidly in the 1470s compared to the 1460s, and this could only have been in response to a growing demand for the convenience, and typically lower price, of printed books. My own rough estimate is that to the end of the 1460s about 200 printed editions had been created, while in the years 1470–1475 about 2,500 more were produced: the expansion is dramatic. Not only did the total of printed copies increase greatly, but so did the number of texts that were put into print. Thus, as the 1470s progressed an increasingly higher proportion of the texts – especially Latin texts – most widely read and used became available in hundreds and even thousands of copies each. The need and demand for hand-written copies of those texts correspondingly declined, and the diminishing counts of dated manuscripts reflect this. And yet, naturally, the need in many particular cases for hand-written copies of books did not disappear. Even in the eighteenth and nineteenth centuries, impoverished students knew that the most economical way short of theft to take possession of texts they needed would be to copy from printed editions.

We may conclude with a final visit to Tritheim's *De laude scriptorum,* 1494, and his concerns about the longevity of paper, the preservation of texts, and the proper labor of monks. Posterity has judged, and there is no doubt that the paper whose quality he doubted has very great staying power. It does not seem likely that the program he envisioned, of copying out printed books on vellum, ever came to fruition within the Bursfeld Observance, although in various individual instances, especially when luxury copies of manuscripts were commissioned, printed books certainly were copied on vellum. In the aggregate, after five hundred years, the contribution of such vellum copies to the preservation of texts has been minuscule, even microscopic. Tritheim was correct that in his own age printing was mostly – but not entirely – *res papirea;* and hand-written books were also more often than not *res papirea.*

Bibliography

Alston and Hill (1996): Robin C. Alston and Brad S. Hill, *Books printed on vellum in the collections of the British Library,* London.

Arnold (1973): Johannes Trithemius, *De laude scriptorum – Zum Lobe der Schreiber,* ed. and trans. Klaus Arnold (Mainfränkische Hefte 60), Würzburg.

Arnold (1991): Klaus Arnold, *Johannes Trithemius (1462–1516)* (Quellen und Forschungen zur Geschichte des Bistums und Hochstifts Würzburg 23), 2. neu bearb. Aufl. Würzburg.

Briquet (1907/1968): Charles-Moïse Briquet, *Les Filigranes. Dictionnaire historique des marques du papier dès leur apparition vers 1382 jusqu'en 1600*, 4 vols., Geneva 1907, reprinted Amsterdam.

Bühler (1960): Curt F. Bühler, *The Fifteenth-Century Book: The Scribes the Printers the Decorators,* Philadelphia.

Cerboni Baiardi (1986): Giorgio Cerboni Baiardi (ed.), *Federico di Montefeltro. Lo stato, le arti, la cultura. Vol. III: La cultura,* Rome.

de la Mare (1986): Albinia C. de la Mare, "Vespasiano da Bisticci e i copisti Fiorentini di Federico",in: Giorgio Cerboni Baiardi (ed.), *Federico di Montefeltro. Lo stato, le arti, la cultura. Vol. III: La cultura,* Rome, 81–96.

Derolez (1979): Albert Derolez, *The Library of Raphael de Marcatellis Abbot of St. Bavon's Ghent 1437–1508,* Ghent.

Derolez (1995): Albert Derolez, "Pourquoi les copistes signaient-ils leurs manuscrits?", in: Emma Condolo and Giuseppe De Gregorio (eds.), *Scribi e colofoni: Le sottoscrizioni di copisti dalle origini all'avento della stampa,* Spoleto, 37–56.

Embach (2003): Michael Embach, *Die Schriften Hildegards von Bingen. Studien zu ihrer Überlieferung und Rezeption im Mittelalter und in der Frühen Neuzeit* (Erudiri sapientia 4), Berlin.

Embach and Wallner (2013): Michael Embach and Martina Wallner, *Conspectus der Handschriften Hildegards von Bingen,* Münster.

Falk and Wallau (1904): Frank Falk and Heinrich Wallau, "Der Canon Missae vom Jahre 1458 der Bibliotheca Bodleiana zu Oxford", in: Edward Schröder, Gottfried Zedler, Heinrich Wallau and Franz Falk (eds.), *Das Mainzer Fragment vom Weltgericht* (Veröffentlichungen der Gutenberg-Gesellschaft 3), 37–51.

Febvre and Martin (1958): Lucien Febvre and Henri-Jean Martin, *L'Apparition du livre,* Paris.

Freys and Nickel (1975): Ernst Freys and Holger Nickel, "Die Pergamentfragmente der 36zeiligen Bibel, systematisch verzeichnet", *Beiträge zur Inkunabelkunde* 3. Folge 6, 7–13.

Gasparinetti (1956): Andrea F. Gasparinetti, "Ein altes Statut von Bologna über die Herstellung und den Handel von Papier", *Papiergeschichte* 6, 45–47.

Geldner (1962): Ferdinand Geldner, "Das Rechnungsbuch des Speyrer Druckherrn, Verlegers und Grossbuchhändlers Peter Drach", *Archiv für Geschichte des Buchwesens* 5, 1–196.

Goff (1966): Frederick R. Goff, "The Earliest Instance of Printing on Vellum in an Italian Book", *Gutenberg-Jahrbuch* 41, 80–85.

Gumbert (1980): Johann P. Gumbert, "The Size of Manuscripts: Some Statistics and Notes", in: Anthony R. Croiset van Uchelen (ed.), *Hellinga. Festschrift – Feestbundel – Mélanges. 43 studies in bibliography presented to Prof. Dr. Wytze Hellinga on the occasion of his retirement from the Chair of Neophilology in the University of Amsterdam at the end of the year 1978,* Amsterdam, 277–288.

Haebler (1924): Konrad Haebler, *Die Deutschen Buchdrucker des XV. Jahrhunderts im Auslande,* Munich.

Hägele (2014): Günter Hägele, "Ein unbekannter Mentelin-Druck von 1461 im Stadtarchiv Baden in Aargau: Ablassbrief zum Besten des Kollegiatstifts St. Cyriacus in Neuhausen (Strassburg: Johannes Mentelin, vor 18. November 1461)", *Gutenberg-Jahrbuch* 89, 68–85.

Halle and Eck (2000): Johann David Köhler, *Hochverdiente und aus bewährten Urkunden wohlbeglaubte Ehren-Rettung Johann Gutenbergs,* Leipzig 1741, ed. Axel Halle and Reimer Eck, Munich.

Harlfinger and Harlfinger (1974): Dieter Harlfinger and Johanna Harlfinger, *Wasserzeichen aus griechischen Handschriften,* 2 vols., Berlin.

Hellinga (1986): Lotte Hellinga, "Proof-reading in 1459: the Munich copy of Guillelmus Duranti, Rationale", in: Hans Limburg (ed.), *Ars impressoria. Enstehung und Entwicklung des Buchdrucks. Eine internationale Festgabe für Severin Corsten zum 65. Geburtstag,* Munich, 183–202.

Hobson (1989): Anthony R. Hobson, *Humanists and Bookbinders. The Origins and Diffusion of the Humanistic Bookbinding 1459–1559,* Cambridge.

Holter (1938): Kurt Holter, "Ein Reindruck des Canon Missae von 1458 in der Nationalbibliothek in Wien", *Gutenberg-Jahrbuch* 13, 78–82.

Irigoin (1950): Jean Irigoin, "Les premiers manuscrits grecs écrits sur papier et le problème du bombycin", *Scriptorium* 4, 194–204.

Irigoin (1958): Jean Irigoin "Les filigranes de Fabriano (noms de papetiers) dans les manuscrits grecs du début du XIVe siècle", *Scriptorium* 12, 44–50, 281–282.

Kälin (1974) : Hans B. Kälin, *Papier in Basel bis 1500,* Basel.

Kwakkel (2003): Erik Kwakkel, "A New Type of Book for a New Type of Reader. The Emergence of Paper in Vernacular Book Production", *The Library* 7th series 4, 219–248.

Lehmann (1961): Paul Lehmann, *Merkwürdigkeiten des Abtes Johannes Trithemius*, Munich (=Sitzungsberichte, Bayerische Akademie der Wissenschaften, Philosophisch-Historische Klasse, Jahrgang 1961, Heft 2).

Lehmann-Haupt (1957): Helmut Lehmann-Haupt, *Johannes Trithemius: Father of Bibliography. Notes on a Manuscript of his "De scriptoribus ecclesiasticis"* (Rare Books 8), New York.

Masson (1954): Irvine Masson, *The Mainz Psalters and Canon Missae 1457–1459,* London.

Meckelnborg (1991): Christine Meckelnborg, "Makulaturblätter der 42zeiligen Bibel. Anmerkungen zu dem Fund eines bisher unbekannten Probedrucks", *Gutenberg-Jahrbuch* 66, 86–100.

Michelini Tocci (1986): Luigi Michelini Tocci, "La formazione della biblioteca di Federico da Montefeltro: codici contemporanei e libri a stampa", in: Giorgio Cerboni Baiardi (ed.), *Federico di Montefeltro. Lo stato, le arti, la cultura. Vol. III: La cultura,* Rome, 9–18.

Needham (1986): Paul Needham, "The Cambridge Proof Sheets of Mentelin's Latin Bible", *Transactions of the Cambridge Bibliographical Society* 9, 1–35.

Needham (1994): Paul Needham, "Res papirea: Sizes and Formats of the Late Medieval Book", in: Peter Rück and Martin Boghardt (eds.), *Rationalisierung der Buchherstellung im Mittelalter und in der frühen Neuzeit,* Marburg, 123–145.

Needham (1996): Paul Needham, "Fragments in Books: Dutch Prototypography in the Van Ess Collection", in: Milton McC. Gatch (ed.), *So Precious a Foundation: The Library of Leander van Ess,* New York, 85–110.

Needham (2000): Paul Needham, "Concepts of Paper Study", in: Daniel W. Mosser, Michael Saffle and Ernest W. Sullivan (eds.), *Puzzles in Paper. Concepts in Historical Watermarks,* New Castle, Del./London, 1–36.

Needham (2004): Paul Needham, "The Late Use of Incunables and the Paths of Book Survival", *Wolfenbütteler Notizen zur Buchgeschichte* 29, 35–59.

Needham (2007): Paul Needham, "The Paper of English Incunabula", in: *Catalogue of Books Printed in the XVth Century Now in the British Library: BMC Part XI: England*, 311–334.

Needham (2014): Paul Needham (2014), "The Formats of Incunable Broadsides", in: Christine Haug and Rolf Thiele (eds.), *Buch – Bibliothek – Region. Wolfgang Schmitz zum 65. Geburtstag,* Wiesbaden, 127–144.

Nuovo (2013): Angela Nuovo, *The Book Trade in the Italian Renaissance,* Leiden.

Overgaauw (1999): Eef A. Overgaauw, "Where are the Colophons? On the Frequency of Datings in Late-medieval Manuscripts", in: Rita Schlusemann, Joseph M. M Hermans and Margriet Hoogvliet (eds.), *Sources for the History of Medieval Books and Libraries,* Groningen, 81–93.

Reeve (1983): Michael D. Reeve, "Manuscripts Copied from Printed Books", in: Joseph B. Trapp (ed.), *Manuscripts in the Fifty Years after the Invention of Printing,* London, 12–20 (reprinted with several added notes in: Reeve (2011): Michael D. Reeve, *Manuscripts and Methods: Essays on Editing and Transmission,* Rome, 175–183).

Ruppel (1937): Aloys Ruppel, *Peter Schöffer aus Gernsheim: Festvortrag zur Hundertjahrfeier der Errichtung des Schöfferdenkmals gehalten im Rathause zu Gernsheim,* Mainz.

Stevenson (1967): Allan H. Stevenson, *The Problem of the Missale speciale,* London.

Thurn (1973): Hans Thurn, *Die Handschriften der Universitätsbibliothek Würzburg. Band 2: Handschriften aus benediktinischen Provenienzen,* Wiesbaden.

Van Praet (1822): Joseph Basile Bernard Van Praet, *Catalogue des livres imprimés sur vélin de la bibliothèque du roi,* Paris.

Watson (1984): Andrew G. Watson, *Catalogue of Dated and Datable Manuscripts c.435–1600 in Oxford Libraries,* 2 vols., Oxford.

Wehmer (1948): Carl Wehmer, *Mainzer Probedrucke: Ein Beitrag zur Gutenberg-Forschung,* Munich.

White (2013): Eric Marshall White, "New Provenances for Four Copies of the 36-line Bible", *The Book Collector* 62, 403–434.

Winn (1997): Mary Beth Winn, *Anthoine Vérard, Parisian Publisher 1485–1512. Prologues, Poems, and Presentations* (Travaux d'humanisme et renaissance 313), Geneva.

Zaar-Görgens (2004): Maria Zaar-Görgens, *Champagne – Bar – Lothringen. Papierproduktion und Papierabsatz vom 14. bis zum Ende des 16. Jahrhunderts* (Beiträge zur Landes- und Kulturgeschichte 3), Trier.

Birgit Kata

Papier und Pappe im archäologischen Fundspektrum – Bemerkungen zu einer unterschätzten Quellengattung für die Alltagsgeschichte des Mittelalters und der Frühen Neuzeit

Inter folia fructus
Inschrift am Bibliotheksgebäude der Heidelberger Universität

1 Die Haltbarkeit von Materialien und ihre Auswirkungen auf das Geschichtsbild

Die Materialien, die uns Menschen zur Herstellung von Objekten zur Verfügung stehen, besitzen eine unterschiedliche Haltbarkeit, die noch dazu je nach Aufbewahrungsort weiter variieren kann.

Papiere und Pappen, die nach ursprünglicher Technik aus pflanzlichen Textilfasern (Hadern) hergestellt wurden,[1] erhalten sich am besten in gleichbleibend trockenen und dunklen Umgebungen, in denen sie auch vor Nagetier- und Insektenfraß geschützt sind. Im Erdreich herrschen dagegen chemische und mikroorganische Bedingungen unter Licht- und Sauerstoffabschluss mit wechselnder Feuchtigkeit, die denkbar schlechte Voraussetzungen für den Erhalt organischer Materialien bieten. Dort überdauern nichtorganische Materialien wie Stein und Keramik am besten; noch relativ gut steht es für Bunt- und Edelmetalle. Bei Gegenständen aus Eisen übersteht meist nur der massive Kern die Korrosion in den Erdschichten. Von den organischen Materialien bleiben Knochen unter günstigen Bedingungen im Boden erhalten. Holz,

1 Bei den seit etwa 1840 industriell gefertigten Holzschliffpapieren, die noch heute gebräuchlich sind, entscheiden die Qualität und der dadurch bedingte Säuregehalt über die Haltbarkeit. Die Entwicklung und breite Anwendbarkeit von bezahlbaren Massenentsäuerungsverfahren sind deshalb – bislang ungelöste – Dauerprobleme im Archivwesen und bei der Papierrestaurierung. Hadernpapiere weisen auch gegenüber qualitativ hochwertigen Holzschliffpapieren eine wesentlich bessere Haltbarkeit auf. Schäden an Hadernpapieren, die konservatorische Sicherungsmaßnahmen erfordern, entstehen meist durch so genannten Tintenfraß, einem chemischen Zerfallsprozess, der die beschrifteten Stellen ausbrechen lässt und die Papierstruktur zerstört. Zu diesen Themen sind auf der Homepage des Forums für Bestanderhaltung Informationen zusammengestellt: www.uni-muenster.de/Forum-Bestanderhaltung/forum/ (Stand 10.11.2014).

dickeres Leder und Textilien aus tierischen Fasern überdauern nur bei gleichbleibender Nässe und Sauerstoffabschluss.

Diese Unterschiede, was die Erhaltungswahrscheinlichkeit der Materialien angeht, haben direkte Auswirkungen auf unsere Sicht der Vergangenheit, denn sie verzerren das Bild, das wir uns mit Hilfe von Ausgrabungsfunden vom Alltag vergangener Jahrhunderte machen. Zahlreiche der ehemals vorhandenen Objektgruppen, aber auch Details wie Farben und Oberflächengestaltungen können bei der Interpretation des archäologischen Fundguts und den darauf basierenden Rekonstruktionen und Thesen nicht berücksichtigt werden, eben weil sie nicht mehr wahrnehmbar sind. Ein psychologischer Faktor kommt noch hinzu, denn wir neigen dazu, das greifbar Vorhandene in seiner Bedeutung zu überschätzen und über das viele Nichtüberlieferte gar nicht erst nachzudenken.[2] Dies betrifft in besonderem Maße die Materialien Papier und Pappe sowie Textilien, aus denen Papier hergestellt wurde. Aus den bewusst über Jahrhunderte im Archiv aufbewahrten Dokumenten lassen sich zur allgemeinen Verwendung von Papier nur begrenzt Schlüsse ziehen. Für die Beurteilung der Alltäglichkeit oder der Nichtalltäglichkeit des Materials „Papier" ist die Quellenbasis zu gering.

2 Bauarchäologie als Chance auf neue Quellen zur Sachkultur

Papier wird in den üblichen Fundsituationen der Feldarchäologie so gut wie nie geborgen.[3] Dies führt meist zur Marginalisierung der ohnehin schon wenigen oder kleinformatigen Papierfunde, die – wenn sie überhaupt behandelt werden – in Fundkatalogen den Rubriken „Kuriosa" oder „Varia" zugeschlagen werden. Bei den exzeptionellen Funden von Büchern in der Erde steht die fast vollständige Zersetzung des Materials einer Interpretation im Wege.[4]

---

2 Dazu mit vielen instruktiven Beispielen aus der historischen Wissenschaft: Esch 1985.

3 Eine Ausnahme bilden Wohnhöhlen und Grottenburgen, in deren Erd- und Schuttschichten sich in absoluter Trockenheit auch Papier, Pappe und Pergament erhalten können. Als Beispiel seien die Funde aus der Höhlenburg Malvaglia im Kanton Tessin/CH genannt: Deplazes u. Rascher 1986.

4 Die Freilegung einer Bestattung unter dem Fußboden der Kirche von Bebenhausen führte 2008 zur Entdeckung einer ungewöhnlichen Grabbeigabe: Unter dem rechten Arm des Toten lag ein Buch auf seiner Brust. Der Buchblock aus Papier war so stark zersetzt, dass eine Identifizierung des Inhalts nicht möglich war (Vossler-Wolf 2011). Die wenigen bekannten Ausgrabungsfunde von Büchern stammen überwiegend aus Bestattungen des 17. Jahrhunderts innerhalb von Kirchenräumen; sie wurden als Gebetbücher interpretiert und gelten als Dokumente der individuellen Frömmigkeitspraxis (zum Beispiel Lippert 1977, Sennhauser 2008, Kenzler 2009). Im Hochmittelalter ist „das Buch im Grab" ein häufig anzutreffender Topos in der hagiografischen Literatur, wird doch in der Einleitung mehrerer

Im Gegensatz dazu ist es bei archäologischen Bergungen in Gebäuden geradezu die Regel, dass aus den Verfüllungen von Zwischenböden, Gewölbezwickeln, Gerüstlöchern oder Dämmschichten auch Funde aus Papier, Pappe oder Pergament zum Vorschein kommen. Sie sind vergesellschaftet mit all den anderen organischen Fundmaterialien, denen ebenfalls die weitgehend trockenen, dunklen Erhaltungsbedingungen in den Gebäudehohlräumen zugute kommen. Somit wird der Merksatz „Bei den oberirdisch überlieferten Hinterlassenschaften der Vergangenheit dominieren die wertvollen, bei den unterirdisch erhaltenen die dauerhaften Gegenstände“[5] durch Funde aus Gebäudehohlräumen relativiert, wenn auch Objekte ab einer bestimmten Größe, zum Beispiel Möbel, nur in Fragmenten in Fehlböden zu finden sind. So aus vergangenen Jahrhunderten manchmal nahezu unverändert auf uns überkommene Gegenstände erzählen in einzigartiger Weise vom alltäglichen Leben der Bewohner der jeweiligen Gebäude. An Fehlbodenfunden[6] ist die gesamte „Biographie“ der Dinge, von ihrer Herstellung und dem Gebrauch bis zur Entsorgung, unverfälscht ablesbar.[7] Auch der Wandel von Funktionen, wechselnden Moden und Wertschätzungen zeigt sich an diesen Funden wesentlich deutlicher als bei Funden aus dem Erdreich. Die Zusammensetzung der überwiegend absichtlich[8] in die Gebäudehohlräume eingebrachten Verfüllungen lässt umfassende Rückschlüsse auf die Lebenswirklichkeit der in diesem Haushalt lebenden Menschen zu. Bei den Papierfunden sind Textformen überliefert, die nie den Weg ins Archiv gefunden haben. Fehlbodenfunde können daher einen neuen Zugang bieten zu alten Fragestellungen und wertvolle Aufschlüsse geben über die alltägliche Verwendung von Papier außerhalb der Sphären von Buchhaltung und Recht.

Heiligenviten behauptet, die Neufassung des Textes basiere auf einem im Grab gefundenen *libellus vetustus*, so auch in der Vita des Heiligen Magnus. Der Buchfund im Magnus-Grab, der eine Neufassung der Vita notwendig macht, wird glaubwürdig als vermodert und kaum lesbar beschrieben (Walz 1989, 74f.). In Augsburg wurde die Sitte der Vita im Grab 1492 wieder aufgegriffen, als man bei der Translatio der Gebeine des Bischofs Simpert eine Kurzfassung der Vita mit Mirakelbericht mit in den Sarg gab (Walz 1989, 75). Geschrieben wurde dieser Text von dem berühmten Kalligraphen Leonhard Wagner. Diese dank der trockenen, dunklen Aufbewahrung exzellent erhaltene Handschrift wurde nach der Schreinöffnung 1977 durch ein Faksimile ersetzt (Augsburg 1980) und ins Diözesanarchiv Augsburg gegeben (Signatur 43c, zur Schreinöffnung: Thummerer 1978).

5 Boockmann 1986, 195.

6 Mir erscheint die Bezeichnung „Fehlbodenfunde“ für Funde aus Gebäudehohlräumen nach wie vor – auch aus Gründen der Anschaulichkeit und Kürze – tauglich, solange es keine präzisere gibt. Die terminologische Diskussion ist skizziert bei Fingerlin 2005, 14.

7 Bei Museumsobjekten haben Reinigungen, Konservierungen und Restaurierungen im Laufe der Jahrhunderte viele ‚Kapitel‘ ihrer Biographien unwiederbringlich getilgt.

8 Zufällige verlorene Objekte wie Münzen oder Schmuck sind meist sehr klein, so dass sie durch Ritzen zwischen den Bodenbrettern in die Fehlböden geraten können. Im Allgemeinen sind sie identifizierbar, zum Beispiel durch eine vom übrigen Fundkomplex stark abweichende Datierung oder ihren auffallenden materiellen Wert zwischen Abfall.

Die archäologischen Disziplinen hatten – und *haben* vielerorts bis heute, wie leider konstatiert werden muss, – die immense Bedeutung von Fehlbodenfunden nicht im Blick, auch weil die Bauarchäologie weder in der Praxis noch in Ausbildung und Forschung eine große Rolle spielt. Die für historische Gebäude zuständige staatliche Denkmalpflege vernachlässigt regelmäßig im Rahmen ihrer Beratungen den Hinweis auf die Notwendigkeit systematischer Untersuchungen von Gebäudeverfüllungen; dies geschieht nicht absichtlich, sondern aus fehlendem Wissen um die Existenz und die Bedeutung dieser Funde.

Folglich werden auch gegenwärtig in Deutschland bauarchäologische Untersuchungen nur in glücklichen Ausnahmefällen im Vorfeld von Sanierungen eingeplant oder von Fachleuten betreut und durchgeführt. Bergung, Konservierung und Bewahrung von Fehlbodenfunden sind daher auch heute meist dem Zufall und der Aufmerksamkeit archäologischer Laien zu verdanken.[9] Und dies, obwohl schon seit zwei spektakulären Fundkomplexen der 1950er Jahre zumindest in Fachkreisen bekannt sein müsste, welch bedeutende Objekte nur in Gebäudehohlräumen die Bedingungen vorfinden, um fast unbeschadet Jahrhunderte zu überdauern.[10] Neufunde der letzten Jahre haben dies wieder eindrucksvoll bestätigt.[11]

Die beiden berühmt gewordenen Entdeckungen sind zum einen die Funde aus dem Nonnenchor im Damenstift Wienhausen 1953[12] und 1959, zum anderen die Funde 1959 im ehemaligen Kloster Alpirsbach.[13] Von den Alpirsbacher Objekten wurden besonders die gut erhaltenen Kleidungsstücke aus dem 16. Jahrhundert überregional gewürdigt.[14] Die Auswertung der Papierfunde zeigte, welch einmalig direkten Zugang die Schulbuchfragmente, Übungen, Briefe und Schülerzeichnungen zum Alltag einer

---

9 In Kempten (Allgäu) begann bereits in den 1980ern das Architektenehepaar Dietmar und Margarete Prokop bei ihren Sanierungen historischer Altstadthäuser ganz selbstverständlich, die Fehlbodeninhalte auf Funde zu durchsuchen und sogar durchzusieben. Dabei gelangen ihnen außergewöhnliche Funde, zum Beispiel 450 Münzen.

10 Den exzellenten Erhaltungszustand zeigten die unten ausführlicher behandelten Funde aus dem Kemptener Mühlberg-Ensemble, die zumeist nur entstaubt werden mussten vor ihrer musealen Präsentation.

11 Die kurze Meldung zu den Neuentdeckungen 2012 aus der Pfarrkirche St. Urban und Vitus in Neuhausen (mit weit über 100 Objekten, darunter auch Papier und Pergament) und dem Einzelfund eines Buchdeckels aus dem Kloster Maulbronn betitelte Rainer Laun programmatisch „Vorsicht: Mit Funden ist immer zu rechnen!“, Laun 2014.

12 Die Untersuchung der Hohlräume unter dem Chorgestühl von Wienhausen 1953 wurde inspiriert durch den kurz zuvor gelungenen Fund unter dem Chorgestühl des benachbarten „Heideklosters“ Isenhagen, Appuhn 1973, 5. In Wienhausen widmete man seitdem allen Hohlraumverfüllungen besondere Aufmerksamkeit, was 1959 durch weitere bedeutende Funde aus der Decke des Sommerrefektoriums belohnt wurde. Zum Kloster Wienhausen allgemein: Maier 1997, Brandis 2014.

13 Eine Ausstellung zur 900-Jahrfeier von Kloster Alpirsbach präsentierte eine Auswahl der Funde. Dazu erschien der Katalog „Mönche und Scholaren“, in dem die Funde erstmals veröffentlicht wurden. Stangl u. Lang 1995.

14 Fingerlin 1997, Fingerlin 2001.

evangelischen Klosterschule der Jahre zwischen 1564 und 1595 gewähren. Im Vergleich mit den archivalisch überlieferten Schriftstücken lassen die Papiere aus den Gewölbezwickeln und Fehlböden gänzlich neue Facetten aufleuchten, zeigen zum Beispiel die Sicht der Schüler auf Unterricht und Internatsleben.[15]

Im Damenstift Wienhausen entdeckte man 1953 bei der Restaurierung des Chorraums die sandige Verfüllung unter dem Gestühl.[16] Die damalige Äbtissin Luise Fredrichs und die Restauratorin Gertrud Irwahn erkannten darin eingebettete Gegenstände und Papierreste. Die Restauratorin durchsuchte daraufhin sorgfältig mit Helfern diesen scherzhaft so genannten „Nonnenstaub". Dadurch kamen hunderte von Kleinfunden zutage, darunter zahlreiche von den Nonnen im Spätmittelalter aus Pappmaché, Papier und Pergament für den Verkauf angefertigte religiöse Objekte wie Andachtsbilder und Gebetszettel.[17] Eine weitere Besonderheit sind mehrere Brillenteile,[18] darunter die momentan älteste bekannte Brille aus dem 14. Jahrhundert, sowie etliche Hinweise auf intensive Schreibtätigkeit mit verschiedenen Medien in diesem Kloster. Schon die erste Sichtung vor der wissenschaftlichen Auswertung der Funde öffnete den Blick für die Vielfalt der Tätigkeiten, die in einem spätmittelalterlichen Frauenkloster zum Alltag gehörten. Untersuchungen der Papiere auf ihre Herkunft oder der produktionstechnischen Aspekte der Pappmaché-Reliefs fanden bislang nicht statt. Zahlreiche der einzigartigen Funde aus Wienhausen, die üblicherweise im Klostermuseum präsentiert werden, bereichern immer wieder Ausstellungen, so zum Beispiel 2005 *Krone und Schleier – Kunst aus mittelalterlichen Frauenklöstern* in Essen und Bonn.[19]

Im österreichischen Bundesland Tirol schätzt man die besondere Gattung der Funde aus Gebäudehohlräumen wesentlich mehr als in Deutschland: Die Mittelalter-Archäologen der Universität Innsbruck mit ihrem Leiter Prof. Harald Stadler haben seit dem bedeutenden Fehlbodenfund auf Schloss Tirol in den 1990ern eine Forschungsgruppe eigens für solche Funde eingerichtet. Obwohl die auf Schloss Tirol geborgenen Papiere durch Nagetierfraß in kleinste Schnipsel zerlegt waren, konnten durch

---

15 Fingerlin 1995, Ehmer 2001, 691–702.

16 Appuhn 1973. In Wienhausen hielt man den auf der gesamten Länge unter den Sitzbrettern vorhandenen Abstand der Bodenbretter zur Rückwand für Schwundrisse. Inzwischen konnte durch die Untersuchung des historischen Gestühls in der St. Mang-Kirche in Kempten (Allgäu) festgestellt werden, dass dieser Spalt zur Konstruktion gehörte und den Scheuersand in den Hohlraum unter dem Gestühl durchließ, mit dem man den Fußraum regelmäßig reinigte. Unter manchen Bänken in Kempten zeigte der Sandhaufen sogar noch einen scharfen Grat entlang des Schlitzes. Die Siebung der Verfüllungen in der St. Mang-Kirche fand 2007 im Zuge der Innensanierung als Notbergung unter meiner Leitung statt. Bislang wurden nur die 373 dabei gefundenen Münzen wissenschaftlich ausgewertet; die Publikation dieses größten numismatischen Ansammlungsfunds aus einer bayerischen Kirche ist in Vorbereitung.

17 Appuhn u. von Heusinger 1965, Appuhn 1973.

18 Zur Fundgeschichte und den Details der Bergung: Appuhn 1973, 10–16.

19 *Krone und Schleier* 2005, 438–441.

ihre Untersuchung wichtige Erkenntnisse gewonnen werden, zum Beispiel auch über die frühe Verwendung von Papier in einer fürstlichen Kanzlei des 13. Jahrhunderts.[20] Einzelobjekte gaben den Anstoß zum internationalen Austausch über Spezialfragen wie zum Beispiel im Brigantinen-Symposion, dessen Ergebnisse 2004 veröffentlicht wurden.[21] Dem Engagement der Innsbrucker Archäologie ist es auch zu verdanken, dass der 2008 geborgene und mehr als 30.000 Einzelteile umfassende Fundkomplex von Burg Lengberg auf breiter Basis konservatorisch und wissenschaftlich behandelt wird. In der für die Lengberger Funde konzipierten Schriftenreihe sind bereits mehrere Bände erschienen; einer beschäftigt sich mit den Spielkarten-Funden.[22]

Abb. 1: In einem Fehlboden des Kemptener Mühlberg-Ensembles fanden sich 1996/97 zahlreiche, exzellent erhaltene Alltagsgegenstände des 15. bis 17. Jahrhunderts. Das Foto zeigt eine Auswahl der Objekte im Fundzustand. (Foto: Roger Mayrock/Birgit Kata)

20 Obermair 1998.
21 Spindler u. Stadler 2004.
22 Schick et al. 2010, Blaas et al. 2011, Rosani u. Stadler 2012.

3 Die Funde aus dem Mühlberg-Ensemble in Kempten (Allgäu)

In Deutschland erregte der europaweit einzigartige Fundkomplex aus dem Kemptener Mühlberg-Ensemble große Aufmerksamkeit in der Fachwelt. Auch hier war es im Winter 1996/97 nur einem glücklichen Zufall zu verdanken, dass die Verfüllungen aus drei mittelalterlichen Häusern direkt neben der alten Pfarrkirche St. Mang entdeckt, geborgen und so intensiv wie gewinnbringend untersucht werden konnten.[23] Ganz konkret war die Freilegung und Sicherung des Fundes nur möglich durch die teils ehrenamtlich durchgeführte Notbergung, die im Anschluss an die archäologische Untersuchung der Flächen unter den Häusern und parallel zu den schon begonnenen Bauarbeiten stattfand.

Überhaupt aufmerksam wurde ich auf die Verfüllungen durch die von den Statikern veranlassten Sondageöffnungen für die Begutachtung der Balkenköpfe. Schon die oberflächliche Durchsicht dieser Bereiche erbrachte eine Vielzahl von Kleinfunden, darunter auch 60 Münzen. Die fundträchtigsten Fehlbodeninhalte wurden aus Vorsicht nicht schnell vor Ort durchsucht, sondern in Säcke umgefüllt. Hunderte Säcke wurde im Lauf der nächsten zwei Jahre in einem Depot der Stadtarchäologie durchgesiebt, ein Verfahren, das sich bewährt hat, weil es vom Zeitdruck auf der Baustelle befreit und größere Sorgfalt garantiert.[24]

Beim Befüllen der Säcke wurden größere und sonst irgendwie auffällige Objekte, darunter auch Papiere, bereits aussortiert. Etwa 120 der bedeutendsten spätmittelalterlichen und frühneuzeitlichen Funde sind seit 1999 im damals neu eröffneten Allgäu-Museum im Kornhaus in Kempten ausgestellt. Ihre wissenschaftliche Untersuchung fand zwischen 2000 und 2003 in einem DFG-Projekt der Universitäten Konstanz und Bamberg sowie der Stadt Kempten statt, aus dem mehrere Publikationen hervorgingen. Mein Part dabei betraf die Funde aus Papier, Pappe und Pergament sowie die Erforschung der Hausgeschichte und des historischen Umfelds. Einige Objekte aus dem Mühlberg-Fundkomplex waren in Landes- und Sonderausstellungen in Deutschland und Österreich zu sehen.

---

23 Die Häuser haben die Adressen St. Mang-Platz 8, 10 und 12. Zur Fundgeschichte: Kata 2002a, Kata 2003.

24 Wie wichtig das Durchsieben der Verfüllungen ist, zeigt ein Blick in die Fundmünzenstatistik von Kempten: Bis 2006 lagen aus 22 Fundstellen insgesamt 830 Münzen vor, davon wurden 669 aus den Fehlbodenverfüllungen von nur 6 Fundstellen ausgesiebt, Derschka 2007. Inzwischen kamen zwei weitere größere durch Sieben gewonnene Fundkomplexe aus der Pfarrkirche St. Mang und der Gastwirtschaft *Schwarzer Adler*, Bäckerstraße 9, hinzu.

4 Wie kommen Fundansammlungen in Gebäuden zustande?

Funde aus Gebäudehohlräumen lassen sich in mehrere Grundtypen einteilen, die sich von der Motivation ihrer Einbringung her und in ihrer Zusammensetzung klar definieren lassen. Sie weisen jeweils unterschiedliche Anteile an Papieren und Pappen auf.

4.1 Verlierfunde

Nicht absichtlich in den Fehlboden gelangten *Verlierfunde*, die auch aus wertvollem Material bestehen können. Im Allgemeinen sind es sehr kleine Objekte, die durch die Ritzen der Bodenbretter fallen können, zum Beispiel Kleingeld, Schmuck, Nadeln oder Gewandhäkchen. Unterhalb von Fensteröffnungen ist manchmal eine Häufung derartiger Gegenstände zu beobachten, die den Menschen aus der Tasche gefallen waren, als sie sich aus dem Fenster beugten. Ilse Fingerlin ordnet Papierobjekte generell den Verlierfunden zu,[25] was im Einzelfall zutreffen mag, aber bei den meisten Fundkomplexen aufgrund der Mengen und der zum Teil großen Formate unzweifelhaft ausgeschlossen werden kann.

4.2 Zeitkapseln

Heute am bekanntesten sind die absichtlich hinterlassenen und in ihrer Zusammenstellung sorgfältig überlegten *Zeitkapseln*, vor allem in Kirchturmknaufen[26] und Grundsteinen. Sie sind als Botschaften an zukünftige Generationen konzipiert. Der Inhalt dieser Sonderdepots besteht überwiegend aus Papier, so auch bei der Zeitkapsel, die Anfang April 2013 in Kempten unter dem Hildegardplatz vergraben wurde. Sie enthielt unter anderem ein auf säurefreies Papier ausgedrucktes Exemplar des Stadtlexikons.

4.3 Wertsachen- und Waffendepots

Ebenso mit Absicht versteckt wurden – und dies nicht nur in Kriegs- oder Gefahrenzeiten – Wertsachendepots,[27] vor allem Münzen und Schmuck, oder Gegenstände,

---

25 Fingerlin 2005, 14.

26 Kata 2003, 210f.

27 Fast ein ganzer Hausrat, inklusive Tischwäsche und Geschirr, fand sich 1883 sorgfältig gestapelt zusammen mit Münzen und Goldschmiedearbeiten in einem Hohlraum unter der Treppe eines Hauderen Besitz verboten und daher potentiell gefährlich war, wie zum Beispiel Waffen. Bei diesen Depots ist das Wiederhervorholen beabsichtigt, was aber manchmal nicht realisiert werden kann. Papier kommt in dieser Art von Depot so gut wie nie vor.

4.4 Genisot

Eine weitere Fundgruppe sind die Genisot in jüdischen Synagogen und Kulträumen, vor allem in Dachkammern.[28] Eine Genisa diente eigentlich der Deponierung von zerschlissenen Schriftstücken und Drucken, die den Namen Gottes enthalten. Diese Definition wurde erweitert auf jegliche Art von Texten, weil sich aus ihren Buchstaben die Namen Gottes zusammensetzen lassen. Eine Genisa darf nicht mit einem Archiv oder einer Bibliothek verwechselt werden. Es war nicht beabsichtigt, die Schriftstücke irgendwann wieder hervorzuholen; ihre als endgültig angesehene Deponierung geschah aus einer religiös motivierten Vernichtungshemmung heraus. Diese Vernichtungshemmung erstreckte sich auch auf andere mit Kulthandlungen verbundene Gegenstände wie Beschneidungstücher oder Torawimpel.[29] In manchen Genisot fanden sich auch profane Objekte wie Schuhe. Ein Beispiel für eine sehr umfangreiche Genisa ist die schon Ende der 1970er Jahre geborgene Genisa von Weisenau bei Mainz, in der die Dokumente teils hüfthoch lagerten. Ihr Inhalt wird seit einigen Jahren wissenschaftlich an der Universität Mainz ausgewertet.[30] Der Anteil von Objekten aus Papier beträgt in Genisot meist über 90 %.

4.5 Religiös oder magisch besetzte Schutzobjekte

Mit einer besonderen Intention wurden kleine Objekte, meist materiell wertlos, in Häusern dauerhaft verborgen: Devotionalien wie Benediktuspfennige oder Ulrichskreuze und andere Gegenstände mit religiöser Konnotation, die das Haus und seine Bewohner universell gegen Gefahren und Unheil schützen sollten. Häufig finden sich kleine, in Stoff eingenähte Päckchen,[31] die neben eng zusammengefalteten Schutz-

ses in Poysdorf, Niederösterreich. Von Walcher 1914, zitiert nach Fingerlin 2005, 19.

28 Die berühmteste Genisa wurde aus einer Synagoge in Kairo/Ägypten geborgen. Zu diesem Fund: Reif 2000, Esch 1985, 543f. In Deutschland gab es in den letzten Jahrzehnten zahlreiche Neufunde von Genisot vor allem der jüdischen Landgemeinden, dazu allgemein: Wiesemann 1992, zu einzelnen Fundorten: Kukatzki 1992, Angersdorfer 1994, Steinmacher 1995, Hüttenmeister 1997, Wiesemann 2000, Edelmann 2005, Janda-Busl u. Busl 2006, Wendel 2008, Edelmann et al. 2010, dies. et al. 2011, Wiesemann et al. 2012, Lehnardt 2012a, ders. 2012b.

29 Zum religiösen Hintergrund der Anlage einer Genisa: Wiesemann 1992.

30 Lehnardt 2012b.

31 Für solche im deutschsprachigen Alpenraum *Breverl* genannte Päckchen wurden manchmal eizetteln religiöse Medaillen, Anhänger[32] und Amulette sowie Pflanzenteile, Wachs, Haare und Holzsplitter enthalten können.[33] Die Grenze zum magischen Abwehr- und Schutzzauber, der sich zur Verstärkung durchaus auch christlicher Zeichen bedient, ist bei diesen sich aus dem Volksglauben speisenden Vorstellungen fließend. In denselben Kontext gehören auch Münzen, Spiegelscherben und geknotete Bündel an Kaminen oder unter Türstöcken und Fensterbänken. In den letzten Jahren gab es auch in Deutschland zahlreiche Fundmeldungen von einzelnen Schuhen oder Schuhpaaren, die in Gebäudehohlräumen verborgen worden waren.[34] Auch sie werden mit Schutzritualen in Verbindung gebracht. Schuhe behalten von allen Kleidungsstücken durch den Fußabdruck die stärkste individuelle ‚Aura' ihrer Benutzer; sie scheinen daher als Stellvertreter der Träger gesehen worden zu sein.[35]

4.6 Dämmschichten mit Abfall

Bei bauarchäologischen Untersuchungen trifft man vor allem auf zufällige Zusammenstellungen von Objekten in Dämmschichten oder Gewölbezwickelverfüllungen innerhalb von Gebäuden. Der seit dem 14. Jahrhundert modern gewordene Einbau von hölzernen Wohnstuben in Stadthäusern und Burgen, die mittels Kachelöfen rauchfrei heizbar waren, führte zur Dämmung und Isolierung der Raumhülle.[36] Fußböden, Decken und Wänden füllte man zur Wärmeisolierung und zum Schallschutz mit Material, das mit Abfall durchsetzt war. Weil solche Schichtpakete häufig bei Umbaumaßnahmen entstanden, ist eine detaillierte Bauforschung, die am besten durch dendrochronologische Altersbestimmungen ihre Datierungen absichert, zur Klärung der Bauphasen sehr wichtig.

Sonst unzugängliche Hohlräume wurden manchmal auch zur reinen Abfallentsorgung genutzt, bevor man sie wieder schloss.[37] Bei den Fußböden kam bei jeder

---

gens Aussparungen in Balken geschlagen. Zu einem Fund aus Tirol Marchhart 2012, allgemein Halbritter 1998.

32 Fassbinder 2003.

33 Dazu allgemein: Fillipetti u. Trotereau 1987.

34 Dazu mit Verweis auf neuere Fundstellen: Dohmen 2010. Bei der Erfassung von Schuhfunden aus Gebäuden sind Großbritannien (June Swann/Josephine Hickin) und die Schweiz (Marquita u. Serge Volken) beispielhaft, wo seit Jahrzehnten die Fundstellen zentral erfasst werden. Für GB konnten bislang 1500 Fundmeldungen ausgewertet werden. Dort setzt der Brauch im 14. Jahrhundert ein.

35 Fingerlin 2005, 17f.

36 Zur Ausstattung der Stube als ursprünglichem „Warmraum" und Hauptwohnraum siehe Moser 1977.

37 Ein Beispiel dafür ist die sogenannte Remternische, ein vermauerter Durchgang im Katharinenkloster in Stralsund. Dort scheint man irgendwann im 13. oder 14. Jahrhundert die zerbrochenen Gläser eines Festmahls zusammen mit den Essensreste entsorgt zu haben. Grimm u. Schneider 2005. Wie drängend die Müllprobleme innerhalb der Städte waren, zeigt sich zum Beispiel am Inhalt von

Renovierung eine neue Lage dazu, was dazu führt, dass manchmal zur Fundbergung mehrere Kubikmeter Füllungen pro Raum durchgesiebt werden müssen.[38] Die Bandbreite der verwendeten Verfüllungsmaterialien ist groß: Bauschutt, Sägemehl, Hobelspäne, Dreschabfälle, Stroh, Moos, Laub, Zweige, Asche, Schlacken, Gerberlohe,[39] Tierknochen und Aushub[40] wurden verwendet.[41] Die leichte Entflammbarkeit einiger dieser Materialien scheint nicht gefürchtet worden zu sein.[42] Das Durchrieseln der Verfüllungen durch die Ritzen in das darunterliegende Stockwerk hat man in Kauf genommen. Bislang fanden sich über die Ritzen gelegte oder geklebte Rieselschutzpapiere nur in neuzeitlichen Böden. Solche Gebrauchspapiere wurden bislang nicht beachtet oder wissenschaftlich untersucht. Im Mittelalter und in der Frühen Neuzeit waren über den Schlafstätten Baldachine aus Stoff oder Holz zum Schutz vor dem durchrieselnden Material angebracht, bei dem es sich auch um Mäusekot handeln konnte.

Die Zusammenstellung der Schichtinhalte in den Hohlräumen ist zufällig; nur sperrige Gegenstände scheiden für eine Einbringung in Fehlböden aus. Fast alle Objekte zeigen intensive Gebrauchsspuren und sind fragmentiert, beschädigt oder stark verschmutzt. Auffällig ist, dass vieles wiederverwendbar oder brennbar gewesen wäre.[43] Gerade die Textilreste hätte man als Rohmaterial für Papier den Lum-

---

Latrinenschächten, in denen Unmengen von unbrauchbar gewordenen Materialien entsorgt wurden; beispielreich zum Gesamtthema Sydow 1981. Sprachlich fand die Thematik ihren Niederschlag in der Vielzahl von fein differenzierenden Bezeichnungen für Kehricht und anderes zu entsorgendes Material; vgl. dazu die Zusammenstellung bei Kata 2003, 215–217. Zur Frage der Müllentsorgung im spätmittelalterlichen Kempten: Kata 2002a, 161f.

38 Über dem fundträchtigsten Fehlboden im Haus St. Mang-Platz 8 des Mühlberg-Ensembles lagen drei jüngere Fehlbodenlagen. Andere Räume hatten durch den wiederholten Einbau neuer Fußbodenlagen bis zu 0,8 Meter an Raumhöhe eingebüßt.

39 Ansorge et al. 2003.

40 In mehreren Fehlböden des Kemptener Mühlberg-Ensembles fand sich Aushub von der Anlage der Keller im 16. Jahrhundert unter den bestehenden mittelalterlichen Häusern. Die Funde daraus zeigten eindeutig, dass das Erdmaterial vom Grundstück stammte, befanden sich doch Menschenknochen vom Friedhof rund um die St. Mang-Kirche ebenso darin wie eine spätrömische Münze (Nr. 18/3, siehe Derschka 2007, 352) und Sigillata-Scherben aus der Kastellsiedlung Cambidanum.

41 Dazu kommen Küchen- und Gartenabfälle aller Art, was zur Überlieferung von Pflanzenteilen führt, die im Boden nicht erhalten geblieben wären. Vgl. zum Beispiel Wiethold 2005. Die zahlreichen Pflanzenreste und Tierknochen aus dem Mühlberg-Ensemble wurden bislang nicht wissenschaftlich ausgewertet.

42 Die leichte Brennbarkeit von Spreu wurde sprichwörtlich in der Redewendung „Der will Feuer mit Spreu löschen“ für einen, der Vergebliches, Törichtes zum Ziel hat. Weitere Beispiele bei Grimm 1984, Bd. 16, 56.

43 So zum Beispiel die große Anzahl von bearbeiteten und unbearbeiteten Holzstücken, Lohwasser 2011. Dazu auch Müller 1995, 86: „Nicht in allen Fällen ist die mittelalterliche Gesellschaft als Mangelgesellschaft zu beschreiben, bei der jeder erdenkliche Gegenstand einem Wiederverwertungskreislauf zugeführt worden ist.“

pensammlern mitgeben können. Es handelt sich dabei durchaus um größere Mengen; so fanden sich zum Beispiel in nur einem Fehlboden im Mühlberg tausende Textilfetzen.[44] Auch die vielen Buntmetallteile, die aus der Werkstatt eines Heftelmachers stammen, sind aus wertvollem und einfach zu recyclendem Material.[45] Nicht mehr wiederverwertbar waren dagegen starr gewordene Schuhsohlen und andere, sehr kleinformatige Abfallstücke einer Flickschusterei.[46]

Der Anteil von Papier und Pappe in den Dämmschichten fällt unterschiedlich groß aus, je nach Gebäude und Nutzerschicht. Die umfangreicheren in Deutschland geborgenen Fundkomplexe stammen alle aus Klöstern oder anderen kirchlichen Einrichtungen.[47] In Österreich und der Schweiz überwiegen Funde aus Burgen und Schlossbauten.[48] Sowohl Klöster als auch Burgen waren Orte intensiver Schriftlichkeit und Bücherkultur; erst wenn eine gewisse Anzahl von Fehlbodenfunden aus Bürgerhäusern geborgen sein wird, werden sich solide Vergleiche anstellen lassen, was den jeweiligen Umgang mit Papier angeht.

5 Fragmentierung von Papier- und Pergamentfunden durch Nagetiere

Die Hohlräume sind freilich keineswegs so abschlossen, wie sie uns erscheinen. In ihnen herrscht reges Leben, seien es Nagetiere oder Insekten. Für die Fundkategorie Papier, Pappe und Pergament[49] kann das eine Zerstückelung durch Nagerzähne oder eine Durchtränkung mit Mäuse- und Rattenurin bedeuten. Feucht gewordene Papiere sind wesentlich anfälliger für Insektenfraß und Schimmel.

Mit in kleine Fetzen zerrissenen Papieren und Textilien polstern Nager ihre Nester aus. Weil sich die Nager durch die Verfüllungsschichten bewegen, kann es zur Verschleppung jüngerer Objekte in die tiefer liegenden älteren Schichten kommen, was die Datierung und Trennung der Schichten erschwert.[50] Für die Untersuchung der

44 Fehlboden-Textilien sind so gut wie immer aus pflanzlichen Fasern. Tierische Fasern wie Wolle und Seide fallen in den Gebäudehohlräumen fast vollständig Insektenfraß zum Opfer. Dies zeigte sich bei den Mühlberg-Funden zum Beispiel am schwarzen Wollfutter einer Lederkappe, das zu Pulver zersetzt war. Rast-Eicher u. Tidow 2005, Rast-Eicher u. Tidow 2011.

45 Zu den Metallfunden aus dem Mühlberg-Ensemble: Elser 2011.

46 Atzbach 2005.

47 Zum Beispiel: Wienhausen, Alpirsbach, Rottweil, Kempten, Ribnitz, Neuhausen.

48 In Österreich: Schloss Tirol, Lengberg. In der Schweiz: Diessenhofen, Zug.

49 Neuner 1998.

50 Bei den Mühlberg-Funden ließ sich diese Durchmischung bei den Textilien belegen, weil bei manchen Funden erst in der Neuzeit gebräuchliche Färbemittel festgestellt werden konnten. Rast-Eicher u. Tidow 2005, 83.

Abb. 2: In Gebäudehohlräumen herrscht reges Leben: Nagetiere polstern ihre Nester mit in kleine Fetzen zerbissenen Textilien und Papieren aus. In solchen Mäusenestern sind Funde aus verschiedenen Jahrhunderten miteinander vermengt. (Foto: Birgit Kata)

Gebrauchspapiere, zum Beispiel für Verpackungen, und anderer unbeschrifteter Stücke ist dies misslich, weil sich auf ihnen nur selten Hinweise für eine Datierung finden.

Die Untersuchung selbst kleinster Fragmente kann dennoch gewinnbringend sein, wie schon die Auswertung der Papierschnipsel aus den Mäusenestern von Schloss Tirol zeigte.[51] Auch im Mühlberg-Ensemble lohnte die Bergung und Durchsicht der Nagetiernester, erbrachten sie doch unter vielem anderen zwei winzige Kalenderfragmente. Die beiden Stücke eines Bauern- oder Mandlkalenders[52] sind nicht von Nagern zerteilt, sondern von Menschen zugeschnitten worden und dienten eventuell als Fresszettel[53] oder Teile von *Breverln* zum Schutz von Mensch und Vieh. Beide Stücke sind eindeutig mit apotropäischer Absicht angefertigt worden, dies

51 Obermair 1998.

52 Mandl bedeutet Männlein nach den kleinen Halbfiguren, die zwischen die Zeilen gedruckt sind und die die jeweiligen Heiligenfeste verbildlichen. Dazu Pfaff o. J., Schindler 1958, Rosenfeld 1963. Zu den Zeichen: Peinlich-Immenburg 1948, Walter 1988. Ein vollständiges Blatt eines Mandlkalenders, das momentan älteste bekannte aus dem Jahr 1530, ist publiziert von Wagner 2000.

53 Bächtold-Stäubli 2000, Bd. 4, Sp. 933.

Abb. 3: In einem Mäusenest fanden sich die beiden winzigen Fragmente eines Mandlkalenders aus der ersten Hälfte des 16. Jahrhunderts. Aus einem Kalenderblatt ausgeschnitten wurden die Stellen mit den Festtagen des Heiligen Benedikt (21. März, oben) und des Heiligen Thomas (21. Dezember, unten), beides sogenannte Lostage mit vielfältigem Brauchtum. (Umzeichnung: Birgit Kata)

zeigen die ausgewählten Heiligenfeste auf den Schnipseln. Bei dem einen Stück ist als Symbol des Festtages eine Figur in Mönchskutte mit erhobenen Armen dargestellt. Gemeint ist damit der Heilige Benedikt,[54] dessen Fest am 21. März gefeiert wurde, am Frühlingsanfang, nach der Kalenderreform 1582 der Tag der Frühjahrs-Tagundnachtgleiche. Auf dem anderen Stück ist eine Hand zu sehen, deren Zeigefinger in eine spitzovale Wunde fasst. Dieses Zeichen steht für den Heiligen Apostel Thomas.[55] Sein Fest wurde am 21. Dezember begangen, dem Beginn der Rauhnächte und nach der Kalenderreform der Tag der Wintersonnenwende, der kürzeste Tag des Jahres. Mit beiden wichtigen Lostagen[56] verband sich vielfältiges Volksbrauchtum. Diese Funde erinnern an die Bezeichnung von Kalendern als den „Bibeln des Aberglaubens".[57]

Beide Ausschnitte stammen aus demselben Kalenderblatt, wenn man den 1. Advent als Jahresbeginn annimmt. So kommen aufgrund der Sonntagsmarkierungen die Jahre 1518/19, 1540/41, 1546/47 oder 1557/58 in Frage.[58] Kalender gehörten in der Frühen Neuzeit zu den auflagenstärksten Druckwerken[59] und waren als Gebrauchsgegenstände in allen Gesellschaftsschichten, auch bei den nicht des Lesens Kundigen, verbreitet. Dennoch zeigt sich gerade an ihnen, wie klein die Überlieferungs-Chance solcher nicht archivwürdigen Texte ist, denn nach Ablauf des Jahres erledigte sich ihr Informationswert, wenn sie nicht – wie bei den Kemptener Stücken wahrscheinlich – noch bei Ritualen des Volksglaubens Verwendung fanden.

Dass einzelne Gegenstände mit spezieller Intention zwischen den Abfall oder die Dämmung eingebracht werden konnten, gilt bei dem Kemptener Fundkomplex aus dem Mühlberg-Ensemble mit Sicherheit für ein locker zusammengerolltes, kleinformatiges Pergamentstück, das innerhalb der Verfüllung aus Dinkelspelzen und Abfall in die Ritze eines Balkens gesteckt war.[60] Es erwies sich als eine Urkunde des Kon-

---

54 Bächtold-Stäubli 2000, Bd. 1, Sp. 1031–1040. Die Beliebtheit des Heiligen Benedikt als Schutzpatron hat viel mit Namenssymbolik zu tun, klingt doch in seinem Namen das Verb *benedicere* mit.

55 Bächtold-Stäubli 2000, Bd. 8, Sp. 763–768. Der Thomastag und die Nacht davor waren mit vielen Wahrsageriten verbunden. Auch steht er mit verschiedenen Schutzzaubern für Mensch und Vieh in Verbindung.

56 Bächtold-Stäubli 2000, Bd. 5, Sp. 1405–1431. Die Nacht vor dem Thomastag zählt außerdem zu den wichtigen Losnächten (Bächtold-Stäubli 2000, Bd. 5, 1402–1405).

57 Bächtold-Stäubli 2000, Bd. 4, Sp. 928. Allgemein zu Riten und Bräuchen mit Kalendern: ebd., Sp. 921–934.

58 Jahre nach 1560 sind unwahrscheinlich, weil sich seitdem das Erscheinungsbild und die Grafik der Mandlkalender änderten; es wurden Symbole für die Mondzeichen hinzugefügt, die auf den Kemptener Stücken noch nicht vorhanden sind. Rosenfeld 1963, 92.

59 Zum Phänomen, dass gerade Druckwerke mit hohen Auflagezahlen geringe Überlieferungs-Chancen haben vgl. die Beispiele bei Esch 1985, 554f.

60 Es wurde im Haus 8, Raum 7 im Bereich des untersten Fehlbodens 4 in einer Balkenritze gefunden. Das Haus wurde 1356 errichtet, der Stubeneinbau erfolgte erst im 15. Jahrhundert, so dass die Deponierung der Bischofsurkunde wohl ohne Zusammenhang mit einer Umbaumaßnahme, sondern als gezielte Niederlegung stattfand. Kata 2003, 206–209.

stanzer Bischofs Heinrich von Brandis, mit der 1364 der Leutpriester Johannes aus Illerbeuren[61] als Krisenmanager auf die Pfarrei Lautrach gesandt wurde. Eventuell haben wir es bei der Deponierung dieser Urkunde mit einer ähnlichen Vernichtungshemmung zu tun wie für die Genisot-Inhalte, schließlich handelt es sich um das Schreiben eines Bischofs.[62] Zu bedenken ist aber auch die apotropäische Wirkmacht, die von einer Bischofsurkunde vielleicht erwartet wurde.

Eine unheilabwehrende Erwartung ist eindeutig mit dem Agathenzettel von 1493 verbunden, einer eigens angefertigten Devotionalie. Solche mit dem Grabspruch[63] der Heiligen Agatha von Catania beschrifteten und am 5. Februar,[64] dem Festtag der Heiligen, geweihten Papier- oder Pergamentstreifen wurden in Wände gelegt, um das Haus gegen Feuergefahr zu schützen.[65] Ein anderes absichtlich hinterlegtes Objekt mit ähnlichem apotropäischem Hintergrund ist ein intaktes rohes Hühnerei, das sich in der Fehlbodenverfüllung fand. Aus dem gesamten Alpenraum ist der Brauch des Karfreitagseies überliefert, das geweiht und dann in einen Gebäudehohlraum gelegt wurde zum Schutz des Hauses vor Wasser- und Sturmschaden.[66]

6 Eine Schreibstube im Vorsingerhaus St. Mang-Platz 8

Einige der Schriftstücke und mehrere Kleinfunde legen den Schluss nahe, dass im Vorsingerhaus, dem Haus St. Mang-Platz 8 des Mühlberg-Ensembles, eine Schreibstube bestand, in der auf professionellem Niveau Dokumente angefertigt wurden. Das einschlägigste Objekt dazu ist ein großformatiges Übungsblatt eines Schreibers, auf dem verschiedene Layoutvarianten eines Urkundentextes durchgespielt wurden. Der Übungstext ist eine Verkaufsurkunde eines Bürgers und Schuhmachers namens

---

61 Illerbeuren liegt in einer Flussschleife auf dem westlichen Illerufer und gehörte zum Bistum Konstanz. Der mittelalterliche Name, wie er auch in der Mühlberg-Urkunde genannt ist, lautete *Burron*. Bei Kata 2003, 206, ist dies irrtümlich mit Dornbirn in Vorarlberg identifiziert.

62 Aus christlichem Kontext ist die Gewohnheit des Heiligen Franziskus von Assisi zu nennen, aus Ehrfurcht alle Schriftstücke aufzubewahren, weil in ihnen Gott oder Christus genannt wurden bzw. sich aus den Buchstaben diese Wörter zusammensetzen ließen. Bächtold-Stäubli 2000 Bd. 9, Sp. 314.

63 Der Text des Kemptener Agathenzettels lautet: *Mentem sanctam spontaneam honorem deo et liberatorem patriae 1493*. Es folgen zwei Kürzel, die eventuell Namen sein könnten.

64 Die zeitliche Nähe zum Lichtmesstag am 2. Februar führte manchmal zu einer Vermischung des Brauchtums mit dem des Agathentags. Bei beiden Tagen spielen die Themen *Licht* und *Feuer* die zentrale Rolle. So ist von manchen Orten überliefert, dass die Agathenzettel und -brote bereits am Lichtmesstag geweiht wurden. Zu Agathenzetteln allgemein: Bächtold-Stäubli 2000, Bd. 1, Sp 211f.

65 Ein Agathenzettel von ca. 1523 aus Ravensburg, Marktstraße 51, der sogar mit den Namen der um Schutz Bittenden versehen ist, bei Petz 1989, 183.

66 Kata 2014.

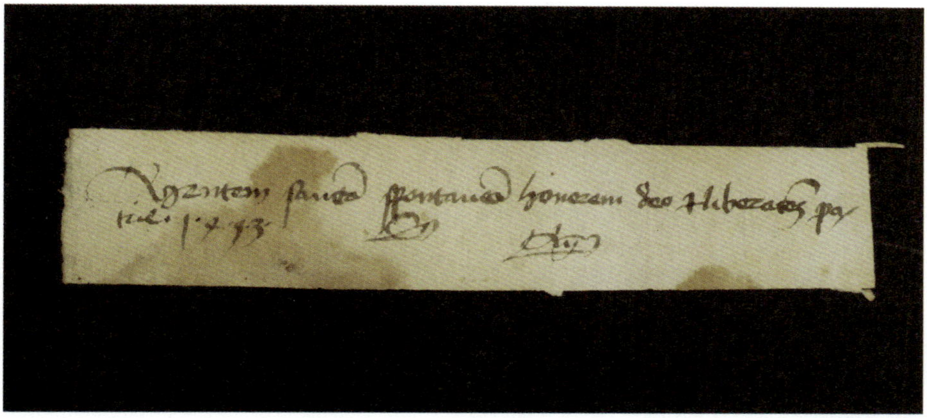

Abb. 4: Dieser schmale Papierstreifen, 11,8 cm lang und 2,2 cm hoch, ist ein sogenannter Agathenzettel, der 1493 geweiht und zum Schutz gegen Feuergefahr in den Fehlboden gelegt wurde. Er trägt den Grabspruch der Heiligen Agatha von Catania, von der man glaubte, dass ihre Fürbitte sogar einen Vulkanausbruch aufhalten konnte. (Foto: Birgit Kata)

Hans Maurer, der in Kempten nicht nachgewiesen ist, also auch fiktiv sein könnte.[67] Der Text geht an mehreren Stellen in vollständige Alphabetreihen[68] über, dazwischen steht die Anfangszeile eines Briefs an die Eltern: *Hertzlieber Vatter, liebe Mutter.* Ritzungen im Papier deuten darauf hin, dass das Stück auch als Unterlage für Lineatur-, Falz- oder Schneidarbeiten diente.[69] Der Schreiber probierte verschiedene Zeilenabstände, Schriftgrößen und Gestaltungen der Initiale aus. Eine ihm nicht genehme Version strich er durch. Für dieses Übungsblatt gibt es bislang keine Vergleichsbeispiele, weil solche Blätter üblicherweise nicht aufgehoben wurden. Sie hatten ihren Nutzwert vollständig eingebüßt, sobald sie vollgeschrieben waren. Solche Schmierzettel und Probierblätter unterscheiden sich grundlegend von den Musterblättern und Schriftkatalogen, mit denen professionelle Schreiber Proben ihres Könnens vorlegten und um Aufträge warben.[70]

Dass rechtsgültige Urkunden im Vorsingerhaus angefertigt wurden, belegen Urkundenreste, die zerschnitten worden sind zur Anfertigung von Presseln, den Schlaufen und Streifen, mit denen Siegel angehängt wurden. Daneben fanden sich

67 Ausführlich dazu Kata 2003, 203f.

68 Zur volksreligiös-magischen Bedeutung des Alphabets umfassend: Dornseiff 1925.

69 Zu Gebrauchspuren wie Knicken und Ritzungen im Papier und ihrer kulturhistorischen Auswertung vgl. auch Klinke u. Meyer in diesem Band.

70 Ein Beispiel eines solchen Schriftkatalogs aus dem 15. Jahrhundert ist abgebildet bei Rosenfeld u. Rosenfeld 1978, Abb. 116. Die beeindruckende Variantenvielfalt der dort vorgeführten Handschriften eines einzigen Schreibers mahnt zur Vorsicht bei der Identifizierung von Schreiberhänden.

Abb. 5: Bislang ohne Vergleichsstück ist dieses Übungsblatt (31,5 x 28,7 cm) eines Schreibers, auf dem er verschiedene Layoutvarianten eines Urkundentextes durchspielt. Der Text ist unterbrochen von Alphabetreihen und einem Briefanfang. (Foto: Birgit Kata)

auch Löschpapierstücke. Wie sehr den Schreibern dort die formalen Regeln für Amtsschriftgut in Fleisch und Blut übergegangen waren, zeigt das Stück eines Privatbriefes, der wie ein Nachlassinventar gegliedert ist: Jeder Abschnitt beginnt mit *Item*. Der Schreiber bittet darin unter anderem um die Zusendung von Tusche und legt dem Adressaten ans Herz *dass ihr wol badend*.

Unter den Kleinfunden war eine ganze Reihe von Schreibgeräten: Ein eiserner Stilus zur Beschriftung von Wachstäfelchen für schnelle Notizen, zwei Griffelstücke und das Eck einer Schiefertafel ebenfalls für Notizen, eine überaus seltene Graphitmine,[71] die allerdings auch aus jüngeren Schichten durchgerutscht sein kann, außerdem zwei Brillenglasscherben und für das Schreiben mit Tinte Stücke von schmalen Schilfrohren und Federkielen, die Reste von Schreibfedern sein könnten.

Vom Schriftbild etwas jünger als die oben genannten Beispiele, die aus dem späten 15. und dem frühen 16. Jahrhundert stammen, ist ein Liebesbrief, dessen Gestaltungsmerkmale, vor allem aber die allgemein gehaltenen Liebpreisungen und Stabreime zeigen, dass er von einem professionellen Briefsteller im Auftrag geschrieben wurde.[72]

In dem Schreiber-Haushalt gab es selbstverständlich auch Bücher, wie etliche Seitenfragmente sowie Buchbeschläge zeigen. Zur Handbibliothek gehörten nicht nur hochgeistige Werke, sondern auch unterhaltsame Trivialitäten: Vollständig überliefert sind einige Seiten aus einem Traumbüchlein, mit dessen Hilfe Traumbilder gedeutet werden konnten. Es könnte etwas älter sein als ein von Text und Satzbild her sehr ähnliches, das 1603 in Erfurt gedruckt wurde.[73] Vermutlich wurden in Haus 8 auch einfache Buchumschläge und Einbände angefertigt. Darauf könnten die zahlreichen Papp-, Pergament- und Lederstreifen hinweisen. Eventuell stehen auch einige der Nähutensilien damit in Zusammenhang.[74] Inwiefern die zahlreichen Messer,[75] die gefunden wurden, in der Schreibstube und als Buchbinderwerkzeuge zum Einsatz kamen, lässt sich aufgrund ihrer Multifunktionalität nicht entscheiden.

---

71 Kata 2003, 205, Anm. 40. Die circa 2 Zentimeter lange und 0,5 Zentimeter starke Graphitmine ist beidseitig durch die Benutzung abgeschliffen und sehr weich im Strich. Graphit kam als Schreibgerät um 1500 in allgemeineren Gebrauch, als man in England größere natürliche Graphitvorkommen entdeckte. Holzhüllen um die Minen zum Schutz der Finger vor Verschmutzung kamen erst in der zweiten Hälfte des 16. Jahrhunderts auf.

72 Einige Zeilen transkribiert in: Kata 2003, 200f. Beispiele für gereimte Liebesbriefe professioneller Briefsteller bei Schulz-Grobert 1990.

73 Traumbüchlein. Wie man nechtlicher Gesichten/Fürbildungen und Träumen/Bedeutungen erkennen und lernen mag. Aus Alten und Newen künstlichen Traumbüchern mit gantzem Fleiß die Kürtze gezogen und gestellet. Deßgleichen zuvor nie in dem Druck außgegangen. Gedruckt zu Erffordt/bey Jacob Singe/Im Jahr 1603.

74 Es fanden sich volle und leere Garnspulen aus Schilfstücken und Nähnadeln verschiedener Stärke, darunter auch stabile aus Messing, die sehr gut für das Durchstechen der Lagen geeignet gewesen wären. Kata 1998a, zu den Spulen Lohwasser 2011, zu den Nadeln Elser 2011.

75 Zu den Messern vgl. Elser 2011.

7 Historische Verortung der Häuser des Mühlberg-Ensembles

Die stadtgeschichtliche Relevanz des Mühlberg-Ensembles für Kempten war schon vor dem Sensationsfund klar, gehörte es doch zum Kirchenbezirk[76] um die alte Pfarrkirche St. Mang, die das geistige wie geistliche Zentrum der Stadt war. Der Bereich um die Kirche war von der übrigen Stadt durch eine Umfassungsmauer mit Torturm abgetrennt und besaß einige Sonderrechte.

Im Spätmittelalter wurden die an die Umfassungsmauer angebauten Häuser innerhalb des Bezirks als Wohnraum für Kirchenpersonal und zur Unterbringung von Einrichtungen genutzt, die für die Organisation der Kirchenbelange wichtig waren. Zwei Gebäude hatten für das Funktionieren der städtischen Verwaltung besondere Bedeutung: In den Obergeschossen des Torturms, des sogenannten Brieftürmles, wurden die Urkunden der Reichsstadt aufbewahrt. Die sogenannte *Canzley* an der Südostseite des Kirchenbezirks wurde nach einem Brand 1524 neu erbaut.

Das Mühlberg-Ensemble besteht aus drei Gebäuden. Überliefert ist für das westliche Haus St. Mang-Platz 12 die Bezeichnung als „Seelhaus zum Steg", erstmals 1380 genannt.[77] Vermutlich diente es als Übernachtungshaus, das von einer Schwesterngemeinschaft bewirtschaftet wurde; diese Nutzung kam irgendwann zum Erliegen. Erst die Stiftung der Bürgerin Agnes Wyssach ermöglichte 1470 die Neueinrichtung des Schwesternhauses. Diese Schwesterngemeinschaft zog spätestens um 1500 aus dem Seelhaus aus, weil sich alle Kemptener Schwestern als Tertiarinnen dem Franziskanerinnen-Orden anschlossen und ein Kloster am Freudenberg bauten.[78] Das Haus St. Mang-Platz 8, in dem die bedeutendsten Fehlbodenfunde des 14. bis 17. Jahrhunderts geborgen wurden, galt der Überlieferung nach als früheres Mesnerhaus; heute noch zeigt eine historische Haustafel diese Bezeichnung. Im Laufe der Untersuchungen konnte ich feststellen, dass es sich bei dieser Zuschreibung um eine Verwechslung handelt:[79] Das Haus St. Mang-Platz 10 war das eigentliche Mesnerhaus.[80] Das

---

76 Zum Kirchenbezirk und den zugehörigen Gebäuden detailliert: Kata 2005, 60–63.

77 Die dendrochronologische Analyse der Bauhölzer brachte für alle drei Häuser überraschende Korrekturen der bisherigen Einschätzungen: Das „Seelhaus zum Steg" war 1289 als dreigeschossiges Steinhaus mit ummauerten Hof errichtet worden; sein Dachstuhl wurde 1396 erneuert. Die Datierungs- und Namensproblematik ist erläutert bei Kata 2002a, 158.

78 Zu den verschiedenen Schwesterngemeinschaften im spätmittelalterlichen Kempten: Kata 2002b.

79 Noch irrtümlich in Kata 2003, korrigiert in Kata 2005, dort in Anm. 25 auch die näheren Erläuterungen.

80 Das Mesnerhaus wurde 1354 als Fachwerkhaus auf die Hofmauer von Haus 12 aufgesetzt. Sein Dachstuhl stammt aus dem Jahr 1717.

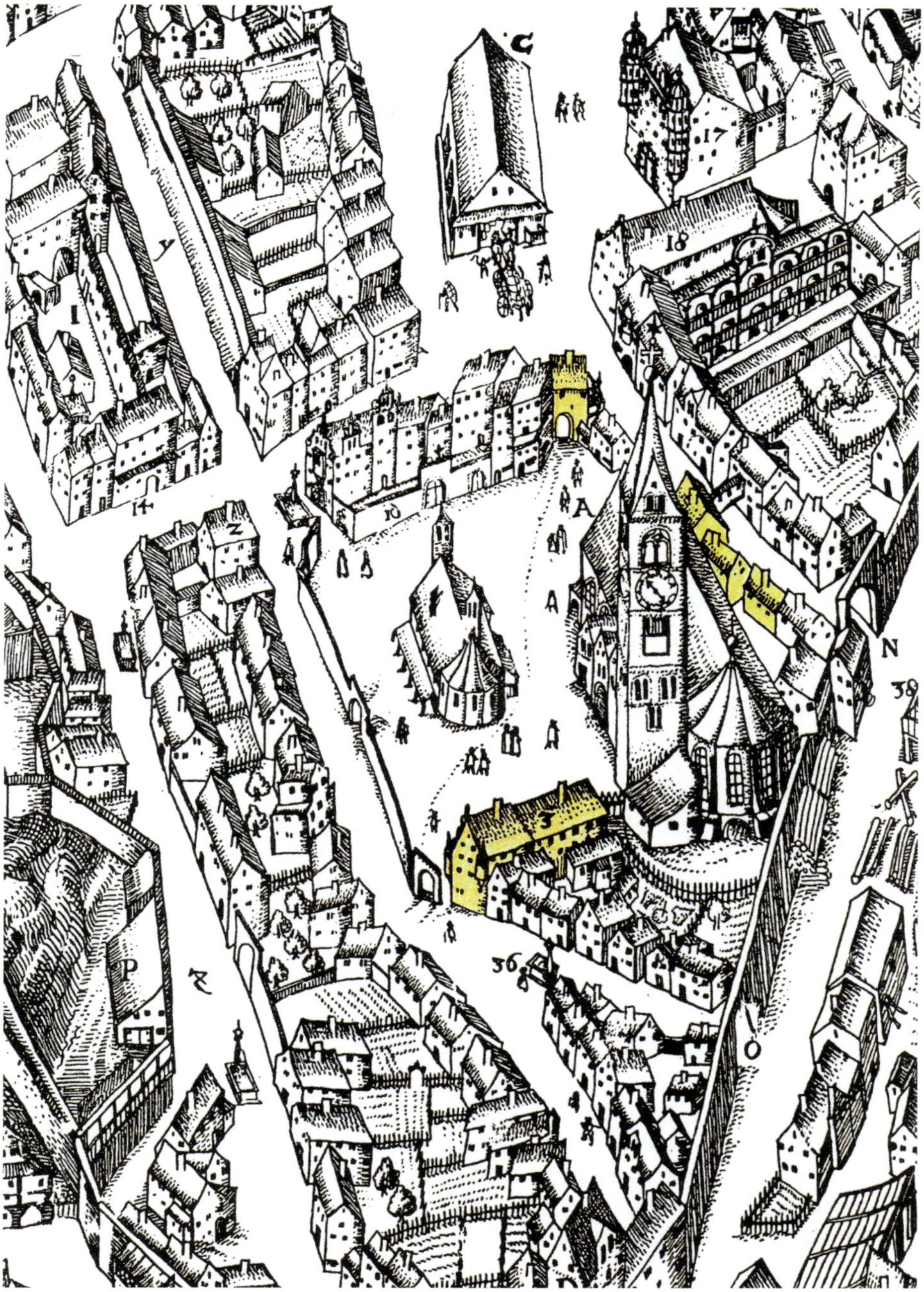

Abb. 6: Obwohl die Kemptener Stadtansicht von Johann Hain und Fridrich Raidel erst 1628 entstand, zeigt sie den Kirchenbezirk rund um die Pfarrkirche St. Mang noch in spätmittelalterlicher Gestalt. Rechts neben der Kirche sind die drei Mühlberg-Häuser zu sehen, oben das Brieftürmle und links unterhalb der St. Mang-Kirche die *Canzley*. (Hervorhebung: Birgit Kata)

Haus St. Mang-Platz 8 diente als sogenanntes *Vorsingerhaus*, wo der für die Kirchenmusik zuständige Kantor seine Dienstwohnung hatte.[81]

Das Amt des Vorsingers hatten Personen inne, die lesen, schreiben und rechnen konnten. Eine Nebentätigkeit als Schreiber auch für amtliche Belange, wie sie durch die Funde belegt ist, passt sehr gut zu dieser Personengruppe. Es ist zu vermuten, dass sie die Textblätter für den Chorgesang selbst vervielfältigten. Zwei Papierfunde aus dem Mühlberg könnten damit in direktem Zusammenhang stehen: Ein winziges, beidseitig beschriftetes Blatt mit dem Text eines Weihnachtslieds darauf und ein mittig gefalteter Bogen in eigenartig unbeholfener und altertümlicher Schrift, dessen vier Seiten die Texte der Hymnen *Salve regina, Nunc dimittis, Veni sancte spiritus* und das *Credo* beinhalten. Die Texte sind fehlerhaft, was passieren kann, wenn ein Kopist zwar die Buchstaben abmalt, aber den lateinischen Wortlaut nicht versteht.

Die Tätigkeit des Vorsingers war nicht sehr gut bezahlt, so dass es wahrscheinlich ist, dass die Familien im Nebenerwerb verschiedene handwerkliche Tätigkeiten ausübten, allerdings einfache, sogenannte Stümpereien, die nicht von Zünften reglementiert waren. Die Mühlberg-Funde bestätigen diese Annahme eindrucksvoll, fanden sich doch Überreste der Flickschusterei,[82] der Heftelmacherei,[83] Kistler- und Drechselabfälle[84] und Hinweise auf Garnproduktion,[85] die weit über Hauswerk hinausgingen. Konkreter mit der Kirchenmusik haben die Hinweise im Fundgut auf die Anfertigung bzw. Reparatur von Musikinstrumenten zu tun. Sie stammen von mindestens zwei verschiedenen Familien, denn man geht von der Annahme aus, dass Instrumentenbauer entweder Blas- oder Streichinstrumente herstellen, weil dazu jeweils unterschiedliches Spezialwissen erforderlich ist.[86]

Die Reformation, die ab etwa 1523 stärkere Auswirkungen auf die Reichsstadt Kempten hatte, brachte für die Vorsinger mit Sicherheit große Veränderungen mit sich. Spätestens ab 1533, als die St. Mang-Kirche eine gemäßigte Form des Bildersturms erlebte,[87] reduzierten sich die Aufgaben des Vorsingers, weil beim zwinglianischen Gottesdienst keine Orgelmusik[88] mehr erklang. In welchem Umfang der Chorgesang in Kempten auch nach 1533 beibehalten wurde, muss näher untersucht werden, denn

81 Das Vorsingerhaus wurde 1356 als Fachwerkhaus errichtet. Bis 1670 stand ein weiteres Haus in der Reihe, die im Osten mit dem alten Pfarrhof, St. Mang-Platz 6, abschließt.

82 Atzbach 2005.

83 Elser 2011.

84 Lohwasser 2011.

85 Zu den zahlreichen Spindeln: Lohwasser 2011.

86 Tremmel 2005.

87 Kata 2005, 62. Der Ausräumaktion gingen wochenlange Debatten, eine Abstimmung und die Einräumung einer Frist für die Stifter zur Abholung ihrer Bildwerke voraus. Nur die Altartische wurden zerschlagen und verbrannt.

88 Zur Orgel in der St. Mang-Kirche und ihrer Stilllegung 1533: Kata 2005, 62.

bei der Messe nach lutherischer Form wurde nach wie vor Wert auf den Gemeindegesang gelegt.[89] Luther selbst verfasste zahlreiche Texte für Kirchenlieder.[90]

8 Papierkundliche Aspekte der Mühlberg-Funde

Das Hymnen-Blatt führt uns zur papierkundlichen Seite der Mühlberg-Funde. Nur wenige der größeren Fragmente im Fundgut zeigen Wasserzeichen. Das Blatt mit den Hymnen ist eines davon; es weist ein Ochsenkopfwasserzeichen auf, wie es Gerhard Piccard für den Beschreibort Kempten vielfach feststellen konnte.[91] Zusammen mit dem Bären und dem Kreuz gehören Ochsenkopfwasserzeichen zu den früh in Kempten nachweisbaren Wasserzeichentypen,[92] bevor ab der zweiten Hälfte des 16. Jahrhundert der Adler mit dem Brustschild oder der Buchstabe K in einem Schild aufkam.[93] Das Übungsblatt des Schreibers hat ein Bärenwasserzeichen, wie es ebenfalls häufig auf Kemptener Archivalien nachweisbar ist.

Die Schreiber aus dem Vorsingerhaus konnten ihren großen Papierbedarf in fast direkter Nachbarschaft decken, bestand doch seit mindestens 1477 eine reichsstädtische Papiermühle an der Iller südlich oberhalb von Kempten.[94] Namentlich belegt sind Kemptener Papierermeister ab 1501, beginnend mit dem angeblich aus der Gegend von Turin stammenden Bernhart Baschgott,[95] was wohl die Allgäuer Version des Namens Bernardo Bascotti ist. Schon eine Generation später treten nur noch einheimische Namen auf; die neue Technologie war also im Allgäu mit eigenem Personal übernommen worden. Mit Beginn des 16. Jahrhunderts entstanden weitere Mühlen an der Iller, auch eine fürstäbtliche, deren Produkte aber jahrzehntelang qualitativ nicht mit denen der reichsstädtischen Mühlen mithalten konnten. Die größte Ausbaustufe war nach der Mitte des Jahrhunderts erreicht, als es auf nur fünf Flusskilometern gleichzeitig sieben Mühlen gab. Dazu kam ein Hammerwerk mit Drahtzug zur Anfertigung der Drähte für die Papiersiebe.[96]

---

89 Zur „Trägheit“ der Verhältnisse innerhalb des Kirchenbezirks: Kata 2005, 63.

90 Als Überblick immer noch gültig: Schlißke 1948.

91 Vgl. Piccard-Online, zum Beispiel das Wasserzeichen Nr. 58303 aus den Zinsbüchern des Kemptener Spitals (Stadtarchiv Kempten) oder noch aus dem 15. Jahrhundert die Wasserzeichen Nr. 60056 und 59086.

92 Petz 2006, 252, die Karte zur Verbreitung früher Kemptener Wasserzeichen 253.

93 Petz 2006, 280.

94 Petz 2006, 241–245.

95 Petz 2006, 260. In den Quellen wird der Herkunftsort Baschgotts *Casselins* genannt, was Petz mit Caselle Torinese bzw. Caselle di Stura bei Turin identifiziert. Für weitere Papiermacher aus Caselle, die den Weg über die Alpen fanden und in deutschsprachigen Gebieten Papiermühlen betrieben, vgl. Frauenknecht in diesem Band.

96 Zur genauen Lokalisierung siehe die Karte „Mühlen und Werke an der Iller um 1560/70“ bei Petz

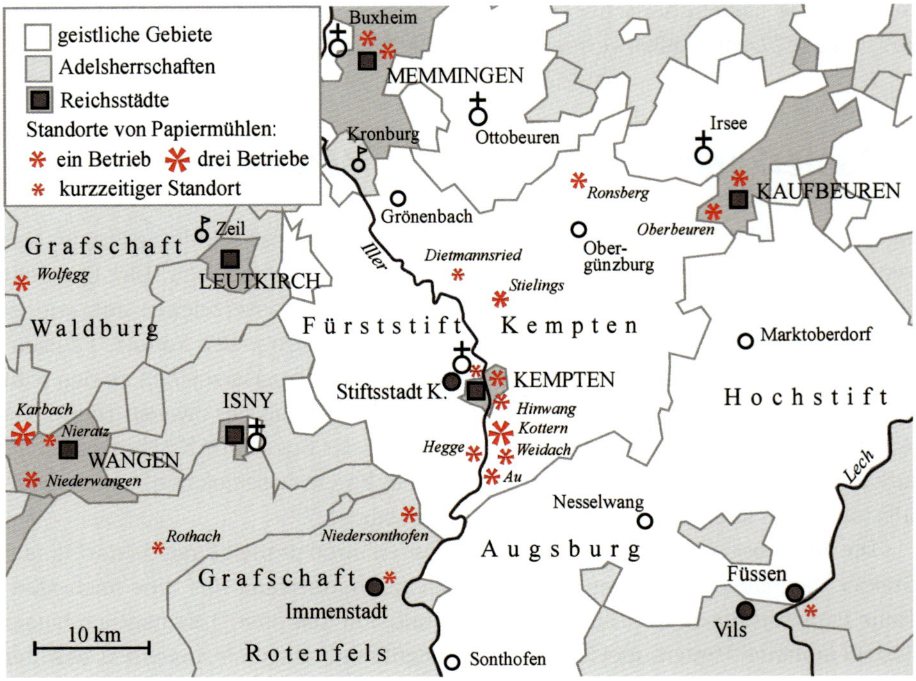

Abb. 7: Standorte von Papiermühlen im Allgäu in Spätmittelalter und Früher Neuzeit. (Karte: Wolfgang Petz 2011)

Elf Meister mit mehr als fünfunddreißig Gesellen waren in diesen Papiermühlen tätig. Piccard hält das Allgäu in dieser Zeit für die größte Papiererregion im Deutschen Reich.[97] Das Papier aus den reichsstädtischen Mühlen in Kempten war allgemein bekannt für seine gute Qualität und wurde in großen Mengen fast europaweit verhandelt. Im heutigen Rumänien, in Slowenien, Prag, Wien und der Steiermark ist Kemptener Papier nachweisbar.[98] Ein postum gedruckter Holzschnitt Albrecht Dürers des *Triumphbogens für Kaiser Maximilian* wurde 1559 auf großformatiges Kemptener Spezialpapier gedruckt.[99] Zum Dank für die Papierlieferung aus Kempten, die für den Druck seiner 1627 in Ulm erschienenen *Rudolphinischen Tafeln* verwendet worden war, sandte der kaiserliche Hofastronom Johannes Kepler ein mit handschriftlicher Widmung versehenes Exemplar nach Kempten.[100]

2006, 248.

97 Petz 2006, 247, Anm. 38.

98 Petz 2006, 257f.

99 Petz 2006, 259.

100 Petz 2006, 256. Das Buch wird heute im Stadtarchiv Kempten aufbewahrt.

Die Geschichte der einzelnen Papiermühlen ist dank dem Kemptener Historiker Wolfgang Petz seit 2006 gut aufgearbeitet. 2011 wurden diese Forschungen noch ergänzt durch Untersuchungen zur frühen Spielkartenproduktion in der Region, wozu Neufunde aus Kempten und Schongau anregten.[101] Unter den Mühlberg-Funden sind vollständige Spielkarten, aber auch zahlreiche zerschnittene Exemplare, die eventuell zur Anfertigung von Schablonen verwendet wurden.[102] Bei der Restaurierung[103] der Mühlberg-Karten zeigte sich, dass die Papierschichten mit einem einfachen, aus Getreidemehl angefertigten Kleber zusammengeklebt worden waren. Dies erklärt auch ihren schlechten Erhaltungszustand, ernähren sich doch verschiedene Insekten bevorzugt von solch stärkehaltigem Kleber.

9 Ausblick: Weitere Fundstellen für Papier in Kemptener Altstadthäusern und das geplante „Zentrum für Buchkultur"

Dank dem Mühlberg-Fund wird in Kempten weiterhin Fehlbodenarchäologie betrieben. Ausgeführt werden die Bergungen momentan von den Mitgliedern des Fördervereins Beginenhaus e. V.,[104] die nicht nur in der spätmittelalterlichen Häusergruppe neben der Illerbrücke, für deren Sanierung und denkmalgerechte Nutzung sie sich seit über zehn Jahren engagieren, intensive Bauarchäologie betreiben, sondern auch bei anderen Sanierungsmaßnahmen die fachgerechte Fundbergung übernehmen, so zum Beispiel im *Schwarzen Adler*, Bäckerstraße 9, oder in der St. Mang-Kirche. Auch aus dem Beginenhaus und dem Nonnenturm sind Papierfunde erhalten, gegenwärtig vor allem aus dem 18. bis 20. Jahrhundert, die ebenfalls Textformen überliefern, die in Archiven nicht bewahrt werden, zum Beispiel ein Lotterielos von 1859, der Ausriss einer Strafarbeit wegen eines vergessenen Atlanten oder eine Wiege-Bescheinigung der städtischen Mühle von 1853.

Der Förderverein plant im Beginenhaus nach der Sanierung ein „Zentrum für Buchkultur" einzurichten, in dem unter anderem die seit 1437 angewachsene historische Büchersammlung der Stadt nach Jahrzehnten der Einlagerung wieder öffentlich zugänglich gemacht werden soll. In einem Museum im Nonnenturm soll auch die so

101 Radau u. Kranich 2011, Petz 2011.

102 Kata 1998b (Die Herzzwei ist auf dem Kopf stehend abgebildet), Radau u. Kranich 2011, 94f.

103 Die Reinigung und Konservierung der Papier- und Pergamentfunde aus dem Mühlberg-Ensemble wurde dankenswerterweise in der Restaurierwerkstatt des Stadtarchivs durch Ursula Dekker-Sturm durchgeführt. Von ihr stammen auch die Beurteilungen des Klebers.

104 Für weitere Informationen sei auf die Homepage des Fördervereins verwiesen: www.beginenhaus-kempten.de (Stand 10.11.2014). Broschüren und Infomaterial werden auf Wunsch zugesandt.

bedeutende Papiergeschichte Kemptens Raum erhalten, die ganz entscheidend zur wirtschaftlichen und kulturellen Blüte der Reichsstadt im 15. und 16. Jahrhundert beigetragen hat. Für die Präsentation weiterer Kemptener Fehlbodenfunde wird dort ebenfalls ein ihrer Bedeutung gemäßer, würdiger Rahmen geschaffen.

Bibliographie

Angersdorfer (1994): Andreas Angersdorfer, „Drucke und Handschriften aus der Genisa von Ermreuth“, in: Alfred Derfuß (Hg.), *Die Synagoge von Ermreuth*, Neunkirchen am Brand, 49–56.

Ansorge et al. (2003): Jörg Ansorge, Susann Stolze u. Julian Wiethold, „Gerberlohe als Bau- und Dämmmaterial im mittelalterlichen Stralsunder Rathaus. Eine interdisziplinäre Studie“, *Archäologische Berichte aus Mecklenburg-Vorpommern* 10, 268–283.

Appuhn (1973): Horst Appuhn, *Der Fund vom Nonnenchor* (Kloster Wienhausen IV), Wienhausen.

Appuhn u. von Heusinger (1965): Horst Appuhn u. Christian von Heusinger, „Der Fund kleiner Andachtsbilder des 13. bis 17. Jahrhunderts im Kloster Wienhausen“, *Niederdeutsche Beiträge zur Kunstgeschichte* 4, 157–238.

Atzbach (2005): Rainer Atzbach, *Leder und Pelz am Ende des Mittelalters und zu Beginn der Neuzeit: Die Funde aus den Gebäudehohlräumen des Mühlberg-Ensembles in Kempten (Allgäu)* (Bamberger Schriften zur Archäologie des Mittelalters und der Neuzeit 2 = Mühlbergforschungen Kempten (Allgäu) 1), Bonn.

Bächtold-Stäubli (2000): Hanns Bächtold-Stäubli (Hg.), Handwörterbuch des deutschen Aberglaubens, 10 Bde., 3. Aufl. Berlin, Leipzig 1927–1942, ND Berlin/New York 2000.

Blaas et al. (2011): Peter Blaas, Harald Stadler, Andreas Blaickner u. Patrick Cassitti, *Die Spielkarten aus den Gewölbezwickelfüllungen von Schloss Lengberg in Osttirol* (Nearchos Beiheft 10 = Lengberger Studien zur Mittelalterarchäologie 2), Innsbruck.

Boockmann (1986): Hartmut Boockmann, „Das Leben in städtischen Häusern um 1500“, in: Bernd Herrmann (Hg.), *Mensch und Umwelt im Mittelalter*, Stuttgart, 191–202.

Brandis (2014): Rüdiger Brandis, *Kloster Wienhausen – Geschichte und Kunst*, Wienhausen.

Deplazes u. Rascher (1986): Lothar Deplazes u. Vittorio F. Rascher, „Fundreihe K. Papier und Pergament“, in: Lukas Högl (Hg.), *Burgen im Fels. Eine Untersuchung der mittelalterlichen Höhlen-, Grotten- und Balmburgen der Schweiz*, Olten/Freiburg im Breisgau, 96f.

Derschka (2007): Harald Derschka, *Fundmünzen aus Kempten: Katalog und Auswertung der in Kempten (Allgäu) gefundenen Münzen und münzähnlichen Objekte aus dem Mittelalter und der Neuzeit* (Allgäuer Forschungen zur Archäologie und Geschichte 2 = Mühlbergforschungen 2), Friedberg.

Dornseiff (1925): Franz Dornseiff, *Das Alphabet in Mystik und Magie* (Stoicheia 7), Leipzig/Berlin.

Edelmann (2005): Martina Edelmann, „Die Genisa der Synagoge von Veitshöchheim“, in: Ingolf Ericsson u. Rainer Atzbach (Hgg.), *Depotfunde aus Gebäuden in Zentraleuropa/Concealed Finds from Buildings in Central Europe* (Bamberger Kolloquien zur Archäologie des Mittelalters und der Neuzeit 1 = Archäologische Quellen zum Mittelalter 2), Berlin, 147–150.

Edelmann et al. (2010): Martina Edelmann, Elisabeth Singer u. Beate Weinhold, „Die Genisa von Bayreuth – Entdeckung und Bergung“, in: Bernd Mayer (Hg.), *Jüdisches Bayreuth*, Bayreuth, 42–56.

Edelmann et al. (2011): Martina Edelmann, Elisabeth Singer u. Beate Weinhold, „Die Lichtenfelser Genisa“, in: Christine Wittenbauer u. Günter Dippold (Hgg.), *Die Lichtenfelser Synagoge*, Lichtenfels, 42–64.

Ehmer (2001): Hermann Ehmer, „Die Klosterschule 1556–1595“, in: *Alpirsbach, Zur Geschichte von Kloster und Stadt. Textband 2: Spätmittelalter, Reformation und Stadtentwicklung* (Forschungen und Berichte der Bau- und Kunstdenkmalpflege Baden-Württemberg 10), Stuttgart, 677–706.

Elser (2011): „Eisen- und Buntmetallfunde des ausgehenden Mittelalters und der frühen Neuzeit aus dem Mühlberg-Ensemble in Kempten (Allgäu)“, in: Rainer Atzbach u. Ingolf Ericsson (Hgg.), *Die Ausgrabungen im Mühlberg-Ensemble Kempten (Allgäu). Metall, Holz und Textil* (Bamberger Schriften zur Archäologie des Mittelalters und der Neuzeit 3 = Mühlbergforschungen Kempten (Allgäu) 3), Bonn, 113–196.

Esch (1985): Arnold Esch, „Überlieferungs-Chance und Überlieferungs-Zufall als methodisches Problem des Historikers“, *Historische Zeitschrift* 240, 529–570.

Fassbinder (2003): Stefan Fassbinder, *Wallfahrt, Andacht und Magie. Religiöse Anhänger und Medaillen. Beiträge zur neuzeitlichen Frömmigkeitsgeschichte Südwestdeutschlands aus archäologischer Sicht* (Zeitschrift für Archäologie des Mittelalters, Beiheft 18), Bonn.

Fillipetti u. Trotereau (1987): Hervé Fillipetti u. Janine Trotereau, *Zauber, Riten und Symbole. Magisches Brauchtum im Volksglauben*, Freiburg im Breisgau.

Fingerlin (1995): Ilse Fingerlin, „Die Alpirsbacher Papierfunde“, in: Anja Stangl u. Frank Thomas Lang (Bearb.), *Mönche und Scholaren. Funde aus 900 Jahren Kloster Alpirsbach* (Begleitheft zur Ausstellung 29. April bis 11. Juni 1995), Karlsruhe, 53–63.

Fingerlin (1997): Ilse Fingerlin, „Seltene Textilien aus Kloster Alpirsbach im Nordschwarzwald“, *Waffen- und Kostümkunde* 39, 99–122.

Fingerlin (2001): Ilse Fingerlin, „Textil- und Lederfunde“, in: *Alpirsbach, Zur Geschichte von Kloster und Stadt. Textband 2: Spätmittelalter, Reformation und Stadtentwicklung* (Forschungen und Berichte der Bau- und Kunstdenkmalpflege Baden-Württemberg 10), Stuttgart, 715–817.

Fingerlin (2005): Ilse Fingerlin, „Gebäudefunde unter Dächern und zwischen Böden“, in: Ingolf Ericsson und Rainer Atzbach (Hgg.), *Depotfunde aus Gebäuden in Zentraleuropa/Concealed Finds from Buildings in Central Europe* (Bamberger Kolloquien zur Archäologie des Mittelalters und der Neuzeit 1 = Archäologische Quellen zum Mittelalter 2), Berlin, 14–20.

Grimm (1984): Jacob u. Wilhelm Grimm (Hgg.), *Deutsches Wörterbuch*, ND München.

Grimm u. Schneider (2005): Jessica Grimm u. Manfred Schneider, „Keine Lust zum Geschirrspülen? Auswertung der spätmittelalterlichen Tierknochen und der botanischen Reste aus der Remternische des Katharinenklosters in Stralsund“, in: Ingolf Ericsson und Rainer Atzbach (Hgg.), *Depotfunde aus Gebäuden in Zentraleuropa/Concealed Finds from Buildings in Central Europe* (Bamberger Kolloquien zur Archäologie des Mittelalters und der Neuzeit 1 = Archäologische Quellen zum Mittelalter 2), Berlin, 173–180.

Halbritter (1998): Roland Halbritter, „Südtiroler Beverln – Amulette zwischen Magie und Glaube?“, *Der Schlern* 72, 39-64.

Hüttenmeister (1997): Frowald Gil Hüttenmeister, „Die Genisot als Geschichtsquelle“, in: Monika Richarz u. Reinhard Rürup (Hgg.), *Jüdisches Leben auf dem Lande*, Tübingen, 207–218.

Janda-Busl u. Busl (2006): Ingild Janda-Busl u. Franz Busl, *Die Geschichte der jüdischen Gemeinde in Weseritz/Bezdružice*, Oressath.

Kata (1998a): Birgit Kata, „Katalogartikel zu Nähutensilien (Nadel mit Faden, Fingerhut, Spulen und Stecknadeln)“, in: Wolfgang Jahn, Josef Kirmeier, Wolfgang Petz u. Evamaria Brockhoff (Hgg.), *Bürgerfleiß und Fürstenglanz. Reichsstadt und Fürstabtei Kempten* (Ausstellungskatalog der Bayerischen Landesausstellung in Kempten 1998 = Veröffentlichungen zur Bayerischen Geschichte und Kultur 38/98), Augsburg, 102–103.

Kata (1998b): Birgit Kata, „Katalogartikel zu drei vollständigen Spielkarten und einem Fragment“, in: Wolfgang Jahn, Josef Kirmeier, Thomas Berger u. Evamaria Brockhoff (Hgg.), *Geld und Glaube: Leben in evangelischen Reichsstädten* (Ausstellungskatalog der Bayerischen Landesausstellung in Memmingen 1998 = Veröffentlichungen zur Bayerischen Geschichte und Kultur 37/98), Augsburg, 159–160.

Kata (2002a): Birgit Kata, „Neue Funde zur Sachkultur des Spätmittelalters und der frühen Neuzeit aus dem Mühlberg-Ensemble in Kempten, Allgäu“, in: Thomas Busset, Luigi Lorenzetti u. Jon Mathieu (Hgg.), *La culture matérielle – Sources et problème. Die Sachkultur – Quellen und Probleme* (Histoire des Alpes – Storia delle Alpi – Geschichte der Alpen 7), Zürich, 151–170.

Kata (2002b): Birgit Kata, „Schwesternhäuser im spätmittelalterlichen Kempten“, *Allgäuer Geschichtsfreund* 102, 117–140.

Kata (2003): Birgit Kata, „Texte im Schutt und zwischen den Balken“, in: Karl Brunner u. Gerhard Jaritz (Hgg.), *Text als Realie. Internationaler Kongress Krems an der Donau 3. bis 6 Oktober*

2000 (Österreichische Akademie der Wissenschaften, Phil-hist. Klasse, Sitzungsberichte 704 = Veröffentlichungen des Instituts für Realienkunde des Mittelalters und der frühen Neuzeit 18), Wien, 193–228.

Kata (2005): „Die Funde aus dem „Mühlberg-Ensemble“ und ihr historischer Kontext – Papier und Pergament als archäologisches Fundgut“, in: Ingolf Ericsson u. Rainer Atzbach (Hgg.), *Depotfunde aus Gebäuden in Zentraleuropa/Concealed Finds from Buildings in Central Europe* (Bamberger Kolloquien zur Archäologie des Mittelalters und der Neuzeit 1 = Archäologische Quellen zum Mittelalter 2), Berlin, 58–67.

Kata (2014): Birgit Kata, „Katalogartikel ‚Hühnerei‘“, in: Peter Wolf, Evamaria Brockhoff, Elisabeth Handle-Schubert, Andreas Th. Jell u. Barbara Six (Hgg.), *Ludwig der Bayer. Wir sind Kaiser!* (Ausstellungskatalog der Bayerischen Landesausstellung 2014 in Regensburg vom 16. Mai bis 2. November = Veröffentlichungen zur Bayerischen Geschichte und Kultur 63), 144.

Kenzler (2009): Hauke Kenzler, „Zum Wandel des Totenbrauchtums in Mittelalter und Neuzeit. Der Friedhof von Breunsdorf, Lkr. Leipziger Land, in seinem weiteren Kontext“, in: Barbara Scholkmann, Sören Frommer, Christina Vossler u. Markus Wolf (Hgg.), *Zwischen Tradition und Wandel. Archäologie des 15. und 16. Jahrhunderts* (Tübinger Forschungen zur historischen Archäologie 3), Büchenbach, 143–151.

Krone und Schleier (2005): *Krone und Schleier. Kunst aus mittelalterlichen Frauenklöstern. Ruhrlandmuseum: Die frühen Klöster und Stifte 500-1200, Kunst- und Ausstellungshalle der Bundesrepublik Deutschland: Die Zeit der Orden 1200-1500. Ausstellungskatalog der Doppelausstellung vom 19.3. bis 3.7.2005 in Essen und Bonn*, München/Bonn/Essen.

Kukatzki (1992): Bernhard Kukatzki, „Fundstücke aus den Synagogen Odenbach und Weisenheim am Berg“, in: Alfred Hans Kuby (Hg.), *Pfälzisches Judentum gestern und heute: Beiträge zur Regionalgeschichte des 19. und 20. Jahrhunderts*, Neustadt a. d. Weinstraße, 237–286.

Laun (2014): Rainer Laun, „Vorsicht: Mit Funden ist immer zu rechnen! Zwei bemerkenswerte Fehlbodenfunde aus der katholischen Pfarrkirche St. Urban und Vitus in Neuhausen und dem Kloster Maulbronn (Enzkreis)“, *Denkmalpflege in Baden-Württemberg* 43, 143–144.

Lehnardt (2012a): Andreas Lehnardt, „Die Genisa von Alsenz – ein lange verborgener Schatz befindet sich nun im Landesarchiv Speyer“, *Unsere Archive. Mitteilungen aus den Rheinland-Pfälzischen und Saarländischen Archiven* 57, 51–52.

Lehnardt (2012b): Andreas Lehnardt, „Die Geniza der Synagoge Weisenau – Verborgenes jüdisches Erinnerungsgut wiederentdeckt“, in: Joachim Schneider u. Matthias Schnettger (Hgg.), *Verborgen – Verloren – Wiederentdeckt. Erinnerungsorte in Mainz von der Antike bis zum 20. Jahrhundert*, Darmstadt, Mainz, 84–95.

Lippert (1977): Andreas Lippert, „Grabungen in der Marienkirche in Bischofshofen“, *Mitteilungen der Gesellschaft für Salzburger Landeskunde* 117, 21–52.

Lohwasser (2011): Nelo Lohwasser, „Die Holzfunde aus dem Mühlberg-Ensemble in Kempten (Allgäu)“, in: Rainer Atzbach u. Ingolf Ericsson (Hgg.), *Die Ausgrabungen im Mühlberg-Ensemble Kempten (Allgäu). Metall, Holz und Textil* (Bamberger Schriften zur Archäologie des Mittelalters und der Neuzeit 3 = Mühlbergforschungen Kempten (Allgäu) 3), Bonn, 197–284.

Marchhart (2012): Helga Marchhart, „‚Breverl‘ im Balken eines Stalls in Wenns, Grenzstein 982“, in: Harald Stadler (Hg.), *Zwischen Schriftquelle und Mauerwerk. Festschrift für Martin Bitschnau* (Nearchos 20), Innsbruck, 126–138.

Moser (1977): Oskar Moser, „Zum Aufkommen der ‚Stube‘ im Bürgerhaus des Spätmittelalters“, in: Heinrich Appelt (Hg.), *Das Leben in der Stadt des Spätmittelalters* (Veröffentlichung des Instituts für mittelalterliche Realienkunde Österreichs 2), Wien, 207–228.

Müller (1995): Ulrich Müller, „Die Kleinholzfunde“, in: Matthias Untermann (Hg.), *Die Latrine des Augustinereremiten-Klosters in Freiburg im Breisgau* (Materialhefte zur Archäologie in Baden-Württemberg 31), Stuttgart, 285–316.

Neuner (1998): Wolfgang Neuner, „Pergamenturkunden als Nistmaterial hochmittelalterlicher Kleinsäuger in Schloß Tirol“, in: Konrad Spindler (Hg.), *Das Geheimnis der Turris Parva. Spuren hochmittelalterlicher Vergangenheit in Schloß Tirol* (Ausstellungskatalog des Landesmuseums Schloss Tirol 4. April bis 8. November 1998 = Nearchos Sonderheft 1), Innsbruck, 141–144.

Obermair (1998): Hannes Obermair, „Mosaiksteine der Schrift: Die spätmittelalterlichen Urkundenfragmente von Schloß Tirol“, in: Konrad Spindler (Hg.), *Das Geheimnis der Turris Parva. Spuren hochmittelalterlicher Vergangenheit in Schloß Tirol* (Ausstellungskatalog des Landesmuseums Schloss Tirol 4. April bis 8. November 1998 = Nearchos Sonderheft 1), Innsbruck, 128–140.

Peinlich-Immenburg (1948): Rose Peinlich-Immenburg, *Der steirische Mandlkalender: seine Zeichen und Bilder*, Graz.

Petz (1989): Wolfgang Petz, *Reichsstädte zur Blütezeit. Alltag und Kultur im Allgäu und in Oberschwaben 1350 bis 1550*, Kempten (Allgäu).

Petz (2006): Wolfgang Petz, „Ein Handwerk zwischen Stadt und Land: Das Kemptener Papierergewerbe vor dem Dreißigjährigen Krieg“, in: Birgit Kata, Volker Laube, Markus Naumann u. Wolfgang Petz (Hgg.), *„Mehr als 1000 Jahre ...“ – Das Stift Kempten zwischen Gründung und Auflösung 752 bis 1802* (Allgäuer Forschungen zur Archäologie und Geschichte 1), Friedberg, 237–300.

Petz (2011): Wolfgang Petz, „Kempten im Allgäu – Mosaiksteine einer zweitausendjährigen Geschichte“, in: Sigmar Radau und Jürgen F. Kranich (Hgg.), *Spielkarten aus Kempten und Schwaben* (Studien zur Spielkarte 25), Berlin, 3–17.

Pfaff (o. J.): Alfred Pfaff, Aus alten Kalendern, Augsburg o. J. [ca. 1944].

Piccard-Online: Wasserzeichensammlung Piccard (Hauptstaatsarchiv Stuttgart, J 340), http://www.piccard-online.de (Stand 3.7.2014).

Radau u. Kranich (2011): Sigmar Radau und Jürgen F. Kranich (Hgg.), *Spielkarten aus Kempten und Schwaben* (Studien zur Spielkarte 25), Berlin.

Rast-Eicher u. Tidow (2005): Antoinette Rast-Eicher u. Klaus Tidow, „Die Textilien aus dem ‚Mühlberg-Ensemble'“, in: Ingolf Ericsson u. Rainer Atzbach (Hgg.), *Depotfunde aus Gebäuden in Zentraleuropa/Concealed Finds from Buildings in Central Europe* (Bamberger Kolloquien zur Archäologie des Mittelalters und der Neuzeit 1 = Archäologische Quellen zum Mittelalter 2), Berlin, 83–84.

Rast-Eicher u. Tidow (2011): Antoinette Rast-Eicher u. Klaus Tidow, „Mühlberg-Ensemble. Die Textilien“, in: Rainer Atzbach u. Ingolf Ericsson (Hgg.), *Die Ausgrabungen im Mühlberg-Ensemble Kempten (Allgäu). Metall, Holz und Textil* (Bamberger Schriften zur Archäologie des Mittelalters und der Neuzeit 3 = Mühlbergforschungen Kempten (Allgäu) 3), Bonn, 285–353.

Reif (2000): Stefan C. Reif, *A Jewish Archive from Old Cairo: The History of Cambridge University's Genizah Collection*, Richmond.

Rosani u. Stadler (2012): Francesco Rosani u. Harald Stadler, *Die Fundmünzen aus den Gewölbezwickelfüllungen und den Ausgrabungen im Zwinger von Schloss Lengberg in Osttirol* (Nearchos Beiheft 12 = Lengberger Studien zur Mittelalterarchäologie 3), Innsbruck.

Rosenfeld (1963): Hellmut Rosenfeld, „Bauernkalender und Mandlkalender als literarisches Phänomen des 16. Jahrhunderts und ihr Verhältnis zur Bauernpraktik“, *Gutenberg-Jahrbuch* 38, 88–96.

Rosenfeld u. Rosenfeld (1978): Hans-Friedrich u. Hellmut Rosenfeld, *Deutsche Kultur im Spätmittelalter 1250–1500*, Wiesbaden.

Schick et al. (2010): Michael Schick, Andreas G. Heiss, Reinhard Kaindl u. Walther Parson, *Die Einhandflöte aus den Gewölbezwickelfüllungen von Schloss Lengberg in Osttirol* (Nearchos Beiheft 8 = Lengberger Studien zur Mittelalterarchäologie 1), Innsbruck.

Schindler (1958): Robert Schindler, „Linzer und Wiener Mandl-Kalender aus Buchdeckelfunden im Oberösterreichischen Landesarchiv“, *Historisches Jahrbuch der Stadt Linz*, 415–424, Taf. XXVI–XXIX.

Schlißke (1948): Otto Schlißke, *Handbuch der Lutherlieder*, Göttingen.
Schulz-Grobert (1990): Jürgen Schulz-Grobert, *Deutsche Liebesbriefe in spätmittelalterlichen Handschriften. Untersuchungen zur Überlieferung kleiner Reimpaargedichte*, Marburg a. d. Lahn.
Sennhauser (2008): Hans Rudolf Sennhauser (Hg.), *Ausgrabungen in Stadtkirche und Dreikönigskapelle Baden 1967/1968: Kirchen und Siedlungsgeschichte von der Frühzeit bis ins späte Mittelalter*, Zürich.
Spindler u. Stadler (2004): Konrad Spindler u. Harald Stadler (Hgg.), *Das Brigantinen-Symposion auf Schloss Tirol/Il simposio sulla Brigantina a Castel Tirolo* (Nearchos Sonderheft 9), Innsbruck.
Stangl u. Lang (1995): Anja Stangl u. Frank Thomas Lang (Bearb.), *Mönche und Scholaren. Funde aus 900 Jahren Kloster Alpirsbach* (Begleitheft zur Ausstellung 29. April bis 11. Juni 1995), Karlsruhe.
Steinmacher (1995): Gabi Steinmacher, „Genisa-Funde in Rheinland-Pfalz: Hebräische Schriftfunde aus ehemaligen Synagogen", *Volkskunde in Rheinland-Pfalz* 10, 39–49.
Sydow (1981): Jürgen Sydow (Hg.), *Städtische Versorgung und Entsorgung im Wandel der Geschichte* (Stadt in der Geschichte 8 = Arbeitstagung/Südwestdeutscher Arbeitskreis für Stadtgeschichtsforschung 18), Sigmaringen.
Thummerer (1978): Hilda Thummerer, „Der Reliquienschrein des heiligen Simpert (Bericht über seine Öffnung im Jahr 1977)", *Jahrbuch des Vereins für Augsburger Bistumsgeschichte* 12, 151–159.
Tremmel (2005): Erich Tremmel, „Musikinstrumentenfragmente im Fundkomplex des ‚Mühlberg-Ensembles' in Kempten – Zum Instrumententyp des ‚Klein-Flötlin mit vier Löchern'", in: Ingolf Ericsson u. Rainer Atzbach (Hgg.), *Depotfunde aus Gebäuden in Zentraleuropa/Concealed Finds from Buildings in Central Europe* (Bamberger Kolloquien zur Archäologie des Mittelalters und der Neuzeit 1 = Archäologische Quellen zum Mittelalter 2), Berlin, 75–82.
Vossler-Wolf (2011): Christa Vossler-Wolf, „Das Buch im Grab. Konservierung und Interpretation einer außergewöhnlichen Grabbeigabe", in: Matthias Untermann (Hg.), *Religiosität in Mittelalter und Neuzeit* (Mitteilungen der Deutschen Gesellschaft für Archäologie des Mittelalters und der Neuzeit 23), Paderborn, 105–112.
Wagner (2000): Bettina Wagner, „Katalogartikel ‚Bauernkalender'", in: Albrecht Liess (Hg.), *Schrift-Stücke. Informationsträger aus fünf Jahrtausenden* (Ausstellungskatalog der Bayerischen Staatsbibliothek und des Bayerischen Hauptstaatsarchiv München 19. Juli bis 20. September 2000), München, 167, Nr. 137, Abb. S. 8.
von Walcher (1914): Alfred Ritter von Walcher, „Der Renaissancefund von Poysdorf", *Vierteljahresschrift Werke der Volkskunst* 1/4, 1–15.
Walter ([2]1988): Sepp Walter, *Der steirische Mandlkalender; seine Zeichen und Symbole*, 2. Aufl. Graz.
Walz (1989): Dorothea Walz, *Auf den Spuren der Meister. Die Vita des heiligen Magnus von Füssen*, Sigmaringen.
Wendel (2008): Alfred Wendel, *Chronik Odenbach. Band 3: Jüdisches Leben in Odenbach: ... Der Genisa-Fund der Synagoge Odenbach*, Odenbach.
Wiesemann (1992): Falk Wiesemann (Hg.), *Genizah – Hidden Legacies of the German Village Jews/ Genisa – Verborgenes Erbe der deutschen Landjuden*, Gütersloh.
Wiesemann (2000): Falk Wiesemann, „Die Genisa der Synagogengemeinde Westheim bei Hammelburg", in: Volker Rieß (Hg.), *Katalog zur Ausstellung Jüdisches Leben in und um Hammelburg im Stadtmuseum Herrenmühle*, Hammelburg, 23–54.
Wiesemann et al. (2012): Falk Wiesemann, Richard Keuler, Andreas Lehnardt u. Anette Weber (Hgg.), *Zeugnisse jüdischen Lebens in Niederzissen. Genisa-Funde in der ehemaligen Synagoge*, Niederzissen.

Wiethold (2005): Julian Wiethold, „Botanische Funde aus der Nonnenempore des Klarissenklosters von Ribnitz, Kr. Nordvorpommern, und aus dem Haus Mönchstr. 38, Hansestadt Stralsund – Zwei Beispiele für die Auswertung und Interpretation von botanischen Funden aus Gebäuden“, in: Ingolf Ericsson u. Rainer Atzbach (Hgg.), *Depotfunde aus Gebäuden in Zentraleuropa/ Concealed Finds from Buildings in Central Europe* (Bamberger Kolloquien zur Archäologie des Mittelalters und der Neuzeit 1 = Archäologische Quellen zum Mittelalter 2), Berlin, 131–146.

Claudia Märtl

Zusammenfassung

Im Jahr 1448 beendete der Bischof von Modena einen Brief an Lionello d'Este, der ihn zu diplomatischen Verhandlungen entsandt hatte, mit den Worten, er breche übermüdet ab, da er sonst „Papier so groß wie den Erdkreis“[1] benötigen würde und nicht zum Kanzler werden wolle. Er hatte also seine Mitteilungen dem Format des Blatts oder Bogens angepasst und gab zugleich zu verstehen, welche Anstrengung es ihn gekostet hatte, den zur Verfügung stehenden Platz zu füllen. Die Äußerung illustriert zum einen die Allgegenwart und ‚Alternativlosigkeit‘ schriftlicher Kommunikation auf Papier (der Einsatz eines Boten für ein ausführliches mündliches Referat wurde gar nicht in Betracht gezogen), zum anderen die von Bernd Schneidmüller eingangs aufgestellte These, dass die Materialität des Beschreibstoffs Textproduktion und Inhalt bestimme. Gleichzeitig macht dieser rhetorische Schnörkel darauf aufmerksam, dass die Art und Weise des Umgangs mit einem Beschreibstoff von „situativen“ Gegebenheiten abhängt. Selbstverständlich war die Schlussfloskel mit einem Augenzwinkern hingeschrieben, ist doch nicht anzunehmen, dass es dem geistlichen Gesandten an Papier oder an Übung im Formulieren und Schreiben mangelte. Der Bischof wollte offenbar andeuten, dass er derart umfängliche Schreibarbeiten, wie sie ihm im Rahmen der Gesandtschaft abverlangt wurden, eigentlich als nicht standesgemäß empfand.

Diese Interpretation eines Details aus der unendlich reichhaltigen Überlieferung, die das italienische Gesandtenwesen des 15. Jahrhunderts hinterlassen hat, verdankt einiges den Anregungen, die von der Tagung, die es hier zusammenzufassen gilt, in reichem Maß geboten wurden. Im Folgenden können daraus nur wenige Schwerpunkte hervorgehoben werden.

Überaus anregend und methodisch lehrreich verliefen zumal die beiden „Tandem-Referate“ von Sandra Schultz und Johannes Follmer sowie Thomas Klinke und Carla Meyer, in denen das Phänomen Papier aus den überkreuzten Perspektiven des Historikers und des Praktikers in den Blick genommen wurde. Im Gegensatz zur Forschung in den angelsächsischen Ländern, die hier weniger Berührungsängste aufweist, hat die deutschsprachige Mediävistik noch kaum den Kontakt zu Restauratoren und Handpapiermachern gesucht. Die beiden Referate demonstrierten eindrucksvoll, dass eine Zusammenarbeit den historischen Blick für Eigenschaften des Papiers schärft, die sonst aus Unkenntnis gar nicht bemerkt werden würden. Da die ersten nachvollziehbaren Texte zur Papierherstellung erst aus dem Ende des 15. Jahrhunderts und dem 16. Jahrhundert datieren, kann für den Beginn der europäischen

1 Es handelt sich um das titelgebende Zitat von Senatore 1998, zum Kontext vgl. ebd., 25.

Papierproduktion und die Phase ihrer Ausbreitung nur die Untersuchung der Papiere selbst Aufschluss über Qualität und Machart geben. Die so gewonnenen Erkenntnisse sind nicht allein für die Geschichte des Papiers relevant, sondern erlauben auch Rückschlüsse auf die mit seiner Herstellung, Verwendung und Archivierung verbundenen organisatorischen, sozialen und im weitesten Sinn kulturgeschichtlichen Prozesse. Während hinsichtlich der Interpretation von Spuren des Herstellungsprozesses bereits aussagekräftige Ergebnisse gewonnen werden konnten, erwies sich die kulturhistorische Auswertung von Gebrauchsspuren als schwieriger, da hierfür erst ein methodisches und begriffliches Instrumentarium entwickelt werden muss, wozu praktikable Vorschläge von Carla Meyer vorgetragen wurden. Die gewählten Fallbeispiele illustrieren exemplarisch das Spektrum historischer Auswertung. Bemerkenswerterweise erwies sich, dass für die Steuerbücher von Ravensburg im 15. Jahrhundert Papier verwendet wurde, das einem schnellen, auf Massenproduktion bedachten Herstellungsprozess entstammte; auch Ausschussware wurde von den Schreibern der Steuerverwaltung nicht verschmäht. War in der weithin bekannten Hochburg der Produktion hochwertigen Kanzleipapiers erstklassige Qualität nur für den Export bestimmt? Oder hängt diese Beobachtung damit zusammen, dass es – wie in anderen Städten – in Ravensburg keine Hinweise auf einen zentralen Einkauf von Papier seitens der städtischen Kanzlei gibt, sondern die Schreiber sich individuell versorgten und vielleicht die Kosten niedrig halten wollten? Wie andererseits die Untersuchung der frühesten, kurz nach der Mitte des 14. Jahrhunderts einsetzenden Papierdokumente des Hauptstaatsarchivs Stuttgart ergab, ist der Erhaltungszustand mittelalterlichen Papiers vielfach ganz ausgezeichnet, und dies trotz der angesprochenen Produktionsfehler und vieler Gebrauchsspuren. Deren Deutung und Datierung ist nur in Teilen leicht zu entschlüsseln – so etwa bei der Verschmutzung, die bei lange gefalteten Papieren die Außenseite anzeigt, oder bei der Durchlöcherung in der Mitte jener Papiere, die in der Kanzlei ursprünglich in einem Bündel (italienisch *filza*) an einer Schnur aufbewahrt wurden. Die Tandem-Referate gaben ein überzeugendes Plädoyer für eine nicht-virtuelle Befassung mit dem Untersuchungsgegenstand Papier ab, der Tastsinn und Gehör ebenso wie den Gesichtssinn herausfordert (nicht zuletzt auch den Geruchssinn, von dem allerdings nicht die Rede war). Zusammengenommen stellen sie anschauliche Exempel dar, wie das eingangs formulierte Ziel, die Hilfs- oder Grundwissenschaften zu stärken, erreicht werden könnte. Die so oft nur beschworene und herbeigeredete Interdisziplinarität ergibt sich wie von selbst, sobald nur sorgfältig genug auf das materielle Substrat der historischen Interpretation geachtet wird. Wie hier demonstriert, ist die Papierforschung zu technischen und naturwissenschaftlichen Methoden anschlussfähig, teils auch auf diese angewiesen. Bisweilen könnte sogar eine DNA-Analyse interessant sein, wenn man an die in Archivalien und Handschriften verbliebenen Haare früherer Besitzer und Benutzer denkt!

Im Gegensatz zu den in den beiden Tandem-Referaten vorgetragenen innovativen Ansätzen handelt es sich bei der Wasserzeichenforschung um einen traditionsreichen Forschungszweig, der in kaum einem der Referate nicht angesprochen wurde. Obwohl in der Diskussion relativierende und kritische Stimmen hinsichtlich der Validität von auf Wasserzeichenforschung beruhenden Schlüssen ausführlich zu Wort kamen, wurde doch auch deutlich, dass deren Potenzial noch keineswegs ausgeschöpft ist. Das gilt etwa bei der Bestimmung des für Inkunabeln, Einblattdrucke, Holzschnitte und Kupferstiche verwendeten Papiers. Durch die Möglichkeiten der Digitalisierung und elektronischen Datenverarbeitung hat sich die Arbeitsbasis der Wasserzeichenforschung erheblich verbessert. Die beiden Referate von Evamaria Bange und Erwin Frauenknecht, in denen Wasserzeichen eine zentrale Rolle spielen, zeigten, dass ihre Erforschung zu Ergebnissen führen kann, die auf anderem Weg nicht zu gewinnen sind. Denkt man zuerst an die Bestimmung der Herkunft verwendeter Papiersorten, so lässt sich am Beispiel Luxemburgs darlegen, dass auch Organisation und Einkaufsgewohnheiten städtischer Schreibstuben sowie deren Veränderung unter gewandelten politischen Rahmenbedingungen erhellt werden können. Während hier zuerst zwei Generationen lang von den Schreibern individuell gekaufte Papiere heterogener Herkunft eingesetzt wurden, sorgte nach der Mitte des 15. Jahrhunderts offenbar ein Großeinkauf des Leiters dafür, dass fortan über 30 Jahre lothringische Papiere vorherrschten. Dies könnte zusammenhängen mit der Einsetzung eines Stadtschreibers durch den burgundischen Herzog Philipp den Guten nach seiner Eroberung Luxemburgs im Jahr 1443. Insofern wäre es auch lehrreich, im Gegenzug die Einkaufsgewohnheiten der herzoglichen Kanzlei zu untersuchen, zumal die burgundische Verwaltung den Ruf relativ fortgeschrittener ‚Rationalisierung' genießt. Ähnlich wurde für Papier der 1477 gegründeten Uracher Papiermühle, deren Produktion vornehmlich für Einblattdrucke und Amtsdrucksachen bestimmt war, nachgewiesen, dass es noch zehn Jahre nach seiner Herstellung für einen Inkunabeldruck verwendet wurde. Derartige Erkenntnisse, die einer Vertiefung auf breiter Materialbasis bedürfen, können nicht ohne Folgen bleiben für den verbreiteten Ansatz, mit Hilfe von Wasserzeichen eine Datierung undatierter Schriftstücke zu versuchen.

Die auf der Auswertung archivalischer Quellen beruhenden Beiträge zur Herstellung und Verwendung von Papier in den Verwaltungen der Städte Greifswald und Hamburg (Hendrik van Huis), Duisburg (Heike Hawicks) und Köln (Franz-Josef Arlinghaus) ergeben in der Zusammenschau ein interessantes Panorama. In allen Fällen trat Papier in der Stadtverwaltung im 14. Jahrhundert auf, am frühesten wohl in Köln, doch wurde in allen Städten Pergament weiterverwendet und verdrängte sogar den vermeintlich fortschrittlicheren Beschreibstoff vereinzelt wieder. Dasselbe Phänomen zeigt sich in Gent (Inge Van Wegens). Plausibel ist der Schluss, dass die Wahl von Papier oder Pergament davon abhing, welcher Status und Rang dem zu erstellenden Dokument zugebilligt wurde: Texte, die eine lange Gültigkeit und rechtliche Wirksamkeit besitzen sollten, wurden auf Pergament niedergeschrieben; für Texte, die nur vorübergehend wichtig waren – dazu gehörten etwa Rechnungen und Niederschriften von Ratssitzungen – lag die Verwendung von Papier nahe, auf dem zudem ohne Rücksicht auf die Ästhetik Streichungen und Schwärzungen vorgenommen wurden. Es gibt allerdings Hinweise darauf, dass auch ökonomische Motivationen, etwa

Rücksichtnahme auf die Interessen von Importeuren und Händlern von Beschreibstoffen, bisweilen eine Rolle gespielt haben könnten. Zu vermuten ist, dass nicht nur in Köln Rechts-, Verfassungs- und Verwaltungstexten auf Pergament größere Sorgfalt in Schrift und Layout angedieh, während Texte auf Papier eher in die Sphäre des Konzepts, der Gedächtnisstütze und der raschen Mitteilung gehörten. Für diese Einschätzung waren vielleicht nicht einmal so sehr Erwägungen der unterschiedlichen Haltbarkeit ausschlaggebend, sondern solche der Bearbeitbarkeit und der Verbreitung – Papier war sofort einsatzfähig und im städtischen Umfeld überall vorhanden. In der Kombination von Entstehungskontext (Urheber, Entstehungssituation), Wahl des Beschreibstoffs, Wahl der Sprache, Sorgfalt der Ausführung und Absicht der Aufbewahrung (oder eben der Vernichtung nach Gebrauch) entsteht ein „Diskursraum", in dem auch individuelle Strategien, etwa solche der Statussteigerung, zum Tragen kommen konnten. Diese am Beispiel Kölns vorgetragene These würde eine übergreifende Untersuchung verdienen. Wie in der Diskussion thematisiert, verwendeten einzelne Instanzen, so der Papst oder der venezianische Doge, noch im fortgeschrittenen 15. Jahrhundert Pergament für ihre Schreiben, zu einer Zeit, da sich im Briefverkehr bereits das Papier auf breiter Front durchgesetzt hatte. Das Argument der größeren Dauerhaftigkeit von Pergament greift in solchen Fällen meist zu kurz, zumal auch die mittelalterlichen Papiere überaus haltbar sind. Es geht vielmehr um Nobilität und überzeitlichen Anspruch von Rang und Stand, die in der Wahl des Beschreibstoffs Pergament zum Ausdruck kamen.

Papier war seit dem 13. Jahrhundert auf den europäischen Märkten ein gesuchtes Handelsgut. Wie Emanuela Di Stefano darlegte, wurden an einigen Standorten in den Marken (also im Kirchenstaat!) Papiere unterschiedlicher Qualität produziert, die über die Handelsnetze italienischer Kaufleute im christlichen Mittelmeerraum vertrieben wurden und speziell über Venedig, das etwa 85 % der Papierausfuhr aus Camerino, Pioraco und Fabriano verschiffte, auch nach Flandern, Nordfrankreich, England und in das Deutsche Reich gelangten. Bereits im 14. Jahrhundert waren Händler und Produzenten dabei in der Lage, auf Käuferwünsche zu reagieren. Dass diese Zusammenhänge detailliert erhellt und sogar quantitative Aussagen getroffen werden können, ist nicht allein der generell besseren italienischen Überlieferung zu verdanken, sondern auch dem spezifischen Überlieferungszufall, der mit der Entdeckung des Archivs Francesco Datinis in Prato es ermöglicht hat, römischen und venezianischen Archivalien die Innenperspektive eines Handelshauses gegenüberzustellen. Die Leistungsfähigkeit der italienischen Papierherstellung, die Qualität ihrer Produkte, die Differenzierung des Angebots und die eingespielten Vertriebsnetze könnten maßgeblich dafür verantwortlich gewesen sein, dass sich nördlich der Alpen der Wunsch, eigene Papiermühlen zu besitzen, vielerorts spät regte – bisweilen erst im Zusammenhang mit den Aktivitäten einer ortsansässigen Universität, wie in Hamburg (Hendrik van Huis) oder Heidelberg (Heike Hawicks). An sich herrscht jedoch im 15. Jahrhundert auch nördlich der Alpen kein Mangel an Nachrichten über die Etablierung von Papiermühlen. Häufig führte die Initiative der Landes- oder

Grundherren zur Ansiedlung von Papiermachern, die mit Privilegien ausgestattet wurden, um Papiermühlen aufzubauen oder aufgelassene Getreide- und Walkmühlen umzuwandeln. Diese Vermutung legen die auf der Tagung behandelten Fallbeispiele aus Württemberg (Erwin Frauenknecht) und den Niederlanden beziehungsweise dem Herzogtum Burgund (Inge Van Wegens) nahe. Misstrauen gegenüber tradierten Aussagen ist auch bei diesem Thema am Platz, wie Erwin Frauenknecht bewies, der mit quellenkritischem Scharfsinn plausibel machen konnte, dass die ersten Papiermacher in Württemberg wahrscheinlich aus Cassella bei Turin kamen, nicht aus Kastilien, was auf einer Falschlesung beruhen dürfte. Da diese frühen Papiermacher auch in anderen Regionen meist aus Italien oder Frankreich stammten, verhält sich die Wanderung der Kenntnisse über die Papierherstellung gegenläufig zu der Verbreitung der Drucktechnik durch deutsche Drucker – ein interessantes Schlaglicht auf die Bedeutung von Migration für die Ausbreitung von Innovationen in Europa!

Dass ein beachtlicher Teil der Nachrichten über Papiermacher in Zusammenhängen überliefert sind, die für rechtliche oder soziale Konflikte mit dem Umfeld sprechen, sollte nicht überbewertet werden angesichts der bekannten Tatsache, dass der Problemfall eine größere Chance auf Überlieferung besitzt als das reibungslose Alltagsgeschäft. Bedenkenswerter ist die Feststellung, dass es bei vielen frühen Papiermühlen nicht gelingt, Papiere aus ihrer Produktion nachzuweisen. Es muss sich dabei nicht um technische oder ökonomische Fehlschläge gehandelt haben. Da die heutige Forschung fast ausschließlich auf das in Archiven oder Bibliotheken überlieferte Papier als Untersuchungsgegenstand angewiesen ist, sollte für eine historische Einschätzung des Phänomens auch beachtet werden, dass Papier noch zu vielen anderen Zwecken als zum Schreiben oder Drucken produziert und verwendet wurde. So könnte das Ziel der frühen Produktion nördlich der Alpen gerade in der Herstellung von Papieren als Verpackungs- oder Verbrauchsmaterial bestanden haben, da die Nachfrage nach Schreibpapier durch den Import aus Italien und Frankreich befriedigt wurde. Für die Niederlande wurde die These präsentiert, die Papiere der frühen Mühlen könnten speziell für die Anfertigung von Kartons für die Tapisseriemanufakturen gedacht gewesen sein (Inge Van Wegens). Einen Einblick in die Verbreitung von Papier vermögen günstige archäologische Fundsituationen zu geben, wie Birgit Kata am Beispiel des Kemptener Mühlbergensembles vorführte, wo in Fehlbodenverfüllungen des Späten Mittelalters und der Frühen Neuzeit auch viele Übererste von Artefakten aus Papier zum Vorschein kamen, vom Liebesbrief bis zum Kalenderblatt. Gewiss sind solche Funde vergleichsweise dünn gesät, doch wäre es ganz falsch, sie als Kuriositäten einzustufen, handelt es sich doch um winzige Spuren des einst in riesenhafter Menge Vorhandenen.

Die alltägliche Verwendung von Papier zu anderen Zwecken als zum Schreiben oder Drucken stellte einen der Schwerpunkte der Diskussion während der Tagung dar, dem noch besser nachgegangen werden müsste. Aufgrund der schlechten Überlieferungschancen solcher Papiere dürften für dieses Thema Bild- und Textquellen, besonders Rechnungen, eine größere Rolle spielen. Dies sei abschließend an einem

Beispiel ausgeführt. Eine verdienstliche Untersuchung über „die Kosten des Buchs“ hat eine Vielzahl von Nachrichten über den römischen Handel mit Pergament und Papier zusammengetragen und diese mit Handschriften und Registern aus dem Umfeld der Kurie in eine Beziehung gesetzt.[2] Das Augenmerk der Verfasser und Verfasserinnen galt dabei der Verwendung von Pergament und Papier zum Zweck des Schreibens oder Druckens, während Hinweise auf Käufe zu anderen Zwecken unter den Tisch fallen. So wurden aus den Haushaltsrechnungen Pius' II. allein jene Notizen thematisiert, die sich auf Handschriften, die für diesen Papst geschrieben wurden, und damit fast immer auf Pergament beziehen. Gleichzeitig verfasste der schreibwütige Papst seine eigenhändigen Notizen, Bullenentwürfe und schließlich die *Commentarii* auf Papier. Ein Blick in die Register der *Tesoreria Segreta* für das Jahr 1459, als die Kurie nach Mantua reiste, zeigt, dass der mit der Rechnungsführung beauftragte Kammerherr relativ häufig Papier kaufte, und zwar zwischen zwei und sechs Mal im Monat.[3] Der Verwendungszweck „zum Schreiben“ wird in einigen Fällen explizit angesprochen, meist in Verbindung mit der Angabe, es sei ein „Buch“ oder „Büchlein“ für die Buchführung durch einzelne Personen im päpstlichen Haushalt angeschafft worden. So entsteht der Eindruck, dass bei vielen weiteren Vermerken, zumal wenn nicht „Bücher“, sondern „Lagen von Blättern“ (*quaderni di fogli*) gekauft wurden, andere Zwecke im Vordergrund standen. Auch Pergament wurde nicht nur zum Schreiben benutzt: Im Januar 1459 wurden Pergamentblätter (*carte di pecora*) beschafft, um Konfektbehälter damit zu verschließen.[4] Oft vermerkt der Kammerherr nur, es sei Papier „für das Gemach“ des Papstes (*per la camara*) gekauft worden. Der Verdacht liegt sehr nahe, dass dieses Papier unter anderem als Toilettenpapier verbraucht wurde. Das Papier, das für den Leibkoch Antonius Blockel gekauft wurde, könnte nicht nur für dessen Buchführung, sondern auch für Küchenzwecke gedient haben.[5] Im Juni 1459 wurde für die Hofapotheke minderwertiges Papier (*fogli da straccio*) wohl zum Einwickeln oder Putzen gekauft.[6] Im August und September wurde Papier für Lampions beschafft, die anlässlich der Feste zum Jahrestag der Krönung

2 Cherubini et al. 1983.

3 Die folgenden Angaben beziehen sich auf Archivio di Stato di Roma, Camerale I, 1473; 1474; 1475.

4 Archivio di Stato di Roma, Camerale I, 1473 fol. 4v.

5 Es sei zum Beispiel verwiesen auf das Fresko „Ankündigung des Todes der Heiligen Fina“ (1477/78) von Domenico Ghirlandaio in der Kollegiatkirche S. Maria Assunta in San Gimignano, bei dem im Hintergrund eine geschlossene Spanschachtel dargestellt ist, unter deren Deckel eine das Innere auskleidende Papiermanschette hervorlugt, deren Ränder in Fransen geschnitten sind – offenbar eine beliebte Form, Konfekt zu präsentieren.

6 Archivio di Stato di Roma, Camerale I, 1473 fol. 78v. Im Anhang zu Cherubini et al. 1983, 458–537 findet sich eine Auswertung der römischen Zollregister von 1444 bis 1485, die Auskunft über den Papierimport, darunter häufig *carta straccio*, gibt.

und Inthronisation des Papstes auf die Palastzinnen gestellt werden sollten; großformatige Blätter (*fogli reali*) sollten in einem Feuerwerk bei derselben Gelegenheit Verwendung finden.[7] So zeigt dieser Haushalt, wie unentbehrlich der vielseitige Stoff Papier am Ende des Mittelalters geworden war.

7 Archivio di Stato di Roma, Camerale I, 1474 fol. 20r; fol. 24r; fol. 25v; fol. 26v; fol. 27r.

Bibliographie

Senatore (1998): Francesco Senatore, „*Uno mundo de carta*“. *Forme e strutture della diplomazia sforzesca* (Mezzogiorno medievale e moderno 2), Neapel.

Cherubini et al. (1983): Paolo Cherubini, Anna Esposito, Anna Modigliani u. Paola Scarcia Piacentini, „Il costo del libro”, in: Massimo Miglio (Hg.), *Scrittura, biblioteche e stampa a Roma nel Quattrocento. Atti del 2° Seminario, maggio 6–8 maggio 1982. Con la collaborazione di Paola Farenga e Anna Modigliani* (Littera Antiqua 3), Città del Vaticano, 323–553.

Abstracts

Sandra Schultz and Johannes Follmer

Air bubbles, knots and waterdrops. Seeking traces of historic paper production using records in the Ravensburg Archives

The history of medieval paper production focuses on two major fields of interest: the search for paper mills attempting to define their date of establishment; and historic paper production techniques. However, most of the time, the written sources do not shed light on these questions. This is why some paper historians referred to the technical literature of the 17th and 18th centuries to draw conclusions on medieval paper production. Only a few researchers concentrated on the features that can be traced in historic papers to reconstruct the production process. The paper presented follows this approach by examining the paper characteristics of a particular medieval corpus – that is, four tax books written between 1473 and 1497 – which is kept in the Municipal Archives in Ravensburg.

Emanuela Di Stefano

European and Mediterranean perspectives on the paper produced in Camerino-Pioraco and Fabriano at the apogee of its medieval development (14th–15th century)

Through the systematic analysis of thousands of letters preserved in the Datini Archive in Prato, it turned out that between the mid-fourteenth century and the early years of the fifteenth century, the paper from Fabriano and Camerino-Pioraco (the latter understood as paper produced by the merchants of Camerino in the paper mills located in the small castrum of Pioraco on the Potenza river) was the most widely requested and traded in Europe.

An essential vehicle of communication of the new urban and mercantile society, paper departed from the two centres in the Apennines and, through the easiest maritime and land routes, it was traded west, to Perugia, Pisa, and Genoa, thence to reach Avignon and, sometimes, Paris; and east, towards Ancona, Fano, or Pesaro, from whence it embarked for Venice: La Serenissima was in fact a great centre of consumption and sorting of paper from Camerino-Pioraco and Fabriano towards Germany, the Levant, Catalonia and Northern Europe.

Through the "mude" of Flanders – the five galleys of the Venetian state – and, sometimes, Genoese galleys, the paper from the Marches, thanks to the intermediation of the major Tuscan trading companies, finally reached Bruges and London and spread to the surrounding areas, towards the Germanic world and Eastern Europe on the one hand, the Champagne and Paris on the other. The same sources provide evidence and allow us to ascertain the relevant quantity of the flows of paper exported (not less than 50 thousand reams sent every decade to the European markets), the quality and the variety of paper types, and the market values.

Inge Van Wegens

Paper consumption and the foundation of the first paper mills in the Low Countries, 13th–15th century. A status quaestionis

By 1300 paper was known as a writing support for administrative purposes in the Low Countries. Despite the growing popularity of paper in administration, it was only accepted as the formal carrier much later. As of 1280 Bruges, the commercial and economic metropolis in the North, also acted as a marketplace for paper. Until 1370 predominantly Italian paper was used in the Low Countries. In the first half of the 15th century, Italian paper disappeared in favour of French paper.
It took until the middle of the 15th century before local paper production in the Low Countries developed. The first papermaker was of French origin and installed a paper mill in Linkebeek near Brussels. By the end of the 15th century, 18 paper mills, all concentrated around Brussels and many on ducal domains, indicating the important role Duke Philip the Good played in the emergence of the local paper making industry. His court needed a lot of paper and not only for writing. The Dukes had a high demand for luxury goods. Besides manuscripts, the Flemish tapestry industry flourished, supplanting the old cloth industry. Our working hypothesis is that the locally produced paper was used to make the "tapestry cartoons".

Erwin Frauenknecht

Paper mills in Württemberg. Research approaches regarding the example of the paper mills in Urach and Söflingen

The example of two paper mills in the County of Württemberg illustrates research approaches and research gaps of paper use in the Late Middle Ages. In 1477, the paper mill in Urach was first mentioned which makes it the oldest in the County of Württemberg. Dwelling on both, the records as well as the watermarks, the analysis of these sources sheds new light on the early history of this paper mill. Furthermore, the Count of Württemberg has had an important influence on the early printing in Urach, which was closely connected to the paper production in this region. In addition, this relation between local authorities and paper production can also be observed with regard to the example of the paper mill in Söflingen near Ulm whose foundation was initiated by the abbess of the monastery Söflingen. Hence, the analysis of these two paper mills offers new insights into the crucial issue of medieval paper production in Württemberg.

Evamarie Bange

Watermarks as source for economic and social history. A study based on the account books of the city of Luxembourg

Although Luxembourg's paper mills only started production in the late 17th century, as early as 1388 imported paper was introduced to the administrations of cities and monasteries. This study of paper use is based on the accounts of the city of Luxembourg dating between 1388 and 1480. The following aspects were examined: Where does the paper come from and who purchased it? How was the paper distributed within the writing community of Luxembourg? Are the production lines of paper reflected in its use? How reliably can watermarks be used for dating documents? Correlating watermarks with known account holders and city clerks as well as scribes, identified through their handwriting, lead to the following results: Paper was imported in the late 14th century from Italy and France. From the 15th century onwards, French paper dominated the Luxembourg market. Consistency in administrative staff leads to consistency in watermark occurrence. The distribution of differing watermarks in a given year shows that account holders and/or scribes individually bought paper for their own use from different suppliers or at different times. Paper with identical watermarks was used for up to ten years.

Thomas Klinke and Carla Meyer

Folded, lacerated, thinned. Traces of use on old paper in a cultural and historical perspective

Until the 'digital era' of our days, the production and reception of texts was inevitably connected with the touching and handling of the material medium 'paper'. Any use, however, leaves its mark on the sheets, traces of use, which are no longer solely classified by today's conservators and historians as 'exogenous damages' but valuated as 'patina' worth preserving. This valuation reflects the awareness that traces of use are not only proof of the authenticity of a document, but can furthermore reveal the frequency and form of usage in past times. However, up to now there is still a lack of overall consideration, which links observations on material features systematically to the question of their cultural and historical significance. Our essay brings together the expertise of restoration and historical science and can therefore be understood as an experiment: We first want to ask, which traces actually can be observed on the material object? Secondly, we focus on categories and terms to describe them. Thirdly, we reflect on the cultural-historical information they convey.

Franz-Josef Arlinghaus
Materiality and differentiation of communication. Functions of parchment and paper use in late medieval hierarchical society

There is no doubt that writing has the potential to make the world more efficient and more rational. However, recent research on writing and its use in pre-modern society emphasise a) that writing, more than creating a sphere of its own (as it does today), was still an intrinsic part of an oral culture, and b) that communication as such was more oriented to the social than to the factual. Against this background, the article suggests that the introduction of a new material for writing, more than a tool to rationalise administration, may be seen as a way to modify and differentiate communication. Using parchment or paper may be seen as an enhancement of the repertoire of forms to communicate, so badly needed in a society that is growing more and more complex. In this respect, the use of parchment or paper is not necessarily oriented along differentiations like expensive/cheap, difficult/easy to get etc. Rather, parchment and paper may have functioned as ‚distinguishers' – together with other ‚tools' – for certain fields of communication. To illustrate this, the paper will draw on a wide range of different sources mainly from the 15th and 16th centuries.

Hendrik van Huis
The use of paper and parchment in the city books of Greifswald

Over the course of the last few decades, historians have frequently pointed out that paper was unanimously and immediately favoured as a writing material in chancelleries of the Late Middle Ages from the birth of the development of city administrations. However, this was not the case in two Hanseatic cities in Northern Germany. Greifswald and Hamburg accepted the new writing material only reluctantly in their city administrations, although both cities started using paper from the middle of the 14th century. The first city book made out of paper in Greifswald was the *Liber censuum civitatis* – a tax book that was started in 1360. The first city book made out of paper in Hamburg was the *Pfundzollbuch von 1369*, a book that lists the pound toll. Nevertheless, both cities have a history of parchment-use that outlived the end of the Middle Ages by centuries: In Greifswald parchment was used until the 17th century. The longest use of parchment in a city book can be found in the *Liber civitatis, liber de hereditatum resignatione*, which was started in 1460 and used until 1676. In Hamburg, parchment was used until 1844 (the *Erbebuch von 1844* was started and finished in 1844). Although it cannot be denied that paper was used extensively in many parts of the city administrations in Hamburg and Greifswald, the role of parchment as a writing material has to be reassessed as one that is much more significant in Hanseatic cities of Northern Germany, especially when it comes to documents that needed to be valid for a long time.

Heike Hawicks

Situational use of parchment and paper in the Late Middle Ages. A case study based on the inventories of the City Archive of Duisburg and the University Archive of Heidelberg

Using the examples of the inventories of the City Archive of Duisburg and the University Archive of Heidelberg, the replacement processes and different usages of traditional parchment in comparison to the new writing surface of paper during the Late Middle Ages are examined. As an old imperial city, trading centre and educational institution respectively, these two places of writing permit a differentiated approach, in which not only the age and origin of each document, but also the type of text and especially the situational meaning can be observed. Depending on the state of transmission, the processing stages of the individual type of document from one place of writing can be compared with one another. Particularly suitable for this purpose are the city accounts of Duisburg, which have survived since 1348, as they have existed in parallel since 1412 in the form of draught-copies in paper notebooks, as well as the official copies on scrolls of parchment. But official registers and charters can also be examined with regard to the use of parchment and paper in situational terms. In addition to the writing surface, the respective use of language and variations in the graphemics are also to be included in the examination.

Paul Needham

Book Production on Paper and Vellum in the fourteenth and fifteenth centuries

In the 1490s Abbot Tritheim argued that printing was a *res papirea* and scribal work (implicitly) a *res membranacea*. If paper lasted even 200 years, he wrote, it would be a marvel: "posterity will judge." Now, 520 years after Tritheim wrote, we can judge: does 15th-century paper last well? Do books printed on vellum/parchment survive better than those on paper? And, in general: what kinds of early books were printed on vellum as opposed to paper: what were their respective markets? Several hundred thousand incunables survived, and so we have an extensive body of information. Moreover, we can put these incunables into the wider context of books written on paper and vellum from the late 13th century through the 15th century. From all these surviving books, we may look again at Tritheim's dictum; and also at the more recent dictum of L. Febvre and H.-J. Martin (L'Apparition du livre, 1958) that without paper, printing could not have come into being.

Birgit Kata
Paper and cardboard in the spectrum of archaeological finds – remarks on an underestimated source for the history of daily life in the Middle Ages and the Early Modern Times
Paper, cardboard and parchment have very little significance when it comes to archaeological excavations. Even more so than other organic materials, paper only survives in dry settings, but not in soil. Due to this circumstance, archaeological paper finds are usually bound to archaeological building inspections. There, paper is sometimes found in cavities. Besides paper, which was deposited intentionally (e.g. in the tip of a church tower or in a Genizah), usually random collections of paper are found that were used as fill. Still, the conservation conditions for paper in building cavities are not the best. Due to chewing by insects and rodents, and dampness from rodent urine and leak water, these finds are often damaged. A stroke of luck in Kempten (Allgäu) led to some finds of very interesting fills in the dead space under the floors in a group of medieval buildings. These finds include many hundreds of objects of daily use from the 14th to 17th century, which stand out through their quality of conservation and age. Most of these finds are made from organic materials such as wood, leather, textiles and paper allowing us to make conclusions on who lived in these houses and how these objects were used. In addition, the paper finds transmit forms of texts and use, which cannot be found in traditional transmission (e.g. in archives). These concealed finds give us a very good impression of day-to-day paper use in medieval times and the early modern age.

Authors

Franz-Josef Arlinghaus:
Prof. Dr. Franz-Josef Arlinghaus is Professor of History with a particular focus on High and Late Medieval History at Bielefeld University. His doctoral thesis explored the influence of writing on bookkeeping techniques of Italian merchants in the 14th and 15th centuries. In 2007, Arlinghaus wrote his habilitation on the judiciary of late medieval Cologne. His research interests are history of literacy, of rituals and performances, urban history, history of law, and history of individuality.

Evamarie Bange:
Dr. Evamarie Bange studied Archaeology and History in Freiburg and Oxford. After obtaining her PhD in Munich, she worked at the Museum of History of Luxembourg-City, the Musée national d'histoire et d'art Luxembourg and in the Rheinisches Landesmuseum Trier. Since 2005, she has been the director of the Municipal Archives of Luxembourg. She started her research on the watermarks in archival documents in 2008.

Emanuela Di Stefano:
Emanuela Di Stefano, former Adjunct Professor of Medieval History, History of Medieval Institutions and Culture, History of the Marches in the Middle Ages, is now collaborating with the University of Camerino. She is a scientific advisor of the Fedrigoni Foundation – European Institute for the History of Paper and Paper Science, and a member of the Scientific Board of the Economic History Journal "Proposte e ricerche. Rivista di Storia Economica dell'Italia Centrale". Among her most recent works are: *Produzioni e commerci nelle province dello Stato Pontificio. Imprenditori, mercanti, reti (secc. XIV–XVI)* (Quaderni monografici di Proposte e Ricerche 38), Perugia 2013; *Le Marche e Roma nel Quattrocento. Produzioni, mercanti, reti* (Per la storia dell'Università degli studi di Camerino. Studi e testi 9), Camerino 2011; *Fra l'Adriatico e l'Europa. Uomini e merci nelle Marche del XIV secolo*, Macerata 2009.

Erwin Frauenknecht:
Dr. Erwin Frauenknecht studied History and Political Science in Regensburg. He works for the Landesarchiv Baden-Württemberg (State Archive), his main research interests are the historical study of paper and watermarks. He also teaches Medieval History at the Eberhard-Karls-University Tübingen.

Johannes Follmer:
Johannes Follmer originates from a papermaking family, which has been producing paper since 1853 in Homburg near Wurzburg. A carpenter by training, Johannes Follmer taught himself the craft of hand papermaking. He is one of the very few tradi-

tional papermakers in Germany. The paper mill, which his family operated until 1975, now hosts a paper museum.

Heike Hawicks:
Since 2012, Dr. Heike Hawicks has been a lecturer in the Department of History at the University of Heidelberg. After studying History, German Studies and Geography in Duisburg, she was a Research Associate in the DFG-project "Niederrheinische Sprachgeschichte" (Linguistic History of the Lower Rhineland). Afterwards she assisted in the DFG-project "Nomen et gens" and in the new edition of the "Reallexikon der Germanischen Altertumskunde". She was awarded the Prize of the Henning-Kaufmann-Foundation for name research in 2004, and the Sparkasse Essen's Science Prize in 2007.

Hendrik van Huis:
Hendrik van Huis studied at the University of Greifswald and the University of Aberdeen. He graduated in History and English in 2010. Since then, he has been working as a graduate secondary-school teacher. Van Huis currently works at an academic high school in Hamburg and continues research on his dissertation, which examines the circulation and use of paper and parchment in Hanseatic city chancelleries from the Middle Ages to the Early Modern Period.

Birgit Kata:
Birgit Kata, M.A., is working as a historian in the Municipal Archive of Kempten, where she is conducting research on the city's history and its settlement in medieval and early modern times. She is also active as an archaeologist in the field of monument conservation as well as architecture and building research. She is involved in freelance and volunteer work on exhibition and publication projects, e.g. within the Förderverein Beginenhaus Kempten e. V. and the Allgäuer Burgenverein e. V. and its museum in Kempten. For the project "Das Mühlberg-Ensemble in Kempten/Allgäu. Sachkultur und Sozialtopographie einer Stadt des Spätmittelalters", which was funded by the German Research Foundation (DFG) between 2000 and 2003, her research on paper, cardboard, and parchment has been published in several articles.

Thomas Klinke:
Thomas Klinke is Conservator of Drawings and Prints at the Wallraf-Richartz-Museum & Fondation Corboud, Cologne. He also works in court as an authorized expert for damages and conservation of European drawings, prints, and books. Recently, he published a paper on "The Third Dimension. Methods for Revealing the Technical Characteristics of Historical Artist Papers and the Relevance of its Collection" (Journal of Paper Conservation).

Claudia Märtl:
Claudia Märtl is Professor of Medieval History focussing mainly on Late Middle Ages at the Ludwig-Maximilians-University in Munich. She is member of the Bavarian Academy of Sciences and Humanities. From 2012 until 2014, she was President of the Monumenta Germaniae Historica. Her research interests focus on the cultural and social history of the papal court and the spread of Italian humanism, in particular on the role of Enea Silvio Piccolomini.

Carla Meyer:
Dr. Carla Meyer studied German Studies, Journalism, Literary Agency and History at the Universities of Bamberg and La Sapienza at Rome. In 2007, she obtained her doctorate in Medieval History at Heidelberg University. Until 2011, she worked as an assistant professor and executive director at the "Institut für Fränkisch-Pfälzische Geschichte und Landeskunde" at Heidelberg University. At present she is a member of the Collaborative Research Centre 933 "Material Text Cultures", where she is doing research on the introduction and use of paper in the chancelleries of medieval Italy and southern Germany.

Paul Needham:
Dr. Paul Needham is a Librarian of the Scheide Library at Princeton University Library, a collection very strong of medieval manuscripts and incunabula, including a Gutenberg and a 36-line Bible. He is on the faculty of the University of Virginia's Rare Book School. He was formerly curator of rare books at the Morgan Library, and Director of Books and Manuscripts at Sotheby's New York. Widely acknowledged as a leading expert on Johannes Gutenberg and the early history of printing, Dr. Needham has written or contributed to more than 90 publications.

Bernd Schneidmüller:
Bernd Schneidmüller is Professor of Medieval History at Heidelberg University, member of the Heidelberg Academy of Sciences and Humanities, and head of the project "The Paper Revolution in Late Medieval Europe" within the DFG-Collaborative Research Centre 933 "Material Text Cultures".

Sandra Schultz:
Sandra Schultz obtained her Bachelor's degree in History, Communication Studies and Social and Cultural Anthropology at the Freie Universität Berlin. In the context of a French-German Master program in History she graduated from the University of Heidelberg and the École des Hautes Études en Sciences Sociales (EHESS) in Paris. Since 2011, Sandra Schultz has worked as a PhD candidate in the Collaborative Research Centre 933 "Material Text Cultures", in the subproject A6 "The Paper Revolution in Late Mediaeval Europe".

Inge Van Wegens:
Inge Van Wegens obtained a Master of History at the University of Leuven, followed by a post-graduate degree in American Studies and Economics and a degree in Photography. At present she works as Human Resource change manager for an ICT company. She is a member of the board of the Herisemvrienden vzw, which is restoring the Herisem Paper Mill or former cardboard factory of Winderickx in Alsemberg. In her free time she does research on Belgian paper mills. She has coordinated a publication of Ons Heem about paper and set up several exhibitions at the Herisem Paper Mill Museum. She is a member of the International Paper Historians.

Namenregister

von Susanne Quitmann und Paul W. Schweitzer-Martin

Das Register umfasst geographische Bezeichnung und Namen. Orthographische oder fremdsprachige Varianten aus Quellenzitaten werden nicht gesondert aufgeführt. Unter den Ortsnamen wird auch der Beleg für das jeweilige Adjektiv verzeichnet (etwa unter Frankreich französisch). Verweise auf den Anmerkungsapparat der aufgeführten Seiten sind durch Asteriskus gekennzeichnet.

Abkürzungen: Äbt. = Äbtissin, Bf. = Bischof, d. = der, d. Ä. = der Ältere, d. J. = der Jüngere, dt. = deutsch, Ebf. = Erzbischof, Fam. = Familie, Gf. = Graf, Hl. = Heilige/Heiliger/Heiliges, Hz. = Herzog, Kg. = König, Ks. = Kaiser, Mgf. = Markgraf, röm. = römisch, s. = siehe, St. = Sankt, u. = und, v. = von